आर. गुप्ता® कृ

पॉपुलर मास्टर गाइड

दिल्ली
फॉरेस्ट गार्ड
भर्ती परीक्षा

वाइल्डलाइफ गार्ड एवं गेम वाचर
भर्ती परीक्षा के लिए भी उपयोगी

- विशेषज्ञों द्वारा रचित उत्कृष्ट अध्ययन एवं अभ्यास-सामग्री
- बहुसंख्य वस्तुनिष्ठ प्रश्नोत्तर (MCQs) • प्रश्न-पत्र (हल सहित)

2021
EDITION

 रमेश पब्लिशिंग हाउस, नई दिल्ली

प्रकाशकः ओ॰पी॰ गुप्ता, **रमेश पब्लिशिंग हाउस**

प्रशासनिक कार्यालय

12-H, न्यू दरियागंज रोड, ट्रैफिक कोतवाली के सामने,
नई दिल्ली-110002 ✆ 23261567, 23275224, टेलीफैक्सः 011-23275124
E-mail: info@rameshpublishinghouse.com
Website: www.rameshpublishinghouse.com

विक्रय केन्द्र

- 4457, नई सड़क, दिल्ली-6, ✆ 23918938, 23918532
- 2604/16, बालाजी मार्किट, नई सड़क, दिल्ली-6 ✆ 23253720

© सर्वाधिकार प्रकाशकाधीन हैं।

Book Code: R-2107

ISBN: 978-93-89480-52-8

HSN Code: 49011010

Scheme of Examination

STAGE-I: Online Objective Multiple Choice Type

The Examination shall consist of Multiple Choice Question (MCQ) based paper of 2 hours duration as under—

Sl. No.	Subject	Number of Questions	Maximum Marks
1.	General Intelligence & Reasoning	40	40
2.	General Awareness	40	40
3.	Quantitative Aptitude	40	40
4.	English Language & Comprehension	40	40
5.	Hindi Language & Comprehension	40	40
	Total	**200**	**200**

STAGE-II: Physical Test

(a) The minimum standards for height and chest girth for a candidate shall be as follows:

	Height	Chest Girth	
		Normal	**Expansion**
M	163	84	05
F	150	79	05

(b) Male/Female candidates must pass a Physical Test Covering a distance of 25/16 KMs respectively within four hours on foot.

CONTENTS

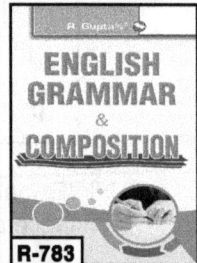

मॉडल प्रश्न-पत्र (हल सहित)

दिल्ली–फॉरेस्ट गार्ड, भर्ती परीक्षा-2020

सामान्य सचेतता

1. भारत का राष्ट्रीय पक्षी है–
   A. कोयल   B. मोर
   C. बुलबुल   D. मोनाल

2. माउण्ट एवरेस्ट पर चढ़ने वाली प्रथम भारतीय महिला कौन थी?
   A. आरती साहा   B. सन्तोष यादव
   C. बुला चौधरी   D. बछेन्द्री पाल

3. भारत की प्रथम महिला प्रधानमंत्री कौन थीं?
   A. इन्दिरा गांधी
   B. सुचेता कृपलानी
   C. सरोजिनी नायडू
   D. विजयलक्ष्मी पंडित

4. 'सानिया मिर्जा' किस खेल से संबंधित हैं?
   A. क्रिकेट   B. लॉन टेनिस
   C. शूटिंग   D. बैडमिण्टन

5. गीतांजलि के लेखक कौन हैं?
   A. सत्येन्द्र नाथ टैगोर
   B. अरविन्द घोष
   C. सरोजनी नायडू
   D. रबीन्द्रनाथ टैगोर

6. कौन-सा देश 'उगते सूर्य की भूमि' कहलाता है?
   A. कनाडा   B. नॉर्वे
   C. जापान   D. फिनलैंड

7. दिल्ली का कुल क्षेत्रफल है–
   A. 1280 वर्गकिमी   B. 1483 वर्गकिमी
   C. 1600 वर्गकिमी   D. 1785 वर्गकिमी

8. इटली की राजधानी है–
   A. मिलान   B. रोम
   C. तुरीन   D. फ्लोरेन्स

9. ध्वनि की गति सबसे तेज होती है–
   A. पानी में   B. लोहा में
   C. हवा में   D. केरोसिन तेल में

10. 'सिक मैन ऑफ यूरोप' किसका उपनाम है?
    A. रोम   B. तुर्की
    C. इटली   D. ऑक्सफोर्ड

11. किस देश की संसद का नाम शोरा है?
    A. पाकिस्तान   B. ईरान
    C. अफगानिस्तान   D. बांग्लादेश

12. कथकली, मोहनीअट्टम और ओट्टम किस राज्य के प्रख्यात नृत्य हैं?
    A. केरल   B. कर्नाटक
    C. ओडिशा   D. तमिलनाडु

13. पीलिया किस अंग की बीमारी है?
    A. गुर्दा   B. अग्नाशय
    C. यकृत   D. ग्रहणी

14. भगवान बुद्ध की मृत्यु कहाँ पर हुई थी?
    A. कपिलवस्तु   B. सारनाथ
    C. बोधगया   D. कुशीनगर

1

15. जलियाँवाला बाग हत्याकांड कौन-से शहर में हुआ था?
A. आगरा   B. मेरठ
C. अमृतसर   D. लाहौर

16. 'जय जवान जय किसान' का नारा किसने दिया था?
A. महात्मा गांधी
B. जवाहरलाल नेहरू
C. लाल बहादुर शास्त्री
D. सरदार पटेल

17. निम्नलिखित में से किसमें कानून बनाने की शक्ति है?
A. राष्ट्रपति   B. संसद
C. प्रधानमंत्री   D. गवर्नर

18. भारत के राष्ट्रीय चिह्न में स्थित चक्र में तीलियों की संख्या होती है—
A. 12   B. 16
C. 24   D. 20

19. विधान परिषद् के सदस्य का कार्यकाल है—
A. 6 वर्ष   B. 5 वर्ष
C. 2 वर्ष   D. 7 वर्ष

20. बेरी-बेरी रोग किस विटामिन की कमी से होता है?
A. C   B. D
C. B_1 D. A

21. न्यूटन किसकी इकाई है?
A. कार्य   B. ऊर्जा
C. बल   D. त्वरण

22. 'इन्कलाब जिन्दाबाद' का नारा किसने दिया था?
A. चन्द्रशेखर आजाद
B. सुभाषचन्द्र बोस
C. सरदार भगत सिंह
D. इकबाल

23. एक विद्युत बल्ब का तन्तु बना होता है—
A. कॉपर (ताँबा)   B. लोहा
C. सीसा   D. टंगस्टन

24. सबसे पुराना वेद कौन-सा है?
A. यजुर्वेद   B. ऋग्वेद
C. सामवेद   D. अथर्ववेद

25. 'ईवनिंग स्टार' के नाम से किसे जाना जाता है?
A. बुध   B. शुक्र
C. शनि   D. मंगल

26. रेडक्रॉस की स्थापना किसने की थी?
A. हेनरी ड्यूनान्ट   B. बेडेन पावेल
C. फ्रेडरिक मैसी   D. यू-थान्ट

27. 'अग्नि गृह' किस धर्म का पूजास्थल है?
A. ईसाई   B. पारसी
C. मुस्लिम   D. यहूदी

28. शिवाजी की माताजी का क्या नाम था?
A. अहिल्या बाई   B. जोधाबाई
C. जीजाबाई   D. पन्ना बाई

29. 'झीलों का शहर' किसे कहा जाता है?
A. उदयपुर   B. जबलपुर
C. जम्मू   D. मुम्बई

30. निम्नलिखित में से कौन-सी नदी अरब सागर में गिरती है?
A. कृष्णा   B. सिन्धु
C. यमुना   D. गोमती

31. 'उबेर कप' किस खेल से संबंधित है?
A. बेसबाल B. बैडमिंटन
C. फुटबाल D. बास्केटबाल

32. लोकसभा के प्रथम अध्यक्ष कौन थे?
A. हुकुम सिंह
B. जी.वी. मावलंकर
C. के.एम. मुंशी
D. यू.एन. ढेबर

33. किसकी कमी से मधुमेह का रोग होता है?
A. चीनी B. इन्सुलिन
C. कैल्सियम D. आयरन

34. 'मिसाइल मैन ऑफ इंडिया' किसे कहा जाता है?
A. अर्जुन सिंह
B. डॉ. सी.वी. रमन
C. डॉ. एपीजे अब्दुल कलाम
D. एच. जे. भाभा

35. शरीर की सबसे बड़ी ग्रन्थि कौन-सी है?
A. यकृत B. अग्नाशय
C. पिट्यूटरी D. एड्रीनल

36. काजीरंगा सैन्चुरी (अभयारण्य) किस प्राणी को बचाने के लिए है?
A. पक्षी B. चीता
C. गैंडा D. हाथी

37. एफिल टॉवर कहाँ स्थित है?
A. लंदन B. बर्लिन
C. पेरिस D. वाशिंगटन

38. भगवान बुद्ध का जन्म कहाँ हुआ था?
A. वैशाली B. लुम्बिनी
C. कपिलवस्तु D. पाटलीपुत्र

39. 'कम्प्यूटर का जनक' किसे कहा जाता है?
A. ब्लेज पास्कल
B. चार्ल्स बैवेज
C. ए.पी.जे. अब्दुल कलाम
D. होमी भाभा

40. 'लेडी विद द लैम्प' के नाम से किस महिला को जाना जाता है?
A. सरोजनी नायडू
B. जोन ऑफ ऑर्क
C. मदर टेरेसा
D. फ्लोरेंस नाइटेंगिल

सामान्य बुद्धिमत्ता एवं तर्कशक्ति

निर्देश (प्र. सं. 41 से 43 तक) : *निम्न शृंखलाओं में दिए गए अंक/अंकों अक्षर/अक्षरों के दिए गए क्रम/व्यवस्था को ध्यान में रखते हुए, दिए गए चारों विकल्पों में से वह एक विकल्प को खोजें जिससे शृंखला पूरी हो जाएगी।*

41. A, C, ?, G, I
A. E B. D
C. F D. B

42. MAAL, AALM, ALMA, LMAA, ?
A. AMLA B. MAAL
C. AAML D. LAAM

43. J14, L16, ?, P20, R22
A. S24 B. N18
C. M18 D. T24

निर्देश (प्र. सं. 44 से 46 तक) : *निम्न में से प्रश्नवाचक चिह्न (?) की जगह क्या आएगा?*

44. RmpL : LpmR :: ? : AcdG
  A. PQrw
  B. GdcA
  C. GcAd
  D. GcdA

45. 4 : 9 :: ? : 25
  A. 16   B. 18
  C. 20   D. 14

46. 5, 13, ?, 109, 325, 973
  A. 39   B. 36
  C. 37   D. 35

निर्देश (प्र. सं. 47 से 49 तक) : *निम्न में से कौन-सा शब्द/अक्षर भिन्न है?*

47. A. चंडीगढ़   B. केरल
  C. मणिपुर   D. आंध्र प्रदेश

48. A. येन   B. लीरा
  C. डॉलर   D. आउंस

49. A. त्रिकोण   B. लम्ब
  C. वर्ग   D. समांतर चतुर्भुज

निर्देश (प्र. सं. 50 से 52 तक) : *समान संबंध वाले शब्द ज्ञात करें।*

50. नाव : चप्पू :: साईकिल : ?
  A. सड़क   B. पहिया
  C. सीट   D. पैडल

51. पेन : इंक :: पेंसिल : ?
  A. चाकू   B. लिखना
  C. ग्रेफाइट   D. शॉर्पनर

52. मोतियाबिंद : आँख :: पीलिया : ?
  A. जीभ   B. यकृत
  C. नाक   D. आमाशय

निर्देश (प्र. सं. 53 से 55 तक) : *निम्न प्रश्नों में पहले शब्द के लिए कोड को पहचान कर दूसरे शब्द का अर्थ निर्धारित करें।*

53. यदि QLMU का अर्थ SNOW है तो JGQR का अर्थ
  A. KTIS   B. SILT
  C. TIST   D. LIST

54. यदि UNQQR का अर्थ SLOOP है तो ETCOR का अर्थ
  A. DQZNO
  B. BSZNP
  C. CRAMP
  D. ERBNP

55. यदि PKQM का अर्थ RISK है तो FCQR का अर्थ
  A. IZTQ   B. GZRP
  C. HASP   D. JBSQ

निर्देश (प्र. सं. 56 से 60 तक) : *यदि '+' = '×', '−' = '+', '×' = '÷' और '÷' = '−' है तो इसके आधार पर नीचे दिए गए प्रश्नों के उत्तर दीजिए।*

56. $21 \div 8 + 2 - 12 \times 3 = ?$
  A. 14   B. 9
  C. 13.5   D. 11

57. $6 + 7 \times 3 - 8 \div 20 = ?$
  A. −3   B. 7
  C. 2   D. 1

58. $15 \times 5 \div 3 + 1 - 1 = ?$
  A. −1   B. −2
  C. 3   D. 1

59. $9 - 3 + 2 \div 16 \times 2 = ?$
  A. 7   B. 5
  C. 9   D. 6

60. $15 \times 6 + 4 = ?$
  A. 8.5   B. 10
  C. 12   D. 17

निर्देश (प्र. सं. 61 से 65 तक) : *उस आकृति को छांटिए जो समूह से भिन्न है।*

61.

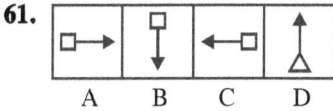

A B C D

62.

A B C D

63.

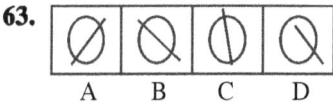

A B C D

64.

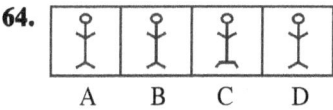

A B C D

65.

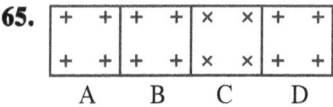

A B C D

निर्देश (प्र. सं. 66 से 68 तक) : *संकेतों के क्रम को ध्यानपूर्वक देखते हुए पैटर्न को पहचानिए।*

66. प्रश्न आकृतियाँ:

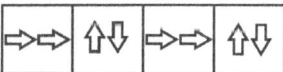

उत्तर आकृतियाँ:

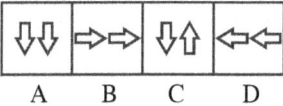

A B C D

67. प्रश्न आकृतियाँ:

उत्तर आकृतियाँ:

A B C D

68. प्रश्न आकृतियाँ:

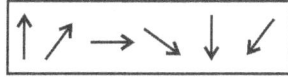

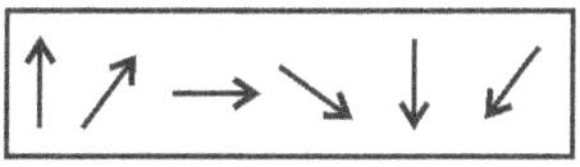

उत्तर आकृतियाँ:

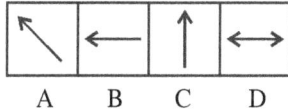

A B C D

निर्देश (प्र. सं. 69 से 72 तक) : *उत्तर आकृतियों में से सही आकृति चुनें जो प्रश्नचित्र में (?) के स्थान पर आए।*

69. प्रश्न आकृतियाँ:

उत्तर आकृतियाँ:

A B C D

70. प्रश्न आकृतियाँ:

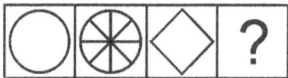

उत्तर आकृतियाँ:

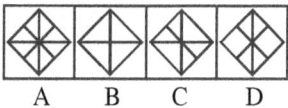

A B C D

71. प्रश्न आकृतियाँ:

उत्तर आकृतियाँ:

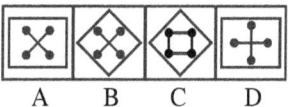

A B C D

72. प्रश्न आकृतियाँ:

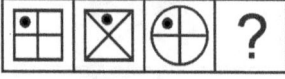

उत्तर आकृतियाँ:

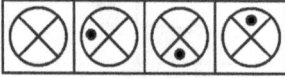

    A   B   C   D

73. नीचे दी गई आकृति में कुल कितने त्रिभुज हैं?

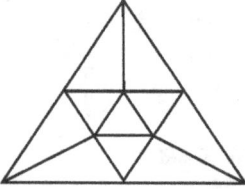

A. 16   B. 15
C. 14   D. 13

74. कुछ लड़के एक पंक्ति में बैठे हैं। बाएं से चौदहवें स्थान पर P है और Q दायें से सातवाँ है। यदि P और Q के बीच चार लड़के हैं तो पंक्ति में कुल कितने लड़के बैठे होंगे?

A. 25   B. 23
C. 15   D. 19

75. मंजू ने प्लेटफॉर्म पर एक महिला को इंगित करते हुए बताया, ''वह मेरी माँ के लड़के के पिता की बहन है।'' वह महिला मंजू की कौन है?

A. माँ   B. बहन
C. बुआ   D. भतीजी

76. छः लड़के एक वृत्त में इसके केंद्र की ओर मुख करके खड़े हैं। आलोक प्रभात के बायीं ओर है। अशोक और विकास के मध्य सुनील है। आलोक और अशोक के मध्य हरि है। विकास के बायीं ओर कौन है?

A. प्रभात   B. हरि
C. अशोक   D. सुनील

77. पिछले कल से पहले शनिवार था तो अगले कल कौन-सा वार होगा?

A. शुक्रवार

B. सोमवार

C. मंगलवार

D. बुधवार

78. यदि A भाई है B के पुत्र के पुत्र का, तो A का B से क्या संबंध है?

A. पुत्र   B. भाई
C. चचेरा भाई   D. पोता

79. यदि घड़ी में समय 2 बजकर 45 मिनट हैं और मिनट की सूई उत्तर-पूर्व दिशा की ओर है तो घंटे की सूई किस दिशा में होगी?

A. दक्षिण-पश्चिम

B. दक्षिण-पूर्व

C. उत्तर-पश्चिम

D. उत्तर-पूर्व

80. एक सुबह राम और श्याम एक-दूसरे की तरफ मुख करके खड़े बातचीत कर रहे थे। यदि श्याम की छाया राम के ठीक दायीं तरफ है तो बताइए कि श्याम का मुख किस दिशा की तरफ है?

A. दक्षिण   B. पूर्व
C. पश्चिम   D. उत्तर

मात्रात्मक अभियोग्यता

81. संख्या 9075 में 9 के अंक के स्थानीय तथा जातीय मानों के बीच कितना अन्तर है?

A. 8891   B. 9891
C. 8991   D. 8981

82. 1 से 100 के बीच अभाज्य संख्याओं की गिनती कितनी होगी?

A. 22   B. 18
C. 25   D. 24

83. $1150 \div 50 \div 23 + 15$ का मान ज्ञात करें।

A. 16   B. 20
C. 22   D. 18

84. अगर $75^2 - 65^2 = 2x$ हो, तो x का मान है:

A. 715   B. 700
C. 688   D. 711

85. चार अंकों की बड़ी-से-बड़ी उस संख्या का मान क्या होगा जो 2, 3, 4 तथा 5 से पूर्णतः विभाजित हो?

A. 9960   B. 9690
C. 8990   D. 9980

86. दो संख्याओं का गुणनफल 2560 है। यदि दोनों संख्याओं का महत्तम समापवर्तक 16 है तो उनका लघुत्तम समापवर्तक ज्ञात करें।

A. 140   B. 150
C. 120   D. 160

87. दस संख्याओं का औसत 25 है। अगर प्रथम नौ संख्याओं का औसत 26 हो तो अन्तिम संख्या का मान क्या है?

A. 12   B. 16
C. 15   D. 18

88. 20 से कम अभाज्य संख्याओं का योग क्या है?

A. 72   B. 75
C. 77   D. 78

89. 8 किमी., 8 डेकामी. कितने मीटर के बराबर होगा?

A. 8080 मी.   B. 8008 मी.
C. 8800 मी.   D. 16000 मी.

90. एक सम्पूर्ण दिन व रात्रि का $\dfrac{5}{6}$ क्या है?

A. 12 घंटे   B. 18 घंटे
C. 15 घंटे   D. 20 घंटे

91. सबसे बड़ी भिन्न संख्या है:

A. $\dfrac{3}{2}$ B. $\dfrac{6}{5}$

C. $\dfrac{4}{3}$ D. $\dfrac{7}{15}$

92. यदि किसी संख्या का 40% 36 है, तो इसका 60% क्या होगा?

A. 27   B. 54
C. 18   D. 20

93. एक मशीन कोका-कोला की 250 बोतलें 10 मिनट में भरती है। इसी दर से 400 बोतलें कितने मिनट में भरेंगी।

A. 12 मिनट   B. 15 मिनट
C. 16 मिनट   D. 18 मिनट

94. 3.5 मीटर लम्बे तथा 1.5 मीटर चौड़े बोर्ड के चारों तरफ लगाने के लिए कितने मीटर टेप चाहिए?

A. 5 मीटर   B. 6 मीटर
C. 8 मीटर   D. 10 मीटर

95. एक कार एक लीटर पेट्रोल में 17 किमी. चलती है। इसे 136 किमी. जाने में कितना पेट्रोल लगेगा?

A. 8 लीटर   B. 9 लीटर

C. 6 लीटर   D. 10 लीटर

96. 25 सेमी. और 3 मीटर के बीच अनुपात है:

A. 25 : 3   B. 3 : 25

C. 1 : 12   D. 12 : 1

97. दो संख्याओं का योग 70 है तथा उनका अन्तर 16 है। बड़ी संख्या का मान है:

A. 27   B. 43

C. 86   D. 54

98. अगर 76 को 7, 5, 3 और 4 के अनुपात में विभाजित करने पर सबसे छोटी संख्या होगी:

A. 14   B. 18

C. 32   D. 12

99. दो संख्याओं का अनुपात 12 और 19 है। इन दोनों संख्याओं का योग 217 है, तो छोटी संख्या का मान है:

A. 81   B. 64

C. 70   D. 84

100. अगर $\dfrac{x}{y} = \dfrac{5}{2}$ हो, तो $\dfrac{8x+9y}{8x+2y}$ का मान निकालें।

A. $\dfrac{29}{22}$ B. $\dfrac{17}{16}$

C. $\dfrac{22}{29}$ D. $\dfrac{16}{17}$

101. $(100)^\circ$ का मान बराबर है:

A. 0   B. 10

C. 1   D. 100

102. 4 की घात 3, निम्न में से किस संख्या के बराबर होगी?

A. 64   B. 81

C. 12   D. 49

103. 2 की घात 3 तथा 3 की घात 2 में कितना अन्तर होगा?

A. 2   B. 5

C. 3   D. 1

104. ₹ 400 का $12\dfrac{1}{2}$ % निकालें।

A. ₹ 25   B. ₹ 50

C. ₹ 75   D. ₹ 100

105. 250 का 10% और 280 का 5% के अन्तर का मान है:

A. 8   B. 10

C. 11   D. 12

106. एक संख्या का 75% 15 है तो संख्या है:

A. 20   B. 25

C. 40   D. 35

107. राम ने एक पुरानी कार ₹ 5200 में खरीदी और ₹ 1700 उसकी मरम्मत पर खर्च किये। वह उसे ₹ 8200 में बेच देता है। उसे कितना लाभ हुआ?

A. ₹ 1500   B. ₹ 1300

C. ₹ 1200   D. ₹ 3000

108. एक आयताकार बाग की लम्बाई 8 हेक्टोमीटर और चौड़ाई 6 डेकामीटर है। एक व्यक्ति को इसके चारों ओर एक बार चक्कर लगाने में कितना समय लगेगा यदि वह 4 डेकामीटर एक मिनट में तय करे?

A. 28 मिनट   B. 33 मिनट

C. 43 मिनट   D. 34 मिनट

109. एक रेलगाड़ी 36 किमी./घंटे की चाल से चलती है। 36 सेकेण्ड में कितने मीटर की दूरी तय करेगी?

A. 220 मीटर   B. 300 मीटर

C. 440 मीटर   D. 360 मीटर

110. एक ठेकेदार ने भूमि के एक टुकड़े पर एक हौज निर्मित किया। भूमि के टुकड़े की लम्बाई 45 मीटर और चौड़ाई 34

मीटर है। उसको ₹ 625 प्रति वर्ग मीटर की दर से भुगतान किया गया। उसको कुल काम के लिए कितने रुपयों का भुगतान किया गया?

A. ₹ 9,56,250 B. ₹ 9,23,560
C. ₹ 9,56,320 D. ₹ 9,30,562

111. एक बस एक स्थान के 7 चक्कर लगाती है। इसमें 52 व्यक्ति बैठ सकते हैं जबकि 8 खड़े हो सकते हैं। प्रत्येक चक्कर में बस पूर्णतया भरी रहती है। सातों चक्करों में यात्रा करने वाले व्यक्तियों की कुल संख्या ज्ञात करें।

A. 220 B. 320
C. 420 D. 240

112. 5 टेबलों की लागत 7 कुर्सियों की लागत के बराबर है। यदि एक टेबल की कीमत ₹ 210 हो तो एक कुर्सी की कीमत ज्ञात कीजिए।

A. ₹ 150 B. ₹ 140
C. ₹ 160 D. ₹ 145

113. एक परिवार में 8 सदस्य हैं। उनकी महीने की कुल आय ₹ 900 है। प्रत्येक व्यक्ति की महीने की औसत आय क्या है?

A. ₹ 120.50 B. ₹ 112.50
C. ₹ 122.50 D. ₹ 102.50

114. 40 लड़के किसी काम को 6 दिनों में कर सकते हैं। 10 लड़के उसी काम को कितने दिनों में करेंगे?

A. 36 दिन B. 18 दिन
C. 24 दिन D. 30 दिन

115. एक रेलगाड़ी 72 किमी./घंटे की चाल से चलकर एक बिजली के खम्भे को 15 सेकेण्ड में पार करती है। गाड़ी की लम्बाई ज्ञात कीजिए।

A. 250 किमी. B. 300 किमी.
C. 350 किमी. D. 275 किमी.

116. 300 मीटर लम्बी एक रेलगाड़ी 54 किमी./घंटे की चाल से चल रही है। अगर यह एक पुल को पार करने में 40 सेकेण्ड का समय लेती है तो पुल की लम्बाई निकालें।

A. 250 मी. B. 300 मी.
C. 325 मी. D. 350 मी.

117. एक आयत की परिमिति 28 सेमी. है। अगर आयत की एक भुजा 8 सेमी. है तो इसका क्षेत्रफल निकालें।

A. 48 वर्ग सेमी. B. 40 वर्ग सेमी.
C. 58 वर्ग सेमी. D. 50 वर्ग सेमी.

118. एक वर्गाकार कमरा जिसकी प्रत्येक भुजा 14 मीटर है। उसमें संगमरमर बिछाया जाता है। यदि संगमरमर बिछाने की कुल लागत ₹ 5880 है तो संगमरमर बिछाने की लागत प्रति वर्ग मीटर क्या होगी?

A. ₹ 50 B. ₹ 40
C. ₹ 30 D. ₹ 25

119. एक लड़का अपने घर से स्कूल और वापिस अपने घर साइकिल पर आता-जाता है। रविवार के दिन वह स्कूल नहीं जाता है। यदि उसका स्कूल अपने घर से 6 किमी. की दूरी पर है तो एक हफ्ते में वह कितने मील साइकिल चलाता है?

A. 80 मील B. 45 मील
C. 60 मील D. 77 मील

120. एक समद्विबाहु त्रिभुज की दो भुजाओं की लम्बाई x है। तीसरी भुजा की लम्बाई x की आधी है तो त्रिभुज का परिमाप ज्ञात कीजिए।

A. $2\frac{1}{2}x$ B. $5x$
C. $3x$ D. $4\frac{1}{2}x$

हिन्दी भाषा एवं बोध

121. पंडित की भाववाचक संज्ञा है—

A. पंडित्व B. पंडिताइन

C. पंडिताऊ D. पांडित्य

122. 'विद्वान्' का स्त्रीलिंग है—

A. विद्वानी B. विद्यावती

C. विदुषी D. विदुषिनी

123. सर्वनाम का प्रयोग किसके बदले किया जाता है?

A. क्रिया-विशेषण

B. क्रिया

C. विशेषण

D. संज्ञा

124. 'सेवक' का स्त्रीलिंग है—

A. सेवका B. सेवकाइन

C. सेवकी D. सेविका

125. 'चन्द्रशेखर' में कौन समास है?

A. तत्पुरुष B. कर्मधारय

C. बहुब्रीहि D. द्विगु

126. 'रात-दिन' में कौन समास है?

A. द्वन्द्व B. द्विगु

C. कर्मधारय D. अव्ययी भाव

निर्देश (प्रश्न 127 और 128): निम्नलिखित शब्दों में उपसर्ग लगाने से बनने वाले सही विकल्प को चुनिए।

127. अति + अन्त

A. अतीयन्त B. अत्यन्त

C. अतिअन्त D. अत्यान्त

128. सत् + जन

A. सत्जन B. सद्जन

C. सज्जन D. सतजन

निर्देश (प्र.सं. 129 और 130): निम्नलिखित शब्दों के संधि विच्छेद के सही विकल्प को चुनिए।

129. सुरेन्द्र

A. सुर + इन्द्र

B. सु + रेन्द्र

C. सुरः + इन्द्र

D. सुरअ + इन्द

130. सदाचार

A. सदा + आचार

B. सद् + आचार

C. सत् + आचार

D. सदा + चार

131. 'लल्लो-चप्पो करना' मुहावरे का क्या अर्थ है?

A. बातें मानना

B. ढोंग करना

C. खुशामद की बातें करना

D. शिकायत करना

132. 'साढ़ेसाती लगना' मुहावरे का क्या अर्थ है?

A. होश बिगड़ जाना

B. शुभ घड़ी जाना

C. हिसाब न लगा पाना

D. विपत्ति का समय आना

निर्देश (प्र.सं. 133 और 134): नीचे दिए गए वाक्यों में से कुछ वाक्यों में त्रुटियाँ हैं और कुछ ठीक हैं। त्रुटि वाले वाक्य के जिस भाग में त्रुटि हो उसके अनुरूप उत्तर चुनिए। यदि वाक्य में कोई त्रुटि न हो तो (D) वाले विकल्प को चुनिए।

133. (A) इस मकान की नीलामी के समय / (B) अनेकों लोगों ने / (C) अपनी–अपनी सामर्थ्य के अनुसार बोली लगाई / (D) कोई त्रुटि नहीं

134. (A) भारत विश्व का एकमात्र ऐसा देश है / (B) जहाँ विभिन्न प्रकार की अलग–अलग / (C) जलवायु, वनस्पति और भूमि है / (D) कोई त्रुटि नहीं

135. निम्न में से कौन शब्द शुद्ध है?

A. स्वर्गिय B. स्र्वगीय
C. स्वर्गीय D. स्वर्गीअ

136. निम्न में से कौन शब्द शुद्ध है?

A. कवयित्री
B. कवियित्री
C. कवियत्री
D. कवीयित्री

137. 'अनन्त' का पर्यायवाची क्या होगा?

A. विष्णु B. अतिशय
C. असंख्य D. आकाश

138. 'आडम्बर' का पर्यायवाची क्या होगा?

A. ढोंग B. तम्बू
C. दर्प D. आवाज

139. 'क्षणिक' का विलोम होगा :

A. शाश्वत B. संक्षेप
C. विरह D. क्षुद्र

140. 'स्तुति' का विलोम होगा :

A. सेवक B. निवेदन
C. प्रार्थना D. निन्दा

निर्देश (प्र.सं. 141 से 145): *यहाँ दिए गए अवतरण को पढ़िए और नीचे दिए गए प्रश्नों के उत्तर दीजिए :*

प्रेममार्गी शाखा के प्रमुख कवि मलिक मोहम्मद जायसी संसार से इतने विरक्त नहीं थे। वे लोक तथा परलोक दोनों की साधना चाहते थे। उन्होंने अपने 'पद्मावत' में मसनवी परंपरा के अनुकूल शेरशाह की वंदना की है। उन्होंने लौकिक प्रेमगाथाओं के रूपक द्वारा परमार्थिक प्रेम की साधना की है। पद्मावती की प्रेम-कथा जो पृथ्वीराज रासो में वीर रस के आश्रित गौण थी, वह जायसी की 'पद्मावत' में मुख्यता प्राप्त कर लेती है। पद्मावत में कथा भी है और रूपक के द्वारा अलौकिक तत्वों की व्यंजना भी है। यद्यपि जायसी मुसलमान थे तथापि वे भारतीय संस्कृति से पूर्णतया परिचित थे। थोड़े बहुत हेर-फेर के साथ उनके काव्य में भारतीय अन्तर-कथाओं और धार्मिक परम्पराओं का उल्लेख हुआ है। उसमें रासो की अपेक्षा अन्विति अधिक है और आरंभ से लेकर अन्त तक शैली और भाषा की एकरसता है। पद्मावत प्रबंधकाव्य का एक अच्छा उदाहरण कहा जा सकता है।

141. मलिक मोहम्मद जायसी थे :

A. अवधी भाषा के प्रथम कवि
B. सूफी सन्त कवि
C. शेरशाह सूरी के सभासद
D. जायस के नागरिक

142. जायसी के सर्वोत्कृष्ट ग्रंथ का नाम है :

A. आखिरी कलाम

B. अखरावट

C. पद्मावत

D. मधुमालती

143. उक्त गद्य खण्ड का उपयुक्त शीर्षक हो सकता है :

A. पद्मावत का कथानक

B. पद्मावत परिचय

C. जायसी और उनका पद्मावत

D. कविवर जायसी

144. पद्मावत महाकाव्य की भाषा है :

A. ब्रजभाषा   B. भोजपुरी

C. खड़ी बोली   D. अवधी

145. अवधी भाषा के सर्वाधिक लोकप्रिय महाकाव्य का नाम है :

A. रामचरितमानस

B. पद्मावत

C. मधुमालती

D. मृगावती

146. 'ईश्वर में विश्वास करने वाला' के लिए एक शब्द होगा?

A. अनुरागी   B. वैरागी

C. आस्तिक   D. भक्त

147. 'जिस व्यक्ति की मृत्यु हो चुकी हो' के लिए एक शब्द होगा?

A. स्वर्गलोकी   B. मृत्युलोकी

C. पाताललोकी   D. स्वर्गीय

निर्देश (प्र.सं. 148 से 150): निम्नलिखित वाक्यों में रिक्त स्थानों की पूर्ति कीजिए :

148. वह ...... व्यक्ति किसी भी समस्या का हल तत्काल सोच सकता है।

A. होनहार

B. प्रतिभाशाली

C. सतोगुणी

D. प्रत्युत्पन्नमति

149. यह ...... शीशा है जिसके आर-पार देखा जा सकता है।

A. स्वच्छ

B. महंगा

C. पारदर्शक

D. पारभासी

150. पच्चीस वर्ष पूरे करने के उपलक्ष्य में कल हमारा विद्यालय ...... मनाएगा।

A. स्वर्ण जयन्ती

B. रजत जयन्ती

C. कांस्य जयन्ती

D. हीरक जयन्ती

151. परिवेश का समानार्थी शब्द है :

A. व्यवहार   B. आँगन

C. वातावरण   D. आचरण

152. तन का पर्यायवाची है :

A. शरीर   B. झील

C. चन्द्रमा   D. खटिया

153. हर्ष का विलोम शब्द है :

A. विषाद   B. दुःख

C. पीड़ा   D. कष्ट

निर्देश (प्र.सं. 154 और 155): *दिये गये वाक्यों में रिक्त स्थान की पूर्ति दिये गये विकल्पों में से कीजिए।*

154. वृद्ध भिखारी दो रोटी खाकर .... हो गया।

A. तप   B. तप्त

C. तृप्त   D. तृण

155. अपनी प्रतिभा और परिश्रम से ही
कोई व्यक्ति प्रगति के .... पर
पहुँच सकता है।
A. शिरीष   B. शिशिर
C. शिविर   D. शिखर

156. 'दूसरों से आगे बढ़ने की इच्छा' के
लिए एक शब्द होगा :
A. ईर्ष्या   B. स्पर्धा
C. द्वेष   D. हस्तक्षेप

157. 'अंगूठा दिखाना' मुहावरे का अर्थ है :
A. देने से इन्कार करना
B. अपमान करना
C. हँसी उड़ाना
D. धोखा देना

158. 'हाथ मलना' मुहावरे का अर्थ है :
A. माँग करना

B. पछताना
C. पीछे रह जाना
D. दुःखी होना

निर्देश (प्र.सं. 159 और 160): *दिये गये चार
विकल्पों में से वाक्य के शुद्ध रूप का चयन
कीजिए।*

159. A. धर्म ईश्वर ही है।
B. धर्म ही ईश्वर है।
C. धर्म ईश्वर है ही।
D. ईश्वर ही धर्म है।

160. A. शहर के अन्दर कर्फ्यू लगा हुआ
है।
B. शहर में कर्फ्यू लगा हुआ है।
C. शहर के ऊपर कर्फ्यू लगा हुआ
है।
D. शहर पर कर्फ्यू लगा हुआ है।

ENGLISH LANGUAGE AND COMPREHENSION

Directions (Qs. Nos. 161 to 165): *Four
alternatives are given for the idiom/
phrase underlined in the sentence.
Choose the alternative which best
expresses the meaning of the idiom/
phrase.*

161. He is always praised for his <u>gift
of the gab</u>.
A. being lucky
B. getting something free
C. talent for speaking
D. great skill

162. The teacher's extra hours of
coaching <u>went a long way</u> in
improving the students'
performance.

A. took great effort
B. spent a lot of time
C. extended widely
D. helped considerably

163. The administration found it
difficult to <u>cope with</u> the striking
employees.
A. move
B. compromise
C. handle
D. subdue

164. The criminal was pardoned <u>at
the eleventh hour</u> just as he was
about to be hanged.
A. at eleven o'clock
B. suddenly

C. at the very last moment

D. at midnight

165. He spoke well though it was his maiden speech.

   A. long speech

   B. brief speech

   C. first speech

   D. emotional speech

Directions (Qs. Nos. 166 to 170): *Apart of the sentence is underlined. Below are given alternatives to the underlined part at (A), (B) and (C), which may improve the sentence. Choose the correct alternative. In case no improvement is needed, your answer is (D).*

166. He was released from the hospital yesterday.

   A. let out

   B. discharged

   C. dismissed

   D. No improvement

167. The colours softened as the sun went down.

   A. brightened

   B. deepened

   C. mellowed

   D. No improvement

168. The new manager is soft-spoken and is considerable to all.

   A. conceited

   B. considerate

   C. constricted

   D. No improvement

169. He hanged his portrait in the main hall.

   A. hang

   B. hung

   C. had hanged

   D. No improvement

170. We were unable to call on you because of the rains.

   A. help

   B. invite

   C. visit

   D. No improvement

Directions (Qs. Nos. 171 to 175): *Some of the sentences have errors and some have none. Find out which part of a sentence has an error corresponding to the appropriate letter (A), (B) or (C). If there is no error corresponding to the letter (D) in the Answer-Sheet.*

171. A. They agreed

   B. to repair the damage

   C. freely of charge

   D. No error

172. A. When Darun heard the news that his father had been hospitalised,

   B. he cancelled his trip

   C. and returned back to his village.

   D. No error

173. A. The Governing Board

   B. comprises of

   C. several distinguished personalities.

   D. No error

174. A. My uncle does not spend

   B. so much money on that house

   C. unless he thinks of moving in soon.

   D. No error

175. A. Neither my sister nor my brothers
B. are interested
C. in moving to another house.
D. No error

Directions (Qs. Nos. 176 to 180): *Sentences are given with blanks to be filled in with the appropriate word(s). Four alternatives are suggested for each question. Choose the correct alternative out of the four.*

176. If I .... a doctor, I would serve the poor.
A. am   B. had been
C. were   D. was

177. He is weak .... he does a lot of work.
A. and   B. yet
C. because   D. so

178. Mahesh showed an .... for sports at a very early stage.
A. attitude
B. aptitude
C. imagination
D. intuition

179. For .... sake don't tell it to others.
A. haven   B. heaven
C. heavens   D. heaven's

180. Napoleon's army .... to the Russian soldiers without any fight.
A. evaded
B. decimated
C. capitulated
D. cordoned

Directions (Qs. Nos. 181 to 185): *Out of the four alternatives, choose the one which best expresses the meaning of the given word.*

181. Supersede:
A. suspend   B. enforce
C. repeal   D. set aside

182. Perilous:
A. monstrous   B. dangerous
C. cautious   D. dubious

183. Affluence:
A. richness
B. difficulty
C. influence
D. awkwardness

184. Bifurcated:
A. dissected into pieces
B. divided into two
C. thoroughly evaluated
D. verbally abused

185. Consensus:
A. unanimity
B. equanimity
C. magnanimity
D. proximity

Directions (Qs. Nos. 186 to 190): *Choose the word opposite in meaning to the given word.*

186. Salient:
A. correct
B. insignificant
C. central
D. convenient

187. Dormant:
A. strong   B. humble
C. quick   D. active

188. Camouflage:
A. hide B. reveal
C. disguise D. pretend

189. Latent:
A. primitive B. evident
C. potent D. talented

190. Ample:
A. meagre B. quantitative
C. sufficient D. tasty

Directions (Qs. Nos. 191 to 195): *A group of four alternatives is given. Choose the one which can be substituted for the given words/ sentences.*

191. To feel or express disapproval of something or someone:
A. declare B. deprive
C. depreciate D. deprecate

192. Handwriting that cannot be read:
A. ineligible B. decipher
C. ugly D. illegible

193. Animals that can live on land and in water:
A. anthropoids
B. aquatics
C. amphibians
D. aquarians

194. Easily duped or fooled:
A. insensible B. perceptible
C. gullible D. indefensible

195. Fear of water:
A. claustrophobia
B. hydrophobia
C. insomnia
D. obsession

Directions (Qs. Nos. 196 to 200): *Groups of four words are given. In each group, one word is correctly spelt. Find the correctly spelt word.*

196. A. despondant
B. detriemental
C. diaphenous
D. dilapidated

197. A. seperate B. confidance
C. referance D. prosperous

198. A. reprimond B. resplendant
C. repositary D. requisite

199. A. necter B. necassary
C. puntuation D. pungent

200. A. irrelavance
B. maintenence
C. exuberance
D. acquaintence

उत्तरमाला

1	**2**	**3**	**4**	**5**	**6**	**7**	**8**	**9**	**10**
B	D	A	B	D	C	B	B	B	B
11	**12**	**13**	**14**	**15**	**16**	**17**	**18**	**19**	**20**
C	A	C	D	C	C	B	C	A	C
21	**22**	**23**	**24**	**25**	**26**	**27**	**28**	**29**	**30**
C	C	D	B	B	B	B	C	A	B

31	32	33	34	35	36	37	38	39	40
B	B	B	C	A	C	C	B	B	D

41	42	43	44	45	46	47	48	49	50
A	B	B	B	A	C	A	D	B	D

51	52	53	54	55	56	57	58	59	60
C	B	D	C	C	B	C	D	A	B

61	62	63	64	65	66	67	68	69	70
D	B	D	C	C	B	B	B	D	A

71	72	73	74	75	76	77	78	79	80
B	D	B	A	C	A	C	A	A	D

81	82	83	84	85	86	87	88	89	90
C	C	A	B	A	D	B	C	A	D

91	92	93	94	95	96	97	98	99	100
A	B	C	D	A	C	B	D	D	A

101	102	103	104	105	106	107	108	109	110
C	A	D	B	C	A	B	C	D	A

111	112	113	114	115	116	117	118	119	120
C	A	B	C	B	B	A	C	B	A

121	122	123	124	125	126	127	128	129	130
D	C	D	D	C	A	B	C	A	C

131	132	133	134	135	136	137	138	139	140
C	D	B	B	C	A	C	A	A	D

141	142	143	144	145	146	147	148	149	150
B	C	C	D	A	C	D	D	C	B

151	152	153	154	155	156	157	158	159	160
C	A	A	C	D	B	A	B	B	B

161	162	163	164	165	166	167	168	169	170
C	D	C	C	C	B	B	B	D	C

171	172	173	174	175	176	177	178	179	180
C	C	B	A	D	C	B	B	D	C

181	182	183	184	185	186	187	188	189	190
D	B	A	B	A	B	D	B	B	A

191	192	193	194	195	196	197	198	199	200
D	D	C	C	B	D	D	D	D	C

व्याख्यात्मक उत्तर

41.

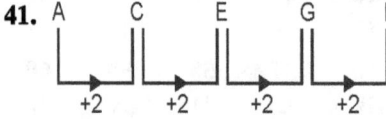

42.

43.

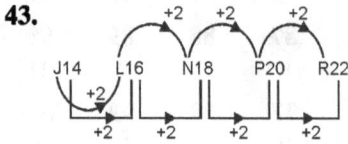

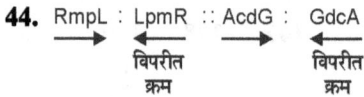

44. RmpL : LpmR :: AcdG : GdcA

→ ← विपरीत क्रम → ← विपरीत क्रम

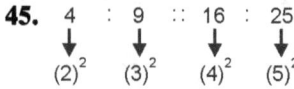

45. 4 : 9 :: 16 : 25

↓ ↓ ↓ ↓

$(2)^2$ $(3)^2$ $(4)^2$ $(5)^2$

46.

47. चंडीगढ़, हरियाणा व पंजाब राज्य की राजधानी है जबकि केरल, मणिपुर और आंध्र प्रदेश भारत के तीन अलग-अलग राज्य हैं।

48. येन, लीरा और डॉलर विश्व के तीन देशों की मुद्रा है जबकि आउंस किसी वस्तु/व्यक्ति की भार मापने की इकाई है।

49. त्रिभुज, वर्ग और समानांतर चतुर्भुज ज्यामितीय आकृतियां किसी क्षेत्रफल को दर्शाती हैं जबकि लम्ब एक रेखीय आकृति है।

53.

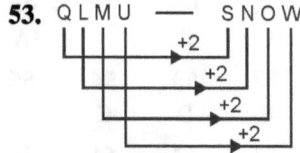

इसी प्रकार,

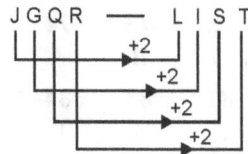

54.

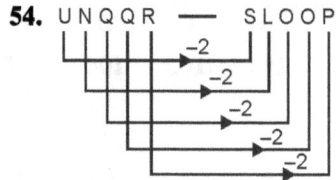

इसी प्रकार,

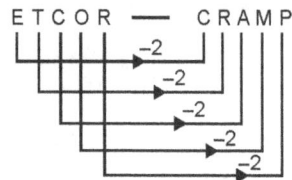

55.

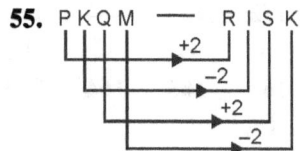

इसी प्रकार,

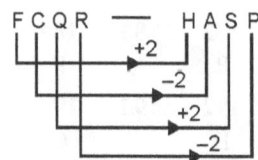

56. $21 - 8 \times 2 + 12 \div 3$

$= 21 - 16 + 4 = 9.$

57. $6 \times 7 \div 3 + 8 - 20$

$= 14 + 8 - 20 = 2.$

58. $15 \div 5 - 3 \times 1 + 1$

$= 3 - 3 + 1 = 1.$

59. $9 + 3 \times 2 - 16 \div 2$

$= 9 + 6 - 8 = 7.$

60. $15 \div 6 \times 4 = 10.$

61. पहली तीन आकृतियों में दिए गए किरण के अंत के छोर पर वर्ग जुड़ा है जबकि चौथी आकृति में दिए गए किरण के अंत छोर पर त्रिभुज जुड़ा है।

62. चित्र (B) को छोड़, सभी चित्रों में शीर्ष बिन्दु निहित हैं।

63. चित्र (D) को छोड़, बाकी चित्रों में प्रतिच्छेदी रेखा वृत्त को दो अलग-अलग बिंदुओं पर काटती है।

68. प्रत्येक बाद का चित्र, अपने ठीक पहले के चित्र से $45°$ कोण से घड़ी की सूई की दिशा में घूम जाता है।

73.

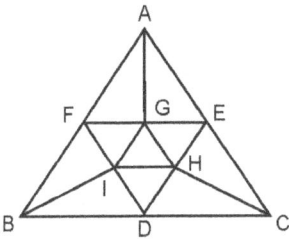

सबसे अंदर का त्रिभुज $= \triangle GHI$

कक्षा 2 के त्रिभुज

$= \triangle FGI, \triangle EGH, \triangle HID, \triangle DEF$

कक्षा 3 के त्रिभुज

$= \triangle AFG, \triangle AEG, \triangle CEH, \triangle CDH, \triangle BID, \triangle BIF, \triangle AEF, \triangle CDE, \triangle BDF$

बाह्य त्रिभुज $= \triangle ABC$

त्रिभुजों की कुल संख्या

$= 1 + 4 + 9 + 1 = 15.$

74. बच्चों की कुल संख्या

$= 14 + 7 + 4 = 25.$

76. वृत्तीय आकार में बच्चों का व्यवस्था क्रम

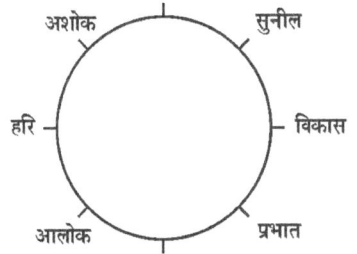

अतः विकास के बायीं ओर प्रभात है।

80. श्याम उत्तर दिशा की ओर मुँह करके खड़ा है।

81. संख्या 9075 में

9 का स्थानीय मान = 9000

9 का जातीय मान = 9

अन्तर = 9000 − 9

$= 8991.$

82. 1 और 100 के बीच 25 अभाज्य संख्याएँ होती हैं।

2, 3, 5, 7, 11, 13, 17, 19, 23, 29, 31, 37, 41, 43, 47, 53, 59, 61, 67, 71, 73, 79, 83, 89, 97.

83. $1150 \div 50 \div 23 + 15$

$$= 1150 \times \frac{1}{50} \times \frac{1}{23} + 15$$

$$= \frac{1150}{1150} + 15$$

$$= 1 + 15 = 16.$$

84. $(75)^2 - (65)^2 = 2x$

$\Rightarrow (75 + 65)(75 - 65) = 2x$

$\Rightarrow 140 \times 10 = 2x$

$$\Rightarrow \quad x = \frac{140 \times 10}{2} = \frac{1400}{2}$$

$$= 700.$$

85. 2, 3, 4 और 5 का लघुत्तम समापवर्तक = 60

4 अंकों की सबसे बड़ी संख्या = 9999

9999 को 60 से भाग देने पर 39 शेष आता है।

```
60)9999(166
   60
   399
   360
    399
    360
     39
```

अतः 2, 3, 4 तथा 5 से विभाजित होने वाली चार अंकों की सबसे बड़ी संख्या

= 9999 − 39

= 9960

अतः अभीष्ट संख्या = 9960.

86. महत्तम समापवर्तक × लघुत्तम समापवर्तक = संख्याओं का गुणनफल

∴ लघुत्तम समापवर्तक

$$= \frac{\text{संख्याओं का गुणनफल}}{\text{महत्तम समापवर्तक}}$$

$$= \frac{2560}{16} = 160.$$

87. 10 संख्याओं का कुल योग

= 10 × 25 = 250

9 संख्याओं का कुल योग

= 9 × 26 = 234

∴ अन्तिम संख्या का मान

= 250 − 234 = 16.

88. 20 से कम अभाज्य संख्याएँ

2, 3, 5, 7, 11, 13, 17 और 19 होती हैं।

इन संख्याओं का योग

= 2 + 3 + 5 + 7 + 11 + 13 + 17 + 19

= 77.

89. 8 किलोमीटर = 8 × 1000 = 8000 मीटर

8 डेकामीटर = 8 × 10 = 80 मीटर

8 किमी. + 8 डेकामीटर का मान (मीटर में)

= 8080 मीटर।

90. $\frac{5}{6} \times 24$ घंटा = 5 × 4 = 20 घंटे

91. $\frac{3}{2}, \frac{6}{5}, \frac{4}{3}, \frac{7}{15} = \frac{45, 36, 40, 14}{30}$

अतः $\frac{3}{2}$ सबसे बड़ी भिन्न है।

92. माना कि संख्या = x

x का 40% = 36

$$\Rightarrow \quad x \times \frac{40}{100} = 36$$

$$x = \frac{100 \times 36}{40} = 90$$

अतः x का 60% $= \frac{90 \times 60}{100} = 54.$

93. 250 बोतलें भरने में 10 मिनट समय लगता है।

400 बोतलें भरने में

$$= \frac{10}{250} \times 400 \text{ मिनट}$$

= 16 मिनट समय लगेगा।

94. बोर्ड का परिमाप = 2(लम्बाई + चौड़ाई)

$$= 2(3.5 + 1.5) = 2 \times 5$$

$$= 10 \text{ मीटर}।$$

95. 17 किमी. के लिए 1 लीटर पेट्रोल चाहिए

1 किमी. के लिए $\frac{1}{17}$ लीटर पेट्रोल चाहिए

136 किमी. के लिए $\frac{1}{17} \times 136$ लीटर

= 8 लीटर पेट्रोल चाहिए।

96. 25 सेमी. और 3 मीटर का अनुपात

$$= \frac{25}{300} = \frac{1}{12}$$

अतः 25 सेमी : 3 मी. = 1 : 12.

97. माना कि संख्याएँ x तथा y हैं।

$$x + y = 70 \qquad ...(i)$$

तथा $\quad x - y = 16 \qquad ...(ii)$

समीकरण (i) तथा (ii) को जोड़ने पर

$$2x = 86$$

$\Rightarrow \qquad x = 43$

$\therefore \qquad y = 70 - 43 = 27$

अतः बड़ी संख्या का मान = 43.

98. अनुपातों का योग $= 7x + 5x + 3x + 4x$

$$= 19x$$

$$19x = 76$$

$\Rightarrow \qquad x = \frac{76}{19} = 4$

सबसे छोटी संख्या $= 3x = 3 \times 4 = 12$.

99. $12x + 19x = 217$

$\Rightarrow \qquad 31x = 217$

$\Rightarrow \qquad x = \frac{217}{31} = 7$

अतः छोटी संख्या का मान $= 12x$

$$= 12 \times 7 = 84.$$

100. चूँकि $\qquad \dfrac{x}{y} = \dfrac{5}{2}$

$$\therefore \quad \frac{8x + 9y}{8x + 2y} = \frac{8\dfrac{x}{y} + 9\dfrac{y}{y}}{8\dfrac{x}{y} + 2\dfrac{y}{y}}$$

[अंश और हर को y से भाग देने पर]

$$= \frac{8\left(\dfrac{5}{2}\right) + 9}{8\left(\dfrac{5}{2}\right) + 2}$$

$$= \frac{20 + 9}{20 + 2} = \frac{29}{22}$$

अतः $\dfrac{8x + 9y}{8x + 2y}$ का मान $\dfrac{29}{22}$ है।

101. हम जानते हैं कि $x^\circ = 1$

अतः $(100)^\circ$ का मान = 1.

102. 4 की घात 3 $= (4)^3 = 4 \times 4 \times 4 = 64$

अतः 4 की घात 3 संख्या 64 के बराबर होगी।

103. अन्तर = 3 की घात 2 – 2 की घात 3

$$= (3)^2 - (2)^3$$

$$= 9 - 8 = 1.$$

104. ₹ 400 का $12\frac{1}{2}$ %

$$= ₹ 400 \times \frac{25}{2 \times 100} = ₹ 50.$$

105. 250 का 10% – 280 का 5%

$$= \frac{250 \times 10}{100} - \frac{280 \times 5}{100}$$
$$= 25 - 14 = 11.$$

106. माना कि संख्या x है।

x का 75% = 15

$\Rightarrow$ $x \times \dfrac{75}{100} = 15$

$\Rightarrow$ $x = \dfrac{100 \times 15}{75} = \dfrac{4}{3} \times 15$

$\qquad = 4 \times 5 = 20$

अतः संख्या = 20.

107. कार का क्रय मूल्य

$\qquad = 5200 + 1700$

$\qquad = ₹ 6900$

कार का विक्रय मूल्य = ₹ 8200

लाभ = विक्रय मूल्य – क्रय मूल्य

$\qquad = 8200 - 6900$

$\qquad = ₹ 1300.$

108. लम्बाई = 8 हेक्टोमीटर = 8 × 10

$\qquad = 80$ डेकामीटर

चौड़ाई = 6 डेकामीटर

आयताकार बाग की परिमिति

$\qquad = 2($ल. + चौ.$)$

$\qquad = 2(80 + 6)$

$\qquad = 2 \times 86$

$\qquad = 172$ डेकामीटर

4 डेकामीटर दूरी तय करने में 1 मिनट समय लगता है

172 डेकामीटर दूरी तय करने में $\dfrac{1}{4} \times 172$ मिनट समय लगेगा

$\qquad = 43$ मिनट समय लगेगा।

109. 36 किमी./घंटा = $\dfrac{36 \times 1000}{60 \times 60}$ मी./से.

$\qquad = 36 \times \dfrac{5}{18} = 10$ मी./से.

चाल = 10 मी./से.

समय = 36 मी./से.

$\therefore$ दूरी = चाल × समय

$\qquad = 36 \times 10$

$\qquad = 360$ मीटर

अतः रेलगाड़ी 36 सेकेण्ड में 360 मीटर दूरी तय करेगी।

110. हौज का क्षेत्रफल = 45 × 34

$\qquad = 1530$ वर्गमीटर

1 वर्ग मीटर पर खर्च = ₹ 625

1530 वर्ग मीटर पर खर्च = ₹ 1530 × 625

$\qquad = ₹ 9,56,250$

अतः ठेकेदार को कुल काम के लिए ₹ 9,56,250 भुगतान किया गया।

111. $\qquad 52 + 8 = 60$

7 चक्करों में यात्रा करने वाले व्यक्तियों की कुल संख्या = 60 × 7 = 420.

112. चूँकि 5 टेबलों की लागत 7 कुर्सियों की लागत के बराबर है।

$\because$ 1 टेबल की लागत = ₹ 210

$\therefore$ 5 टेबलों की लागत = 210 × 5

$\qquad = ₹ 1050$

अब ∵ 7 कुर्सियों की लागत = ₹ 1050

∴ 1 कुर्सी की लागत = ₹ $\dfrac{1050}{7}$

= ₹ 150.

113. कुल आठ सदस्यों की आय = ₹ 900

औसत आय = ₹ $\dfrac{900}{8}$

= ₹ 112.50.

114. 40 लड़के किसी काम को 6 दिनों में पूरा करते हैं

1 लड़का उसी काम को 6 × 40 दिनों में पूरा करेगा

10 लड़के उसी काम को $\dfrac{6 \times 40}{10}$

= 24 दिनों में पूरा करेंगे।

115. चाल = 72 किमी./घंटा

= $\dfrac{72 \times 1000}{60 \times 60}$ मी./से.

= $72 \times \dfrac{5}{18}$ = 4 × 5

= 20 मी./से.

समय = 15 सेकेण्ड

दूरी = चाल × समय

= 20 × 15

= 300 मी.

चूंकि गाड़ी बिजली के खम्भे को पार करती है।

∴ गाड़ी की लम्बाई = 300 मीटर।

116. चाल = 54 किमी./घंटा

= $\dfrac{54 \times 1000}{60 \times 60}$ मी./से.

= $54 \times \dfrac{5}{18}$

= 3 × 5

= 15 मी./से.

माना कि पुल की लम्बाई = x मीटर

दूरी = (300 + x) मीटर

समय = 40 सेकेण्ड

चूँकि चाल = $\dfrac{\text{दूरी}}{\text{समय}}$

⇒ 15 = $\dfrac{300 + x}{40}$

⇒ 300 + x = 15 × 40

= 600 मीटर

x = 600 – 300

= 300

अतः पुल की लम्बाई = 300 मीटर।

117. 2(ल. + चौ.) = 28

⇒ ल. + चौ. = $\dfrac{28}{2}$ = 14

⇒ 8 + चौ. = 14

⇒ चौड़ाई = 14 – 8

= 6 मीटर

आयत का क्षेत्रफल = ल. × चौ.

= 8 × 6

= 48 वर्ग मीटर

118. वर्गाकार कमरे का क्षेत्रफल = 14 × 14

= 196 वर्ग मीटर

196 वर्ग मीटर संगमरमर बिछाने का खर्च

= ₹ 5880

1 वर्ग मीटर संगमरमर बिछाने का खर्च

= $\dfrac{5880}{196}$ = ₹ 30

अतः प्रति वर्ग मीटर संगमरमर बिछाने का खर्च = ₹ 30.

119. एक दिन में तय की गई दूरी

$$= 6 + 6 = 12 \text{ किमी.}$$

एक हफ्ते में तय की गई दूरी (रविवार को छोड़कर) $= 12 \times 6 = 72$ किमी.

हम जानते हैं कि 5 मील = 8 किलोमीटर

∴ 8 किलोमीटर = 5 मील

$$\therefore 72 \text{ किलोमीटर} = \frac{5}{8} \times 72 \text{ मील}$$

$$= 5 \times 9 = 45 \text{ मील।}$$

120. प्रश्नानुसार,

त्रिभुज की परिमिति $= x + x + \dfrac{x}{2}$

$$= \frac{2x + 2x + x}{2}$$

$$= \frac{5x}{2} = 2\frac{1}{2}x.$$

2001

हिन्दी भाषा

वाक्य-क्रम व्यवस्थापन

निर्देशः *नीचे चार वाक्य दिए गए हैं जिन्हें 1, 2, 3, 4 क्रम दिया गया है। इन वाक्यों को उचित क्रमानुसार व्यवस्थित कर दिए गए विकल्पों में से उचित क्रम वाले विकल्प को चुनकर उत्तर चिह्नित करें।*

1.
1. जब मरण शय्या पर अंतिम सांस गिन रहा था
2. कि गरीब परिवार में जन्म लेकर वैभव के जिस शिखर पर आप पहुंचे हैं वहाँ तक कोई महान भाग्यशाली व्यक्ति ही पहुँच पाता है
3. मैंने सुना है कि अमेरिका का धन-कुबेर रथचाइल्ड
4. उस समय उसके एक मित्र ने उससे कहा

A. 1, 2, 3, 4   B. 2, 3, 1, 4
C. 3, 1 4, 2   D. 4, 1, 3, 2

2.
1. तो मैं जानना चाहता हूँ
2. प्रभु कृपा से आपकी हर इच्छा पूरी हुई है और आज जबकि आप
3. कि आप अपने मन में कोई अधूरी इच्छा लेकर तो यहां से नहीं जा रहे हैं
4. इस संसार से विदा हो रहे हैं

A. 2, 4, 1, 3   B. 1, 4, 2, 3
C. 3, 2, 1, 4   D. 4, 2, 1, 3

3.
1. कि केवल एक इच्छा मैं अपने मन में लेकर जा रहा हूँ
2. और मैं सौ अरब डालर का स्वामी बनकर इस संसार से विदा लेता
3. कि अपने दस अरब डालर पर एक बिंदी लग जाती
4. अरे ! इच्छाएं पूर्ण होने की बात, इसके बारे में इतना ही कहना चाहता हूँ

A. 3, 2, 4, 1   B. 1, 3, 4, 2
C. 1, 4, 3, 2   D. 4, 1, 3, 2

4.
1. और माया से मोड़कर
2. सूरज की ओर कर देता है
3. गुरु का महत्व इसलिए बताया गया है कि वह शिष्य का मुख छाया से मोड़कर
4. दिव्य ज्योति की ओर ले आता है पर यह कोई समर्थ गुरु ही कर पाता है

A. 3, 4, 1, 2   B. 3, 2, 1, 4
C. 2, 4, 3, 1   D. 1, 2, 3, 4

5.
1. ललक रहती है, परंतु प्रतिस्पर्धा में
2. परस्पर सहयोग की भावना में ईर्ष्या रहित भावना से स्वयं आगे
3. यदि मैं न बढ़ सकूं तो दूसरा भी न बढ़े की भावना प्रबल रूप से प्रधान होती है
4. बढ़ने और दूसरों को आगे बढ़ाने की

A. 2, 4, 1, 3   B. 1, 2, 3, 4
C. 3, 1, 2, 4   D. 4, 1, 2, 3

6. 1. ऊपर से आरोपित व्यवहार की भांति प्राणहीन निषेधों का संकायमात्र बन कर रह गई है

2. जो बौद्धिक विचारधारा के रूप में

3. अहिंसा को आचार-सूत्र बना देने से अहिंसा भी एक शास्त्र बन गई है

4. मनोविलास का साधन बनकर

A. 2, 4, 1, 3   B. 4, 2, 1, 3

C. 3, 2, 4, 1   D. 1, 2, 4, 3

7. 1. जिससे उसकी अद्वितीय औद्योगिक प्रगति

2. बाहर के देशों से मंगाना पड़ता है

3. केवल एशिया के लिए ही नहीं संपूर्ण विश्व के लिए अजीब चुनौती बन गई है

4. सभी जानते हैं कि जापान में कच्चा माल नहीं मिलता जो इस भूकंप बहुल देश में

A. 1, 3, 4, 2   B. 2, 4, 3, 1

C. 1, 4, 3, 2   D. 4, 2, 1, 3

8. 1. प्रायः जप-सुमिरन के समय हमारा अपना मन ही होता है

2. जो कहीं-का-कहीं चक्कर लगाता रहता है पर होठों पर नाम जप चलता रहता है

3. न बनने में सबसे बड़ी बाधा

4. नाम व मंत्र के चिनगारी

A. 1, 3, 4, 2   B. 2, 4, 3, 1

C. 1, 4, 3, 2   D. 4, 2, 1, 3

9. 1. अगर मुझमें लिखने की ताकत होती

2. लोग मृत्यु के नाम से घबराते हैं परंतु मृत्यु के अनुसंधानी प्रसिद्ध प्राणी-शास्त्री

3. तो विस्तारपूर्वक संसार को बतला देता कि मृत्यु स्वयं कितनी सरल और सुखद होती है

4. डॉ. विलियम ने अपने अंतिम क्षणों में कहा

A. 1, 3, 4, 2   B. 2, 4, 1, 3

C. 4, 1, 2, 3   D. 3, 4, 2, 1

10. 1. सामाजिक जीवन को सौन्दर्यमय बनाकर उसे आनंद से परिपूरित करें

2. जनता की इच्छाओं और आकांक्षाओं को प्रतिफलित होने दें और

3. उन्हें प्रोत्साहित करेंगे कि वे अपनी कलाकृतियों में

4. जो कलाकार नाटक, संगीत, नृत्य और चित्रकारी में लगे हैं, हम उन्हें एकत्र करेंगे और

A. 1, 2, 3, 4   B. 4, 3, 2, 1

C. 3, 2, 4, 1   D. 4, 1, 3, 2

11. 1. रोता व छाती पीटता हुआ आया

2. पर वह बेसुध दहाड़ें मार-मार कर रो रहा था हाय! मेरी करोड़ों की सम्पत्ति जल गई

3. लोगों की भीड़ उसे घेरे हुए थी

4. स्वामी रामतीर्थ बाजार में घूम रहे थे कि अचानक सामने से एक व्यक्ति

A. 4, 3, 2, 1   B. 3, 2, 1, 4

C. 4, 2, 3, 1   D. 4, 1, 3, 2

12. 1. यह निजी प्रशासन की अपेक्षा सरकारी प्रशासन पर अधिक ध्यान के लिए एक स्पष्ट अनुरोध है कि वह सरकार के द्वारा लिए गए/लिए जाने वाले सभी निर्णयों के रिकॉर्ड को तैयार स्थिति में रखें

2. यह सरकारी प्रशासन के राजनीतिक वातावरण से उत्पन्न विशेषता है दूसरी ओर निजी प्रशासन इस प्रकार के दबावों से मुक्त होता है

3. यह एक रिकॉर्ड रखने तथा बढ़े हुए कागज-कार्य के विषय में सरकारी निर्णय की देरी को स्पष्ट करता है

4. जैसे सरकार को आवश्यक रूप से अपने कार्यों के औचित्य को संसदीय समिति के समक्ष सिद्ध करना होता है, यह सरकारी कार्यकताओं को लक्ष्य प्राप्ति के स्थान पर नियमबद्धता को अधिक ध्यान में रखने पर जोर देता है

A. 1, 3, 4, 2   B. 2, 1, 3, 4
C. 1, 2, 4, 3   D. 3, 1, 4, 2

13. 1. मूल रूप में ऐसा लगा कि सरकार अस्त-व्यस्तताओं में सुधार करने के लिए विविध घातकी व्यूह का सहारा लेगी

2. वास्तव में यह इनके अन्तिम के साथ सर्वाधिक उल्टे सीधे (उबड़-खाबड़) मार्गों से गुजरा है नियंत्रित आयात के लिए निर्धारित निःशुल्क (मुक्त) विदेशी मुद्रा घटाने के सूचित निर्णय में परिणत हुआ

3. भारत की भुगतान सन्तुलन अच्छी हो गई है। इन असन्तुलनों को सुधारने का कार्य उस सरकार का था, जिसके पास कार्य को हाथ में लेने के लिए सहमति नहीं थी

4. इसने बजटीय घाटा को कम करने के लिए कहा, जो आवश्यक सामग्री में वृद्धि तथा अनावश्यक आयात पर रोक लगाने का आश्वासन प्रदान कर सके

A. 3, 1, 4, 2   B. 3, 4, 1, 2
C. 1, 3, 4, 2   D. 1, 4, 2, 3

14. 1. उद्घाटन करते हुए राजेन्द्र बाबू ने भारत को

2. अपनी सेनाएँ विघटित कर दें, तो इससे संसार को एक नया रास्ता मिल सकता है

3. यह सुझाव दिया था कि यह देश

4. आण्विक अस्त्रों के विरोध में दिल्ली में जो सार्वभौम समारोह हुआ था, उसका

A. 2, 4, 3, 1   B. 3, 1, 2, 4
C. 4, 1, 3, 2   D. 1, 3, 4, 2

15. 1. और नवयुग की चेतना लेकर निबन्ध के

2. एवं विचारात्मक कोटियों में रखे जा सकते हैं, जो इनके व्यक्तित्व की छाप लिए हुए हैं

3. आचार्य हजारी प्रसाद द्विवेदी प्राचीन सांस्कृतिक परम्परा का गम्भीर ज्ञान

4. क्षेत्र में अवतरित हुए तथा इनके निबंध भावात्मक

A. 4, 2, 3, 1   B. 1, 3, 4, 2
C. 2, 4, 1, 3   D. 3, 1, 4, 2

16. 1. साहित्यिक मूल्यांकन प्रस्तुत करेंगे तो

2. सामयिक आवश्यकता-रागात्मक एकता से दूर जा सकेंगे

3. साहित्य के मूल उद्देश्य तथा

4. जाति, देश और काल की सीमाओं में बँधे रहकर यदि हम

A. 3, 2, 1, 4   B. 4, 1, 3, 2
C. 4, 2, 3, 1   D. 1, 3, 2, 4

17. 1. वह अपना मनोरंजन संगीत और अभिनय जैसे

2. सच्ची बात तो यह है कि किसी भी युग का प्राणी ऐसा नीरस

3. आनन्ददायक साधनों के द्वारा नहीं करता
4. और हृदयहीन नहीं होता कि
A. 2, 1, 3, 4   B. 1, 3, 4, 2
C. 2, 4, 1, 3   D. 3, 4, 2, 1

18. 1. बहुत दिनों की इच्छा अभी तक पूरी नहीं हुई
2. ठीक जिसके चरित में नायकत्व प्रधान हो
3. कि एक जीवन-चरित लिखूँ,
4. चरितनायक नहीं मिल रहा था,
A. 1, 3, 4, 2   B. 1, 4, 3, 2
C. 3, 1, 4, 2   D. 3, 4, 1, 2

19. 1. स्वप्न में देखा, आकाश की नीली लता में सूर्य, चन्द्र और ताराओं के फूल
2. पृथ्वी की लता पर पर्वतों के फूल
3. हाथ जोड़े खिले हुए एक अज्ञात शक्ति की समीर से हिल रहे हैं,
4. हाथ जोड़े आकाश को नमस्कार कर रहे हैं
A. 2, 3, 1, 4   B. 3, 1, 2, 4
C. 2, 4, 1, 3   D. 1, 3, 2, 4

20. 1. समुदाय से चलता है तब उसे समाज कहते हैं,
2. तब उसे जीवन कहते हैं
3. प्राणों से चलता है
4. मनुष्य पाँव से चलता है तब उसे यात्रा कहते हैं,
A. 2, 3, 4, 1   B. 1, 3, 4, 2
C. 4, 3, 2, 1   D. 4, 1, 2, 3

21. 1. अनायास ही मानव-जीवन की सर्वोपयोगी वस्तुओं को प्राप्त कर सकते हैं
2. सरस साधन काव्य ही है, जिसका
3. संक्षेप में कहा जा सकता है कि चारों पदार्थों की प्राप्ति का सुलभ तथा

4. अनुशीलन करने पर अल्पबुद्धि वाले प्राणी भी
A. 3, 2, 4, 1   B. 4, 3, 2, 1
C. 1, 2, 4, 3   D. 3, 2, 1, 4

22. 1. हमारे दिमाग को इतना भोथरा,
2. सुकुमार दुनिया हमारी पथराई आँखों के सामने आकर भी नहीं आ पाती
3. बना दिया है कि संस्कृति की
4. गत अस्सी वर्षों के राजनीतिक-आर्थिक संघर्षों ने
A. 4, 3, 2, 1   B. 1, 4, 2, 3
C. 1, 2, 3, 4   D. 4, 1, 3, 2

23. 1. जहाँ एक ओर हास्य-कविता की लोकप्रियता बढ़ी है
2. कि उसमें घटिया और भोंडी बातों के समावेश से सूक्ष्म और परिष्कृत हास्य का स्तर गिर गया है
3. मनोविनोद की क्षमता से युक्त और कवि-सम्मेलनों के आश्रय में विकसित होने के कारण
4. वहीं एक हानि यह भी हुई है
A. 1, 3, 2, 4   B. 2, 4, 3, 1
C. 3, 1, 4, 2   D. 4, 1, 2, 3

24. 1. समाज सुधार के वर्तमान आंदोलनों के बीच जिस प्रकार सच्ची अनुभूति
2. द्वारा प्रेरित साहसी और स्वार्थी भी बहुत मिलते हैं
3. से प्रेरित उच्च आशय और गम्भीर पुरुष
4. पाए जाते हैं उसी प्रकार तुच्छ मनोवृत्तियाँ
A. 1, 2, 4, 3   B. 3, 2, 1, 4
C. 3, 1, 2, 4   D. 1, 3, 4, 2

25. 1. करना कि हमारा सामाजिक जीवन
2. हमारा उद्देश्य होगा, जीवन के हर सांस्कृतिक पहलू का इस प्रकार विकास

3. पुनर्गठित हो और वह सौन्दर्य एवं आनन्द को पूर्ण रूप से प्राप्त कर सके
4. स्वतंत्रता, समता और मानवता के आधार पर

A. 4, 2, 1, 3 B. 2, 1, 4, 3
C. 2, 1, 3, 4 D. 4, 2, 3, 1

26. 1. अर्थ देने वाले भाग
2. सार्वभौम रचनात्मकता को पहचानने वाले कला समीक्षक कहलाते हैं
3. मिथकीय आवरणों को हटा उसे तथ्यानुयायी
4. मनोवैज्ञानिक कहलाते हैं और आवरणों की

A. 1, 2, 4, 3 B. 3, 2, 4, 1
C. 3, 1, 4, 2 D. 1, 3, 4, 2

27. 1. प्रकृति स्वयं उस शक्ति का निर्माण करती है, जो
2. नाना प्रकार के दाहक और पाचक रसों के रूप में
3. वैसे देखा जाए तो उदर के भीतर कोई अग्नि की ज्वाला नहीं है, किन्तु
4. नाना भाँति के खाद्य पदार्थों अर्थात् भोज्य को पचा सकती है

A. 2, 1, 4, 3 B. 3, 2, 1, 4
C. 1, 2, 4, 3 D. 3, 1, 2, 4

28. 1. सन्त लोग चिल्लाकर थक गए कि
2. म्यान के मोलभाव से बाजार गर्म है
3. मगर तलवार बंद ही रह गई
4. 'मोल करो तलवार का पड़ा रहने दो म्यान'

A. 1, 3, 4, 2 B. 1, 4, 2, 3
C. 1, 4, 3, 2 D. 4, 1, 3, 2

29. 1. धर्म और उदारता के उच्च
2. ही एक ऐसा दिव्य आनंद भरा रहता है कि
3. कर्मों के विधान में
4. कर्त्ता को वे कर्म के ही फलस्वरूप लगते हैं

A. 3, 2, 1, 4 B. 1, 3, 2, 4
C. 1, 4, 3, 2 D. 3, 4, 2, 1

30. 1. सूर्य भगवान की अविश्राम तप्त किरणें, लू की सन्नाटा
2. शुष्क होते हुए मंद प्रवाह धरणी तल पर की अविरल शून्यता, विचित्र प्रभाव उत्पन्न करती है
3. निदाध कुसुमावतीपूरित वृक्षों का मुरझाना, नदी का
4. मारते हुए झपट, तेजपूरित उष्णता

A. 3, 2, 1, 4 B. 3, 2, 4, 1
C. 1, 4, 3, 2 D. 1, 4, 2, 3

उत्तरमाला

1	2	3	4	5	6	7	8	9	10
C	A	D	B	A	C	D	C	B	B
11	**12**	**13**	**14**	**15**	**16**	**17**	**18**	**19**	**20**
D	A	B	C	D	B	C	A	D	C
21	**22**	**23**	**24**	**25**	**26**	**27**	**28**	**29**	**30**
A	D	C	D	B	C	D	C	B	C

शुद्ध वाक्य की पहचान

निर्देशः *निम्नलिखित में शुद्ध वाक्य का चयन कीजिए।*

1. A. हेम नरेश की पुस्तक दी
B. हेम ने नरेश को पुस्तक दी
C. हेम नरेश का पुस्तक देगा
D. हेम ने नरेश का पुस्तक दिया

2. A. मन्त्री ड्राइवर से कार चलवाता है
B. मन्त्री ड्राइवर की कार चलवाता है
C. मन्त्री ड्राइवर के लिए कार चलवाता है
D. मन्त्री ड्राइवर पर कार चलवाता है

3. A. जीवन और साहित्य का धोर सम्बन्ध है
B. जीवन और साहित्य का निकट सम्बन्ध है
C. जीवन और साहित्य का घनिष्ठ सम्बन्ध है
D. जीवन और साहित्य का गहरा सम्बन्ध है

4. A. सूर्य पश्चिम को अस्त होता है
B. मुझे विद्यालय जाना है
C. मैं तो आप के ऊपर निर्भर हूँ
D. लड़ाई में लोगों ने खूब कमाया

5. A. यह अध्यापक बहुत श्रेष्ठ पढ़ाता है
B. आज गोपाल उसके अपने काम से शहर गया
C. यह गाय बहुत प्यासी है
D. मानव ईश्वर की सबसे उत्कृष्टतम कृति है

6. A. रमेश के अन्दर बहुत विद्वता है
B. रमा विदुषी महिला है
C. सभी श्रेणियों के लोग वहाँ उपस्थित थे
D. धन्यवाद देता हूँ मैं उन्हें

7. A. आवश्यकता आविष्कार की जननी है
B. आविष्कार की जननी आवश्यकता है
C. आविष्कार आवश्यकता की जननी है
D. जननी है आविष्कार की आवश्यकता

8. A. मैं आपसे कुछ नहीं कह सकता हूँ
B. कुछ हीं कह सकता हूँ मैं आपसे
C. आपसे मैं कुछ नहीं कह सकता हूँ
D. आपको मैं कुछ नहीं कह सकता हूँ

9. A. गंगा का उद्गम स्थल गंगोत्री में है
B. गंगा का उद्गम स्थल गंगोत्री पर है
C. गंगा का उद्गम स्थल गंगोत्री से है
D. गंगा का उद्गम स्थल गंगोत्री है

10. A. मुझे आज की बैठक का समाचार नहीं था
B. मैंने अभी लखनऊ जाना है
C. पाप को डरो, पानी से नहीं
D. एक कप चाय मुझे भी देना

11. A. विष्णु के अनेकों नाम हैं
B. कन्या पराया धन होती है
C. वह पढ़ता-पढ़ता सो गया
D. मैं रोज गाने की कसरत करता हूँ

12. A. आज हमारी सौभाग्यवती कन्या का विवाह है
B. उसने गीत की दो-चार लड़ियाँ ही सुनाई

C. देखो, कहीं उसकी नींद न खुल जाए

D. यह कार्य आप पर निर्भर करता है

13. A. मैं बता तुझको दूँगा

B. मैं तुम्हें बता दूँगा

C. मैं तुझको बता दूँगा

D. सभी वाक्य सही हैं

14. A. पेड़ पर कोयलें बोल रही थीं

B. पेड़ पर कोयल बोल रही थी

C. पेड़ों पर कोयल थी

D. सभी वाक्य सही हैं

15. A. मुझे बहुत दुःख हुआ

B. मुझे दुःखी हुआ

C. मुझे ज्यादा दुःख हुआ

D. सभी वाक्य सही हैं

16. A. वह एकदम उत्तीर्ण हो गया

B. वह उत्तीर्ण हो गया

C. वह एकदम पास हो गया

D. सभी वाक्य सही हैं

17. A. एक गीतों की पुस्तक ला दो

B. गीतों की एक पुस्तक ला दो

C. पुस्तक एक गीतों की ला दो

D. पुस्तक गीतों की एक ला दो

18. A. बन्दर को काटकर चाकू से फल खिला दो

B. चाकू से बन्दर को काटकर फल खिला दो

C. चाकू से फल काटकर बन्दर को खिला दो

D. फल काटकर चाकू से बन्दर को खिला दो

19. A. बाघ और बकरी एक घाट पर पानी पीती हैं

B. बाघ और बकरी एक घाट पर पानी पीते हैं

C. यह मेरा पुस्तक है

D. सीता ने रोटी खाया

20. A. मैं गाने की कसरत कर रहा हूँ

B. मैं गाने का अभ्यास कर रहा हूँ

C. मैं गाने का शौक कर रहा हूँ

D. मैं गाने का व्यायाम कर रहा हूँ

21. A. उसकी अवस्था चालीस वर्ष की है

B. उसकी आयु चालीस वर्ष की है

C. उसका बात मत करो

D. आपका पत्र सधन्यवाद मिला

22. A. मैं जाते-जाते रुक गया

B. मैं जा रहा था पर रुक गया

C. मैं जा रहा था और रुक गया

D. अचानक जाते-जाते रुक गया

23. A. उसे जाने दो, रोको मत

B. रोको मत, उसे जाने दो

C. मत रोको, उसे जाने दो

D. उसे जाने ही दो, रोको नहीं

24. A. रात दस बजे गाड़ी आएगी

B. दस बजे रात में गाड़ी आएगी

C. रात में दस बजे गाड़ी आएगी

D. गाड़ी रात में दस बजे आएगी

25. A. रामचन्द्रजी को दशरथ ने चौदह वर्ष का वनवास दिया

B. दशरथ ने राम को चौदह वर्षों के लिए वनवास दिया

C. चौदह वर्षों का वनवास दशरथ ने राम को दिया

D. दशरथ ने राम को चौदह वर्षों का वनवास दिया

26. A. सम्भवतः कल तक वर्षा हो जाएगी
    B. सम्भवतः कल तक अवश्य वर्षा हो जाएगी
    C. कल तक निश्चित रूप से वर्षा होने की संभावना है
    D. सम्भावना है कि कल तक निश्चय ही वर्षा होगी

27. A. हिन्दी के विकास के मुख्य तीन काल हैं, केवल
    B. हिन्दी के विकास के तीन ही मुख्य काल हैं
    C. तीन मुख्य काल हिन्दी के विकास के हैं
    D. हिन्दी के विकास के तीन काल मुख्य हैं

28. छात्र द्वारा अवकाश के प्रार्थना-पत्र के अन्त में लिखा जाना चाहिए
    A. आपका शिष्य
    B. आपका आज्ञाकारी शिष्य
    C. आपका छात्र
    D. आपका स्नेही

29. A. जो जैसा कभी बोता है वैसा काटता है
    B. वह जैसा कभी बोएगा है वैसा काटेगा
    C. जो जैसा बोएगा वैसा ही काटेगा
    D. जिसने जब जैसा बोया उसने तब वैसा काटा

30. A. मेरे को घर जाना चाहिए
    B. मैंने घर जाना चाहिए
    C. मुझे घर जाना चाहिए
    D. मुझको घर को जाना चाहिए

31. प्रत्येक व्यक्ति कविता नहीं कर सकते
    A. प्रत्येक व्यक्ति कविता कर सकते हैं
    B. प्रत्येक व्यक्ति कविता नहीं कर सकते हैं
    C. प्रत्येक व्यक्ति कविता नहीं कर सकता
    D. हर व्यक्ति कविता कर सकते हैं

32. A. हमारे यहाँ तरुण नवयुवकों को काम सिखाया जाता है
    B. पंडित जी की मृत्यु का हमें खेद है
    C. यही नहीं, बल्कि वे वहाँ से चले भी आए
    D. मुझसे यह काम सम्भव नहीं हो सकता

33. A. वहाँ भारी-भरकम भीड़ जमा थी
    B. जो धन का भूखा है, वह साधु नहीं है
    C. मुझे इस अधिवेशन का समाचार नहीं मिला था
    D. मेरी कविता मुद्रित हो रही है

34. A. देश सदा महात्मा गांधी का ऋणी रहेगा
    B. महात्मा गांधी का देश सदा ऋणी रहेगा
    C. महात्मा गांधी का सदा देश ऋणी रहेगा
    D. देश महात्मा गांधी का सदा ऋणी रहेगा

35. A. परिवर्तन का यह अर्थ नहीं कि कदापि अतीत की सर्वथा उपेक्षा की जाए
    B. परिवर्तन का अर्थ यह कदापि नहीं कि अतीत की सर्वथा उपेक्षा की जाए
    C. परिवर्तन का अर्थ यह कदापि नहीं कि अतीत की सर्वथा अपेक्षा की जाए
    D. परिवर्तन का यह अर्थ कदापि नहीं कि अतीत की सर्वथा उपेक्षा की जाए

36. A. जानते हैं किसी को कि इस बात को सताया न जाए
    B. जानते हैं इस बात को किसी को सताया न जाए
    C. इस बात को जानते हैं किसी को कि सताया नहीं जाए
    D. इस बात को जानते हैं कि किसी को सताया न जाए

37. A. सीटी की आवाज जिधर से आ रही थी मैं उधर ही दौड़ पड़ा

B. बस सीटी की आवाज जिधर से आ रही थी मैं उधर ही दौड़ पड़ा

C. सीटी की आवाज जिधर से आ रही थी बस उधर ही मैं दौड़ पड़ा

D. जिधर से सीटी की आवाज आ रही थी मैं उधर ही दौड़ पड़ा

38. A. अधिकारियों ने कागजात का निरीक्षण किया

B. अधिकारियों ने कागजात का परीक्षण किया

C. अधिकारियों ने कागजात की जाँच की

D. अधिकारियों ने कागजात का अन्वेषण किया

39. A. भारत में अनेकों जातियाँ हैं

B. भारत में अनेक जातियाँ हैं

C. भारत में अनेकों जाति हैं

D. भारत में अनेक जाति हैं

40. A. वह दण्ड देने योग्य है

B. वह दण्ड के योग्य है

C. वह दण्ड लेने योग्य है

D. वह दण्ड पाने योग्य है

41. A. फल बच्चे को काटकर खिलाओ

B. बच्चे को काटकर फल खिलाओ

C. बच्चे को फल काटकर खिलाओ

D. काटकर फल बच्चे को खिलाओ

42. A. उसे अनुत्तीर्ण होने की आशा है

B. उसे अनुत्तीर्ण होने की आशंका है

C. उसे अनुत्तीर्ण होने का शक है

D. उसे अनुत्तीर्ण होने का संशय है

43. A. कल पाठ पढ़कर आइए

B. पाठ पढ़कर कल आएं

C. पाठ पढ़कर आइए कल

D. कल पाठ पढ़कर आइए

44. A. जो मिठाई पसन्द हों आप खा लो

B. जो मिठाई पसन्द हो तुम खा लो

C. जो मिठाइयाँ पसन्द हों तुम खा लो

D. जो मिठाइयाँ पसन्द हों उन्हें आप खाइए

45. A. हम बचपन मं वहाँ जाएंगे

B. हम बचपन में वहाँ जाते रहे हैं

C. मैं बचपन से वहाँ जाता रहा हूँ

D. मैं बचपन में वहाँ जाऊँगा

उत्तरमाला

1	2	3	4	5	6	7	8	9	10
B	A	C	B	C	B	A	A	D	D

11	12	13	14	15	16	17	18	19	20
B	C	C	B	A	B	B	C	B	B

21	22	23	24	25	26	27	28	29	30
A	A	B	A	D	A	A	B	C	C

31	32	33	34	35	36	37	38	39	40
C	D	D	A	D	D	D	C	B	B

41	42	43	44	45
C	B	B	D	C

रिक्त स्थानों के लिए उचित शब्द का चयन

निर्देशः *निम्नलिखित वाक्यों में रिक्त स्थान की पूर्ति के लिए दिए हुए शब्दों में से सबसे उपयुक्त शब्द चुनिए और अपनी उत्तर पुस्तिका में सही उत्तर अंकित कीजिए।*

1. अदालतों में न्याय पाना बड़ा ...... हो गया है।
   A. खर्चीला   B. सरल
   C. कठिन   D. असम्भव

2. समाचार पत्रों में भी अब ...... समाचार कम छपते हैं।
   A. धार्मिक   B. जनहित के
   C. अपराधियों के   D. अमीरों के

3. अब नेताओं की सभा में उनके...... की ही भीड़ अधिक होती है।
   A. बन्धुओं   B. साथियों
   C. चमचों   D. बुजुर्गों

4. मंदिरों में पुजारी केवल..... ही देखते हैं।
   A. चढ़ावा   B. फूलमाला
   C. भक्ति   D. कपड़े

5. शिक्षा संस्थाओं में अध्यापकों का ध्यान प्रायः अपने ...... पर ही रहता है।
   A. छात्रों   B. विषय
   C. वेतन   D. सौन्दर्य

6. न जाने आज गाय का ...... दूध क्यों फट गया।
   A. कुछ   B. बहुत
   C. सारा   D. थोड़ा

7. कितने मन के ...... ढहे तब खड़ी हुई यह मधुशाला।
   A. शहर   B. गाँव
   C. भूखंड   D. महल

8. सखि पतंगा तो ...... ही है दीपक भी जलता है।
   A. मरता   B. जीता
   C. जलता   D. उड़ता

9. कश्मीर की समस्या अब शीघ्र ...... योग्य हो गई है।
   A. विचारने   B. समाधान
   C. सुधारने   D. हटाने

10. संस्कृत एक ...... भाषा के रूप में मानी जाती है।
    A. देव   B. मृत
    C. प्राचीन   D. श्रेष्ठ

11. राष्ट्रपति ने लोक सभा ...... कर दी।
    A. भँग   B. खत्म
    C. समाप्त   D. स्थगित

12. देश की ...... बनाए रखना हमारा प्रथम दायित्व है।
    A. व्यवस्था   B. एकता
    C. सरकार   D. आजादी

13. धैर्यवान व्यक्ति विपत्ति में भी ...... नहीं होता।
    A. दुःखी   B. चलायमान
    C. अधीर   D. विचलित

14. दीन-दुःखी की सहायता करना ही मानव का ...... होना चाहिए।

A. कर्म B. धर्म

C. फर्ज D. आभूषण

15. लोकतंत्र की सफलता के लिए जनता को ...... होना चाहिए।

A. शिक्षित B. अनुशासित

C. जागृत D. सभ्य

16. सभी धर्मों में ...... धर्म श्रेष्ठ है।

A. मानव B. हिन्दू

C. विश्व बंधुत्व D. भातृत्व

17. ...सबका भला चाहने वाला होता है

A. नेता B. संत

C. समाज-सेवी D. गुरु

18. हाथ से लिखी पुस्तक को ...कहते हैं।

A. हस्तलिखित B. हस्तलेखन

C. पाण्डुलिपि D. आलेख

19. वस्तुतः ...... मनुष्य वही है जो मानवता का आदर करता है।

A. सच्चा B. सम्पूर्ण

C. चरित्रवान D. यथार्थ

20. आणविक भट्टियाँ असीमित शक्ति का . ..... हैं।

A. साधन B. स्रोत

C. उपकरण D. माध्यम

21. जैसे-जैसे अंधेरा ...... हमें आगे बढ़ने में कठिनाई होने लगी।

A. निकलता गया B. चढ़ता गया

C. फैलता गया D. आता गया

22. आपका उपकार जीवन ...... याद होगा।

A. तक B. से लेकर

C. भर D. के अन्दर

23. आप गेंद को जितनी ताकत से जमीन पर दे मारेंगे वह उतनी ही ऊँची ...... ।

A. झपटेगी B. आयेगी

C. निकलेगी D. उछलेगी

24. आज मानव पूजास्थलों का अपनी राजनीतिक स्वार्थ-सिद्धि के लिए ...... कर रहा है।

A. सदुपयोग B. सुप्रयोग

C. बल प्रयोग D. दुरुपयोग

25. मदिरापान मानव के विवेक को ...... कर देता है।

A. उन्नत B. जागृत

C. कुंठित D. उत्कृष्ठ

26. जिन लोगों की करनी-कथनी में अंतर है, वे जीवन में कभी ...... नहीं पाते।

A. यश B. सम्मान

C. महत्व D. उन्नति

27. जुआ खेलना सबसे बड़ा ...... है।

A. पाप B. दुर्व्यसन

C. लत D. अपराध

28. स्वाभिमान मनुष्य का अमूल्य ...... है।

A. संपति B. पूंजी

C. कोष D. धन

29. अंधे को क्या चाहिए ...... ।

A. रोटी-कपड़ा B. मकान

C. दो आँखें D. दो रोटियाँ

30. चाटुकारिता आज के मानव की सफलता का सबसे घटिया ...... है।

A. अस्त्र B. शस्त्र

C. बल D. साधन

31. गीता भक्ति, ... और कर्म का संदेश देती है।

A. भोग B. ज्ञान
C. वियोग D. संयोग

32. ...... मृत्यु से बढ़कर है।
A. कीर्ति B. अपकीर्ति
C. मोह D. अहंकार

33. माता-पिता की सेवा करना मानव का ...... है।
A. श्रम B. भ्रम
C. धर्म D. कर्म

34. हमारी शिक्षा प्रणाली में खेलों की स्थिति ...... है।
A. स्मरणीय B. शोचनीय
C. विचारणीय D. अकथनीय

35. आजकल के राजनेता अपने कर्त्तव्यों से ...... हैं।
A. उदास B. विमुख
C. पीड़ित D. संलिप्त

36. कई दिन वहां रहने पर मुझे साध्वी की ...... के बारे में बहुत कुछ मालूम हो गया।
A. परिचर्या B. दिनचर्या
C. परिचर्चा D. परिक्रमा

37. प्रातःकाल उसके आश्रम से निरन्तर आती हुई तुलसीदास के भजनों की स्वर लहरी मेरी सोई हुई आत्मा को ...... कर देती थी।
A. विचलित B. चंचल
C. उदास D. जागृत्

38. कितने दिनों से मैं रेल-पेल व भागमभाग से ...... वातावरण से दूर जाने की बात सोच रहा था।
A. अचेत B. संलग्न
C. दूषित D. प्रभावित

39. इस युग में भविष्य के प्रति .... बनी रहती है।
A. आशा B. हताशा
C. आशंका D. निश्चिन्तता

40. हमें जल्दी निर्णय लेने से रोकती रहती है फिर भी भीड़ से दूर निकलने की बलवती ...... किसके मन में रह-रह कर नहीं जाग उठती है?
A. लालसा B. तृष्णा
C. इच्छा D. उत्सुकता

उत्तरमाला

1	**2**	**3**	**4**	**5**	**6**	**7**	**8**	**9**	**10**
C	B	C	A	C	C	D	C	B	C
11	**12**	**13**	**14**	**15**	**16**	**17**	**18**	**19**	**20**
A	B	D	B	A	A	B	B	A	D
21	**22**	**23**	**24**	**25**	**26**	**27**	**28**	**29**	**30**
C	C	D	D	C	B	B	D	C	D
31	**32**	**33**	**34**	**35**	**36**	**37**	**38**	**39**	**40**
B	B	C	B	B	B	D	D	C	C

समानार्थक शब्द

परिचय :

हिंदी भाषा में भी अन्य भाषाओं की तरह शब्दों का संसार अर्थ व प्रयोग की दृष्टि से अत्यन्त विलक्षण है। देखने व सुनने में सदृश होते हुए भी उनका अर्थ बिल्कुल ही भिन्न होता है।

निर्देश: *निम्नलिखित शब्दों के आगे चार-चार शब्द दिए गए हैं। इनमें से उचित समानार्थक पर्याय चुनकर चिह्नित करें।*

1. वक्त्र
   A. कपोल
   B. सिर
   C. मुख
   D. नेत्र

2. ब्रह्मा
   A. देवता
   B. प्राचीन
   C. विधाता
   D. अनादि

3. सरस्वती
   A. वाणी
   B. विद्या
   C. बुद्धि
   D. सरोवर

4. समीर
   A. अग्नि
   B. पानी
   C. हवा
   D. ठंडा

5. दिन
   A. घाम
   B. दिवस
   C. प्रकाश
   D. सफेद

6. मोक्ष
   A. निर्वाण
   B. मूँछ
   C. प्रस्थान
   D. स्वर्ग

7. गंगा
   A. नदी
   B. धारा
   C. मंदाकिनी
   D. सूर्यपुत्री

8. सूर्य
   A. मार्त्तण्ड
   B. देवता
   C. किरण
   D. प्रकाश

9. लक्ष्मी
   A. पद्मा
   B. सुन्दरी
   C. बड़ी
   D. माता

10. वृक्ष
    A. आम
    B. पादप
    C. बाग
    D. घास

11. वलय
    A. वृक्ष की छाल
    B. मृग छाल
    C. घेरा
    D. आवरण

12. सम्पुट
    A. मिश्रण
    B. बंधी हुई अंजलि
    C. पिटारी
    D. मन्जूषा

13. प्रभंजन
    A. अंजन
    B. तोड़-फोड़
    C. खण्ड-खण्ड
    D. तेज वायु

14. पुष्कल
    A. जायफल
    B. पुण्यफल
    C. बहुत-सा
    D. हरा-भरा

15. प्रत्यागमन
    A. परिक्रमा करना
    B. प्रतिरोध करना
    C. बार-बार आना
    D. वापस आना

16. परिवाद
    A. विवाद
    B. सम्वाद
    C. निन्दा
    D. परिवारवाद

17. शबनम
A. शीत B. ओस
C. पाला D. कोहरा

18. नैसर्गिक
A. प्राकृतिक B. स्वर्गिक
C. पारस्परिक D. स्वर्णिम

19. अस्मिता
A. आत्म प्रशंसा B. अहंता
C. स्वार्थ D. स्वाभिमान

20. अतीत
A. आने वाला B. बीता हुआ
C. आगम D. आरम्भ

21. प्रष्टव्य
A. पाने योग्य B. पूजने योग्य
C. देखने योग्य D. पूछने योग्य

22. आजीवन
A. जीवन-भर B. मरण तक
C. असीम D. आज-कल

23. आन्दोलन
A. आरोहण B. उद्वेलन
C. अभियान D. उच्छूलन

24. अनुज्ञा
A. अजा B. अवज्ञा
C. प्रज्ञा D. अनुमति

25. तूणीर
A. असंग B. निषंग
C. उत्संग D. निःसंग

26. फिजूल खर्ची
A. अव्यय B. मितव्यय
C. परिव्यय D. अपव्यय

27. कमल
A. पारिजात B. रजनी
C. विभावरी D. भामिनी

28. कलानिधि
A. नीर B. हिमाँशु
C. अम्बु D. आगार

29. तुंग
A. उन्नत B. प्रचण्ड
C. नारियल D. पुन्नाग

निर्देश : *नीचे प्रत्येक शब्द समूह में चार-चार शब्द दिए गए हैं। इनमें से तीन के अर्थ समान हैं। एक शब्द बेमेल है। बेमेल शब्द का चयन करें।*

30. A. अमृत B. पीयूष
C. सुधा D. लोचन

31. A. समझ B. बुद्धि
C. सोम D. अक्ल

32. A. जानशीन B. राजगद्दी
C. तख्त D. सिंहासन

33. A. आत्मजा B. सुता
C. सूनू D. मेदिनी

34. A. अमर B. अमर्त्य
C. वेदना D. दिव्य

35. A. शकुन B. सरित
C. शकुन्त D. पतंग

36. A. मेरू B. आर्या
C. उमा D. रुद्राणी

37. A. भूसुर B. महीसुर
C. विप्र D. भूरि

38. A. तड़ाग B. पुष्करिणी
C. सर D. मयंक

39. A. अक्षि B. कृशानु
C. रोहिताश्र D. वायुसखा

40. A. अंधा B. प्रारब्ध
C. भाग्य D. नसीब

41. A. क्रोध B. नयन
C. वक्षु D. नेत्र

42. A. व्योम   B. नभ
     C. अम्बर   D. नरभि

43. A. इन्द्र   B. सुरेश
     C. धनाधिप   D. सुरेन्द्र

44. A. सरस्वती   B. वाचा
     C. धनद   D. शारदा

45. A. आतुरता   B. आकुलता
     C. भार्या   D. उत्सुकता

46. A. सारंग   B. शिखी
     C. विशिख   D. मयूर

47. A. तुरंग   B. मृगेन्द्र
     C. मृगराज   D. व्याघ्र

48. A. पावक   B. अनिल
     C. अनल   D. कृशानु

49. A. गौतमी   B. अहिल्या
     C. व्योम   D. दुर्गा

50. A. गोपाल
     B. श्रीकृष्ण
     C. अथर्ववेद का ब्राह्मण
     D. ग्वाला

51. A. सुमन   B. कुसुम
     C. चमन   D. पुष्प

52. A. गुलामी   B. गुलशन
     C. दासत्व   D. परतंत्रता

53. A. सीमा   B. सागर
     C. पारावार   D. जलधि

54. A. दोष   B. परिवाद
     C. निन्दा   D. बुराई

55. A. अन्याय   B. धांधली
     C. परायण   D. अन्धेर

56. A. तख्त   B. राजगद्दी
     C. सिंहासन   D. जानशीन

57. A. वित्त   B. धन
     C. विरति   D. भत्ता

58. A. आभूषण   B. नागर
     C. जेवर   D. अलंकार

59. A. सौरभ   B. जलज
     C. पंकज   D. कंज

60. A. सज्जन   B. सत्कार
     C. सद्भावना   D. सजीव

उत्तरमाला

1	2	3	4	5	6	7	8	9	10
C	C	A	C	B	A	C	A	A	B
11	**12**	**13**	**14**	**15**	**16**	**17**	**18**	**19**	**20**
C	B	D	C	D	C	B	A	B	B
21	**22**	**23**	**24**	**25**	**26**	**27**	**28**	**29**	**30**
D	A	C	D	B	D	A	B	A	D
31	**32**	**33**	**34**	**35**	**36**	**37**	**38**	**39**	**40**
C	A	D	C	B	A	D	D	A	A
41	**42**	**43**	**44**	**45**	**46**	**47**	**48**	**49**	**50**
A	D	C	C	C	C	A	B	C	D
51	**52**	**53**	**54**	**55**	**56**	**57**	**58**	**59**	**60**
C	B	A	B	C	D	C	B	D	D

अनेक शब्दों के लिए एक शब्द

परिचयः

अनेक शब्दों के लिए एक सार्थक शब्द के प्रयोग से कथन अत्यन्त प्रभावशाली व रोचक हो जाता है। वाक्यों में ऐसे शब्दों का प्रयोग करने से जहाँ बहुत सारी बातों को बहुत कम वाक्यों के द्वारा व्यक्त किया जा सकता है वहीं दूसरी ओर जगह और समय की भी बचत होती है अर्थात् ऐसे शब्दों के प्रयोग को गागर में सागर भरने की बात कही जाए तो कोई अतिशयोक्ति नहीं होगी। अनेक शब्दों के लिए एक शब्द का निर्माण समास बनाकर अथवा उपसर्ग या प्रत्यय जोड़कर किया जाता है। संक्षेपण की कला को विकसित करने में इसका विशेष महत्व है।

निर्देश : *नीचे दिए गए प्रत्येक वाक्यांश के लिए एक शब्द दीजिए इसके लिए चार-चार विकल्प दिए गए हैं। उचित विकल्प का चुनाव कीजिए।*

1. जो लौकिक न हो
   A. पारलौकिक B. इहलौकिक
   C. अलौकिक D. ऐहिक

2. वह स्थान जहाँ पृथ्वी और आकाश मिलते हुए से दिखाई पड़ते हैं
   A. क्षितिज B. सरसिज
   C. अन्तरिक्ष D. नीहारिका

3. जो पुरुषों के अनुरूप हो
   A. पुरुषोचित B. पौरुषेय
   C. पौरुष D. पुरुष

4. जो ऊपर से मिलाया गया हो
   A. प्रक्षिप्त B. विक्षिप्त
   C. संक्षिप्त D. विलुप्त

5. किसी कथा के अन्तर्गत आने वाली कोई अन्य कथा
   A. दृष्टांत B. अन्तर्कथा
   C. अंतःकथा D. अंतर्दृष्टांत

6. गुरु के समीप रहने वाला विद्यार्थी
   A. अंतेवासी B. बटुक
   C. ब्रह्मचारी D. शिष्य

7. हाथी की पीठ पर रखी जाने वाली चौकी
   A. मचान B. हौदा
   C. तख्त D. गद्दी

8. फाल्गुन की पूर्णिमा को होने वाला हिंदुओं का प्रसिद्ध त्यौहार
   A. गुरु पूर्णिमा B. वसंतोत्सव
   C. दीपावली D. होली

9. यज्ञ में आहुति देने वाला
   A. पुरोहित B. हवि
   C. होता D. समिधा

10. फेंककर चलाया जाने वाला हथियार
    A. वाण B. शस्त्र
    C. अस्त्र D. वर्म

11. काम से जी चुराने वाला
    A. कामचोर B. बेकार
    C. आलसी D. निकम्मा

12. किसी बात को करने का निश्चय
    A. विकल्प B. संकल्प
    C. कल्प D. अत्यल्प

13. जिस बीमारी का ठीक होना सम्भव न हो
    A. असाध्य B. विकट
    C. भयानक D. घातक

14. जिस पर विजय प्राप्त कर ली गई हो
A. आक्रान्त B. अजेय
C. विजित D. पराजित

15. सूर्य के उदय होने का स्थान
A. उदयाचल B. सूर्यादय
C. प्रभात स्थान D. गंधमादन

16. जो कहा न जा सके
A. अकथित B. अकथनीय
C. अकथ्य D. नामुमकिन

17. जिसे बहुत बातें करनी आती हों
A. वाचाल B. गम्भीर
C. समालोचक D. मुनि

18. जो स्त्री के वशीभूत हो
A. स्त्रीदास B. गुलाम
C. स्त्रैण D. प्रेमी

19. जो समान न हो
A. बराबर B. जटिल
C. अविषम D. विषम

20. जिसे पढ़ना-लिखना आता हो
A. अल्पज्ञानी B. शिक्षित
C. बुद्धिजीवी D. साक्षर

21. जो खाना मुफ्त में मिलता हो
A. भण्डार B. लंगर
C. खुराक D. राशन

22. जो अपने कर्तव्य को न जानता हो
A. अनजान B. अज्ञानी
C. किंकर्त्तव्यविमूढ़ D. कर्त्तव्यहीन

23. जो कानून के अनुकूल न हो
A. अवैध B. जघन्य
C. अवध्य D. आवेग

24. कामना पूरी होने का विश्वास
A. प्रत्याशा B. दुराशा
C. विभावना D. सम्भावना

25. परंपरा से प्राप्त होने वाला
A. लकीर का फकीर
B. रूढ़ि
C. प्राचीनकालीन
D. परंपरागत

26. जिसे किसी से लगाव न हो
A. नश्वर B. लिप्सु
C. निर्लिप्त D. अलगाववादी

27. जो कुछ जानने की इच्छा रखता हो
A. जिज्ञासु B. जननी
C. जानकी D. नीतिज्ञ

28. जो बात लोगों से सुनी गई हो
A. अश्रुति B. सर्वप्रिय
C. लोकोक्ति D. किंवदन्ती

29. सबके समानाधिकार पर विश्वास
A. अधिकारी B. समाजवाद
C. प्रगतिवाद D. अधिकारवाद

30. रजोगुण वाला
A. तामसिक B. राजसिक
C. वाचिक D. सात्विक

31. जो आयु में बड़ा हो
A. गुरु B. अग्रज
C. वरिष्ठ D. सहोदर

32. जिस तर्क का कोई जवाब न हो
A. जोरदार B. तीखा
C. सटीक D. अकाट्य

33. जो दूसरों की सहायता की अपेक्षा न करे
A. आत्मनिर्भर B. पुरुषार्थ
C. आत्मविश्वासी D. स्वाभिमानी

34. मर्म का स्पर्श करने या प्रभाव डालने का भाव
A. मर्मस्पृर्शिता B. मर्मस्पृशी
C. मर्मान्वेषी D. मर्मान्वेषण

35. जो आँख के समक्ष न हो
A. अनदेखा B. परोक्ष
C. अपरोक्ष D. अज्ञात

36. जिसका इन्द्रियों से अनुमान न हो सके
  A. जितेन्द्रिय   B. अतीन्द्रिय
  C. कालजयी   D. सर्वजयी

37. जो किसी नियम का पालन न करे
  A. अभद्र   B. दुष्ट
  C. अनुशासनहीन   D. उच्छृंखल

38. जिसको माता-पिता का आश्रय न मिला हो
  A. पराश्रित   B. निराश्रित
  C. अनाथ   D. अकिंचन

39. जिस स्त्री का पति जीवित होता है
  A. कामिनी   B. सुभगा
  C. सधवा   D. मधवा

40. अनुचित व्यय करने वाला
  A. अतिव्ययी   B. मितव्ययी
  C. दुर्व्ययी   D. अपव्ययी

41. जिसके पास कुछ न हो
  A. निर्धन   B. त्यागी
  C. अकिंचन   D. संन्यासी

42. जिस पर अभियोग लगाया गया हो
  A. प्रतिवादी   B. अभियोगी
  C. अभियुक्त   D. याची

43. मोक्ष प्राप्त करने की इच्छा रखने वाला
  A. मोक्षेसु   B. ममुक्ष

C. मुमुक्ष   D. मुमुक्षु

44. जिसकी पत्नी मर गई है
  A. विदुर   B. विधवा
  C. विधुर   D. विधाता

45. जो किसी धर्म या व्यक्ति में आस्था न रखे
  A. निशान्त   B. धर्मनिरपेक्ष
  C. धर्मभीरू   D. नास्तिक

46. किए गए अहसानों को जानने, समझने व मानने वाला
  A. सुविज्ञ   B. कृतज्ञ
  C. कृतघ्न   D. विज्ञ

47. वह वस्तु जो छूने लायक न हो
  A. त्याज्य   B. अखाद्य
  C. अदृश्य   D. अस्पृश्य

48. एक ही माँ की कोख से जन्मा
  A. सहोदर   B. अग्रज
  C. अनुज   D. साथी

49. जो बिना वेतन कार्य करता हो
  A. निःशुल्क   B. अवैतनिक
  C. वैतनिक   D. इनमें से कोई नहीं

50. जिसकी स्त्री मर गई हो
  A. पुश्चल   B. जरठ
  C. विधुर   D. विसृत

उत्तरमाला

1	2	3	4	5	6	7	8	9	10
C	A	A	A	B	A	B	D	C	C
11	**12**	**13**	**14**	**15**	**16**	**17**	**18**	**19**	**20**
A	B	A	C	A	B	A	C	D	D
21	**22**	**23**	**24**	**25**	**26**	**27**	**28**	**29**	**30**
B	A	A	A	D	C	A	D	B	A
31	**32**	**33**	**34**	**35**	**36**	**37**	**38**	**39**	**40**
B	D	C	A	B	B	D	C	C	D
41	**42**	**43**	**44**	**45**	**46**	**47**	**48**	**49**	**50**
C	C	D	C	D	B	D	A	B	C

अनेकार्थी शब्द

परिचयः

अनेकार्थी शब्द वे शब्द कहे जाते हैं जिनके अनेक अर्थ होते हैं। हिन्दी भाषा में कई ऐसे शब्द हैं जिनके पूरे अर्थ शब्दकोश देख कर ही जाने जा सकते हैं। सूरदास के पदों में से उनके दृष्टकूटों में प्रयुक्त शब्द अपने अनेकार्थी होने के कारण प्रहेलिका बन जाते हैं किन्तु वे कौतूहलकारी भी हैं। पर्यायवाची शब्द तथा अनेकार्थी शब्दों में अन्तर यह होता है कि एक वस्तु को जब अनेक नामों से पुकारा जाता है तो उसे पर्यायवाची कहा जाता है जैसे—मयंक, शशि, कलाधर, हिमांशु, उडुपति आदि चन्द्रमा के लिए प्रयुक्त हुए हैं, इसलिए ये चन्द्रमा के पर्यायवाची शब्द हैं जबकि अनेकार्थी शब्द उस शब्द को कहा जाता है जब एक ही शब्द अनेक वस्तुओं के लिए अलग-अलग प्रयोग में आता है जैसे द्विजराज, कनक, सारंग आदि। यहाँ द्विजराज का अर्थ ब्राह्मण, चन्द्रमा, गरुड़ आदि है।

अनेकार्थी शब्द जहाँ हमारे ज्ञान में वृद्धि करते हैं वहीं किसी कविता अथवा कथन का आशय समझने में सहायक भी होते हैं। कवियों की पैनी दृष्टि तथा उक्ति को हृदयंगम करने के लिए अनेकार्थी शब्दों का विशेष महत्त्व माना जाता है। हिन्दी भाषा में अनेकार्थी शब्दों का प्रयोग लघु छन्दों, दोहा, सोरठा आदि में विशेष रूप से किया गया है।

निर्देश : *इन प्रश्नों में प्रत्येक में चार शब्द दिए गए हैं जिनमें से तीन अनेकार्थी शब्द की श्रेणी में आते हैं। जो शब्द इस श्रेणी में नहीं आता है, वही आपका उत्तर है।*

1. अंक
   A. गोद
   B. नाटक का विभाजन
   C. संख्या
   D. गणित

2. अर्थ
   A. पाप   B. धन
   C. आशय   D. प्रयोजन

3. आश्रय
   A. आधार   B. मैदान
   C. सहायता   D. तरकश

4. खग
   A. मन   B. तीर
   C. पक्षी   D. आकाश

5. चपला
   A. लक्ष्मी   B. चंचल
   C. पुष्प   D. तड़ित

6. नाग
   A. साँप   B. पर्वत
   C. जवाहर   D. बादल

7. पुर
   A. गाँव   B. घर
   C. किला   D. नगर

8. बक
   A. बगुला   B. ढोंगी
   C. आँधी   D. ठग

9. मृग
   A. कस्तूरी   B. मुर्गा
   C. हरिण   D. चन्द्रमा का कलंक

10. मूल
    A. वंश   B. जड़
    C. औषध   D. पूँजी

11. अक्षर
    A. आत्मा   B. वर्ण
    C. अक्षत   D. स्थिर

12. अक्रूर
    A. मित्र   B. शत्रु
    C. कृष्ण के चाचा   D. विनम्र

13. अचल
    A. पहाड़   B. स्थिर
    C. अटल   D. चंचल

14. अपेक्षा
    A. आशा   B. निराशा
    C. आवश्यकता   D. इच्छा

15. अमूल्य
    A. अनमोल   B. जन
    C. दूध   D. अमर

16. अर्क
    A. सर्प   B. बुध
    C. ताँबा   D. सत्व

17. अधर
    A. अंतरिक्ष
    B. निचला होंठ
    C. धरती और आसमान के मध्य
    D. अब्धि

18. कनक
    A. सोना   B. गेहूँ
    C. धतूरा   D. कमल

19. वर्ण
    A. अक्षर   B. स्वर
    C. जाति   D. रंग

20. शिखी
    A. मोर   B. पर्वत
    C. क्षत्रित   D. अग्नि

21. सारंग
    A. सर्प   B. सिंह
    C. भौंरा   D. वादक

22. अंक
    A. चिह्न   B. लेख
    C. अक्षर   D. प्रकृति

23. अंकुर
    A. आँख   B. कोंपल
    C. गरुड़   D. रक्त

24. अंग
    A. शरीर   B. भेद
    C. गोद   D. प्रकृति

25. अंगज
    A. पुत्र   B. पसीना
    C. जल   D. कामदेव

26. अक्ष
    A. सोहागा   B. शरीर
    C. बछेड़ा   D. गरुड़

27. अज
    A. साँप   B. बकरा
    C. शिव   D. शक्ति

28. अनन्त
    A. असीम   B. शेषनाग
    C. बादल   D. अभ्रक

29. अनी
    A. माया   B. माथा
    C. झुण्ड   D. नाव

30. अन्वय
A. संयोग B. मेल
C. अभ्रक D. खानदान

31. अपेक्षा
A. इच्छा B. आश्रय
C. अतिथि D. अनुरोध

32. अक्षर
A. सत्य B. मोक्ष
C. जल D. आँवला

33. अतिथि
A. अभ्यागत B. मुनि
C. अपरिचित D. जल

34. अधिष्ठान
A. नगर B. जनपद
C. सहारा D. नाव

35. अन्न
A. अनाज B. चाँद
C. पृथ्वी D. प्राण

36. अयन
A. सत्य B. स्थान
C. आश्रम D. अंश

37. अर्क
A. सूर्य B. रविवार
C. अन्न D. घोंसला

38. अर्थ
A. अभिप्राय B. काम
C. धन D. रस

39. अर्ह
A. योग्य B. तुच्छ
C. इन्द्र D. सोना

40. हेम
A. हिम B. सोना
C. नाग D. शेर

41. अवग्रह
A. अनावृष्टि B. वेद
C. संधिविच्छेद D. नीच

42. अहि
A. सर्प B. अग्नि
C. पृथ्वी D. सूर्य

43. अलि
A. कोयल B. फूल
C. बिच्छू D. सखी

44. अरुण
A. सूर्य B. कमल
C. अफीम D. सिंदूर

45. अशोक
A. एक वृक्ष का नाम
B. पारा
C. एक सम्राट का नाम
D. अपशकुन

46. आकर
A. खजाना B. भेद
C. श्रेष्ठ D. गाँव

47. आगा
A. अग्र भाग B. ललाट
C. आँचल D. कौवा

48. आड़
A. ओट B. वन
C. धूनी D. बिच्छू का डंक

49. आत्मा
A. चित्त B. बुद्धि
C. कोख D. अग्नि

50. आराम
A. बाग B. सुख
C. हैरान D. विश्राम

51. आशंसा
A. वासना   B. आशा
C. संदेह   D. प्रशंसा

52. आम
A. साधारण   B. आम का फल
C. प्रसिद्ध   D. आदत

53. इन्द्र
A. सूर्य   B. बिजली
C. हाथी   D. रात

54. इड़ा
A. पृथ्वी   B. गाय
C. वाणी   D. खजाना

55. ईश
A. मालिक   B. आगन्तुक
C. राजा   D. शिव

56. कंक
A. सफेद चील

B. बकुला
C. यमराज
D. युधिष्ठिर का एक नाम

57. कम्
A. जल   B. चाँदी
C. अग्नि   D. मस्तक

58. कंचन
A. सोना   B. नाव
C. धतूरा   D. सुन्दर

59. कंटक
A. काँटा   B. रोग
C. रोमांच   D. कवच

60. कंद
A. बिना रेशे की गूदेदार जड़
B. चीनी
C. मिश्री
D. घास

उत्तरमाला

1	2	3	4	5	6	7	8	9	10
D	A	D	A	C	D	A	C	B	C

11	12	13	14	15	16	17	18	19	20
D	B	D	B	A	B	D	D	B	C

21	22	23	24	25	26	27	28	29	30
D	D	C	C	C	B	A	C	A	C

31	32	33	34	35	36	37	38	39	40
C	D	D	D	B	A	D	B	B	D

41	42	43	44	45	46	47	48	49	50
D	B	B	B	D	D	D	B	C	C

51	52	53	54	55	56	57	58	59	60
A	D	C	D	B	A	B	B	B	D

पर्यायवाची शब्द

परिचय :

पर्यायवाची शब्द प्रत्येक भाषा के शब्द भण्डार को सूचित करते हैं। कविता अथवा गद्य लेखन में ही नहीं वरन् साधारण बोलचाल में भी एक वस्तु के लिए अथवा एक भाव के लिए प्रसंगानुकूल विविध शब्दों का प्रयोग कथन को जोरदार तथा प्रभावशाली बनाता है। हिंदी एक सशक्त तथा जीवंत भाषा है जिसमें पर्यायवाची शब्दों की विपुलता पायी जाती है। यह भाषा एक विशाल भूखण्ड की भाषा होने के साथ-साथ राजकाज की भी भाषा है। अपनी जननी संस्कृत से इसे अक्षय शब्द भण्डार की उपलब्धि हुई है। इसके अतिरिक्त प्राकृत, पाली, अपभ्रंश, फारसी, तुर्की, अंग्रेजी तथा दक्षिण भारत की भाषाओं से भी इसने यथा अपेक्षित शब्द ग्रहण किए हैं जिसके कारण इस भाषा की शब्द सामर्थ्य काफी बढ़ गई है।

निर्देश : *नीचे दिए गए चार विकल्पों में से सही पर्यायवाची शब्द ज्ञात कीजिए।*

1. अनन्त
   - A. विष्णु
   - B. अतिशय
   - C. असंख्य
   - D. आकाश

2. आडम्बर
   - A. ढोंग
   - B. तम्बू
   - C. दर्प
   - D. आवाज

3. कपाल
   - A. अदृष्ट
   - B. खप्पर
   - C. भाग्य
   - D. माथा

4. छंद
   - A. आवरण
   - B. पद
   - C. बंधन
   - D. आचरण

5. ऐश्वर्य
   - A. बड़ाई
   - B. विलास
   - C. सुख
   - D. सम्पदा

6. खर
   - A. रावण
   - B. कुंठित
   - C. गधा
   - D. मूर्ख

7. पक्षी
   - A. नीरज
   - B. नभ
   - C. विहग
   - D. सरसिज

8. कमल
   - A. कुसुम
   - B. पुष्प
   - C. प्रसून
   - D. पुंडरीक

9. चतुरानन
   - A. ब्रह्मा
   - B. इन्द्र
   - C. विष्णु
   - D. देवता

10. जल
    - A. घटा
    - B. नीर
    - C. दिनकर
    - D. सुधाकर

11. अमृत
    - A. सुधा
    - B. कौमुदी
    - C. मन्मथ
    - D. सुधाकर

12. इच्छा
    - A. अमिय
    - B. हर्ष
    - C. आकांक्षा
    - D. रश्मि

13. उद्यान
    - A. धाम
    - B. कुसुमाकर
    - C. आलय
    - D. वाटिका

14. अन्त्य
    - A. समाप्त
    - B. अन्तिम
    - C. नीच
    - D. कुलीन

15. घर
A. सदन B. उपवन
C. पंचशर D. हुताशन

16. व्योम
A. आकाश B. किरण
C. अग्नि D. ब्रह्मा

17. कानन
A. मधुकर B. पुष्प
C. विहिप D. वन

18. दास
A. पादप B. तात
C. भृत्य D. श्रमिक

निर्देश : *निम्नलिखित प्रत्येक प्रश्न में पर्यायवाची शब्द के सर्वाधिक उपयुक्त युग्म को चुनिए।*

19. अंतरिक्ष
A. पृथ्वी, आकाश B. व्योम, आकाश
C. सुरपथ, सिद्दपथ D. अनन्त, गगन

20. अम्बुज
A. कमल, शंख B. कमला, ब्रह्मा
C. बज्र, बेंत D. मीन, जलकुंभी

21. खल
A. विश्वासघाती, निर्लज्ज
B. नीच, दुर्जन
C. दुष्ट, धोखेबाज
D. खली, खरल

22. तृण
A. तुच्छ, अल्प B. घास, पत्ता
C. तिनका, घास D. लता, द्रुम

23. क्षुद्र
A. कंजूस, कृपण B. निर्धन, दरिद्र
C. अल्प, मामूली D. नीच, अधम

24. उग्र
A. तीव्र, रौद्र B. प्रचण्ड, क्रोधी
C. उत्कट, घोर D. शिव, सूर्य

25. वटोही
A. वटमार, एकाकी
B. असहाय, दुर्गम
C. पथिक, राहगीर
D. पाथेय, मेघ

26. विरद
A. यश, ख्याति B. बीज, मूल
C. वृक्ष, पौधा D. विरही, वियोगी

27. यातु
A. पथिक, कष्ट B. काल, हवा
C. यातना, हिंसा D. राक्षस, निशाचर

28. विभु
A. सर्वव्यापक, नित्य
B. ब्रह्म, आत्मा
C. महान, ईश्वर
D. चिरस्थायी, दृढ़

निर्देश : *निम्नलिखित विकल्पों में से कौन-सा दिए गए शब्द का सही पर्यायवाची नहीं है?*

29. देवता
A. सुर B. असुर
C. अमर D. निर्जर

30. तारा
A. अम्बु B. तारक
C. नक्षत्र D. नखत

31. बेटा
A. पुत्र B. सुत
C. आत्मज D. अग्रज

32. मनुष्य
A. नर B. महीपाल
C. मनुज D. मानव

33. गणेश
A. गणपति B. गौरीसुत
C. मतंग D. गजानन

34. अनुरोध
A. आग्रह B. विनती
C. निवेदन D. याचना

35. द्विज
A. केश   B. दाँत
C. ब्राह्मण   D. दो

36. हवा
A. अनल   B. अनिल
C. वायु   D. पवन

37. अंकुश
A. प्रतिबन्ध   B. रोक
C. अखुआ   D. दबाव

38. अकृत
A. ईश्वर   B. परमात्मा
C. अन्तर्यामी   D. उपेक्षित

39. अक्षि
A. धुरी   B. चक्षु
C. लोचन   D. नेत्र

40. अगाध
A. गहना   B. गहन
C. अथाह   D. गम्भीर

41. अवधि
A. अचल   B. पृथ्वी
C. इला   D. धरती

42. राजा
A. क्षपाकर   B. नृप
C. नरेश   D. भूपति

43. पहाड़
A. पर्वत   B. भूधर
C. भूप   D. गिरि

44. सूर्य
A. रवि   B. इन्दु
C. दिनेश   D. भास्कर

45. पंकज
A. अम्बुज   B. जलज
C. जलद   D. सरोज

46. सोना
A. हेम   B. हिरण्ये
C. रमणीक   D. हाटक

47. अग्नि
A. अनल   B. धूमकेतु
C. अम्बक   D. कृशानु

48. नाहर
A. केशरी   B. वनराज
C. मृग   D. सिंह

49. जिस विकल्प में पर्यायवाची शब्द नहीं है, उसे चुनिए
A. आग–अनिल   B. पद्य–जलज
C. फूल–पुष्प   D. पेड़–विटप

50. जिस विकल्प में पर्यायवाची शब्द नहीं है उसे चुनिए
A. पृथ्वी–मही   B. रात–राकेश
C. रास्ता–मार्ग   D. बर्फ–हिम

उत्तरमाला

1	2	3	4	5	6	7	8	9	10
C	A	D	B	D	C	C	D	A	B
11	**12**	**13**	**14**	**15**	**16**	**17**	**18**	**19**	**20**
A	C	D	C	A	A	D	C	B	A
21	**22**	**23**	**24**	**25**	**26**	**27**	**28**	**29**	**30**
B	C	D	D	C	A	D	A	B	A
31	**32**	**33**	**34**	**35**	**36**	**37**	**38**	**39**	**40**
D	B	C	D	A	A	C	D	A	A
41	**42**	**43**	**44**	**45**	**46**	**47**	**48**	**49**	**50**
A	A	C	B	C	C	C	C	A	B

विलोम शब्द

परिचयः

विलोम शब्द को विपरीतार्थक, विलोमार्थी अथवा विरोधी शब्द कहा जाता है जो किसी शब्द के ठीक विपरीत अर्थ प्रकट करते है। अंग्रेजी में जिन शब्दों को एण्टानिम्स कहा जाता है, हिंदी में वही शब्द विलोमार्थी अथवा प्रतिकूल अर्थ के बोधक कहे जाते हैं। अतएव विलोमार्थी शब्दों को यदि हम परिभाषाबद्ध करना चाहें तो कह सकते हैं कि–"किसी एक शब्द के ठीक विपरीत अर्थ प्रकट करने वाले शब्द विलोम कहे जाते हैं।" इन शब्दों को विपर्याय के रूप में भी जाना जाता है।

निर्देशः *नीचे दिए गए शब्दों के विलोम के लिए चार-चार विकल्प दिए गए हैं। उनमें से उचित विकल्प का चयन कीजिए।*

1. कृपण
A. अधम B. दानी
C. कृतघ्न D. कनिष्ठ

2. क्षणिक
A. शाश्वत B. संक्षेप
C. विरह D. क्षुद्र

3. स्वदेश
A. गाँव B. नगर
C. परदेश D. स्वर्ग

4. स्तुति
A. सेवक B. निवेदन
C. प्रार्थना D. निन्दा

5. सर्दी
A. गर्मी B. धूप
C. उष्ण D. शीतल

6. शान्त
A. लघु B. चंचल
C. डरपोक D. बहादुर

7. भीगा
A. सूखा B. नरम
C. उष्ण D. गरम

8. कुसुम
A. वज्र B. नारी
C. खिन्न D. ठंडा

9. तम
A. सम B. कृश
C. नम D. प्रकाश

10. नख
A. शिख B. अनित्य
C. श्याम D. निन्दा

11. भौतिक
A. पाश्चात्य B. दैविक
C. दैहिक D. आध्यात्मिक

12. अवनि
A. आकाश B. अम्बर
C. गगन D. आसमान

13. कर्कशा
A. कोमल B. निर्मल
C. विह्वल D. व्याकुल

14. अवनत
A. बढ़ना B. उत्कर्ष
C. ऊँचा D. उन्नत

15. अति
    A. न्यून   B. कम
    C. अल्प   D. नगण्य

16. अद्भुत
    A. सामान्य   B. लौकिक
    C. संसारी   D. सुगम

17. दरिद्र
    A. सम्पन्न   B. समृद्धशाली
    C. भूपति   D. श्रीपति

18. ब्रह्म
    A. जीव   B. माया
    C. जगत   D. अज्ञान

19. बहिरंग
    A. अंतरंग   B. रंगारंग
    C. जलतरंग   D. रामरंग

20. दिवस
    A. विभावरी   B. अरविन्द
    C. प्रवाहिणी   D. विचक्षण

21. निर्मल
    A. पवित्र   B. शुद्ध
    C. मलिन   D. मृदु

22. उद्यम
    A. प्रवीण   B. आलस्य
    C. नीरज   D. नृप

23. अग्नि
    A. पवन   B. समीर
    C. जल   D. जलधि

24. अग्र
    A. पश्च   B. शांत
    C. मध्यम   D. अधम

25. अच्युत
    A. अधम   B. पतित
    C. द्रवित   D. च्युत

26. कटु
    A. मधुर   B. पटु
    C. मृदु   D. मीठा

27. नीरस
    A. रसीला   B. सरस
    C. विरस   D. अरस

28. ओजस्विनी
    A. तेजस्विनी   B. निर्जस्वी
    C. तपस्विनी   D. तपस्वी

29. अर्पण
    A. ग्रहण   B. तर्पण
    C. समर्पण   D. प्रत्यर्पण

30. सामिष
    A. निरामिष   B. वैष्णव
    C. शाकाहारी   D. मांसरहित

उत्तरमाला

1	2	3	4	5	6	7	8	9	10
B	A	C	D	A	B	A	A	D	A
11	**12**	**13**	**14**	**15**	**16**	**17**	**18**	**19**	**20**
D	B	A	D	C	A	B	A	A	A
21	**22**	**23**	**24**	**25**	**26**	**27**	**28**	**29**	**30**
C	B	C	A	D	A	B	D	A	A

उपसर्ग एवं प्रत्यय

परिचय :

उपसर्ग—एक ऐसी भाषिक इकाई है जिसका भाषा में स्वतंत्र प्रयोग प्रायः नहीं होता किंतु इन्हें शब्दों के आरम्भ में जोड़कर नया शब्द बनाया जाता है। हिन्दी में तीन प्रकार के उपसर्गों का प्रयोग किया जाता है जो इस प्रकार हैं–

तत्सम उपसर्ग : ऐसे उपसर्ग जो संस्कृत से यथावत् ले लिए गए हैं उन्हें तत्सम उपसर्ग कहा जाता है। जैसे–अति, उत्, अधि, अप, आ, उप, दुः, निः, परा, परि, प्र, प्रति, बहु, वि, स, सु आदि।

तद्भव उपसर्ग : वे उपसर्ग जो संस्कृत के उपसर्गों तथा ध्वनियों से कुछ परिवर्तित होकर आए हैं तथा जिनका हिन्दी में स्वतंत्र प्रयोग नहीं होता किन्तु शब्द रचना के लिए उनका प्रयोग किया जाता है। उदाहरण के लिए अ, औ, क, दु, नि, पर, स आदि।

विदेशी उपसर्ग : जो उपसर्ग भाषाओं से लिए गए हैं तथा हिन्दी ने उन्हें स्वीकार कर लिया है उन्हें विदेशी उपसर्ग कहा जाता है। हिन्दी में प्रयुक्त होने वाले उपसर्ग ज्यादातर अरबी तथा फारसी से लिए गए हैं जैसे–अल, दर, ब, बा, बे, ला आदि।

परिचय :

प्रत्यय—प्रत्यय ऐसी भाषिक इकाई है जिसका प्रयोग स्वतंत्र रूप से नहीं किया जाता वरन् इसे किसी अन्य भाषिक इकाई के साथ जोड़कर किया जाता है। प्रत्यय चार प्रकार के होते हैं–

तत्सम : अनीय, आ, आलु, इ, इमा, इष्ठ, ई, ए, जीवी, तः, ता।

तद्भव : आइन, आई, आहट, आलू, एरा, नी आदि।

देशज : अंक, अक्कड़, अड़, आटा, पन आदि।

विदेशी : आना, इयत, खीर, मन्द आदि।

निर्देश : *नीचे एक शब्द दिया गया है। दिए गए विकल्प से आपको शब्द में प्रयुक्त उपसर्ग ज्ञात करना है।*

1. विज्ञान
   A. विज्ञ
   B. चिर
   C. वि
   D. अन

2. चिरायु
   A. चि
   B. चिर
   C. यु
   D. आयु

3. अवनत
   A. नत
   B. अ
   C. अव
   D. अवन

4. अत्याचार
   A. अ
   B. अत्या
   C. अति
   D. चार

5. अध्यात्म
   A. अध्य
   B. अधि
   C. आत्म
   D. अ

निर्देश : *निम्नलिखित शब्दों में प्रत्यय लगाने से बनने वाले सही विकल्प को चुनिए।*

6. शरीर + इक
A. शारीरक B. शारिरीक
C. शारीरिक D. शरीरिक

7. वर + इष्ठ
A. वरीष्ठ B. वरेष्ठ
C. वरिष्ट D. वरिष्ठ

8. बहन + ओई
A. बहनौई B. बहनोई
C. बहनुई D. बहनौयी

9. आध्यात्मक + इक
A. आध्यात्मिक B. अध्यात्मिक
C. अधिआत्मिक D. अध्यात्मक

10. लड़का + पन
A. लड़कापन B. लड़पन
C. लड़कपन D. लड़कापन

निर्देश : *नीचे एक शब्द दिया गया है। दिए गए विकल्प से आपको शब्द में प्रयुक्त प्रत्यय ज्ञात करना है।*

11. पागलपन
A. पागल B. पा
C. पन D. इनमें से कोई नहीं

12. सावधानी
A. ई B. इ
C. धानी D. साव

13. धुंधला
A. धुं B. धुंध
C. ला D. इनमें से कोई नहीं

14. प्रत्यय रहित शब्द है
A. पराभव B. कवित्व
C. कुख्यात D. लघुत्व

निर्देश : *तत्सम शब्द का चुनाव कीजिए।*

15. A. अँगरखा B. अंगरक्षक
C. अंगरच्छक D. अंरक्षक

16. A. अँधेरा B. अंधाधुंध
C. अंधकार D. अंधड़

17. A. आँवला B. आँवलक
C. आमलक D. अँवला

18. A. आश्चर्य B. आम
C. इज्जत D. अचरज

19. A. आलस्य B. उबटन
C. अमोल D. ऊँट

20. A. पुस्तक B. अंगूठी
C. आमोल D. अचरज

निर्देश : *निम्नलिखित में से कौन-सा शब्द नीचे दिए गए तद्भव का सही तत्सम शब्द है?*

21. नमक
A. लावण्य B. नौन
C. लवण D. लौन

22. सतसई
A. सप्तपदी B. षट्शती
C. सप्तशती D. सत्यशती

23. तुरन्त
A. त्वरित B. त्वरन्त
C. तुवरन्त D. तवरन्त

24. साखी
A. सखी B. साक्षी
C. साक्ष्य D. शाखा

25. तिगुना
A. तीन गुना B. तिन गुणा
C. त्रयगुण D. त्रिगुण

निर्देश : *नीचे लिखे प्रत्येक वर्ग में दिए गए विकल्पों में से तद्भव शब्द का चयन कीजिए।*

26. A. कान B. नासिका
C. परीक्षण D. कटक

27. A. पीड़ा B. केरा
C. पर्याप्त D. शिल्प

28. A. पक्षी   B. नृत्य
      C. अँधेरा   D. पश्य

29. A. बालिका   B. बेत
      C. आज्ञा   D. सिद्धि

30. A. रक्षा   B. तमंचा
      C. विरोध   D. शान्ति

निर्देशः *निम्नलिखित में से कौन-सा शब्द नीचे दिए गए तत्सम शब्द का सही तद्भव शब्द है?*

31. शिष्य
      A. शिशु   B. शिक्षु

      C. सिक्ख   D. शिष

32. वणिक
      A. वाणी   B. बनिया
      C. वाणिज्य   D. बाण

33. चतुष्कोण
      A. चौकोर   B. चौपट
      C. चौराहा   D. चौखट

34. इक्षु
      A. इच्छुक   B. इच्छा
      C. इष्ट   D. ईख

उत्तरमाला

1	2	3	4	5	6	7	8	9	10
C	B	C	C	B	C	D	B	A	C

11	12	13	14	15	16	17	18	19	20
C	A	C	C	B	C	C	A	A	A

21	22	23	24	25	26	27	28	29	30
C	C	A	B	D	A	A	C	C	A

31	32	33	34
C	B	A	D

मुहावरे एवं लोकोक्तियां

परिचय :

मुहावरा : मुहावरा अरबी शब्द है तथा संस्कृत और हिन्दी में इसका सही पर्याय नहीं मिलता। प्रयुक्तता, वाग्रीति, वाग्धारा और भाषा सम्प्रदाय को हम मुहावरे का पर्याय मान सकते हैं किन्तु इन शब्दों में 'मुहावरे' जैसी प्रभावोत्पादकता नहीं है। हिन्दी में मुहावरे की जगह वाग्धारा चलाने का प्रयास किया गया था, किन्तु हिन्दी जगत में वह ग्राह्य नहीं हुआ तथा मुहावरा, मुहावरा ही बना रहा।

परिचय :

लोकोक्ति : लोकोक्ति शब्द लोक तथा उक्ति दो शब्दों के मेल से बना है। इसका अर्थ होता है कोई ऐसा पूर्ण या अपूर्ण वाक्य जिसमें कोई अनुभव, सारकथन अथवा कोई कथा छिपी होती है। जैसे– 'का बरखा जब कृषि सुखाने' इसका अर्थ है कि यदि कोई काम समय पर नहीं हुआ तो असमय में उसके होने का कोई महत्व नहीं रह जाता।

निर्देश : *नीचे मुहावरे दिए गए है। प्रत्येक मुहावरे का अर्थ बताने के लिए चार विकल्प दिए गए हैं। इनमें एक अर्थ सही है। आपको इसी का चयन करना है।*

1. अंगारे उगलना
   A. आग लगाना
   B. क्रोध में कठोर वचन बोलना
   C. आग बुझाना
   D. जले हुए कोयले को इकट्ठा करना

2. इधर की दुनिया उधर करना
   A. जिद पर अड़े रहना
   B. असम्भव को सम्भव करना
   C. दहेज कम करना
   D. धनी व्यक्ति का निर्धन होना

3. ऊँचा-नीचा सुनाना
   A. प्रेरक प्रसंग सुनाना
   B. उपदेश देना
   C. भला बुरा कहना
   D. प्रवचन करना

4. काला नाग
   A. विषधर सर्प
   B. खोटा या घातक व्यक्ति
   C. तीव्र बुद्धि वाला व्यक्ति
   D. काला धन रखने वाला व्यक्ति

5. ठन-ठन गोपाल
   A. बना ठना नवयुवक
   B. खोखला
   C. धनवान
   D. शक्तिशाली

6. अंग-अंग ढीला होना
   A. परेशान होना
   B. शिथिल गात होना
   C. पिटाई होना
   D. बीमार होना

7. अंधे के हाथ बटेर लगना
   A. किसी वस्तु का अनायास मिलना
   B. अपात्र को बहुत बड़ी सफलता मिलना

C. अप्राप्य को प्राप्त करना

D. मुसीबत पर मुसीबत आना

8. घी का लड्डू टेढ़ा भी भला

   A. गुणी व्यक्ति की आलोचना

   B. उपयोगी वस्तु का रूप-रंग नहीं देखा जाता

   C. घी का लड्डू स्वादिष्ट होता है

   D. घी का लड्डू महंगा होता है

9. कोढ़ में खाज

   A. परवाह नहीं करना

   B. बराबर समझना

   C. एक दुःख पर दूसरा दुःख होना

   D. निपट मूर्ख

10. गुल खिलाना

   A. मौज करना

   B. बहुत गुस्सा आना

   C. व्यवधान पड़ना

   D. कोई बखेड़ा खड़ा करना

11. नाक का बाल होना

   A. बहुत कष्ट झेलना

   B. किसी का प्रिय व्यक्ति होना

   C. अपमान होना

   D. अनुभवी होना

12. सिक्का जमाना

   A. झूठे आश्वासन देना

   B. बहुत सम्मान देना

   C. सही व्यवहार करना

   D. प्रभाव स्थापित करना

13. पर निकलना

   A. अभिमान करना

   B. व्यर्थ इतराना

   C. बड़ा हो जाना

   D. शीघ्रता से काम करना

14. दूध का धुला होना

   A. निर्दोष होना   B. स्वस्थ होना

   C. शाकाहारी होना   D. स्वच्छ होना

15. दाँत खट्टे करना

   A. हराना   B. दाँत दुखना

   C. चखना   D. दाँत कमजोर होना

16. ओखली में सिर देना

   A. सोच-समझकर कार्य करना

   B. जानबूझ कर मुसीबत मोल लेना

   C. बिना सोचे कार्य करना

   D. अनजाने गड्ढे में गिरना

17. घोड़े बेच कर सोना

   A. दुःखी होकर सोना

   B. अकेले सोना

   C. खुश होकर सोना

   D. निश्चिंत होकर सोना

18. मुँह धो रखना

   A. आशा न रखना   B. आशा करना

   C. इज्जत लेना   D. कुछ खा लेना

19. हाथोंहाथ

   A. सहयोग करना

   B. खूब पीटना

   C. किसी काम को शीघ्र कर देना

   D. खतरा मोल लेना

20. सिर आँखों पर होना

   A. सहर्ष स्वीकार करना

   B. शोख करना

   C. अच्छा बुरा सबको एक समझना

   D. बुरा हाल होना

निर्देशः *प्रत्येक पंक्ति में एक लोकोक्ति दी गई है। उसके अर्थ स्वरूप चार विकल्प दिए गए हैं। इनमें से एक विकल्प सही है। आपको उसी का चयन करना है।*

21. अन्धा बाँटे रेवड़ी फिर-फिर अपनों को देय
A. उच्च पद पाकर अपने ही लोगों को लाभान्वित करना
B. न्याय की अवहेलना करके स्वजनों को लाभान्वित करना
C. अन्धा आदमी स्वजनों का ख्याल रखता है
D. स्वार्थी व्यक्ति पक्षपात करता है

22. अकल बड़ी कि भैंस
A. शारीरिक बल की अपेक्षा बौद्धिक बल श्रेष्ठ होता है
B. अक्ल अमूर्त और भैंस मूर्त रूप हैं
C. भैंस शारीरिक दृष्टि से बड़ी होती है
D. भैंस बुद्धिमान होती है

23. होनहार विरवान के होत चीकने पात
A. चिकने पत्तों वाला पौधा सुन्दर लगता है
B. बागवानी का शौक अच्छी बात है
C. होनहार बालक के लक्षण बचपन में ही प्रकट होने लगते हैं
D. चिकने पत्तों से पता लगता है कि यह पौधा वृक्ष बन जाएगा

24. सच्चे का बोलबाला, झूठे का मुँह काला
A. झूठ बोलना पाप है
B. झूठ बोलने वाला अपमानित होता है
C. असत्य बोलने वालों पर व्यंग्य
D. सत्य की सर्वत्र विजय होती है

25. शेर भूखा रह जाए, पर घास नहीं खाता
A. श्रेष्ठ व्यक्ति संकट में भी मर्यादा नहीं तोड़ता है
B. शेर केवल मांसाहारी होता है
C. शेर स्वयं शिकार होता है
D. स्वावलम्बी व्यक्ति किसी का सहारा नहीं तकता

26. हथेली पर सरसों नहीं जमती
A. सरसों के लिए जमीन चाहिए हथेली नहीं
B. हर काम में मनमानी नहीं चल सकती
C. काम के लिए समय चाहिए, जब चाहो, तभी काम नहीं हो सकता
D. सफलता समय पर आती है

27. आग लगे पर पानी कहाँ
A. कलह में कभी सुख नहीं होता
B. मुसीबत आने पर सहज नहीं टलती
C. वक्त पर अभीष्ट वस्तु नहीं मिलती
D. इनमें से कोई नहीं

28. घर में नहीं दाने, अम्मा चली भुनाने
A. झूठा आडम्बर
B. अधिक दिखावा करना
C. डीगें हाँकना
D. मुश्किल से गुजारा करना

29. ऊँची दुकान फीका पकवान
A. ऊँचे पर बनी दुकान के पकवान मीठे नहीं होते
B. ऊँची दुकान महँगी होती है
C. दिखावटी वस्तु में गुणवत्ता कम होती है
D. दिखावट में आकर्षण अधिक रहता है

30. न ऊधो का लेन, न माधो का देन
A. दूसरे के झंझट में दखल देना
B. किसी झंझट में न पड़ना
C. किसी से उधार न लेना
D. नगद लेन-देन करना

31. तीन लोक से मथुरा न्यारी
A. मथुरा सबसे श्रेष्ठ तीर्थ है
B. मथुरा नगर विशिष्ट है
C. सबसे श्रेष्ठ व सुन्दर
D. सबसे निराला

32. अधजल गगरी, छलकत जाए
A. निर्धन द्वारा अधिक खर्च करना
B. अज्ञानी द्वारा उपदेश देना
C. अल्पज्ञानी द्वारा अधिक प्रदर्शन करना
D. गगरी को पूरा भरना ही श्रेष्ठ

33. अपनी करनी, पार उतरनी
A. स्वयं के प्रयास से सफलता मिलती है
B. अपने कर्मों का फल भोगना
C. अपने साधन से ही नदी पार करनी चाहिए
D. अपने का हित करना

34. आये थे हरि भजन को ओटन लगे कपास
A. अच्छे कार्य न करके बुरे कार्य करना
B. पूजा-पाठ छोड़कर व्यापार करना
C. साधारण मनुष्य बनकर रहना
D. उच्च लक्ष्य छोड़कर साधारण कार्य में शक्ति लगाना

35. आगे नाथ न पीछे पगहा
A. पूर्ण स्वतन्त्र
B. अपने मन की करना
C. बन्धन रहित होना
D. इधर-उधर भागना

36. जस दूल्हा तसि बनी बराता
A. अच्छा दूल्हा और अच्छे साथी
B. अच्छा दूल्हा और खराब बाराती
C. सभी लोगों का अच्छा होना
D. जैसे व्यक्ति वैसे साथी

37. कहे से कुम्हार गधे पर नहीं चढ़ता
A. सरलता से न मानना
B. हठी व्यक्ति समझाने से नहीं मानता
C. किसी की न सुनना
D. भय दिखाने से ही काम बनता है

38. अधजल गगरी छलकत जाए
A. सीमित ज्ञान पर घमण्ड करना
B. आधी गगरी भरना
C. मूर्खता के कार्य करना
D. किसी कार्य को ठीक से न करना

39. ऊँट चढ़े पर कुत्ता काटे
A. अपना काम निकालना
B. कोई काम पूरा न हो पाना
C. दुस्साहस करके पछताना
D. विपत्ति सब जगह पीछा करती है

40. तन पर नहीं लत्ता, पान खायें अलबत्ता का अर्थ है
A. बुरी आदत में पड़ना
B. झूठा दिखावा करना
C. रौब डालना
D. रईस मिजाज होना

उत्तरमाला

1	2	3	4	5	6	7	8	9	10
B	B	C	B	B	B	A	B	C	D
11	12	13	14	15	16	17	18	19	20
B	D	B	A	A	B	D	A	C	A
21	22	23	24	25	26	27	28	29	30
D	A	C	D	A	C	C	A	C	B
31	32	33	34	35	36	37	38	39	40
D	C	A	D	C	D	B	A	D	B

वर्तनी

निर्देश (प्र.सं. 1 से 70 तक): *नीचे के प्रश्नों में एक शब्द की चार अलग-अलग वर्तनियां दी हुई हैं। इनमें से सही वर्तनी छाँटकर उस पर निशान लगाइये:*

1. A. जयोत्स्ना B. ज्योत्स्ना
C. जोत्स्ना D. ज्योत्सना

2. A. कवयित्री B. कवियित्री
C. कवियत्री D. कवित्री

3. A. उत्ज्वल B. उज्जवल
C. ऊज्जवल D. उज्ज्वल

4. A. छः B. छह
C. छह् D. छै

5. A. जिजीविषा B. जिजीवषा
C. जजीवषा D. जिजिवीषा

6. A. दृश्य B. द्रश्य
C. दृष्य D. दृिश्य

7. A. इतिहासिक B. ऐतेहासिक
C. ऐतिहासीक D. ऐतीहासिक

8. A. वाङ्मय B. वाँङ्ङमय
C. वांग्मय D. वांगमय

9. A. सौर्हाद्र B. सैहार्द
C. सैर्हाद D. सौहार्द

10. A. आर्शीवाद B. आशिर्वाद
C. आशीर्वाद D. आर्शिवाद

11. A. भूगोलिक B. भूगौलिक
C. भोगौलिक D. भौगोलिक

12. A. सन्कीर्णता B. सन्कीरणता
C. संर्कीणता D. संकीर्णता

13. A. परचन्ड B. प्रचण्ड
C. प्रचान्ड D. परचण्ड

14. A. तार्क्रिक B. तार्किक
C. ताकृिक D. ताक्रिक

15. A. इर्षा B. ईर्षा
C. इर्ष्या D. ईर्ष्या

16. A. पूज्यनीय B. पुजनीय
C. पूजनीय D. पुज्यनीय

17. A. अधम्र B. अध्रम
C. अधर्म D. अधृम

18. A. अधिकृत B. अधिक्रित
C. अधिक्रित्त D. अधिर्कित

19. A. अनुकृम B. अनुक्रम
C. अनुकर्म D. अनुकम्र

20. A. अनवेषण B. अन्वेषण
C. अन्वेछण D. अन्वेशण

21. A. अभिशेक B. अभिषेख
C. अभिषेक D. अभीषेक

22. A. इच्छुक B. इक्षुक
C. इक्छुक D. इच्छिक

23. A. इन्र्दिय B. इन्द्दिय
C. इन्दिय D. इन्द्रिय

24. A. उतकण्ठा B. उत्कण्ठा
C. उत्क्णठा D. उत्त्कन्ठा

25. A. उमिृला B. उम्रिला C. उमिर्ला D. उर्मिला

26. A. रिषि B. ऋषि C. ऋिषि D. ऋशि्

27. A. एकागृ B. एकाग्र C. एकार्ग D. एक्राग्र

28. A. ओजश्वि B. ओजस्वी C. ओजश्वी D. ओजष्वी

29. A. औशधी B. औषधी C. औषधि D. औष्धि

30. A. करम B. क्राम C. कम्र D. कर्म

31. A. ग्रिहीत B. ग्रहीत C. गृहीत D. गर्हित

32. A. कृतज्ञ B. क्रतज्ञ C. क्रितज्ञ D. क्रितग्य

33. A. चतुदर्श B. चर्तुदश C. चतुर्दश D. चतुद्रश

34. A. जर्जर B. जरर्जर C. जज्रर D. जरजर

35. A. जघ्नय B. जघ्रय C. जघ्न्य D. जघन्य

36. A. जेष्ठ B. ज्येश्ठ C. ज्येष्ठ D. ज्येस्ठ

37. A. तपस्वनी B. तपस्विनी C. तपिस्वनी D. तपिस्विनी

38. A. तादातमय B. तदात्म्य C. तादात्म्य D. तादात्यम

39. A. तृष्णा B. तिृष्णा C. त्रिष्णा D. तृश्णा

40. A. त्रिमूर्ती B. त्रिमुर्ति C. त्रिमूर्ति D. त्रृमूर्ति

41. A. दक्छ B. दक्च्छ C. दक्ष D. दज्ञ

42. A. द्रर्पन B. दर्पन C. दपर्ण D. दर्पण

43. A. दामपत्य B. दम्पत्य C. दाम्पत्य D. दाम्पत

44. A. दीप्पित B. दीपति C. दीप्ति D. दीप्ती

45. A. दीर्घायु B. दीरघायु C. दीघार्यु D. दीर्घिायु

46. A. दुर्निती B. दुनीर्ति C. दुरनीति D. दुर्नीति

47. A. दुर्दषा B. दुह्शा C. दुर्दशा D. दुद्रशा

48. A. दुर्योधन B. दुयोर्धन C. दूरयोधन D. द्रुयोधन

49. A. दुरबुद्धि B. दुर्बुधि C. दुबुद्धि D. दुर्बुद्धि

50. A. धनुष्विद्या B. धनुर्विद्या C. धर्नुविद्या D. धनुर्वेद्या

51. A. धर्म B. धृर्म C. ध्रर्म D. धम्र

52. A. ध्रुर्व B. धुव्र C. ध्रुव D. धुर्व

53. A. नर्म्रदेश्वर B. नम्रदेश्वर C. नमर्देश्वर D. नर्मदेश्वर

54. A. निरक्षेप B. निक्क्षेप C. निक्षेप D. निक्छेप

55. A. निर्गह　B. नृग्रह
C. निग्रह　D. निगर्ह

56. A. निरजीव　B. निर्जीव
C. निृजीव　D. निज्रीव

57. A. निम्रूल　B. निर्मूल
C. निरमूल　D. नृर्मूल

58. A. निवृत्त　B. निव्रत्त
C. निवृत　D. निृवत्त

59. A. प्रिक्रमा　B. परीक्रमा
C. परिकृमा　D. परिक्रमा

60. A. प्रयटन　B. पृयटन
C. पर्यटन　D. प्रर्यटन

61. A. प्रक्रिति　B. प्रकृति
C. प्रक्रति　D. पृक्रति

62. A. बर्हिमुख　B. बहिर्मुख
C. बहिम्रुख　D. बहिमुर्ख

63. A. भरतस्ना　B. भर्त्सना
C. भर्तसना　D. भर्तृसना

64. A. मूर्ती　B. मूर्ति
C. मूर्तृि　D. मूरती

65. A. गिद्ध　B. गीध
C. गिद्धा　D. ग्रिद्ध

66. A. निकर्सन　B. निर्कषन
C. निकर्षण　D. निर्कषण

67. A. निकृष्ट　B. निक्रस्ट
C. निकृस्ट　D. निक्रिष्ट

68. A. पार्थिव　B. पार्थ्रिव
C. पार्थीव　D. पाथिर्व

69. A. विदूश्क　B. विदूष्क
C. विदूशक　D. विदूषक

70. A. र्फुतीला　B. फुर्तीला
C. फुर्तिला　D. फुर्तला

उत्तरमाला

1	**2**	**3**	**4**	**5**	**6**	**7**	**8**	**9**	**10**
B	A	D	B	A	A	B	A	D	C
11	**12**	**13**	**14**	**15**	**16**	**17**	**18**	**19**	**20**
D	D	B	B	D	C	C	A	B	B
21	**22**	**23**	**24**	**25**	**26**	**27**	**28**	**29**	**30**
C	A	D	B	D	B	B	B	C	D
31	**32**	**33**	**34**	**35**	**36**	**37**	**38**	**39**	**40**
C	A	C	A	D	C	B	C	A	C
41	**42**	**43**	**44**	**45**	**46**	**47**	**48**	**49**	**50**
C	D	C	C	A	D	C	A	D	B
51	**52**	**53**	**54**	**55**	**56**	**57**	**58**	**59**	**60**
A	C	D	C	C	B	B	A	D	C
61	**62**	**63**	**64**	**65**	**66**	**67**	**68**	**69**	**70**
B	B	B	B	A	C	A	A	D	B

अनुच्छेद आधारित प्रश्नोत्तर

निर्देशः *निम्नलिखित प्रत्येक अनुच्छेद पर आधारित प्रश्न दिए गए हैं। प्रश्नों के उत्तर देने से पहले अनुच्छेदों को ध्यानपूर्वक पढ़ें।*

प्रत्येक प्रश्न के लिए A, B, C एवम् D विकल्प वाले चार सम्भावित उत्तर दिए गए हैं। इनमें से केवल एक ही उत्तर सही है। आपको सही उत्तर का चयन करना है।

अनुच्छेद-1

मनुष्य के विकास में शिक्षा का एक महत्वपूर्ण स्थान है। शिक्षा द्वारा मनुष्य का मानसिक एवम् बौद्धिक विकास होता है। शिक्षा के बिना मनुष्य पशु के समान है। यह अत्यन्त आवश्यक है कि पुरूष और स्त्रियाँ दोनों ही समान रूप से शिक्षा-प्राप्त करें। यदि स्त्रियाँ शिक्षित नहीं की गईं तो हमारा आधा समाज पिछड़ा ही रहेगा। आजकल संसार के अनेक भागों में स्त्रियों की शिक्षा के अच्छे परिणाम हम देख सकते हैं। इसका ही परिणाम है कि अनेक बुरे रीति-रिवाज और अन्ध-विश्वास समाज में बहुत तेजी से दूर होने लगे हैं। राष्ट्रीय विकास के हर क्षेत्र में स्त्रियाँ पुरूषों के कन्धों से कन्धा मिलाकर काम कर रही हैं और बराबर की जिम्मेदारी निभा रही हैं।

1. शिक्षा मनुष्य के लिए महत्वपूर्ण हैं, क्योंकि–
A. यह पशु को मनुष्य बनाती है
B. यह राष्ट्र को विकसित करती है
C. इससे मनुष्य की मानसिक और बौद्धिक शक्ति का विकास होता है
D. यह स्त्रियों के लिए आवश्यक है

2. स्त्रियों का शिक्षित होना आवश्यक है, क्योंकि–
A. स्त्रियों को काम करना पसन्द है
B. स्त्रियाँ अकेले ही समाज की बुराइयों को दूर कर सकती हैं
C. स्त्रियाँ स्वभाव से ही अन्धविश्वासी होती है
D. पूरे समाज के शिक्षित होने पर ही उन्नति हो सकती है

3. शिक्षा के बिना मनुष्य पशु के समान है, क्योंकि–
A. वह कठिन परिश्रम नहीं करता
B. उसकी मानसिक शक्तियाँ विकसित नहीं हो पातीं
C. यह अपनी जीविका पैदा नहीं कर सकता
D. वह अन्ध-विश्वासी बना रहता है

4. स्त्री शिक्षा के कौन से अच्छे परिणाम हैं?
A. स्त्रियों को नौकरियाँ मिल रही हैं
B. स्त्रियाँ बहुत सारा धन कमा रही हैं
C. लड़कियाँ स्कूलों में जा रही हैं
D. अन्धविश्वासों और बुरे रीति-रिवाजों का तेजी से सफाया हो रहा है

5. स्त्रियाँ पुरूषों के साथ बराबर की जिम्मेदारी निभा रही हैं, क्योंकि।
A. वे शिक्षित हैं
B. वे बहुत सारा धन कमा रही हैं
C. वे पुरुषों के बराबर हैं
D. वे अन्धविश्वासी हैं।

अनुच्छेद-2

एक मन्त्री जब जेल का निरीक्षण कर रहे थे, तो उन्होंने वहाँ जेल की कोठरी में एक जवान अपराधी को देखा। मन्त्री ने कैदी से पूछा कि उसने कौन-सा अपराध किया है। कैदी ने बताया, "मैं तो खाली गली में घूम रहा था कि मैने जमीन पर एक रस्सी का टुकड़ा देखा, मैने सोचा वह किसी के काम का नहीं है। मैने उसे उठा लिया और अपने घर ले गया।" मन्त्रीजी उसकी बात को सुन कर आश्चर्य में पड़ गए। उनको उस पर दया आ गई। उन्होंने जेल अधीक्षक से पूछा, "क्या इस जवान को कैद करना ठीक है? उसने तो केवल एक पुरानी रस्सी का टुकड़ा उठा लिया था।" जेल अधीक्षक ने उत्तर दिया "कृपया आप उससे पूछें कि रस्सी से क्या बंधा हुआ था?" बदकिस्मती से उस रस्सी से एक गाय बंधी हुई थी, महोदय", उस जवान ने उत्तर दिया।

1. जवान आदमी ने रस्सी को क्यों उठाया?
A. उसे रस्सी बहुत पसन्द थी
B. उसे गाय को बाँधने के लिए रस्सी चाहिए थी
C. रस्सी से एक गाय बंधी थी
D. रस्सी किसी की नहीं थी

2. "बदकिस्मती से उस रस्सी से एक गाय बंधी हुई थी, महोदय" इस वाक्य से हमें ज्ञात होता है कि कैदी–
A. चालाक था B. झूठा था
C. निर्दोष था D. ईमानदार था

3. मन्त्री महोदय ने जवान कैदी को कब देखा?
A. गली में घूमते समय
B. जवान आदमी को रस्सी का टुकड़ा उठाते समय
C. जवान आदमी को गाय ले जाते समय
D. जेल का निरीक्षण करते समय

4. कैदी का पहला उत्तर सुनकर मन्त्रीजी–
A. आश्चर्य में पड़ गए
B. प्रसन्न हो गए
C. भड़क उठे
D. चिढ़ गए

5. मन्त्रीजी ने जेल अधीक्षक से पूछा–
A. क्या रस्सी का टुकड़ा कैदी का था
B. क्या जवान आदमी को छोड़ना है
C. रस्सी से क्या गाय बंधी थी
D. क्या जवान आदमी को कैद करना ठीक था

अनुच्छेद-3

अमेरिका के एक प्रसिद्ध जीवन-शास्त्री का कहना है कि जिन्दगी संघर्ष से भरी हुई है। एक के बाद एक खींचतान लगी ही रहती है और चैन नहीं मिल पाता, इसलिए जीवन में उन क्षणों की बहुत कीमत है जो जीवन को गुदगुदा दें और खींचतान की तेजी को भुला दें।

इस जीवन-शास्त्री ने लोगों को एक बड़ा दिलचस्प मशविरा दिया है कि जब तुम अपने किसी मित्र-दोस्त से बात करने बैठो, तो घड़ी का मुँह दीवार की तरफ कर दो।

जब उससे पूछा गया कि बातचीत और घड़ी का क्या सम्बन्ध है तो उत्तर मिला कि वह कम्बख्त याद दिलाती रहती है कि इतनी देर हो गई-इतनी देर हो गई और इस तरह वह आनन्द-क्षण खण्डित हो जाता है, जो मित्र की बातचीत से मिलता है।

1. जीवन-शास्त्री ने किसे कम्बख्त कहा है?
A. अपने को

B. मित्र को

C. घड़ी को

D. जीवन-शास्त्री को

2. लेखक के अनुसार आज का जीवन कैसा है?

A. तनावपूर्ण   B. संघर्षमय

C. आनन्दपूर्ण   D. शान्तिपूर्ण

3. जीवन में वे क्षण मूल्यवान हैं जो–

A. जिन्दगी में खींचतान ला दे

B. जिन्दगी में चैन से बैठने न दें

C. जिन्दगी को संघर्ष से भर दें

D. जिन्दगी की खींचतान को तेजी से भूला दें

4. मित्रतापूर्ण गपशप में प्रायः आ जाता है–

A. जोश

B. आनन्द

C. तनाव

D. अमित्रता

5. जीवन को गुदगुदाने वाले क्षणों की कीमत है, क्योंकि–

A. उनसे जीवन में तेजी आती हैं

B. उनसे जीवन में संघर्ष बढ़ता हैं

C. उनसे शान्तिपूर्ण जीवन में खींचतान बढ़ती हैं

D. उनसे तनावपूर्ण जीवन में चैन मिलता हैं

उत्तरमाला

अनुच्छेद-1

1	2	3	4	5
C	D	B	D	A

अनुच्छेद-2

1	2	3	4	5
C	A	D	A	D

अनुच्छेद-3

1	2	3	4	5
C	B	D	B	D

वस्तुनिष्ठ सामान्य ज्ञान

इतिहास

1. मोहनजोदड़ो और हड़प्पा के प्राचीन नगर अब कहाँ स्थित हैं?
   A. भारत में
   B. पाकिस्तान में
   C. बांग्लादेश में
   D. तिब्बत में

2. सिन्धु सभ्यता से प्राप्त मुहरें निम्नलिखित में से किससे बनी थीं?
   A. लाजवर्द
   B. कांस्य
   C. रजत
   D. स्टेटाइट

3. निम्नलिखित में से कौन-सा वेद गद्य एवं पद्य में रचित है?
   A. ऋग्वेद
   B. यजुर्वेद
   C. सामवेद
   D. अथर्ववेद

4. ऋग्वैदिककालीन आर्यों के युद्ध के देवता कौन थे?
   A. मंगल
   B. इन्द्र
   C. रुद्र
   D. शिव

5. महावीर स्वामी को किस स्थान पर ज्ञान प्राप्त हुआ?
   A. ऋजुपालिका नदी के तट पर
   B. पुनपुन नदी के तट पर
   C. गंगा नदी के तट पर
   D. कोसी नदी के तट पर

6. अशोक के अभिलेखों को पढ़ने का प्रथम श्रेय प्राप्त है—
   A. विल्किन्स को
   B. विलियम जोन्स को
   C. जेम्स विलियम को
   D. जेम्स प्रिंसेप को

7. किसने भारत में सर्वप्रथम स्वर्ण सिक्के को चलाया था?
   A. कुषाण
   B. मौर्य
   C. हिन्द यवन
   D. गुप्त

8. गुप्तकाल में प्रमुख गणितज्ञ एवं खगोलशास्त्री था—
   A. वराहमिहिर
   B. आर्यभट्ट
   C. रामानुजाचार्य
   D. उपर्युक्त सभी

9. निम्नलिखित का काल क्रम है—
   1. हल्दीघाटी युद्ध
   2. बैरम खाँ का पतन
   3. असीरगढ़ की विजय
   4. अबुल फजल की हत्या
   A. 1, 2, 3, 4
   B. 3, 2, 4, 1
   C. 1, 4, 2, 3
   D. 2, 4, 3, 1

10. विदेशी आक्रमणकारियों को ऐतिहासिक क्रम में लिखिए—
   1. मुहम्मद-बिन-कासिम
   2. मुहम्मद गोरी
   3. महमूद गजनवी
   4. चंगेज खाँ
   A. 1, 3, 4, 2
   B. 4, 3, 2, 1
   C. 1, 3, 2, 4
   D. 4, 2, 3, 1

11. किस शासक के दरबार में सर्वाधिक हिन्दू पदाधिकारी थे?
   A. अकबर
   B. शाहजहाँ
   C. जहाँगीर
   D. औरंगजेब

12. किस शासक ने सिंचाई कर लगाया था?
   A. मुहम्मद तुगलक
   B. फिरोज तुगलक

1

C. अलाउद्दीन खिलजी

D. सिकन्दर लोदी

13. कबीर की मृत्यु किस स्थान पर हुई?

　　A. प्रयाग　　　　B. काशी

　　C. मगहर　　　　D. मथुरा

14. अंग्रेजों ने सर्वप्रथम अपना व्यापारिक कारखाना लगाया था—

　　A. मुम्बई में　　B. हुगली में

　　C. सूरत में　　　D. बंगलौर में

15. भारतीय राष्ट्रीय कांग्रेस के प्रथम मुस्लिम अध्यक्ष थे—

　　A. बदरुद्दीन तैयबजी

　　B. मौलाना अबुल कलाम आजाद

　　C. सर सैयद अहमद खाँ

　　D. मो. जिन्ना

16. ऑल इण्डिया ट्रेड यूनियन के प्रथम अध्यक्ष थे—

　　A. लाला लाजपत राय

　　B. एम.एन. जोशी

　　C. स्वामी सदानन्द

　　D. बाल गंगाधर तिलक

17. भारत में सर्वप्रथम टेलीग्राफ व्यवस्था प्रारम्भ हुई थी—

　　A. 1850 में　　B. 1853 में

　　C. 1854 में　　D. 1856 में

18. असहयोग आन्दोलन वापस ले लिया गया था—

　　A. रौलट एक्ट के बाद

　　B. प्रथम विश्व युद्ध के बाद

　　C. जलियाँवाला बाग हत्याकाण्ड के बाद

　　D. चौरी-चौरा घटना के बाद

19. क्रिप्स मिशन को किसने 'उत्तर तिथिय चैक' की संज्ञा दी?

　　A. महात्मा गांधी

　　B. पं. जवाहर लाल नेहरू

　　C. राजेन्द्र प्रसाद

　　D. मोतीलाल नेहरू

20. थियोसोफिकल सोसाइटी का अन्तर्राष्ट्रीय मुख्यालय है—

　　A. अड्यार　　　B. सैनफ्रांसिस्को

　　C. न्यूयार्क　　　D. जेनेवा

21. सत्यशोधक समाज की स्थापना किसने की थी?

　　A. गोपाल कृष्ण गोखले

　　B. महादेव गोविन्द रानाडे

　　C. ज्योतिबा फूले

　　D. गोपाल हरि देशमुख

22. तैमूर ने किसके शासनकाल में भारत पर आक्रमण किया था?

　　A. बलबन

　　B. इल्तुतमिश

　　C. फिरोजशाह तुगलक

　　D. नासिरुद्दीन महमूदशाह तुगलक

23. समुद्रगुप्त ने अपने दक्षिण अभियान में किस वेंगी शासक को हराया था?

　　A. नंदी वर्मन　　B. हस्ती वर्मन

　　C. देव वर्मन　　　D. नीरू वर्मन

24. मुहम्मद-बिन-तुगलक द्वारा अपनाया गया सांकेतिक मुद्रा किस धातु का बना हुआ था?

　　A. कांसा　　　　B. पीतल और तांबा

　　C. चाँदी　　　　D. लोहा

25. अकबर के शासन काल में मुगल सेना का सेनापति कौन था?

　　A. राजा मान सिंह　B. टोडरमल

　　C. भगवंत दास　　D. फकीर अजीउद्दीन

26. इनमें से दिल्ली के सिंहासन पर बैठने वाला पहला अफगान शासक कौन था?
A. सिकन्दर लोदी
B. शेरशाह
C. बहलोल लोदी
D. इनमें से कोई नहीं

27. महमूद गवाँ का सम्बन्ध निम्नलिखित में किस दक्षिण राज्य से था?
A. बीजापुर B. वारंगल
C. काकतीय D. बहमनी

28. राष्ट्रीय कांग्रेस ने किस वर्ष "पूर्ण स्वराज्य" का प्रस्ताव पारित किया?
A. 1929 में B. 1916 में
C. 1924 में D. 1930 में

29. कांग्रेस तथा मुस्लिम लीग के बीच लखनऊ समझौता कब हुआ था?
A. 1906 में B. 1916 में
C. 1924 में D. 1929 में

30. सुभाष चन्द्र बोस के राजनीतिक गुरु कौन थे?
A. चित्तरंजन दास
B. अरविन्द घोष
C. महात्मा गांधी
D. बाल गंगाधर तिलक

31. पाकिस्तान के प्रथम प्रधानमंत्री कौन थे?
A. मुहम्मद अली जिन्ना
B. लियाकत अली खाँ
C. फीरोज खाँ नून
D. मौलाना मुहम्मद अली

32. भारतीय स्वतंत्रता के समय ब्रिटेन का प्रधानमंत्री कौन था?
A. लॉर्ड एटली
B. विंस्टन चर्चिल

C. रैम्से मैक्डोनाल्ड
D. रॉबर्ट वॉलपोल

33. 15 अगस्त, 1947 से 26 जनवरी, 1950 तक भारत का राजनीतिक दर्जा क्या था?
A. ब्रिटिश उपनिवेश
B. ब्रिटिश न्यास क्षेत्र
C. ब्रिटिश संरक्षण प्रदेश
D. ब्रिटिश राष्ट्रमंडल का एक अधिराज्य

34. किस वायसराय ने 1878 में भारतीय भाषाओं के समाचार-पत्रों पर अंकुश लगाया था?
A. लॉर्ड रिपन B. लॉर्ड नार्थबुक
C. लॉर्ड लिटन D. लॉर्ड एलगिन

35. निम्नलिखित में से किस अधिवेशन में राष्ट्रीय कांग्रेस के नरम एवं गरम दलों का पुनः विलय हो गया?
A. लाहौर (1929)
B. पुणे (1917)
C. लखनऊ (1916)
D. मद्रास (1915)

36. मुस्लिम लीग द्वारा "प्रत्यक्ष कार्यवाही दिवस" कब मनाया गया था?
A. 24 मार्च, 1946
B. 30 मार्च, 1946
C. 17 जून, 1946
D. 16 अगस्त, 1946

37. सिन्धु घाटी सभ्यता के लोग किस धातु से परिचित नहीं थे?
A. लोहा B. चाँदी
C. ताँबा D. सोना

38. सिन्धु घाटी सभ्यता का वह नगर कौन-सा है जहाँ बृहत् स्नानागार (Great Bath) के अवशेष मिले हैं?
A. लोथल B. मोहनजोदड़ो
C. कालीबंगा D. हड़प्पा

39. विक्रम संवत् कब-से प्रारम्भ हुआ?
A. 38 ई.पू. B. 58 ई.पू.
C. 78 ई.पू. D. 87 ई.पू.

40. पंचमार्क सिक्के सर्वाधिक रूप से किस धातु के बने थे?
A. सोना B. चाँदी
C. ताँबा D. काँच

41. सम्राट हर्ष के शासनकाल में बौद्ध अध्ययन का सर्वाधिक महत्वपूर्ण केन्द्र कौन-सा था?
A. राजगृह B. तक्षशिला
C. नालन्दा D. विक्रमशिला

42. कुतुबनुमा (दिशा सूचक यंत्र) का आविष्कार निम्नलिखित में से किस देश में हुआ था?
A. भारत B. जापान
C. चीन D. ईरान

43. निम्नलिखित में से किस देश में पारसी धर्म का प्रादुर्भाव हुआ था?
A. चीन B. मिस्र
C. ईरान D. इनमें से कोई नहीं

44. ''एक राष्ट्र एक नेता'' का नारा निम्नलिखित में से किसने दिया था?
A. हिटलर B. बिस्मार्क
C. नेपोलियन D. काउन्ट काबूर

45. गुटनिरपेक्ष राष्ट्रों का प्रथम सम्मेलन कहाँ हुआ था?
A. नई दिल्ली B. काहिरा
C. लन्दन D. बेलग्रेड

46. ''यदि रूसो न होता तो फ्रांस की क्रांति न होती'' यह कथन निम्नलिखित में से किसका है?
A. हिटलर B. लेनिन
C. नेपोलियन D. अब्राहम लिंकन

47. निम्नलिखित में से कौन-सा नगर फिरोज तुगलक ने बनवाया था?
A. फिरोजपुर B. आगरा
C. फरीदाबाद D. तुगलकाबाद

48. 'दीन-ए-इलाही' की स्थापना किस शासक ने की?
A. बाबर B. हुमायूँ
C. अकबर D. शाहजहाँ

49. किसने विधवा पुनर्विवाह अधिनियम पारित किया था?
A. लॉर्ड कैनिंग B. लॉर्ड डलहौजी
C. लॉर्ड ऑकलैण्ड D. विलियम बेंटिंग

50. मुगलकाल के दौरान 'मनसबदार' थे–
A. भू-स्वामी और जमींदार
B. राजस्व संकलनकर्ता
C. राज्य पदाधिकारी
D. सैनिक

51. चित्तौड़ का नामकरण खिज्राबाद किसने किया?
A. इल्तुतमिश
B. अलाउद्दीन खिलजी
C. बलबल
D. फिरोज तुगलक

52. 1931 में किसके साथ महात्मा गांधी ने सन्धि पर हस्ताक्षर किए?
A. लॉर्ड वेवल B. लॉर्ड कर्जन
C. लॉर्ड इर्विन D. लॉर्ड कैनिंग

53. भारतीय रेल तथा डाक सेवाएँ किसके शासनकाल में प्रारम्भ हुईं?
A. लॉर्ड कॉर्नवालिस
B. लॉर्ड रिपन
C. लॉर्ड कैनिंग
D. लार्ड डलहौजी

54. प्रसिद्ध पाकिस्तान प्रस्ताव कहाँ पारित हुआ था?

A. लाहौर B. दिल्ली
C. बम्बई D. लखनऊ

55. अलीगढ़ आन्दोलन के संस्थापक कौन थे?

A. समीउल्ला
B. वकर-उल-हक
C. आगा-खाँ
D. सर सैयद अहमद खाँ

56. बोधगया के महाबोधि मंदिर का निर्माण किसने कराया था?

A. गोपाल B. धर्मपाल
C. महिपाल D. देवपाल

57. 'द पॉवर्टी ऑफ इण्डिया' के लेखक कौन थे?

A. दादाभाई नौरोजी
B. आर.सी. दत्त
C. कार्ल मार्क्स
D. बेकन

58. मैकॉले द्वारा लागू शिक्षा-पद्धति का उद्देश्य था–

A. भारतीयों को शिक्षित करना
B. भारतीयों का सांस्कृतिक विकास करना
C. अंग्रेजी प्रशासन के लिए क्लर्क तैयार करना
D. उपर्युक्त में से कोई नहीं

59. भारत का गणतन्त्र के रूप में जन्म कब हुआ?

A. 26 जनवरी, 1949
B. 26 जनवरी, 1950
C. 15 अगस्त, 1947
D. 24 अक्टूबर, 1948

60. भारत छोड़ो आन्दोलन के समय कांग्रेस अध्यक्ष कौन था?

A. यू.एन. धेवर
B. पट्टाभिसीतारमैया
C. मौलाना अबुल कलाम आजाद
D. आचार्य जे.बी. कृपलानी

61. निम्नलिखित में कौन सुमेलित नहीं है?

A. असहयोग आन्दोलन–1920
B. भारत छोड़ो आन्दोलन–1942
C. सविनय अवज्ञा आन्दोलन–1930
D. होमरूल आन्दोलन–1910

62. निम्नलिखित में से कौन क्रांतिकारी 'इण्डियन रिपब्लिक आर्मी' से सम्बन्धित था?

A. सुखदेव
B. लोकनाथ बाउल
C. राजगुरु
D. अशफाक उल्लाह खाँ

63. काकोरी काण्ड में निम्न में से किसे मृत्युदण्ड नहीं दिया गया?

A. रामप्रसाद बिस्मिल
B. मन्मथनाथ गुप्त
C. राजेन्द्र लाहिरी
D. अशफाक उल्लाह खाँ

64. हड़प्पा की सभ्यता निम्नलिखित से सम्बन्धित है–

A. कांस्य युग
B. नव पाषाण युग
C. पुरा पाषाण युग
D. लौह युग

65. सिद्धार्थ (गौतम बुद्ध) को ज्ञान की प्राप्ति हुई थी–

A. बनारस में B. सारनाथ में
C. कुशीनगर में D. बोध गया में

66. बौद्ध धर्म के प्रचार-प्रसार के लिए कौन-सी भाषा प्रयोग की गई थी?

A. संस्कृत B. प्राकृत
C. पाली D. हिन्दी

67. कुषाण वंश का प्रसिद्ध शासक कौन था?
    A. कनिष्क   B. बिन्दुसार
    C. हर्षवर्धन   D. पृथ्वीराज चौहान

68. चीनी यात्री फाह्यान किसके शासनकाल में भारत आया?
    A. कनिष्क
    B. चन्द्रगुप्त मौर्य
    C. चन्द्रगुप्त विक्रमादित्य
    D. समुद्रगुप्त

69. पुरी स्थित विश्व प्रसिद्ध भगवान जगन्नाथ का मन्दिर किस वंश के शासक ने बनवाया था?
    A. होयसल   B. गुप्त
    C. नन्द   D. वर्मन

70. निम्नलिखित में से किसने अपनी राजधानी दिल्ली से देवगिरि स्थानांतरित की?
    A. इल्तुतमिश
    B. ग्यासुद्दीन बलबन
    C. अलाउद्दीन खिलजी
    D. मुहम्मद बिन तुगलक

71. आइने-ए-अकबरी का रचयिता कौन था?
    A. फरिश्ता   B. इब्न-बतूता
    C. अबुल फजल   D. बीरबल

72. जहाँगीर का मकबरा स्थित है–
    A. आगरा में   B. दिल्ली में
    C. लाहौर में   D. कश्मीर में

73. मराठा प्रमुख की **सूची I** से उनके शक्ति के अनुपूरक स्थान को **सूची II** से मिलाएं–

सूची-I	सूची-II
(a) पेशवा	1. ग्वालियर
(b) गायकवाड	2. पूना
(c) सिंधिया	3. नागपुर
(d) होल्कर	4. बड़ौदा
(e) भोंसले	5. इंदौर

    कूट :

	(a)	(b)	(c)	(d)	(e)
A.	2	4	1	5	3
B.	2	5	1	3	4
C.	1	5	3	2	4
D.	5	2	1	3	4

74. कानपुर से भारत में 1857 की क्रान्ति का नेता कौन था?
    A. नाना साहेब   B. तांत्या टोपे
    C. कुंवर सिंह   D. लक्ष्मीबाई

75. भारत में 'ग्रैंड ओल्ड मैन' के नाम से प्रसिद्ध है?
    A. दादा भाई नौरोजी
    B. महात्मा गांधी
    C. रवीन्द्रनाथ टैगोर
    D. सरदार पटेल

76. 'अन्त्योदय' का विचार किसने दिया?
    A. विनोबा भावे
    B. महात्मा गांधी
    C. श्री अरविन्द
    D. जय प्रकाश नारायण

77. ''आराम हराम है'' यह कथन किससे सम्बन्धित है?
    A. जवाहर लाल नेहरू
    B. महात्मा गांधी
    C. लाला लाजपत राय
    D. बाल गंगाधर तिलक

78. बंगाल का विभाजन किस विचार से किया गया?
    A. मुसलमानों की मांग पूरी करने के लिए
    B. क्रांति को दबाने के लिए

C. पश्चिम तथा पूर्वी बंगाल के हिन्दुओं को विभाजित करने तथा हिन्दू मुसलमान के बीच तनाव बढ़ाने के लिए

D. हिन्दू और मुसलमानों को संतुष्ट करने के लिए

79. फ्लोरेंस नाइटिंगल का नाम किस युद्ध से सम्बन्धित है?
A. प्रथम विश्वयुद्ध
B. द्वितीय विश्वयुद्ध
C. क्रीमियन युद्ध
D. लाइपजिंग का युद्ध

80. 'सौ साल का युद्ध' किनके बीच लड़ा गया?
A. फ्रांस व जर्मनी
B. जर्मनी व ऑस्ट्रिया
C. फ्रांस व इंग्लैंड
D. इंग्लैंड व ऑस्ट्रिया

81. फ्रांसीसी क्रांति किस वर्ष हुई?
A. 1770 में   B. 1788 में
C. 1789 में   D. 1750 में

82. स्वतंत्रता से पूर्व, भारतीय राष्ट्रीय कांग्रेस का विभाजन किस वर्ष हुआ था?
A. 1907   B. 1914
C. 1942   D. 1905

83. द्वितीय विश्व युद्ध निम्न वर्ष प्रारम्भ हुआ—
A. 1939   B. 1936
C. 1919   D. 1945

84. मेगस्थनीज भारत में निम्नलिखित के शासनकाल में आया था—
A. हर्ष   B. चन्द्रगुप्त-II
C. चन्द्रगुप्त मौर्य D. अशोक

85. कौन-सा देश प्रथम विश्व युद्ध समाप्त होने के पहले ही युद्ध से हट गया था?
A. आस्ट्रेलिया   B. जर्मनी
C. सर्बिया   D. रूस

86. पृथ्वीराज चौहान की राजधानी कौन-सी थी?
A. अजमेर   B. जोधपुर
C. उज्जैन   D. जयपुर

87. चाणक्य किसके काल में था?
A. हर्षवर्धन
B. चन्द्रगुप्त मौर्य
C. चन्द्रगुप्त विक्रमादित्य
D. अशोक

88. सुप्रसिद्ध मयूर सिंहासन किसके समय में बनवाया गया था?
A. अकबर   B. जहाँगीर
C. शाहजहाँ   D. औरंगजेब

89. सिन्धु घाटी सभ्यता की लिपि थी—
A. ब्राह्मी
B. द्रविड़ियन
C. हड़प्पा
D. अभी तक सही पहचान नहीं हो पाई है

90. निम्नलिखित में से कौन-सा वेद सबसे प्राचीन है?
A. सामवेद   B. यजुर्वेद
C. अथर्ववेद   D. ऋग्वेद

91. गौतम बुद्ध का जन्म .... में हुआ था।
A. बोधगया   B. पाटलिपुत्र
C. लुम्बिनी   D. वैशाली

92. 'अर्थशास्त्र' लिखा था—
A. चाणक्य ने   B. चन्द्रगुप्त ने
C. मेगस्थनीज ने D. सेल्युकस ने

93. हर्ष के शासनकाल में उत्तर भारत का सबसे महत्वपूर्ण शहर कौन-सा था?
A. पाटलिपुत्र   B. उज्जैन
C. कन्नौज   D. थानेश्वर

94. अजन्ता तथा एलोरा की गुफाएँ कहाँ स्थित हैं?
A. राजस्थान   B. महाराष्ट्र
C. मध्य प्रदेश   D. गुजरात

95. 'हम्पी' किस साम्राज्य का अवशेष है?
A. चोल B. पांड्य
C. विजयनगर D. चेर

96. मोरक्को यात्री, इब्नबतूता किसके समय में भारत आया?
A. अलाउद्दीन खिलजी
B. फिरोजशाह तुगलक
C. बलबन
D. मुहम्मद-बिन-तुगलक

97. चोल साम्राज्य में प्रांतों को किस नाम से जाना जाता था?
A. मंडपम B. गोपुरम
C. उर D. मंडलम

98. तांत्या टोपे का वास्तविक नाम था—
A. नाना साहेब
B. बालाजी राव
C. रामचन्द्र पांडुरंग
D. लाला लाजपत राय

99. स्वामी विवेकानन्द किस स्थान पर हुए धार्मिक सम्मेलन से प्रसिद्ध हुए?
A. लन्दन B. पेरिस
C. शिकागो D. बर्लिन

100. बांग्लादेश का सृजन कब हुआ?
A. 1970 B. 1971
C. 1972 D. 1973

भूगोल

101. निम्नलिखित में से कौन-सा ग्रह सबसे कम समय में सूर्य का चक्कर लगाता है?
A. शुक्र B. बुध
C. पृथ्वी D. शनि

102. पृथ्वी के अलावा किस आकाशीय पिंड पर जीवन की सम्भावना है, क्योंकि वहाँ का पर्यावरण जीवन के लिए अनुकूल है—
A. बृहस्पति
B. मंगल
C. यूरोपा-बृहस्पति का चन्द्रमा
D. चन्द्रमा-पृथ्वी का चन्द्रमा

103. दो ग्रह जिनके उपग्रह नहीं हैं, वे हैं—
A. पृथ्वी एवं बृहस्पति
B. बुध एवं शुक्र
C. बुध एवं शनि
D. शुक्र एवं मंगल

104. मानक समय क्या होता है?
A. किसी देशान्तर का सूर्य के अनुसार समय
B. ग्रीनविच औसत का समय
C. देश के लगभग बीच से गुजरने वाले देशान्तर का स्थानीय समय
D. उपर्युक्त में से कोई नहीं

105. रात और दिन होने की प्रक्रिया में कौन-सा तथ्य सही है?
A. पृथ्वी का अक्ष का $66\frac{1}{2}^\circ$ अंश का झुका होना
B. पृथ्वी का सूर्य के चारों ओर परिक्रमण
C. पृथ्वी का अपनी (अक्ष) धुरी पर घूमना
D. उपर्युक्त में से कोई नहीं

106. ओजोन पर्त अवस्थित है—
A. क्षोभमंडल में
B. क्षोभसीमा में
C. समतापमंडल में
D. प्रकाशमंडल में

107. विली-विली है—
A. एक प्रकार का वृक्ष जो शीतोष्ण कटिबंध में उगता है
B. एक प्रकार की हवा जो मरुस्थल में चलती है

C. उत्तर-पश्चिम आस्ट्रेलिया का उष्णकटिबंधीय चक्रवात

D. लक्षद्वीप समूह के निकट सामान्यतः पाई जाने वाली मछली का एक प्रकार

108. चावल की खेती के लिए आदर्श जलवायु परिस्थितियाँ हैं–

A. 100 सेमी. से ऊपर वर्षा और 25ºC से ऊपर ताप

B. फसल की पूरी अवधि के लिए ठण्डी और नम जलवायु

C. 100 सेमी. से कम वर्षा व 25ºC से कम ताप

D. पूरी फसल अवधि में कुछ गरम और शुष्क जलवायु

109. सदाबहार वर्षा वन पाए जाते हैं–

A. आस्ट्रेलिया में B. ब्राजील में

C. कनाडा में D. फ्रांस में

110. सूची-I तथा सूची-II को सुमेलित कीजिए तथा सूचियों के नीचे दिए गए कूट का प्रयोग कर सही उत्तर चुनिए–

सूची-I (अग्रणी उत्पादक देश)	**सूची-II (पदार्थ)**
(*a*) चीन	1. प्राकृतिक रबड़
(*b*) भारत	2. दूध
(*c*) सउदी अरब	3. लौह-अयस्क
(*d*) थाइलैण्ड	4. पेट्रोलियम

कूट :

	(*a*)	(*b*)	(*c*)	(*d*)
A.	1	2	3	4
B.	4	3	2	1
C.	3	2	4	1
D.	2	3	1	4

111. किस घास के मैदान में वृक्ष नहीं पाए जाते हैं?

A. लैनॉस B. पम्पास

C. सवाना D. स्टेपी

112. माओरी जनजाति का निवास स्थान है–

A. इंग्लैण्ड B. न्यूजीलैण्ड

C. ग्रीनलैण्ड D. आयरलैण्ड

113. क्षेत्रफल की दृष्टि से भारत का सबसे बड़ा राज्य है–

A. बिहार B. पंजाब

C. राजस्थान D. उत्तर प्रदेश

114. पश्चिमी घाटों के मालाबार तट पर स्थित माहे निम्नलिखित में से किसका भाग है?

A. केरल B. महाराष्ट्र

C. पुदुचेरी D. तमिलनाडु

115. निम्नलिखित में से कहाँ प्राचीन चट्टानें पाई जाती हैं?

A. अरावली B. हिमालय

C. शिवालिक D. उपर्युक्त सभी

116. भारत में 'मरुस्थल की राजधानी' किसे कहते हैं?

A. उदयपुर B. जैसलमेर

C. जयपुर D. पालामऊ

117. 'मानसून प्रस्फोट' से क्या तात्पर्य है?

A. वर्षा की कृत्रिम वैज्ञानिक प्रक्रिया

B. आकाश में बादलों का गलत सघन रूप में आच्छादित होना

C. मेघाच्छन्न मौसम, जिसमें एक लम्बे समय तक वर्षा होती रहे

D. मानसून के समय विद्युत चमकने, बादल गरजने के साथ तीव्र मूसलाधार वर्षा

118. भारत में उगाई जाने वाली अधिकतर कॉफी की किस्म है–

A. ओल्ड चिक्स B. कुर्गूस

C. अरेबिका D. केन्ट्स

119. सूची-I को सूची-II से सुमेलित कीजिए तथा सूचियों के नीचे दिए गए कूट का प्रयोग कर सही उत्तर चुनिए—

सूची-I	सूची-II
(a) कोयम्बटूर	1. तेलशोधन
(b) राउरकेला	2. रेल डिब्बा
(c) कपूरथला	3. लौह-इस्पात
(d) बरौनी	4. सूती वस्त्र

कूट :

	(a)	(b)	(c)	(d)
A.	4	3	2	1
B.	1	2	3	4
C.	2	3	4	1
D.	4	2	3	1

120. 'दचिगाम अभयारण्य' भारत के किस राज्य में है?
A. जम्मू कश्मीर   B. महाराष्ट्र
C. हिमाचल प्रदेश   D. उत्तराखण्ड

121. सड़कों की कुल लम्बाई का सर्वाधिक हिस्सा निम्नलिखित में से किस प्रांत में है?
A. पंजाब   B. कर्नाटक
C. उत्तर प्रदेश   D. बिहार

122. भारत का सुदूर दक्षिण-बिन्दु कौन है?
A. कन्याकुमारी
B. लक्षद्वीप
C. रामेश्वरम्
D. ग्रेट निकोबार स्थित इंदिरा प्वाइंट

123. 'हजार झीलों की भूमि' किसे कहा जाता है?
A. स्वीडन   B. फिनलैण्ड
C. डेनमार्क   D. फ्रांस

124. नागार्जुन सागर बाँध किस नदी पर बनाया गया है?
A. कृष्णा (आन्ध्र प्रदेश)
B. गोदावरी (महाराष्ट्र)
C. कृष्णा (कर्नाटक)
D. गोदावरी (गुजरात)

125. निम्नलिखित में से किस प्रदेश में काली मिट्टी वाले क्षेत्र में सबसे अधिक खेती होती है?
A. बिहार   B. उत्तर प्रदेश
C. महाराष्ट्र   D. गुजरात

126. भू-वैज्ञानिकों की दृष्टि में भारत में सबसे पुरानी पर्वतमालाएँ कौन-सी हैं?
A. विन्ध्य   B. सतपुड़ा
C. हिमालय   D. अरावली

127. निम्नलिखित में से कौन-सी नदी समुद्र में नहीं मिलती है?
A. गंगा   B. यमुना
C. नर्मदा   D. गोदावरी

128. मानसून निवर्तन से अधिकतम वर्षा कहाँ पर होती है?
A. मुम्बई   B. चेन्नई
C. दिल्ली   D. कोलकाता

129. प्राचीन भारतीयों को वर्मा (म्यांमार) किस नाम से ज्ञात था?
A. सुवर्णभूमि   B. सुवर्णद्वीप
C. यवद्वीप   D. मलयमण्डलम्

130. विश्व का सबसे खारापन किस झील में है?
A. चाड झील (नाइजीरिया)
B. बैकाल झील (रूस)
C. वॉन झील (टर्की)
D. ग्रेट बियर झील (कनाडा)

131. चाय की खेती निम्नलिखित में से किसका उदाहरण है?
A. बृहत् (Extensive) कृषि
B. सघन (Intensive) कृषि
C. जीविकोपार्जन (Subsistence) कृषि
D. रोपण (Plantation) कृषि

132. मानचित्र में समुद्र तल से समान ऊँचाई वाले स्थानों को दर्शाने वाली रेखाओं को कहते हैं—
A. आइसोनेफ   B. कंटूर रेखा
C. आइसोबार   D. आइसोहेल

133. ब्राजील स्थित अमेजन बेसिन के वन कहलाते हैं—
A. पम्पास   B. सेल्वास
C. कैम्पोस   D. लानोस

134. किस महासागर में द्वीपों की संख्या सर्वाधिक है?
A. प्रशान्त महासागर में
B. हिन्द महासागर में
C. उत्तरी अटलाण्टिक महासागर में
D. दक्षिण अटलाण्टिक महासागर में

135. लूनी नदी किस राज्य में प्रवाहित होती है?
A. महाराष्ट्र   B. बिहार
C. पंजाब   D. राजस्थान

136. सम दिवारात्रि (Equinox) कब होता है?
A. 21 जून
B. 22 दिसम्बर
C. 21 मार्च एवं 22 सितम्बर
D. 21 जून एवं 22 दिसम्बर

137. दक्षिणी अमरीका के वृक्ष रहित घास के मैदान को क्या कहते हैं?
A. पम्पास   B. डाउन्स
C. प्रेयरीज   D. लानोस

138. मिट्टी का वैज्ञानिक एवं क्रमबद्ध अध्ययन कहलाता है—
A. विश्व रचना विज्ञान
B. भौतिक भूगोल
C. मृत्तिका विज्ञान
D. इनमें से कोई नहीं

139. गोबी रेगिस्तान कहाँ है?
A. पश्चिमी अफ्रीका में
B. दक्षिणी अमरीका में
C. दक्षिणी आस्ट्रेलिया में
D. मंगोलिया में

140. सौरमण्डल का सबसे बड़ा उपग्रह कौन-सा है?
A. टाइटन (बृहस्पति)
B. गनिमेड (बृहस्पति)
C. मिरांडा (यूरेनस)
D. ओबेरॉन (यूरेनस)

141. उत्तरी कोरिया तथा दक्षिणी कोरिया की सीमा किसके द्वारा विभाजित है?
A. 38° पूर्वी देशान्तर
B. 38° पश्चिमी देशान्तर
C. 38° उत्तरी अक्षांश
D. 38° दक्षिणी अक्षांश

142. कोवलम (Kovalam) समुद्र तट किस राज्य में स्थित है?
A. केरल   B. तमिलनाडु
C. गोआ   D. महाराष्ट्र

143. निम्नलिखित ग्रहों को उनकी सूर्य से बढ़ती हुई दूरी के क्रम में लिखिए—
1. शुक्र (Venus)
2. मंगल (Mars)
3. पृथ्वी (Earth)
4. बुध (Mercury)
A. 1, 2, 3, 4   B. 2, 3, 4, 1
C. 4, 1, 3, 2   D. 2, 4, 1, 3

144. कच्छ की खाड़ी के पूर्वी किनारे पर बसा हुआ बन्दरगाह है—
A. द्वारिका   B. काण्डला
C. कैम्बे   D. ओरवा

145. चन्द्रमा पर दिन और रात में से प्रत्येक कितने समय का होता है?
A. एक सप्ताह B. दो सप्ताह
C. 12 घण्टे D. 24 घण्टे

146. निम्नलिखित में से किसे "संसार की छत" कहते हैं?
A. हिमालय पर्वत
B. मैक्सिको का पठार
C. आल्पस पर्वत
D. पामीर का पठार

147. चन्द्रमा पृथ्वी का उपग्रह है, क्योंकि–
A. इसमें स्वयं का प्रकाश नहीं है
B. यह पृथ्वी से छोटा है
C. यह पृथ्वी की परिक्रमा करता है
D. यह पृथ्वी से नजदीक है

148. जब भारत में दोपहर 12 बजे हैं, तो इंग्लैण्ड में क्या समय होगा?
A. 2.30 अपराह्न B. 2.30 पूर्वाह्न
C. 6.30 अपराह्न D. 6.30 पूर्वाह्न

149. भारत में उष्णकटिबन्धीय सदाबहार वन पाए जाते हैं–
A. बिहार में B. जम्मू-कश्मीर में
C. केरल में D. तमिलनाडु में

150. ग्रीष्म और शीत दोनों ऋतुओं में भारी वर्षा होती है–
A. महाराष्ट्र में B. तमिलनाडु में
C. उड़ीसा में D. असम में

151. चूना पत्थर जब कायान्तरित होता है तब बनता है–
A. स्लेट B. संगमरमर
C. ग्रेनाइट D. इनमें से कोई नहीं

152. वायुमण्डल का वह भाग कौन-सा है जो पृथ्वी के धरातल से 6-8 मील तक विस्तृत है और जहाँ तापमान समान दर से घटता है?
A. समतापमण्डल B. क्षोभमण्डल
C. आयनमण्डल D. इनमें से कोई नहीं

153. सूर्य ग्रहण कब पड़ता है?
A. जब सूर्य, पृथ्वी तथा चन्द्रमा के मध्य आ जाता है
B. जब पृथ्वी, सूर्य तथा चन्द्रमा के मध्य आ जाती है
C. जब कोई ग्रह, सूर्य तथा चन्द्रमा के मध्य आ जाता है
D. जब चन्द्रमा, पृथ्वी तथा सूर्य के मध्य आ जाता है

154. कच्चे रेशम का उत्पादन मुख्यतः निम्नलिखित में से किस राज्य में किया जाता है?
A. तमिलनाडु B. कर्नाटक
C. जम्मू-कश्मीर D. सिक्किम

155. निम्नलिखित में से किस राज्य का समुद्री किनारा सबसे लम्बा है?
A. गुजरात B. केरल
C. महाराष्ट्र D. तमिलनाडु

156. प्रतिचक्रवात इसलिए कहलाते हैं, क्योंकि–
A. वे चक्रवात के विपरीत दिशा में चलते हैं
B. वे वायु को अपसरण और बहिर्वाह का क्रम है
C. उनमें वायुदाब प्रवणता नहीं होती है
D. वे चक्रवातीय दशाओं को नष्ट कर देते हैं

157. धूमकेतु (Comets) किसकी परिक्रमा करते हैं?
A. सूर्य की
B. पृथ्वी की
C. किसी विशेष आकाशीय पिण्ड की नहीं
D. इनमें से कोई नहीं

158. फारमूसा का नया नाम है–
A. इथोपिया B. ताइवान
C. थाईलैण्ड D. जापान

159. निम्नलिखित में से कौन-सी गर्म समुद्री धारा (Warm Ocean Current) है?
A. कैलीफोर्निया B. पेरू
C. लैब्राडोर D. क्यूरोसीवो

160. पृथ्वी के धरातल का कितना भाग जल से घिरा है?
A. 1/4 B. 1/3
C. 2/3 D. 3/4

161. पृथ्वी के दैनिक घूर्णन की अधिकतम चाल कहाँ होती है?
A. ध्रुवों पर
B. कर्क रेखा पर
C. मकर रेखा पर
D. इनमें से कोई नहीं

162. सबसे बड़ा ग्रह कौन-सा है?
A. शनि B. मंगल
C. बुध D. बृहस्पति

163. 'अर्द्ध-रात्रि के सूर्य' का देश किसे कहा जाता है?
A. जापान B. भूटान
C. नार्वे D. इटली

164. अंध महादेश किसे कहते हैं?
A. ऑस्ट्रेलिया
B. दक्षिण अमेरिका
C. अफ्रीका
D. एशिया

165. 'सिलिकन घाटी' स्थित है–
A. स्कॉटलैंड में
B. कैलिफोर्निया में
C. स्विस आल्पस में
D. न्यू इंगलैण्ड राज्य में

166. पृथ्वी का कितना भाग वनों से घिरा है?
A. 40% B. 20%
C. 18% D. 30%

167. नैन्सी किस देश का प्रमुख औद्योगिक नगर है?
A. ब्रिटेन B. सं.रा. अमरीका
C. फ्रांस D. जर्मनी

168. भूमध्य रेखा के सहारे 1° देशान्तर दूरी लगभग बराबर होती है–
A. 224 किमी B. 111 किमी
C. 56 किमी D. 69 किमी

169. जावा और सुमात्रा द्वीप किस देश में है?
A. फिलीपीन्स B. न्यूजीलैण्ड
C. इण्डोनेशिया D. जापान

170. बुडापेस्ट निम्नलिखित में से किस देश की राजधानी है?
A. स्पेन B. बुल्गारिया
C. हंगरी D. पोलैण्ड

171. क्रिकेट खेल के लिए चर्चित शारजाह कहाँ है?
A. सऊदी अरब में B. यू.ई.ए. में
C. ईरान में D. दुबई में

172. 'मिटीरियोलॉजी' अध्ययन है–
A. उल्का व उल्का पिण्डों का
B. जलवायु मापने का
C. मौसम विज्ञान का
D. लम्बाई मापने का

173. पृथ्वी के नीचे शैल स्तरों का अचानक टूटना परिमाणित होता है–
A. ज्वालामुखियों B. बाढ़ों
C. भूकम्पों D. चक्रवातों

174. हवाई जहाज प्रायः .... में उड़ते हैं–
A. क्षोभमण्डल B. समतापमण्डल
C. मध्यमण्डल D. बाहरीमण्डल

175. भू-धरातल से ऊपर की ओर वायुमण्डल की विभिन्न परतों का सही क्रम है–
A. क्षोभमण्डल, समतापमण्डल, आयन-मण्डल, मध्यमण्डल
B. समतापमण्डल, क्षोभमण्डल, आयन-मण्डल, मध्यमण्डल
C. क्षोभमण्डल, समतापमण्डल, मध्य-मण्डल, आयनमण्डल
D. इनमें से कोई नहीं

176. ग्रीनविच किस देश में है?
A. संयुक्त राज्य अमरीका
B. यूनाइटेड किंगडम
C. हॉलैंड
D. भारत

177. सूर्य का समीपतम ग्रह है–
A. बुध   B. मंगल
C. शनि   D. इनमें से कोई नहीं

178. खासी और गारो जनजातियाँ मुख्य रूप से रहती हैं–
A. केरल   B. मेघालय
C. छोटा नागपुर   D. तमिलनाडु

179. ‘विजयघाट’ किस नदी के किनारे स्थित है?
A. कावेरी   B. यमुना
C. गंगा   D. घाघरा

180. हीराकुड परियोजना किस राज्य में है?
A. झारखण्ड   B. छत्तीसगढ़
C. उड़ीसा   D. मध्य प्रदेश

181. भारत वर्ष की सबसे लम्बी नदी (भारत में बहाव के अनुसार) कौन है?
A. यमुना   B. व्यास
C. ब्रह्मपुत्र   D. गंगा

182. निम्नलिखित में से कौन-सा राज्य गैर शहतूत (नॉन-मलबरी) रेशम उत्पादन करता है?

A. उड़ीसा
B. कर्नाटक
C. पश्चिम बंगाल
D. जम्मू और कश्मीर

183. कर्क रेखा कहाँ से नहीं गुजरती है?
A. गुजरात   B. उड़ीसा
C. त्रिपुरा   D. पश्चिम बंगाल

184. पृथ्वी के अधिकांश सक्रिय ज्वालामुखी .... में पाए जाते हैं–
A. यूरोप
B. प्रशान्त महासागरीय पेटी
C. अफ्रीका
D. दक्षिण अमेरिका

185. ‘ग्रैंड कैनियन’ .... में स्थित है।
A. राइन नदी   B. कोलोराडो नदी
C. तापी नदी   D. नाइजर नदी

186. गंगा के डेल्टा में ...... वन पाए जाते हैं।
A. सुन्दरवन   B. तराई
C. टैगा   D. सदाबहार वन

187. हिन्द महासागर में कौन-सा सबसे बड़ा द्वीप (टापू) है?
A. मैडागास्कर   B. लक्षद्वीप
C. मालदीव   D. श्रीलंका

188. अनाच्छादन की प्रक्रिया उन क्षेत्रों में अधिक है, जहाँ–
A. सालाना तापमान की अधिक रेंज होती है
B. दिन में उच्च तापमान होता है
C. रात में निम्न तापमान होता है
D. दैनिक तापमान की अधिक रेंज होती है

189. संयुक्त राज्य अमरीका के मध्य से कौन-सी देशान्तर रेखा गुजरती है?
A. 100°W देशान्तर

B. 100°E देशान्तर

C. 0° देशान्तर

D. 82° देशान्तर

190. बालू टिब्बा बनने का कारण होता है–

A. पवन का कार्य

B. शुष्क मौसम

C. हिमनदी गतिविधियाँ

D. बहता पानी

191. भारत के किस राज्य में कॉफी और चाय दोनों मुख्य नकदी फसलें हैं?

A. बिहार B. महाराष्ट्र

C. कर्नाटक D. असम

192. झरिया, कुद्रेमुख, खेतड़ी और कोलार की खानें क्रमशः निम्न की हैं–

A. कोयला, लौह-अयस्क, ताँबा और सोना

B. लौह-अयस्क, कोयला, ताँबा और सोना

C. कोयला, सोना, लौह-अयस्क और ताँबा

D. ताँबा, लौह-अयस्क, सोना और कोयला

193. विश्व में सबसे अधिक रबर का उत्पादन करने वाला देश है–

A. भारत B. इण्डोनेशिया

C. मलेशिया D. थाइलैण्ड

194. भारत और चीन के बीच सीमा रेखा कहलाती है–

A. मैकमोहन रेखा B. डूरंड रेखा

C. लाल रेखा D. रेडक्लिफ रेखा

195. पाकिस्तान से लगी सीमाओं वाले भारतीय राज्य कौन-से हैं?

A. गुजरात, हिमाचल प्रदेश, हरियाणा, जम्मू व कश्मीर

B. गुजरात, जम्मू व कश्मीर, पंजाब, राजस्थान

C. जम्मू व कश्मीर, हरियाणा, राजस्थान, पंजाब

D. जम्मू व कश्मीर, हिमाचल प्रदेश, पंजाब, राजस्थान

196. क्षेत्रफल की दृष्टि से भारत का सबसे छोटा राज्य कौन-सा है?

A. त्रिपुरा B. सिक्किम

C. गोआ D. मिजोरम

197. काली मिट्टी पाई जाती है–

A. मध्य प्रदेश में

B. महाराष्ट्र में

C. गुजरात में

D. उपर्युक्त सभी में

198. भारत में चन्दन की लकड़ी के लिए प्रसिद्ध राज्य है–

A. असम B. केरल

C. कर्नाटक D. पश्चिम बंगाल

199. 'सरदार सरोवर' परियोजना किस राज्य में स्थित है?

A. राजस्थान B. मध्य प्रदेश

C. उत्तर प्रदेश D. गुजरात

200. हीराकुड परियोजना किस नदी के प्रवाह को नियंत्रित करती है?

A. कृष्णा B. महानदी

C. ताप्ती D. नर्मदा

भारतीय राजव्यवस्था एवं संविधान

201. भारत की संविधान सभा का प्रथम अधिवेशन कब शुरू हुआ?

A. 10 जून, 1946

B. 9 दिसम्बर, 1946

C. 19 दिसम्बर, 1947

D. 30 जून, 1949

202. भारतीय संविधान सभा के किस अनुच्छेद में देवनागरी लिपि में हिन्दी को भारत की राजकीय भाषा के रूप में मान्यता दी गई है?

A. अनुच्छेद 343 B. अनुच्छेद 345
C. अनुच्छेद 348 D. अनुच्छेद 347

203. भारत के संविधान में अंतर्राष्ट्रीय शान्ति और सुरक्षा की अभिवृद्धि का उल्लेख है–
A. संविधान की उद्देशिका में
B. राज्य की नीति के निर्देशक तत्वों में
C. मूल कर्त्तव्यों में
D. नवीं अनुसूची में

204. सूची-I को सूची-II से सुमेलित कीजिए तथा सूचियों के नीचे दिए गए कूट का प्रयोग कर सही उत्तर चुनिए–

सूची-I	**सूची-II**
(*a*) अन्तर्राज्यीय परिषद्	1. अनुच्छेद 315
(*b*) वित्त आयोग	2. अनुच्छेद 280
(*c*) प्रशासनिक अधिकरण	3. अनुच्छेद 263
(*d*) संघ लोक सेवा आयोग	4. अनुच्छेद 323(ए)

कूट :

	(*a*)	(*b*)	(*c*)	(*d*)
A.	2	4	3	1
B.	3	2	1	4
C.	1	2	4	3
D.	3	2	4	1

205. राष्ट्रपति के उम्मीदवार के लिए क्या आवश्यक नहीं है?
A. आयु 35 वर्ष हो
B. पढ़ा-लिखा हो
C. सांसद चुने जाने की योग्यता रखता हो
D. देश का नागरिक हो

206. सर्वसम्मति से निर्वाचित भारत के राष्ट्रपति थे–
A. एस. राधाकृष्णन
B. वी.वी. गिरि
C. एन. संजीवारेड्डी
D. ज्ञानी जैल सिंह

207. संसद/विधान सभा के किसी सदस्य की सदस्यता तब समाप्त समझी जाती है, यदि वह बिना सदन को सूचित किए अनुपस्थित रहता है–
A. 60 दिन B. 90 दिन
C. 120 दिन D. 150 दिन

208. किस सभा का सभापति उसका सदस्य नहीं होता है?
A. राज्य सभा B. लोक सभा
C. विधान सभा D. विधान परिषद्

209. शिक्षा का विषय–
A. संघीय सूची में
B. राज्य सूची में
C. समवर्ती सूची में है
D. अवशिष्ट विषयों में है

210. सूची-I को सूची-II से सुमेलित कीजिए तथा सूचियों के नीचे दिए गए कूट का प्रयोग कर सही उत्तर चुनिए–

सूची-I (स्थापना वर्ष)	**सूची-II (राज्य)**
(*a*) 1960	1. सिक्किम
(*b*) 1962	2. गोआ
(*c*) 1975	3. महाराष्ट्र
(*d*) 1987	4. नागालैण्ड

कूट :

	(*a*)	(*b*)	(*c*)	(*d*)
A.	2	4	3	1
B.	3	4	1	2
C.	4	3	1	2
D.	3	4	2	1

211. प्रथम पंचायती राजव्यवस्था का उद्घाटन पं. जवाहर लाल नेहरू द्वारा 12 अक्टूबर, 1959 को किया गया था—
A. साबरमती में B. वर्धा में
C. नागौर में D. सीकर में

212. निम्नलिखित विधेयकों में से किसी एक का भारतीय संसद के दोनों सदनों द्वारा अलग-अलग विशेष बहुमत से पारित होना आवश्यक है?
A. साधारण विधेयक
B. धन विधेयक
C. वित्त विधेयक
D. संविधान संशोधन विधेयक

213. भाषा के आधार पर राज्यों के गठन हेतु राज्य पुनर्गठन आयोग की स्थापना कब की गई थी?
A. 1856 B. 1956
C. 1957 D. 1960

214. पंचायतों के निर्वाचन में चुनाव लड़ने के लिए उम्मीदवार की न्यूनतम आयु कितनी होनी चाहिए?
A. 21 वर्ष B. 18 वर्ष
C. 25 वर्ष D. 30 वर्ष

215. भारतीय संविधान के किस अनुच्छेद के तहत् जीवन रक्षा तथा व्यक्तिगत स्वतंत्रता का प्रावधान है?
A. अनुच्छेद 20 B. अनुच्छेद 21
C. अनुच्छेद 22 D. अनुच्छेद 23

216. संविधान निर्माण का कार्य पूरा करके संविधान सभा ने संविधान को कब स्वीकार किया?
A. 15 अगस्त, 1947 को
B. 26 जनवरी, 1950 को
C. 26 नवम्बर, 1949 को
D. 24 जनवरी, 1950 को

217. निम्नलिखित में से किस संविधान संशोधन के अनुसार राष्ट्रपति निर्वाचन के निर्वाचक मण्डल में पांडिचेरी तथा दिल्ली विधान सभा के निर्वाचित सदस्यों को भी रखा गया है?
A. 71वाँ B. 42वाँ
C. 73वाँ D. इनमें से कोई नहीं

218. भारतीय संविधान के किस भाग को उसकी 'आत्मा' की संज्ञा दी जाती है?
A. मौलिक अधिकारों को
B. राज्य के नीति-निर्देशक सिद्धान्तों को
C. संविधान की प्रस्तावना को
D. अनुसूचियों को

219. भारत की संचित निधि से धन का व्यय निम्नलिखित में से किस माध्यम से किया जा सकता है?
A. संसद की अनुमति से
B. योजना आयोग की अनुमति से
C. भारत के नियंत्रक एवं महालेखा परीक्षक की अनुमति से
D. राष्ट्रपति की अनुमति से

220. योजना आयोग की स्थापना हुई थी—
A. 26 नवम्बर, 1950
B. 15 जून, 1950
C. 15 मार्च, 1950
D. 15 जनवरी, 1950

221. भारत में संविधान के किस अनुच्छेद में अस्पृश्यता समाप्त की गई है?
A. अनुच्छेद 42 B. अनुच्छेद 15
C. अनुच्छेद 14 D. अनुच्छेद 17

222. वह रिट, जो भारत में उच्च न्यायालय अथवा सर्वोच्च न्यायालय द्वारा किसी व्यक्ति अथवा व्यक्ति समुदाय को आदेश देती है कि वह अपना कर्त्तव्य पालन करे, है—

A. बन्दी प्रत्यक्षीकरण रिट
B. उत्प्रेक्षण रिट
C. परमादेश रिट
D. इनमें से कोई नहीं

223. संविधान में जोड़ी गई दसवीं अनुसूची किससे सम्बन्धित है?
A. मिजोरम राज्य के लिए विशेष प्रावधानों से
B. दल-बदल के आधार पर अयोग्यता सम्बन्धी प्रावधानों से
C. सिक्किम के स्तर से सम्बन्धित शर्तों से
D. उपर्युक्त में से किसी से नहीं

224. राज्यसभा के सदस्यों की कुल संख्या .... है।
A. 240
B. 245
C. 241
D. 250

225. सर्वोच्च न्यायालय के न्यायाधीशों की नियुक्ति के पूर्व मुख्य न्यायाधीश से विचार-विमर्श करना राष्ट्रपति के लिए–
A. बाध्यकारी है
B. बाध्यकारी नहीं है
C. विवेक का प्रश्न है
D. संविधान इस विषय पर मौन है

226. निम्नलिखित में से कौन-सा पदाधिकारी संसद के किसी भी सदन की कार्यवाही में भाग ले सकता है?
A. भारत का मुख्य न्यायाधीश
B. भारत का महान्यायवादी (एटॉर्नी जनरल)
C. भारत का रक्षा सचिव
D. भारत का गृह सचिव

227. पंचवर्षीय योजना का अनुमोदन तथा पुनर्निरीक्षण निम्नलिखित में से किसके द्वारा किया जाता है?
A. योजना आयोग
B. राष्ट्रीय विकास परिषद्
C. वित्त आयोग
D. लोक सभा

228. भारतीय संविधान की कौन-सी विशेष व्यवस्था इंग्लैंड से ली गई है?
A. संसदीय प्रणाली
B. संघीय प्रणाली
C. मूल अधिकार
D. सर्वोच्च न्यायपालिका

229. संविधान के किस संशोधन द्वारा सम्पत्ति के अधिकार को मूल अधिकारों की श्रेणी से निकाल दिया गया है?
A. 42वें संशोधन B. 44वें संशोधन
C. 48वें संशोधन D. 24वें संशोधन

230. भारत के राष्ट्रपति की मर्जी तक निम्नलिखित में से कौन अपने पद पर रह सकता है?
A. सर्वोच्च न्यायालय के न्यायाधीश
B. चुनाव आयुक्त
C. राज्यपाल
D. लोकसभा अध्यक्ष

231. संविधान सभा के अस्थायी अध्यक्ष कौन थे?
A. डॉ. सच्चिदानन्द सिन्हा
B. डॉ. राजेन्द्र प्रसाद
C. डॉ. बी.आर. अम्बेडकर
D. पण्डित जवाहरलाल नेहरू

232. भारत के संविधान में 'मूलभूत कर्त्तव्यों' को जोड़ा गया था–
A. 40वें संशोधन द्वारा

B. 42वें संशोधन द्वारा

C. 43वें संशोधन द्वारा

D. 44वें संशोधन द्वारा

233. किसके अन्तर्गत कोलकाता, चेन्नई व मुम्बई के उच्च न्यायालय स्थापित किए गए थे?

A. भारत सरकार अधिनियम, 1909

B. भारतीय उच्च न्यायालय अधिनियम, 1865

C. भारतीय उच्च न्यायालय अधिनियम, 1861

D. भारतीय उच्च न्यायालय अधिनियम, 1911

234. निम्नलिखित में से कौन-सा राज्य नीति का नीति निर्देशक सिद्धान्त नहीं है?

A. अन्तर्राष्ट्रीय शांति को प्रोत्साहन

B. 14 वर्ष तक के बच्चों को निःशुल्क व अनिवार्य शिक्षा प्रदान करना

C. गोवध निषेध

D. निजी सम्पत्ति की समाप्ति

235. संविधान अवशिष्ट शक्तियाँ प्रदान करता है—

A. केन्द्र सरकार को

B. राज्य सरकार को

C. केन्द्र व राज्य सरकार दोनों को

D. न केन्द्र सरकार को और न राज्य सरकार को

236. संविधान में, ग्राम पंचायतों की स्थापना का वर्णन किसमें दिया गया है?

A. अनुच्छेद 40   B. अनुच्छेद 48

C. अनुच्छेद 51   D. इनमें से कोई नहीं

237. निम्नलिखित में से ग्राम पंचायतों की आय का स्रोत कौन-सा है?

A. आयकर

B. बिक्रीकर

C. व्यावसायिक कर

D. लेवी शुल्क

238. संसद के दो सत्रों के बीच की अवधि किससे अधिक नहीं होनी चाहिए?

A. 9 माह   B. 1 माह

C. 3 माह   D. 6 माह

239. अंडमान निकोबार द्वीप समूह किस उच्च न्यायालय के क्षेत्राधिकार में आते हैं?

A. आन्ध्र प्रदेश   B. कोलकाता

C. चेन्नई   D. इनमें से कोई नहीं

240. संघ लोक सेवा आयोग के अध्यक्ष एवं सदस्यों की नियुक्ति किसके द्वारा की जाती है?

A. सर्वोच्च न्यायालय

B. मंत्रि परिषद्

C. प्रधानमंत्री

D. राष्ट्रपति

241. आपातकाल की घोषणा संसद में अनुमोदन के लिए प्रस्तुत की जानी चाहिए—

A. एक महीने के अन्दर

B. दो महीने के अन्दर

C. छः महीने के अन्दर

D. एक वर्ष के अन्दर

242. मन्त्रिपरिषद है—

A. कैबिनेट के बिल्कुल समान

B. कैबिनेट से छोटा निकाय

C. कैबिनेट से बड़ा निकाय

D. किसी तरह कैबिनेट से सम्बन्धित नहीं

243. राज्यपाल का वेतन किस कोष से आता है?

A. भारत की संचित निधि से

B. राज्य की संचित निधि से

C. राज्य और केंद्र की संचित निधि से 50 : 50 के अनुपात में

D. राज्य की आकस्मिक निधि से

244. भारत का प्रधानमंत्री—
A. सत्तादल का अध्यक्ष हो सकता है
B. हमेशा सत्तादल का अध्यक्ष ही होता है
C. सत्तादल का अध्यक्ष नहीं हो सकता है
D. इनमें से कोई नहीं

245. एक व्यक्ति क्या एक से अधिक राज्यों का राज्यपाल हो सकता है?
A. हाँ
B. नहीं
C. हाँ, अधिकतम 3 महीने की अवधि तक
D. हाँ, अधिकतम 6 महीने की अवधि तक

246. सर्वोच्च न्यायालय किसे हटाने के लिए राष्ट्रपति को सिफारिश कर सकता है?
A. मन्त्रिपरिषद के किसी भी सदस्य को
B. संघ लोक सेवा आयोग के सभापति और दूसरे सदस्यों को
C. लोक सभा के अध्यक्ष को
D. इनमें से सभी को

247. भारत में न्यायिक पुनरीक्षण की शक्ति का प्रयोग किया जाता है—
A. केवल सर्वोच्च न्यायालय द्वारा
B. सर्वोच्च न्यायालय और उच्च न्यायालयों के द्वारा
C. भारत के क्षेत्र में सभी न्यायालयों द्वारा
D. भारत के राष्ट्रपति द्वारा

248. राज्य सभा में राज्यों को प्राप्त है—
A. समान प्रतिनिधित्व
B. जनसंख्या के आधार पर प्रतिनिधित्व
C. जनसंख्या एवं आर्थिक स्थिति के आधार पर प्रतिनिधित्व
D. इनमें से कोई नहीं

249. भारत का संविधान भारत को वर्णित करता है—
A. स्वतंत्र राज्यों का संघ के रूप में
B. राज्यों का संघ के रूप में
C. एक अर्द्ध संघ के रूप में
D. इनमें से सभी

250. संविधान के किस संशोधन के अन्तर्गत निजी सम्पत्ति का अधिकार मौलिक अधिकारों की अनुसूची से निकाल दिया गया?
A. 24वें   B. 42वें
C. 44वें   D. 49वें

अर्थव्यवस्था

251. भारत की अर्थव्यवस्था कैसी है?
A. पिछड़ी हुई   B. विकसित
C. विकासशील   D. अल्पविकसित

252. गांधीवादी अर्थव्यवस्था किस सिद्धान्त पर आधारित थी?
A. राज्य का नियंत्रण
B. प्रतिस्पर्द्धा
C. न्यासधारिता
D. ग्रामीण सहकारिता

253. योजना आयोग का अध्यक्ष कौन है?
A. राष्ट्रपति   B. प्रधानमंत्री
C. योजना मंत्री   D. कैबिनेट सचिव

254. देश का सबसे बड़ा वाणिज्यिक बैंक कौन-सा है?
A. ICICI बैंक   B. HDFC बैंक
C. SBI बैंक   D. UTI बैंक

255. भारतीय रिजर्व बैंक का लेखा वर्ष है—
A. अप्रैल-मार्च
B. जुलाई-जून
C. अक्टूबर-दिसम्बर
D. जनवरी-दिसम्बर

256. सबसे पहले म्यूचुअल फण्ड प्रारम्भ किया—
A. LIC ने   B. GIC ने
C. UTI ने   D. SBI ने

257. केन्द्र सरकार के बजट के चालू खाते में व्यय का सबसे बड़ा मद है—
A. प्रतिरक्षा व्यय
B. परिदान
C. ब्याज भुगतान
D. सामाजिक सेवाओं पर व्यय

258. 'बोकारो स्टील प्लांट' किस देश की सहायता से बनाया गया है?
A. रूस   B. फ्रांस
C. ब्रिटेन   D. अमरीका

259. निम्नलिखित में से विश्व बैंक का मुख्यालय कौन-सा है?
A. दि हेग   B. वाशिंगटन डी.सी.
C. पेरिस   D. लन्दन

260. निम्नलिखित में से लघु उद्योगों की क्या समस्या है?
A. पूँजी का अभाव
B. विपणन जानकारी का अभाव
C. कच्चे माल का अभाव
D. उपर्युक्त सभी

261. निम्नलिखित में से किस पंचवर्षीय योजना में निर्धनता उन्मूलन तथा आत्मनिर्भरता का लक्ष्य रखा गया था?
A. प्रथम   B. द्वितीय
C. चतुर्थ   D. पाँचवीं

262. निम्नलिखित में से मुद्रास्फीति का कारण कौन-सा है?
A. मुद्रा-आपूर्ति में वृद्धि
B. उत्पादन में वृद्धि
C. उत्पादन में ह्रास
D. विकल्प A और C दोनों

263. निम्नलिखित में से कौन-सी भारतीय अर्थव्यवस्था की एक विशेषता नहीं है?
A. असमान भूमि-वितरण
B. अनुपयुक्त साख-सुविधा
C. बड़े किसानों की अधिकता
D. उत्पादकता की निम्न दर

264. भारत का सबसे प्रसिद्ध कुटीर उद्योग कौन-सा है?
A. हथकरघा उद्योग
B. कागज उद्योग
C. सूती वस्त्र उद्योग
D. जूट उद्योग

265. किसान क्रेडिट कार्ड योजना कब लागू की गई?
A. 1991   B. 1996
C. 1998   D. 2000

266. निम्नलिखित में से कौन-सा देश तेल समृद्ध है?
A. सिंगापुर   B. थाईलैण्ड
C. पाकिस्तान   D. इंडोनेशिया

267. भारत में निम्नलिखित में से कौन-सा राज्य वाणिज्य तथा उद्योग में अग्रणी है?
A. महाराष्ट्र   B. उत्तर प्रदेश
C. पश्चिम बंगाल   D. मध्य प्रदेश

268. FERA का पूरा रूप है—
A. Foreign Exchange Registration Act
B. Foreign Exchange Realisation Act
C. Foreign Exchange Regulation Act
D. इनमें से कोई नहीं

269. पश्चिम बंगाल का टीटागढ़ किसके लिए प्रसिद्ध है?
A. कागज निर्माण

B. लोकोमोटिव निर्माण
C. उर्वरक उद्योग
D. कपड़ा उद्योग

270. निम्नलिखित में से कौन-सा आयोग भारत में जल संसाधनों के नियंत्रण तथा उपयोग के लिए उत्तरदायी है?
A. बाढ़ आयोग
B. केन्द्रीय वानिकी आयोग
C. केन्द्रीय जल आयोग
D. योजना आयोग

271. जापान की करंसी क्या है?
A. डॉलर B. येन
C. रूबल D. रियाल

272. भारतीय रिजर्व बैंक की स्थापना हुई थी–
A. 1935 में B. 1947 में
C. 1952 में D. 1969 में

273. निम्नलिखित में से किस स्रोत से भारत सरकार को सबसे अधिक राजस्व प्राप्त होता है?
A. निगम कर B. उत्पाद शुल्क
C. आयकर D. इनमें से कोई नहीं

274. निम्नलिखित में से किसे यह निर्णय करने का संवैधानिक प्राधिकार प्राप्त है कि केन्द्र द्वारा वसूल किए गए कुल कर में से राज्यों का हिस्सा कितना है?
A. वित्तमंत्री B. वित्त आयोग
C. योजना अयोग D. इनमें से कोई नहीं

275. योजना में कोर सेक्टर का तात्पर्य है–
A. कृषि
B. रक्षा
C. लोहा एवं इस्पात उद्योग
D. चयनित आधारभूत उद्योग

276. भारत में उत्तर प्रदेश राज्य का स्थान किसके उत्पादन में प्रथम है?
A. खाद्यान्न उत्पादन
B. दुग्ध उत्पादन
C. गन्ना एवं चीनी उत्पादन
D. उपर्युक्त सभी में

277. भारत में सहकारी आन्दोलन का प्रादुर्भाव कब हुआ?
A. 1934 ई. में B. 1914 ई. में
C. 1904 ई. में D. 1997 ई. में

278. भारत में झूम खेती के अन्तर्गत भूमि का सबसे बड़ा प्रतिशत किस राज्य में है?
A. नागालैण्ड B. त्रिपुरा
C. मिजोरम D. मध्य प्रदेश

279. किस प्रकार की माँग वाली वस्तुओं पर कर लगाकर अधिक राजस्व अर्जित किया जा सकता है?
A. अत्यधिक लोचदार
B. इकाई लोचदार
C. पूर्णतः लोचदार
D. बेलोचदार

280. भारत में विद्युत उत्पादन में सर्वाधिक अंश किसका है?
A. ताप विद्युत
B. जलविद्युत
C. नाभिकीय विद्युत
D. तीनों का अंश बराबर है

281. बैंक नोट प्रेस कहाँ स्थित है?
A. नासिक B. देवास
C. नोएडा D. मुम्बई

282. रोजगार गणक की अवधारणा का प्रतिपादन किया था–
A. जे.एम. क्लार्क ने

B. आर.एफ. काहन ने

C. जे.एम. कीन्स ने

D. ए. अफ्टेलियन ने

283. आर्थिक विकास की माप के लिए निम्नलिखित में से कौन-सी बेहतर मान है?

A. रोजगार

B. निर्यात का आकार

C. ग्रामीण उपभोग

D. राष्ट्रीय आय

284. पंचवर्षीय योजनाएं कौन तैयार करता है?

A. योजना मंत्रालय

B. संसद

C. वित्त मंत्री

D. योजना आयोग

285. पंचवर्षीय योजना को अन्तिम मंजूरी कौन देता है?

A. संसद

B. प्रधानमंत्री

C. राष्ट्रपति

D. राष्ट्रीय विकास परिषद्

286. पहली पंचवर्षीय योजना का कार्यकाल था–

A. 1952-1957 B. 1955-1960

C. 1953-1958 D. 1951-1956

287. हमारे देश में कागजी मुद्रा का नियंत्रण कौन करता है?

A. भारत सरकार

B. वित्त मंत्रालय

C. रिजर्व बैंक ऑफ इण्डिया

D. स्टेट बैंक ऑफ इण्डिया

288. एक रुपए का नोट कौन जारी करता है?

A. वित्त मंत्रालय

B. रिजर्व बैंक ऑफ इण्डिया

C. स्टेट बैंक ऑफ इण्डिया

D. उपरोक्त में से कोई भी नहीं

289. स्टेट बैंक ऑफ इण्डिया के सहायक बैंकों की संख्या कितनी है?

A. पांच B. नौ

C. दस D. सात

290. हमारे देश में बैंकों का राष्ट्रीयकरण कब हुआ?

A. 1961 B. 1969

C. 1959 D. 1975

291. 1969 में सरकार ने कितने बैंकों का राष्ट्रीयकरण किया?

A. 10 B. 15

C. 12 D. 14

292. 10, 50 और 100 रु. के नोट कहाँ छपते हैं?

A. नासिक B. होशंगाबाद

C. देवास D. हैदराबाद

293. हमारे देश में सिक्कों की दाशमिक प्रणाली कब शुरू हुई?

A. 1949 B. 1951

C. 1965 D. 1957

294. क्षेत्रीय ग्रामीण बैंकों (रीजनल रूरल बैंकों) की शुरुआत कब हुई?

A. 1969 B. 1975

C. 1980 D. 1982

295. भारतीय जीवन बीमा निगम की स्थापना कब हुई थी?

A. 1949 B. 1956

C. 1970 D. 1973

296. यूनिट ट्रस्ट ऑफ इण्डिया की स्थापना कब हुई थी?

A. 1954 B. 1964

C. 1974 D. 1984

297. 100 रु. के नोट पर किसके हस्ताक्षर होते हैं?

A. वित्त मंत्री

B. चेयरमैन, स्टेट बैंक ऑफ इण्डिया

C. गवर्नर, रिजर्व बैंक ऑफ इण्डिया

D. वित्त सचिव

298. भारत में सिक्के ढ़ालने की टकसाल कहाँ है?

A. मुम्बई B. कोलकाता

C. हैदराबाद D. उपरोक्त तीनों

299. नोट छापने का कागज सेक्युरिटी पेपर मिल में बनता है। यह मिल कहाँ है?

A. नासिक B. बंगलौर

C. पूना D. होशंगाबाद

300. योजना आयोग का अध्यक्ष कौन होता है?

A. राष्ट्रपति B. योजना मंत्री

C. प्रधानमंत्री D. वित्त मंत्री

सामान्य विज्ञान

301. निम्न में से किसका उपयोग ऊँचाई नापने के लिए होता है?

A. बैरोमीटर B. प्लानोमीटर

C. अल्टीमीटर D. हाइड्रोमीटर

302. फ्लक्स घनता और चुम्बकीय क्षेत्र की क्षमता का अनुपात किसी माध्यम में होता है उसका–

A. चुम्बक की घनता

B. ग्रहणशीलता

C. सम्बन्धित व्याकता

D. पारगम्यता

303. ध्वनि तरंगें हैं–

A. अनुदैर्ध्य

B. अनुप्रस्थ

C. आंशिक लम्बवत्, आंशिक अनुदैर्ध्य

D. कभी-कभी अनुदैर्ध्य, कभी-कभी अनुप्रस्थ

304. कैमरे में किस प्रकार का लेन्स उपयोग में लाया जाता है?

A. उत्तल B. अवतल

C. वर्तुलाकार D. समान मोटाई का

305. एक स्वतंत्र रूप से लटका हुआ चुम्बक सदा ठहरता है (स्थिर होता है) वह दिशा है–

A. पूर्व-उत्तर B. उत्तर-पश्चिम

C. उत्तर-दक्षिण D. दक्षिण-पश्चिम

306. प्रकाश संश्लेषण में पौधे कौन-सी गैस का अवचूषण करते हैं?

A. CO_2 B. O_2

C. N_2 D. H_2

307. विद्युत मात्रा की इकाई है–

A. ऐम्पियर B. ओम

C. वोल्ट D. कूलॉम

308. 1 किग्रा. राशि का वजन है–

A. 1 न्यूटन B. 10 न्यूटन

C. 9.8 न्यूटन D. 9 न्यूटन

309. एक्स-रे के आविष्कारक थे–

A. आइन्स्टीन B. डब्ल्यू.एच. ब्रॅग

C. रॉन्जन D. हेनरी बेकरेल

310. नाड़ी गति द्वारा डॉक्टर ज्ञात करता है–

A. रक्तचाप

B. साँस गति

C. हृदय की धड़कन

D. उपर्युक्त में से कोई नहीं

311. निम्न में से कौन आवेश की इकाई नहीं है?

A. फैराडे B. फ्रैंकलीन

C. कुलम्ब D. एम्पीयर/सेकण्ड

312. मानव शरीर में क्रोमोसोम की संख्या होती है—
A. 46   B. 48
C. 49   D. 50

313. एक प्रकाशवर्ष इससे सर्वाधिक समीप है—
A. 10^8 मीटर   B. 10^{12} मीटर
C. 10^{16} मीटर   D. 10^{20} मीटर

314. हवाई जहाज के 'ब्लैक बॉक्स' का क्या रंग होता है?
A. काला   B. लाल
C. बैंगनी   D. नारंगी

315. निम्नांकित में से कौन एक कीट के शरीर से निकला स्राव है?
A. मोती   B. मूँगा
C. लाख   D. गोंद

316. निम्नांकित में से कौन-सी धातु किसी नगर की वायु को, जहाँ बहुत अधिक संख्या में मोटर कारें आदि हों, प्रदूषित करती है?
A. कैडमियम   B. क्रोमियम
C. सीसा   D. ताँबा

317. परमाणु के नाभिक में होते हैं—
A. इलेक्ट्रॉन तथा न्यूट्रॉन
B. इलेक्ट्रॉन तथा प्रोट्रॉन
C. प्रोट्रॉन तथा न्यूट्रॉन
D. प्रोट्रॉन तथा रेडान

318. निम्नांकित में कौन कठोरतम है?
A. सोना   B. हीरा
C. लोहा   D. टंगस्टन

319. शरीर के किस भाग में पित्त का निर्माण होता है?
A. यकृत
B. तिल्ली
C. पित्ताशय की थैली
D. पैन्क्रियाज

320. एन्जाइम मूलतः क्या है?
A. वसा   B. शर्करा
C. प्रोटीन   D. विटामिन

321. मानव शरीर में सबसे छोटी ग्रन्थि कौन है?
A. एड्रीनल   B. थाइरॉइड
C. पैन्क्रियाज   D. पिट्यूटरी

322. रेफ्रीजरेटर में थर्मोस्टेट का कार्य है—
A. तापमान को कम करना
B. हिमायन ताप को बढ़ाना
C. एक समान तापमान को बनाए रखना
D. गलनांक को घटाना

323. सूर्य की ऊर्जा उत्पन्न होती है—
A. आयनन द्वारा
B. नाभिकीय संलयन द्वारा
C. नाभिकीय विखण्डन द्वारा
D. ऑक्सीकरण द्वारा

324. द्रव क्रिस्टल प्रयुक्त होते हैं—
A. कलाई घड़ियों में
B. प्रदर्शन युक्तियों में
C. पॉकेट कैलकुलेटरों में
D. उपर्युक्त सभी में

325. निम्नांकित में से कौन-सा उर्वरक मृदा में सर्वाधिक अम्ल छोड़ता है?
A. यूरिया
B. अमोनियम सल्फेट
C. अमोनियम नाइट्रेट
D. कैल्सियम अमोनियम नाइट्रेट

326. खाद्य पदार्थों के संरक्षण हेतु निम्नांकित में से कौन-सा प्रयुक्त होता है?
A. सोडियम कार्बोनेट
B. एसीटिलीन
C. बेंजोइक अम्ल
D. सोडियम क्लोराइड

327. कृष्ण-छिद्र सिद्धान्त को प्रतिपादित किया था–

A. सी.वी. रमन ने

B. एच.जे. भाभा ने

C. एस. चन्द्रशेखर ने

D. हरगोविन्द खुराना ने

328. साइनोकोबालमिन है–

A. विटामिन सी

B. विटामिन बी-2

C. विटामिन बी-6

D. विटामिन बी-12

329. निम्नांकित जोड़ों में किसका सुमेल है?

A. निमोनिया-फेफड़े

B. मोतिया बिन्द-थायराइड ग्रन्थि

C. पीलिया-आँख

D. मधुमेह-यकृत

330. दूध उदाहरण है–

A. एक श्लिषि का

B. एक पायस का

C. एक निलम्बन का

D. एक फेन का

331. निम्नलिखित में से किसकी कमी से एनीमिया रोग हो जाता है?

A. आयरन B. कैल्सियम

C. विटामिन A D. आयोडीन

332. विद्युत प्रवाह की तीव्रता नापने के लिए निम्नलिखित में से किस उपकरण का उपयोग किया जाता है?

A. एनीमोमीटर B. अल्टीमीटर

C. आमीटर D. लैक्टोमीटर

333. निम्नलिखित में किसके परिवर्तन से वायु में ध्वनि का वेग परिवर्तन नहीं होता है?

A. वायु का ताप

B. वायु का दाब

C. वायु का आर्द्रता

D. ध्वनि गमन की दिशा में वायु प्रवाह

334. पृथ्वी की चुम्बकीय निरक्ष (Magnetic Equator) पर नमन कोण होगा–

A. 180° B. 90°

C. 45° D. शून्य

335. निम्नलिखित में से किसे गर्म करने पर ऑक्सीजन विमुक्त होगी?

A. जिंक ऑक्साइड

B. मैंगनीज डाइऑक्साइड

C. मरक्यूरिक ऑक्साइड

D. मैगनीशियम ऑक्साइड

336. निम्नलिखित में से किस पदार्थ में उच्चतम वैद्युत चालकता होती है?

A. ग्रेफाइट B. हीरा

C. जल D. इनमें से कोई नहीं

337. द्रवों की सघनता मापी जाती है–

A. हाइड्रोमीटर द्वारा

B. पोटोमीटर द्वारा

C. ऑस्मोमीटर द्वारा

D. ऑक्सेनोमीटर द्वारा

338. मनुष्य के आहार में कैल्शियम की कमी से हो सकता है–

A. अरक्तता

B. स्कर्वी

C. पोलियोमाइलिटिस

D. रिकेट्स

339. इन्सुलिन का प्रयोग किस बीमारी के उपचार में होता है?

A. स्मॉल पाक्स B. हृदयाघात

C. मधुमेह D. स्कर्वी

340. निम्नलिखित में से किस रक्त ग्रुप के व्यक्ति को सर्वात्रिक दाता कहा जाता है?
A. O (ओ)
B. AB (एबी)
C. A positive (ए पोजिटिव)
D. A (ए)

राष्ट्रीय प्रतीक

341. भारत के राष्ट्रीय ध्वज में केसरिया, सफेद और हरे रंग की तीन–
A. आड़ी पट्टियाँ हैं
B. खड़ी पट्टियाँ हैं
C. एक दूसरे को काटती हुई पट्टियाँ हैं
D. तिरछी पट्टियाँ हैं

342. हमारे राष्ट्रीय ध्वज की लम्बाई और चौड़ाई का अनुपात–
A. 2 : 3 है B. 3 : 4 है
C. 4 : 3 है D. 3 : 2 है

343. भारत के राष्ट्रीय ध्वज के बीच में एक गोल चक्र है; यह चक्र–
A. तीनों रंग की पट्टियों पर है
B. केसरिया रंग की पट्टी पर है
C. सफेद रंग की पट्टी पर है
D. हरे रंग की पट्टी पर है

344. किसी भाषा को किसी राज्य की राजभाषा के रूप में अंगीकार करने का अधिकार किसे है?
A. राष्ट्रपति
B. संसद
C. राज्य विधान सभा
D. राजभाषा आयोग

345. हमारे राष्ट्रीय ध्वज में तीन पट्टियाँ हैं; उनमें सबसे नीचे वाली पट्टी किस रंग की है?
A. केसरिया B. सफेद
C. हरे D. इनमें से कोई नहीं

346. हमारे राष्ट्रगान 'जन-गण-मन' में कुल कितने पद हैं?
A. तीन B. पाँच
C. चार D. दो

347. राष्ट्रीय गीत 'वन्देमातरम्', 'आनन्दमठ' नामक ग्रंथ से लिया गया है, जिसके लेखक हैं–
A. बंकिम चन्द्र चटर्जी
B. रवीन्द्र नाथ टैगोर
C. व्योमेश चन्द्र बनर्जी
D. सुरेन्द्रनाथ बनर्जी

348. हमारे राष्ट्रीय चिन्ह में ऊपर तीन सिंह बने हैं और उनके नीचे देवनागरी लिपि में 'सत्यमेव जयते' लिखा है। यह 'सत्यमेव जयते' कहाँ से उद्धृत किया गया है?
A. भगवद्गीता से
B. मुण्डक उपनिषद से
C. ऋग्वेद से
D. स्कन्द पुराण से

349. भारत का राष्ट्रीय पंचांग–
A. शक् संवत् पर आधारित है
B. हिजरी संवत् पर आधारित है
C. विक्रमी संवत् पर आधारित है
D. विक्रमांक-चालुक्य संवत् पर आधारित है

350. भारत का राष्ट्रीय पशु है–
A. गाय B. हाथी
C. अश्व D. टाइगर

351. भारत का राष्ट्रीय पक्षी है–
A. हंस B. कबूतर
C. तोता D. मोर

352. भारत का राष्ट्रीय पुष्प है–
     A. गुलाब   B. चमेली
     C. कमल   D. सूरजमुखी

353. हमारे राष्ट्र गान 'जन-गण-मन' के
     रचयिता हैं–
     A. अवनीन्द्रनाथ टैगोर
     B. सुधीन्द्रनाथ टैगोर
     C. रवीन्द्रनाथ टैगोर
     D. व्योमेशचन्द्र टैगोर

354. हमारे राष्ट्रीय ध्वज के डिजाइन को
     कब और किसने मंजूरी प्रदान की थी?
     A. संविधान सभा ने 22 जुलाई, 1947
        को
     B. संविधान सभा ने 15 अगस्त, 1947
        को
     C. कांग्रेस पार्टी ने 15 अगस्त, 1947 को
     D. भारत सरकार ने 15 अगस्त, 1947 को

355. हमारे देश में राष्ट्रीय पंचांग को कब
     अंगीकार किया गया?
     A. 15 अगस्त, 1947
     B. 26 जनवरी, 1950
     C. 22 मार्च, 1957
     D. 30 जनवरी, 1948

रक्षा

356. भारत की सशस्त्र रक्षा सेनाएं कितने
     भागों (वर्गों) में गठित है?
     A. चार   B. पांच
     C. तीन   D. छ:

357. भारत की सशस्त्र रक्षा सेनाओं का
     सर्वोच्च सेनापति कौन है?
     A. रक्षा मंत्री   B. स्थल सेनाध्यक्ष
     C. प्रधानमंत्री   D. राष्ट्रपति

358. स्थल सेना कितनी कमानों में गठित है?
     A. तीन   B. दो
     C. चार   D. छ:

359. कोस्ट गार्ड की स्थापना कब की गई थी?
     A. 1980   B. 1978
     C. 1985   D. 1963

360. भारत की वायुसेना कितने कमानों में
     गठित है?
     A. दो   B. तीन
     C. चार   D. पांच

361. होमगार्ड का गठन कब हुआ था?
     A. 1972   B. 1962
     C. 1968   D. 1965

362. स्थल सेना के निम्नलिखित पदों में
     सबसे छोटा कौन-सा है?
     A. लेफ्टीनेंट   B. ब्रिगेडियर
     C. कर्नल   D. कैप्टन

363. प्रादेशिक सेना का गठन कब हुआ था?
     A. 1949   B. 1957
     C. 1962   D. 1972

364. प्रादेशिक सेना में भर्ती होने के लिए
     क्या आयु होनी चाहिए?
     A. 21 से 30 वर्ष
     B. 21 से 35 वर्ष
     C. 18 से 35 वर्ष
     D. 20 से 35 वर्ष

365. एन.सी.सी. में कितने डिवीजन हैं?
     A. चार   B. पांच
     C. तीन   D. दो

366. एयरफोर्स अकादमी कहां है?
     A. बेलगाम   B. कोयम्बटूर
     C. हैदराबाद   D. सिकन्दराबाद

367. भारतीय नौ सेना कितने बेड़ों में गठित है?

A. पांच B. चार

C. तीन D. दो

368. हर साल 7 दिसम्बर को भारत में मनाया जाता है—

A. वायु सेना दिवस

B. झंडा दिवस

C. नौसेना दिवस

D. कोस्ट गार्ड दिवस

369. भारत में नौसेना दिवस किस दिन मनाया जाता है?

A. 8 अक्टूबर B. 15 जनवरी

C. 21 दिसम्बर D. 7 दिसम्बर

370. भारत की सेना के प्रथम भारतीय सेनापति थे—

A. जनरल के.एम. करियप्पा

B. फील्ड मार्शल मानेकशा

C. जनरल राजेन्द्र सिंह

D. उपरोक्त में से कोई भी नहीं

371. परमाणु हमले में सक्षम प्रक्षेपास्त्र कौन-सा है?

A. आकाश B. नाग

C. त्रिशूल D. पृथ्वी

372. सेना के पदक को सैनिक कहां लटकाते हैं?

A. कन्धे पर

B. दाईं ओर छाती पर

C. बाईं ओर छाती पर

D. गले में

373. सैनिकों के अदम्य साहसपूर्ण कार्य के लिए 'परमवीर चक्र' दिया जाता है। इस पर—

A. बाघ (शेर) का चित्र बना होता है

B. अशोक चक्र का चित्र बना होता है

C. इन्द्र के वज्र का चित्र बना होता है

D. कमल के फूल के चित्र बने होते हैं

विश्व संगठन

374. संयुक्त राष्ट्र संघ की स्थापना कब हुई थी?

A. 1920 ई. में B. 1945 ई. में

C. 1985 ई. में D. 1955 ई. में

375. रेड क्रॉस का संस्थापक कौन था?

A. बैडेन पॉवेल

B. ट्रिग्वी ली

C. जे.एच. ड्यूनान्ट

D. फ्रेडरिक पास्से

376. संयुक्त राष्ट्र संघ का स्थापना दिवस प्रति वर्ष किस तारीख को मनाया जाता है?

A. 24 अक्टूबर

B. 24 जून

C. 14 नवम्बर

D. 16 अक्टूबर

377. सुरक्षा परिषद् में कुल कितने सदस्य हैं?

A. 15 B. 10

C. 5 D. 20

378. निम्नलिखित में से कौन-सा देश सुरक्षा परिषद् के पांच स्थायी सदस्यों में नहीं है?

A. अमेरिका B. रूस

C. ब्रिटेन D. जर्मनी

379. सुरक्षा परिषद् का मुख्य कार्य है—

A. झगड़ा न होने देना

B. झगड़ों को शान्तिपूर्ण ढंग से सुलझाना

C. आक्रमण न होने देना

D. उपरोक्त सभी

380. संयुक्त राष्ट्र संघ के कितने प्रमुख अंग हैं?
A. 6   B. 5
C. 4   D. 7

381. वीटो का अधिकार—
A. संयुक्त राष्ट्र के सभी सदस्यों को प्राप्त है
B. सुरक्षा परिषद् के सभी सदस्यों को प्राप्त है
C. सुरक्षा परिषद् के सभी स्थायी सदस्यों को प्राप्त है
D. सुरक्षा परिषद् के सभी अस्थायी सदस्यों को प्राप्त है

382. संयुक्त राष्ट्र संघ का मुख्यालय कहाँ है—
A. वाशिंगटन   B. न्यूयार्क
C. बोस्टन   D. शिकागो

383. संयुक्त राष्ट्र संघ का ध्वज किस रंग का है?
A. हल्के नीले रंग का
B. हल्के गुलाबी रंग का
C. गहरे केसरिया रंग का
D. आधा हल्के रंग का और आधा केसरिया रंग का

384. संयुक्त राष्ट्र संघ की बैठकों में आमतौर से काम-काज किस भाषा में होता है?
A. अंग्रेजी   B. रूसी
C. फ्रेंच   D. अंग्रेजी और फ्रेंच

385. अंतर्राष्ट्रीय न्यायालय का मुख्यालय कहाँ है?
A. हेग   B. जेनेवा
C. रोम   D. बर्न

386. राष्ट्रमंडल के सदस्य वे देश हैं, जो—
A. ब्रिटेन के अधीन हैं
B. ब्रिटेन से आर्थिक सहायता पाते हैं
C. पहले ब्रिटेन के अधीन थे किन्तु अब स्वाधीन हैं
D. ब्रिटेन से अस्त्र-शस्त्र प्राप्त करते हैं

387. सार्क (दक्षिण एशियाई सहयोग संगठन) में कितने देश सदस्य हैं?
A. पांच   B. छ:
C. आठ   D. सात

388. निम्नलिखित देशों में से कौन-सा देश सार्क (SAARC) का सदस्य नहीं है?
A. भारत   B. पाकिस्तान
C. बांग्लादेश   D. म्यांमार

389. गुट निरपेक्ष आन्दोलन कब शुरू हुआ था?
A. 1955 में   B. 1961 में
C. 1983 में   D. 1976 में

390. गुट निरपेक्ष आन्दोलन के सदस्य देश—
A. शक्तिशाली देशों के गुटों से दूर रहते हैं
B. परस्पर एक-दूसरे की रक्षा के लिए वचनबद्ध हैं
C. एक दूसरे को सैनिक सहायता देते हैं
D. एक सैनिक संधि के सदस्य हैं

391. कौन-सा भारतीय अन्तर्राष्ट्रीय न्यायालय के अध्यक्ष पद पर रह चुका है?
A. लक्ष्मीमल सिंघवी
B. डॉ. नगेन्द्र सिंह
C. हंसराज भारद्वाज
D. गोपालस्वरूप पाठक

392. भारत सदस्य है—
A. राष्ट्रमंडल का
B. सार्क का
C. गुट निरपेक्ष आन्दोलन का
D. उपरोक्त तीनों का

पुरस्कार एवं सम्मान

393. निम्नलिखित में से किस नेता को नजरबंदी के दौरान नोबेल पुरस्कार से सम्मानित किया गया?
A. नेल्सन मंडेला
B. आंग सान सू की
C. जनरल आलुसैग ओबसंजो
D. खान अब्दुल गफ्फार खां

394. भारत रत्न से सम्मानित प्रथम व्यक्ति जो भारत के राष्ट्रपति हुए कौन थे?
A. डॉ. एस. राधाकृष्णन
B. डॉ. राजेन्द्र प्रसाद
C. डॉ. जाकिर हुसैन
D. वी.वी. गिरि

395. के.के. बिड़ला फाउंडेशन के व्यास सम्मान को प्राप्त करने वाली पहली महिला साहित्यकार कौन है?
A. नयनतारा सहगल
B. चित्रा मुद्गल
C. अमृता प्रीतम
D. महादेवी वर्मा

396. निम्नलिखित में से कौन-सा कलाकार 'भारत-रत्न' से सम्मानित नहीं किया गया है?
A. पं. जसराज B. लता मंगेशकर
C. पं. रविशंकर D. बिस्मिल्ला खाँ

397. 'भारत रत्न' अलंकरण कब से प्रारम्भ किया गया?
A. 1950 B. 1947
C. 1954 D. 1960

398. पुलित्जर पुरस्कार किस क्षेत्र से सम्बन्धित है?
A. संगीत B. फिल्म
C. पत्रकारिता D. पर्यावरण

399. किस भारतीय फिल्म निर्माता को विशेष ऑस्कर सम्मान प्राप्त हो चुका है?
A. पृथ्वीराज कपूर
B. वी. शान्ताराम
C. सत्यजीत रे
D. सोहराब मोदी

400. 'ज्ञानपीठ पुरस्कार' विजेता प्रथम महिला साहित्यकार आशापूर्ण देवी थी; वह किस भाषा की साहित्यकार थीं?
A. हिन्दी B. मराठी
C. उड़ीसा D. बांग्ला

401. जमनालाल बजाज पुरस्कार किस क्षेत्र में सराहनीय योगदान के लिए प्रदान किया जाता है?
A. शांति व निःशस्त्रीकरण
B. कृषि
C. रचनात्मक कार्य
D. साहित्य

402. भारत वर्ष में प्रथम रमन मैग्सेसे पुरस्कार विजेता कौन था?
A. सी.डी. देशमुख
B. जय प्रकाश नारायण
C. डॉ. वर्गीज कुरियन
D. आचार्य विनोबा भावे

403. भारतीय ज्ञानपीठ पुरस्कार किसे प्रदान किया जाता है?
A. उत्कृष्ट हिन्दी कविता के लिए
B. भारतीय साहित्य में उत्कृष्ट योगदान के लिए
C. हिन्दी साहित्य में उत्कृष्ट योगदान के लिए
D. भारतीय दर्शन की उत्कृष्ट समीक्षा के लिए

404. अध्यापकों के लिए राष्ट्रीय पुरस्कारों की घोषणा कब की जाती है?
A. 14 नवम्बर B. 5 सितम्बर
C. 30 जनवरी D. 26 जनवरी

405. निम्नलिखित में से किस विषय पर नोबेल पुरस्कार नहीं दिया जाता है?
A. चिकित्सा B. गणित
C. अर्थशास्त्र D. रसायन शास्त्र

406. बुकर पुरस्कार किस क्षेत्र में प्रदान किया जाता है?
A. कल्पना साहित्य लेखन
B. औषधि
C. साहस के कार्य
D. विज्ञान

407. गांधी शान्ति पुरस्कार में कितनी धनराशि प्रदान की जाती है?
A. 50 लाख B. 2 करोड़
C. 1 करोड़ D. 10 लाख

408. सर्वोच्च शौर्य पुरस्कार 'परमवीर चक्र' के प्रथम विजेता कौन थे?
A. मेजर ध्यान सिंह
B. के. गुरुवचन सिंह
C. मेजर शैतान सिंह
D. मेजर सोमनाथ शर्मा

409. धन्वन्तरि पुरस्कार किस क्षेत्र में विशिष्ट योगदान के लिए दिया जाता है?
A. संगीत B. नृत्य
C. दर्शन D. चिकित्सा

410. कलिंग पुरस्कार किस क्षेत्र में दिया जाता है?
A. साहित्य के क्षेत्र में
B. विज्ञान के क्षेत्र में
C. सामाजिक कल्याण के लिए किए गए कार्य के लिए

D. अन्तर्राष्ट्रीय शान्ति एवं सद्भावना के लिए

411. नोबेल पुरस्कार का आरम्भ कब से हुआ?
A. सन् 1901 से B. सन् 1905 से
C. सन् 1896 से D. सन् 1934 से

412. अर्थशास्त्र के लिए नोबेल पुरस्कार कब से आरम्भ हुआ?
A. सन् 1969 ई. से
B. सन् 1939 ई. से
C. सन् 1901 ई. से
D. सन् 1935 ई. से

413. निम्नलिखित किस अफ्रीकी नेता को भारत-रत्न से सम्मानित किया गया है?
A. होस्नी मुबारक B. जोमो केन्योटा
C. अनवर सादात D. नेल्सन मंडेला

414. विज्ञान को सर्वसुलभ व सर्वोपयोगी बनाने में सर्वाधिक योगदान देने वाले व्यक्ति को भारतीय नाम वाले किस अन्तर्राष्ट्रीय पुरस्कार से सम्मानित किया जाता है?
A. कालिंजर पुरस्कार
B. कलिंग पुरस्कार
C. मानवता पुरस्कार
D. ऐसा कोई पुरस्कार नहीं है

415. नेहरू पुरस्कार कौन-सी संस्था प्रदान करती है?
A. इंडियन कौंसिल ऑफ कल्चरल रिलेशन्स
B. इंडो-सोवियत कल्चरल सोसाइटी
C. भारतीय राष्ट्रीय कांग्रेस
D. भारतीय ज्ञानपीठ

416. वीरता का सर्वोच्च सम्मानसूचक पदक जो शत्रु के सामने असीम शौर्य और अदम्य साहस दिखाने या आत्म-बलिदान करने पर भेंट किया जाता है, उसका क्या नाम है?

A. चक्रव्यूह B. अशोक चक्र
C. महावीर चक्र D. परमवीर चक्र

417. प्रथम मरणोपरान्त 'भारत-रत्न' अलंकरण किसे प्रदान किया गया था?
A. के. कामराज नाडार
B. आचार्य विनोबा भावे
C. लाल बहादुर शास्त्री
D. एम.जी. रामचन्द्रन

418. निम्नलिखित में से कौन-सा पुरस्कार केवल एशियावासियों को दिया जाता है?
A. नेहरू सद्भावना पुरस्कार
B. पुलित्जर पुरस्कार
C. इन्दिरा गांधी शान्ति पुरस्कार
D. मैग्सेसे पुरस्कार

419. अर्जुन पुरस्कार कब से प्रारम्भ हुए?
A. 1961 ई. से B. 1962 ई. से
C. 1963 ई. से D. 1964 ई. से

420. इंदिरा वृक्षमित्र पुरस्कार किस क्षेत्र में उत्कृष्ट योगदान के लिए दिया जाता है?
A. वृक्षारोपण B. भूमि सुधार
C. पर्यावरण D. भूमि संरक्षण

421. ललित कला के विभिन्न क्षेत्रों में उत्कृष्ट योगदान के लिए कालिदास सम्मान किस सरकार की ओर से प्रदान किया जाता है?
A. उत्तर प्रदेश B. राजस्थान
C. मध्य प्रदेश D. पश्चिम बंगाल

422. निम्नलिखित में से किसे सबसे पहले 'दादा साहेब फाल्के' पुरस्कार से सम्मानित किया गया था?
A. शोभना समर्थ B. दुर्गा खोटे
C. देविका रानी D. कानन देवी

423. कृषि अनुसंधान के क्षेत्र में उत्कृष्ट योगदान के लिए एक पुरस्कार दिया जाता है, उसका नाम क्या है?
A. कृषि पंडित पुरस्कार
B. कालिंजर पुरस्कार
C. अर्जुन पुरस्कार
D. बोरलोग पुरस्कार

खेलकूद

424. रुइया ट्रॉफी निम्नलिखित में से किस खेल की भारत की सर्वाधिक प्रतिष्ठित ट्रॉफी है?
A. स्क्वैश B. तैराकी
C. ब्रिज D. शतरंज

425. टेस्ट क्रिकेट में किस भारतीय खिलाड़ी ने सर्वाधिक विकेट प्राप्त किए हैं?
A. अनिल कुंबले B. बी.एस. बेदी
C. कपिल देव D. श्रीनाथ

426. सर्वप्रथम क्रिकेट टैस्ट मैच किस देश में खेला गया?
A. न्यूजीलैंड में B. भारत में
C. इंग्लैंड में D. ऑस्ट्रेलिया में

427. आधुनिक ओलंपिक खेलों में विजेताओं को स्वर्ण पदक देने की प्रथा कब से आरम्भ हुई?
A. 1908 से B. 1912 से
C. 1918 से D. 1922 से

428. ओवल (क्रिकेट) स्टेडियम विश्व के किस देश में है?
A. ऑस्ट्रेलिया B. भारत
C. न्यूजीलैंड D. इंग्लैंड

429. भारत ने पहली बार विश्व कप हॉकी स्पर्धा कब जीती थी?
A. 1975 B. 1971
C. 1979 D. 1967

430. भारत की राष्ट्रीय फुटबॉल स्पर्धा ट्रॉफी कब प्रारम्भ हुई थी?
A. 1945 B. 1941
C. 1948 D. 1952

431. अपर कट शब्द किस खेल में प्रयोग किया जाता है?
A. टेनिस B. वॉलीबॉल
C. क्रिकेट D. बॉक्सिंग

432. निम्नलिखित में से कौन-सा कप/ट्रॉफी फुटबॉल से सम्बन्धित नहीं है?
A. मर्डेका कप B. डूरण्ड कप
C. सन्तोष ट्रॉफी D. दिलीप ट्रॉफी

433. फिनिस शब्द का प्रयोग किस खेल में होता है?
A. शतरंज B. ब्रिज
C. बिलियड्र्स D. रग्बी

434. निम्नलिखित में से किसे 'गोल्डेन गर्ल' कहा जाता है?
A. पी.टी. ऊषा
B. कुंजरानी देवी
C. कर्णम मल्लेश्वरी
D. भारती सिंह

435. निम्नलिखित में से कौन-सी अन्तर्राष्ट्रीय टेनिस खेल प्रतियोगिता घास के मैदान पर खेली जाती है?
A. यू.एस. ओपन
B. फ्रेंच ओपन
C. विम्बलडन
D. ऑस्ट्रेलियाई ओपन

436. 'विम्बलडन ट्रॉफी' का सम्बन्ध किस खेल से है?
A. पोलो (इंग्लैंड) से
B. समुद्री दौड़ से
C. घुड़दौड़ से
D. टेनिस से

437. निम्नलिखित में से किस पदक का सम्बन्ध हॉकी से नहीं है?
A. आगा खां कप
B. वर्दवान ट्रॉफी
C. ध्यानचन्द ट्रॉफी
D. बम्बई गोल्ड कप

438. 'रिवर्स स्विंग' एवं 'बीमर' नामक शब्दावलियां किस खेल से संबंधित हैं?
A. नौकायन B. क्रिकेट
C. फुटबॉल D. हॉकी

439. निम्नलिखित में से किस ट्रॉफी का सम्बन्ध हॉकी से है?
A. सिन्धिया गोल्ड कप
B. संतोष ट्रॉफी
C. रोहिंगटन बेरिया ट्रॉफी
D. सुब्रतो मुखर्जी ट्रॉफी

440. 'ज्यूल्स रिमेट ट्रॉफी का सम्बन्ध किस खेल से है?
A. फुटबॉल (विश्व) से
B. गोल्फ से
C. हॉकी (भारत) से
D. लॉन टेनिस (विश्व) से

441. 'मर्डेका' का सम्बन्ध किस खेल से है?
A. फुटबाल (विश्व) से
B. फुटबाल (भारत) से
C. फुटबाल (एशिया) से
D. क्रिकेट (आस्ट्रेलिया-इंग्लैंड) से

442. प्रथम ओलम्पिक खेल ओलम्पिया (ग्रीस) में कब खेले गए थे?
A. 233 ई.पू. में B. 1500 ई.पू. में
C. 500 ई.पू. में D. 776 ई.पू. में

443. 394 ई. में रोम के बाद एक सम्राट ने ओलम्पिक खेलों को बंद कर दिया था। इसको पुनः किसने शुरू किया?

A. मि. स्पोर्ट्समैन ने
B. बैरन पीयरे डी कोबर्टिन ने
C. जनरल फ्रेंको ने
D. अब्राहम लिंकन ने

444. सर्वप्रथम आधुनिक ओलिम्पिक ध्वज कब फहराया गया?
A. 1896 में B. 1908 में
C. 1920 में D. 1924 में

445. ग्रैंड स्लेम निम्नलिखित में से किस खेल से सम्बन्धित है?
A. फुटबॉल B. टेनिस
C. हॉकी D. पोलो

446. प्रथम आधुनिक ओलम्पिक खेल कब और कहां खेले गए?
A. रोम, 1894 ई. में
B. मैड्रिड, 1840 ई. में
C. लिस्बन, 1800 ई. में
D. एथेन्स, 1896 ई. में

447. जापान का राष्ट्रीय खेल क्या है?
A. हाराकीरी B. जूडो
C. निप्पोन D. टोजो

448. भारत में खेल सम्बन्धी दो राष्ट्रीय इंस्टीट्यूट हैं। एक नेताजी सुभाष बोस के नाम से पटियाला में है, दूसरा किसके नाम से ग्वालियर में है?
A. राणा प्रताप B. पृथ्वीराज चौहान
C. शिवाजी D. रानी लक्ष्मीबाई

449. सबसे बड़े मैदान में खेला जाने वाला खेल कौन-सा है?
A. हॉकी B. क्रिकेट
C. पोलो D. कबड्डी

450. लॉन टेनिस जाल की ऊँचाई कितनी होती है?
A. 2 फुट 6 इंच B. 3 फुट 6 इंच
C. 4 फुट D. 2 फुट 2 इंच

451. निम्नलिखित में से किस शहर में ओलम्पिक खेल दो बार हो चुके हैं?
A. मैलबोर्न में B. पेरिस में
C. बर्लिन में D. बार्सिलोना में

452. अमेरिका का राष्ट्रीय खेल क्या है?
A. क्रिकेट B. फुटबॉल
C. बेसबॉल D. बिलियर्ड्स

453. 'पेनाल्टी स्ट्रोक' कितने फासले से मारा जाता है?
A. 8 गज B. 10 गज
C. 12 गज D. 11 गज

454. किस भारतीय खिलाड़ी को हॉकी का जादूगर कहते हैं?
A. चन्दू बोर्डे B. ध्यानचन्द
C. परगट सिंह D. मोहम्मद शाहिद

455. भारत की प्रसिद्ध खिलाड़ी सानिया मिर्जा ने इंटरनेशनल ख्याति अर्जित की है :
A. तैराकी में B. साइक्लिंग में
C. पैदल दौड़ में D. टेनिस में

पुस्तकें तथा लेखक

456. निम्नलिखित पुस्तकों में से कौन-सी पुस्तक महादेवी वर्मा द्वारा लिखित है?
A. यशोधरा B. यामा
C. ययति D. उर्वशी

457. 'मेरी इक्यावन कविताएँ' किसकी पुस्तक है?
A. धर्मवीर भारती
B. आशापूर्णा देवी
C. अटल बिहारी वाजपेयी
D. कुंवर नारायण

458. 'इंडिया डिवाइडेड' किसकी रचना है?
A. आचार्य कृपलानी
B. डॉ. राजेन्द्र प्रसाद
C. मौलाना अबुल कलाम आजाद
D. डॉ. अम्बेडकर

459. 'सैटनिक वर्सेज' किस लेखक की पुस्तक है?
A. मुल्कराज आनंद
B. सलमान रुश्दी
C. आर.के. नारायण
D. तस्लीमा नसरीन

460. 'क्रिकेट माई स्टाइल' पुस्तक का लेखक है?
A. सुनील गावस्कर
B. इमरान खां
C. अजहरुद्दीन
D. कपिल देव

461. 'ए सूटेबल ब्वाय' पुस्तक का लेखक कौन है?
A. खुशवंत सिंह
B. अरुण शोरी
C. विक्रम सेठ
D. उपरोक्त में से कोई नहीं

462. 'कैन्टरबरी टेल्स' पुस्तक का लेखक कौन है?
A. ज्योफरी चासर
B. लियो टॉलस्टाय
C. गुन्नार मिर्डल
D. विलियम शेक्सपियर

463. निम्नलिखित में से कौन-सी पुस्तक प्रेमचन्द द्वारा रचित नहीं है?
A. गोदान B. गबन
C. प्रेम पचीसी D. आनंदमठ

464. बांग्लादेश की लेखिका तस्लीमा नसरीन को किस पुस्तक से ख्याति मिली?
A. शर्म B. लज्जा
C. नारी स्वातंत्र्य D. अबला

465. 'पावर्टी एण्ड अन-ब्रिटिश रूल इन इण्डिया' का लेखक कौन है?
A. लाला लाजपत राय
B. लाला हरदयाल
C. विनायक दामोदर सावरकर
D. दादाभाई नौरोजी

466. 'मुद्राराक्षस' ग्रंथ का लेखक कौन है?
A. विशाखदत्त B. कालिदास
C. भारवि D. माघ

467. 'माई प्रेसिडेंशल ईयर्स' पुस्तक का लेखक कौन है?
A. ज्ञानी जैल सिंह
B. वी.वी. गिरि
C. आर. बेंकटरमन
D. डॉ. शंकर दयाल शर्मा

468. 'जय सोमनाथ' किसकी कृति है?
A. के.एम. मुंशी
B. वृन्दावन लाल वर्मा
C. अमृत लाल नागर
D. मदन मोहन मालवीय

469. वर्शिपिंग फाल्स गॉड्स पुस्तक के लेखक हैं–
A. विक्रम सेठ B. अरुण शौरी
C. सलमान रुश्दी D. खुशवन्त सिंह

470. निम्नलिखित पुस्तकों में से कौन-सी पुस्तक सलमान रुश्दी की है?
A. दि वर्ल्ड ऑफ फतवाज
B. दि मूर्स लास्ट साई
C. दि अदर हॉफ
D. फूल्स पैराडाइज

471. मार्ग्रेट थैचर द्वारा रचित पुस्तक है–
A. लांग वॉक टु फ्रीडम
B. दि पाथ टु पावर
C. इमेज एंड इमेजिनेशन
D. 10 डाउनिंग स्ट्रीट

472. 'फ्रीडम एट मिडनाइट' के लेखक कौन हैं?
A. जवाहरलाल नेहरू तथा डॉ. राजेन्द्र प्रसाद
B. एम.ओ. मथाई तथा फ्रैंक मोरेस
C. मैक्सिम गोर्की तथा दोस्तोवस्की
D. लैरी कॉलिन्स और डोमिनिक लापियर

473. 'अंकल टॉम्स केबिन' के लेखक का क्या नाम है?
A. एच.बी. स्टोव B. एडम स्मिथ
C. टॉल्स्टॉय D. थामस मूर

474. 'वार एण्ड पीस' और 'अन्ना कैरेनिना' दोनों एक ही अन्तर्राष्ट्रीय ख्याति प्राप्त लेखक की कृतियाँ हैं; उस लेखक का क्या नाम है?
A. ओलीवर गोल्डस्मिथ
B. श्वेतलाना
C. लुई ब्रोमफील्ड
D. लियो टाल्स्टॉय

475. बोरिस पास्तरनाक ने एक बहुत ही विवादास्पद पुस्तक लिखी थी। उस पुस्तक का क्या नाम है?
A. डॉन क्विक्जोट
B. फॉस्ट
C. डॉक्टर्स डिलेमा
D. डॉ. जिवागो

476. 'दास कैपिटल' के लेखक कौन हैं?
A. शेक्सपियर
B. कौटिल्य
C. कर्नल जॉन हण्ट
D. कार्ल मार्क्स

477. 'मदर' के लेखक का क्या नाम है?
A. मैक्सिम गोर्की B. पर्ल एस. बक
C. कैथराइन मेयो D. टी.एस. इलियट

478. 'कलम का सिपाही' में किसकी जीवनी प्रस्तुत की गई है?
A. शरतचन्द्र
B. प्रेमचन्द
C. राहुल सांकृत्यायन
D. जोश मलीहाबादी

479. 'झण्डा ऊँचा रहे हमारा' गीत किस कवि की रचना है?
A. श्यामलाल गुप्त 'पार्षद'
B. मैथिलीशरण गुप्त
C. सोहनलाल द्विवेदी
D. रामधारी सिंह 'दिनकर'

480. 'आइने अकबरी' का लेखक कौन था?
A. इब्न बतूता
B. अकबर
C. अबुल फजल
D. अकबर मुरादाबादी

कम्प्यूटर

481. कम्प्यूटर—
A. एक उपकरण है जो गणितीय और तार्किक संक्रियायें सम्पन्न करता है
B. एक उपकरण है, जो केवल गणितीय संक्रियायें सम्पन्न करता है
C. एक स्मृति उपकरण है
D. एक गणना उपकरण है

482. 'PC' का अर्थ है—
A. प्राइवेट कम्प्यूटर
B. पर्सनल कल्कुलेटर
C. पर्सनल कम्प्यूटर
D. प्रोफेसनल कम्प्यूटर

483. 'बाइनरी अंक प्रणाली' में अधिकतम अंक (digit) कितने होते हैं?
A. 1 B. 10
C. 2 D. 4

484. निम्नलिखित में से कौन-सा 'इनपुट' उपकरण है?

A. मॉनीटर B. प्रिंटर

C. प्लॉटर D. माउस

485. CPU का पूरा नाम है–

A. सेन्ट्रल प्रोग्रामिंग यूनिट

B. सेन्ट्रल प्रोसेसिंग यूनिट

C. सेन्ट्रल प्रोग्रामिंग अण्डरस्टैंडिंग

D. सेन्ट्रल प्रोसेसिंग अण्डरस्टैंडिंग

486. गणना हेतु प्रयोग में लाया गया पहला उपकरण था

A. ENIAC

B. ABACUS

C. एनालिटिकल इंजन

D. EDSAC

487. ABACUS का प्रयोग कब शुरू हुआ था?

A. 250 ई. B. 450 ई.पू.

C. 1200 ई.पू. D. 1200 ई.

488. किस अंग्रेज को 'कम्प्यूटर का जनक' कहा जाता है?

A. ब्लेज पास्कल B. लेबनित्ज

C. चार्ल्स बैबेज D. जे.पी. एकर्ट

489. निम्नलिखित में से कौन-सी कम्प्यूटर की सेकेण्डरी मेमोरी है?

A. RAM B. ROM

C. रजिस्टर्स D. फ्लॉपी

490. निम्नलिखित में से कौन पैकेज नहीं है?

A. BASIC B. dBASE

C. वर्ड परफेक्ट D. पेज मेकर

491. कौन-सा बेमेल है?

A. वर्ड स्टार B. वर्ड परफेक्ट

C. DOS Editor D. विण्डो

492. डाटा के समुच्चय (Set) को क्या कहते हैं?

A. फील्ड B. रेकार्ड

C. फाइल D. इनमें से कोई नहीं

493. IBM का पूरा नाम है?

A. इनपुट यूनिट है

B. आउटपुट यूनिट है

C. इनपुट यूनिट और आउटपुट यूनिट दोनों हैं

D. उपरोक्त में से कोई भी नहीं है

494. प्रिंटर–

A. आउटपुट यूनिट है

B. इनपुट यूनिट है

C. उपरोक्त दोनों हैं

D. उपरोक्त में से कोई भी नहीं है

495. फ्लॉपी–

A. इनपुट यूनिट है

B. आउटपुट यूनिट है

C. इनपुट यूनिट और आउटपुट यूनिट दोनों हैं

D. उपरोक्त में से कोई भी नहीं है

496. कम्प्यूटर की विशेषताएं हैं–

1. तेज रफ्तार 2. स्वचालन

3. कार्यशीलता 4. परिवर्तनशीलता

निम्नलिखित में से कौन-सी विशेषता सही है?

A. 1 और 2 सही हैं

B. 1, 2 और 4 सही हैं

C. 1, 2 और 3 सही हैं

D. उपरोक्त सभी सही हैं

497. 1 बाइट बराबर है–

A. 8 बिट B. 16 बिट

C. 36 बिट D. 64 बिट

498. असंसाधित तथ्य को क्या कहा जाता है?
A. डाटा B. डाटम
C. फाइल D. फील्ड

499. कम्प्यूटर–
A. सूचना ग्रहण करता है
B. सूचना को निर्दिष्ट प्रयोजन के लिए अनुकूल बनाता है
C. परिणाम प्रदर्शित करता है
D. उपरोक्त सभी बातें सही हैं

500. डाटा क्या है–
A. संसाधित तथ्य
B. असंसाधित तथ्य
C. अंक और अक्षर
D. उपरोक्त में से कोई भी नहीं

विविध

501. 'जीने की कला' (आर्ट ऑफ लिविंग) के प्रतिपादक और प्रचारक कौन हैं?
A. महर्षि महेश योगी
B. श्री श्री रवि शंकर
C. स्वामी चिन्मयानंद
D. भगवान रजनीश

502. डंकन पैसेज निम्नलिखित में से किसके बीच स्थित है?
A. दक्षिणी और लिटिल अंडमान
B. उत्तरी और दक्षिणी अंडमान
C. उत्तरी और मध्य अंडमान
D. अंडमान और निकोबार

503. भारतीय रिजर्व बैंक द्वारा जारी की गई करेन्सी नोटों की महात्मा गाँधी वाली शृंखला निम्नलिखित में से कौन-सी है जिस पर 'संसद भवन' निरूपित है?
A. 500 रु. B. 100 रु.
C. 50 रु. D. 10 रु.

504. रासायनिक रूप से 'मिल्क ऑफ मैग्नेशिया' क्या होता है?
A. मैग्नीशियम कार्बोनेट
B. सोडियम बाइकार्बोनेट
C. कैल्सियम हाइड्रॉक्साइड
D. मैग्नीशियम हाइड्रॉक्साइड

505. वन अनुसंधान संस्थान कहाँ स्थित है?
A. देहरादून में B. भोपाल में
C. लखनऊ में D. दिल्ली में

506. निम्नलिखित कलाकारों और उनके कला-रूपों के मेल मिलाइए–

कलाकार
(*a*) पन्नालाल घोष
(*b*) पंडित भीमसेन जोशी
(*c*) अंजलि ईला मेनन
(*d*) मदुराई मणि अय्यर

कला-रूप
1. चित्रकला
2. कर्नाटक संगीत (कंठ संगीत)
3. बाँसुरी
4. हिन्दुस्तानी संगीत (कंठ संगीत)

कूट :

	(*a*)	(*b*)	(*c*)	(*d*)
A.	1	3	2	4
B.	2	1	4	3
C.	3	4	1	2
D.	4	2	3	1

507. 'हापुस' आम का मूल स्थान कौन-सा है?
A. रत्नागिरि B. बनारस
C. माल्दा D. विजयवाड़ा

508. किस क्षेत्र में अधिकांश मौसम सम्बन्धी गतिविधियाँ होती हैं?
A. आयनमंडल B. क्षोभमंडल
C. समतापमंडल D. क्षोभसीमा

509. निम्नलिखित में से वह पर्वत श्रेणी कौन-सी है जो भारत में सबसे पुरानी है?
A. हिमालय B. विंध्याचल
C. अरावली D. सहयाद्रि

510. निमज्जित वस्तु का पता लगाने के लिए किस उपकरण का प्रयोग किया जाता है?
A. राडार B. सोनार
C. क्वासार D. पल्सार

511. शरीर का वह कौन-सा अंग है जो कभी-भी विश्राम नहीं लेता?
A. मांसपेशियाँ B. तंत्रिकाएँ
C. जीभ D. हृदय

512. अजन्ता की चित्रकारी में क्या निरूपित किया गया है?
A. रामायण B. महाभारत
C. जातक D. पंचतंत्र

513. निम्नलिखित में से कौन-सी डॉ. हरिवंश राय बच्चन द्वारा लिखी गई पुस्तक है?
A. चिदम्बरा B. कपाल कुंडला
C. कामायनी D. प्रतीक्षा

514. एक हॉकी टीम में कितने खिलाड़ी होते हैं?
A. 9 B. 10
C. 11 D. 12

515. 'यूनीसेफ' का मुख्यालय निम्नलिखित नगर में स्थित है—
A. जेनेवा B. विएना
C. न्यूयॉर्क D. वाशिंगटन डी.सी.

516. 'एनरॉन' विद्युत परियोजना किस राज्य में है?
A. केरल B. कर्नाटक
C. मध्य प्रदेश D. महाराष्ट्र

517. मीनाक्षी मन्दिर कहाँ है?
A. महाबलीपुरम् B. मदुरै
C. चेन्नई D. कोलकाता

518. 'डेविस कप' किस खेल से सम्बन्धित है?
A. लॉन टेनिस B. क्रिकेट
C. गोल्फ D. हॉकी

519. गोस्वामी तुलसीदास ने निम्नलिखित में से किस ग्रंथ की रचना की?
A. रामायण B. रामचरितमानस
C. रामचन्द्रिका D. भावार्थ रामायण

520. क्रिकेट में, विकेटों के बीच पिच की लम्बाई होती है—
A. 22 गज B. 22 फीट
C. 22 मीटर D. 20 गज

521. माउन्ट एवरेस्ट पर चढ़ने वाली पहली भारतीय महिला कौन है?
A. पी.टी. ऊषा B. आरती गुप्ता
C. राजिन्दर कौर D. बछेन्द्री पाल

522. 'ईरान' की पार्लियामेंट .... के नाम से जानी जाती है।
A. दारुल अवाम
B. मजलिस
C. कौमी असेम्बली
D. अवाम-ए-ईरान

523. ब्लैक फॉरेस्ट पर्वत स्थित है—
A. फ्रांस में B. यूक्रेन में
C. जर्मनी में D. रूस में

524. आतंकवाद प्रभावित डोडा, स्थित है—
A. जम्मू और कश्मीर में
B. पंजाब में
C. असम में
D. नागालैण्ड में

525. निम्नलिखित में से किसे विश्व ओलम्पिक में शामिल नहीं किया गया है?
A. हॉकी B. तैराकी
C. क्रिकेट D. वॉलीबाल

526. 'हुंडई मोटर कम्पनी' (एच एम सी) निम्नलिखित में से किस देश की कम्पनी है?
A. दक्षिण कोरिया   B. अमरीका
C. फ्रांस   D. इटली

527. किस विषय में असाधारण कार्य के लिए अमर्त्य सेन को नोबेल पुरस्कार दिया गया था?
A. रसायन विज्ञान   B. अर्थशास्त्र
C. साहित्य   D. संगीत

528. प्रतिवर्ष महिला दिवस निम्नलिखित तिथि को मनाया जाता है—
A. 5 सितम्बर   B. 14 सितम्बर
C. 8 मार्च   D. 20 अक्टूबर

529. भारत के राष्ट्र-ध्वज के चक्र में कितनी तीलियाँ होती हैं?
A. 22   B. 23
C. 25   D. 24

530. खेलकूद के क्षेत्र में विलक्षण उपलब्धि के लिए निम्नलिखित में से कौन-सा पुरस्कार दिया जाता है?
A. परमवीर चक्र   B. अर्जुन पुरस्कार
C. अशोक चक्र   D. ज्ञानपीठ पुरस्कार

531. निम्नलिखित यंत्र से सूक्ष्म वस्तुएं देखी जाती हैं—
A. सूक्ष्मदर्शी   B. स्टेथोस्कोप
C. दूरदर्शी   D. टेलीविजन

532. कथकली नृत्य का सम्बन्ध निम्नलिखित राज्य से है—
A. केरल   B. कर्नाटक
C. आंध्र प्रदेश   D. उड़ीसा

533. निम्नलिखित में से कौन-सा युग्म गलत है?
A. शहनाई   बिस्मिल्ला खाँ

B. तबला   समता प्रसाद
C. मृदंगम्   मणि अय्यर
D. बाँसुरी   सुब्बालक्ष्मी

534. स्तनधारियों में लाल रुधिर कणिकाओं का निर्माण कहाँ होता है?
A. अस्थि मज्जा में
B. वृक्कों में
C. यकृत में
D. तिल्ली में

535. भारत में सबसे अधिक पटसन (जूट) उत्पादन करने वाला राज्य है—
A. महाराष्ट्र   B. बिहार
C. पं. बंगाल   D. मध्य प्रदेश

536. महात्मा गांधी की हत्या कब हुई थी?
A. 30 जनवरी, 1947
B. 30 जनवरी, 1948
C. 30 जनवरी, 1946
D. 30 जनवरी, 1949

537. वह प्राचीन नाम क्या है, जिससे पटना शहर को जाना जाता था?
A. कौसल   B. गया
C. पाटलिपुत्र   D. गोमतेश्वर

538. 1930 की प्रसिद्ध नमक यात्रा का नाम क्या था?
A. नमक यात्रा   B. दांडी यात्रा
C. सत्याग्रह यात्रा   D. असहयोग यात्रा

539. निम्नलिखित में से किसे सीमान्त गांधी कहा जाता है?
A. शेख अब्दुल्ला
B. खान अब्दुल गफ्फार खाँ
C. जय प्रकाश नारायण
D. विनोबा भावे

540. निम्नलिखित में से कौन प्रोटीन से समृद्ध है?
A. दूध B. शहद
C. बादाम D. गेहूँ

541. कौन-सा भारतीय स्वतंत्र भारत का पहला गवर्नर जनरल था?
A. डॉ. राजेन्द्र प्रसाद
B. सरदार पटेल
C. सी. राजगोपालाचारी
D. बी.आर. अम्बेडकर

542. सर्वप्रथम किसने कहा कि "स्वतंत्रता मेरा जन्मसिद्ध अधिकार है"?
A. महात्मा गांधी
B. बाल गंगाधर तिलक
C. अब्राहम लिंकन
D. गोपाल कृष्ण गोखले

543. 'जस्टिस ऑफ पीस के आंसू' निम्न में से किसका काव्य संग्रह है?
A. प्रेमचंद B. महादेवी वर्मा
C. सुरेंद्र वर्मा D. जनार्दन प्रसाद सिंह

544. भारत ने अपना दूसरा परमाणु परीक्षण किस राज्य में किया?
A. उड़ीसा B. केरल
C. तमिलनाडु D. राजस्थान

545. रिवाल्वर का आविष्कार किसने किया?
A. रायफेल B. अल्फ्रेड नोबेल
C. चार्ल्स पैटन D. सैम्युल कोल्ट

546. भारत का उपग्रह प्रक्षेपण केन्द्र किस जगह स्थित है?
A. थुम्बा B. श्रीहरिकोटा
C. बंगलौर D. कटक

547. निम्नलिखित में से कौन-सा ग्रह पृथ्वी के निकटतम है?
A. शुक्र B. बुध
C. बृहस्पति D. मंगल

548. बी.सी.जी. टीका निम्नलिखित रोग से प्रतिरक्षण के लिए लगाया जाता है—
A. कैंसर B. पोलियो
C. यक्ष्मा D. टायफाइड

549. चाँदनी को चाँद से पृथ्वी तक आने में समय लगता है—
A. 1.3 सेकण्ड B. 2.7 सेकण्ड
C. 0.6 सेकण्ड D. 3.1 सेकण्ड

550. नेत्रहीनों के लिए भाषा का आविष्कार किसने किया?
A. लुई ब्रेल B. मैडम क्यूरी
C. आइन्स्टाइन D. आर्किमिडीज

551. निम्नलिखित में से सबसे छोटा ग्रह कौन-सा है?
A. शुक्र B. मंगल
C. पृथ्वी D. शनि

552. विश्व स्वास्थ्य संगठन (W.H.O.) का मुख्यालय किस नगर में स्थित है?
A. न्यूयॉर्क B. पेरिस
C. जेनेवा D. हेग

553. चार मीनार कहाँ स्थित है?
A. हैदराबाद B. मैसूर
C. औरंगाबाद D. कोलकाता

554. कनाडा की राजधानी कौन-सी है?
A. सोफिया B. सैन्टिआगो
C. वियना D. ओटावा

555. विश्व का सबसे बड़ा मरुस्थल है—
A. सहारा
B. अरब मरुस्थल
C. ऑस्ट्रेलिया मरुस्थल
D. गोबी मरुस्थल

556. प्रसिद्ध नदी 'नील' सम्बन्ध रखती है—
A. इराक से B. मिस्र से
C. फ्रांस से D. जर्मनी से

557. विश्व में सबसे लम्बी नदी कौन-सी है?
A. गंगा　　B. अमेजन
C. नील　　D. टेम्स

558. निम्नलिखित में से किस वर्ष में 366 दिन थे?
A. 1999　　B. 2000
C. 2001　　D. 2002

559. देश में भामा परमाणु अनुसंधान केन्द्र की स्थापना कहाँ हुई है?
A. पोखरण　　B. ट्रॉम्बे
C. बंगलौर　　D. कोलकाता

560. क्षेत्रफल के आधार पर देश का सबसे बड़ा राज्य है—
A. उत्तर प्रदेश　B. बिहार
C. राजस्थान　　D. महाराष्ट्र

561. 'शाहनामा' किसकी कृति है?
A. फिरदौसी　　B. श्री हर्ष
C. श्रीधर　　D. हेमचन्द्र

562. मणिपुर की राजधानी कहाँ है?
A. कोहिमा　　B. इम्फाल
C. गंगटोक　　D. आइजोल

563. गोआ को पुर्तगालियों से कब आजाद करवाया गया?
A. 1947　　B. 1945
C. 1942　　D. इनमें से कोई नहीं

564. अनुच्छेद 370 भारत के किस राज्य में लागू है?
A. सिक्किम　　B. जम्मू-कश्मीर
C. असम　　D. नागालैण्ड

565. निम्नलिखित में से कौन-सी नदी महाराष्ट्र के नासिक से निकलती है?
A. कृष्णा　　B. कावेरी
C. सतलज　　D. गोदावरी

566. निम्नलिखित में से किस स्थान पर तेल रिफायनिंग कारखाना है?
A. दुर्गापुर　　B. बरौनी
C. राँची　　D. कटक

567. M.K.S. प्रणाली में त्वरण का मात्रक क्या है?
A. M/S²　　B. K.M/h
C. K.M/S　　D. M/S

568. किसके नेतृत्व में 1776 ई. में अमरीका को स्वतंत्रता की प्राप्ति हुई?
A. अब्राहम लिंकन
B. जॉर्ज डब्ल्यू. बुश
C. जॉर्ज वाशिंगटन
D. इनमें से कोई नहीं

569. राजस्थान में पेड़ों में किस तरह की पत्तियाँ पाई जाती हैं?
A. लम्बी　　B. चौड़ी
C. छोटी　　D. उपर्युक्त सभी

570. मरुस्थल के पौधों के लिए अधिक सम्भावना है कि—
A. उनकी पत्तियाँ बड़ी और चौरस हों
B. उनकी जड़ें छोटी हों
C. उनमें अधिक संख्या में स्टोमाटा हो
D. उनकी पत्तियाँ छोटी हों

571. निम्नलिखित में से कौन पूरे भारत में खरीफ की तरह उगाई जाने वाली फसल है?
A. चना　　B. मसूर
C. मूँग　　D. उपर्युक्त सभी

572. 'माइका' क्या है?
A. विद्युत का कुचालक
B. ताप का सुचालक
C. ताप का कुचालक
D. विद्युत का सुचालक

573. 'किवीज' कहाँ का निवासी है?
    A. ऑस्ट्रेलिया B. न्यूजीलैण्ड
    C. नागालैण्ड D. दक्षिण अफ्रीका

574. प्रेशर कुकर में खाना जल्दी पक जाता है, क्योंकि—
    A. प्रेशर कुकर के अन्दर दाब कम होता है
    B. प्रेशर कुकर के अन्दर दाब अधिक होता है
    C. प्रेशर कुकर के आकार के कारण
    D. इनमें से कोई नहीं

575. निम्नलिखित में से कौन-सी ध्वनि हम नहीं सुन सकते हैं?
    A. 25 Hz B. 200 Hz
    C. 25,000 Hz D. 18,000 Hz

576. गाय का गर्भाधानकाल कितने दिनों का होता है?
    A. 280 दिन B. 300 दिन
    C. 330 दिन D. 340 दिन

577. निम्नलिखित में से कौन रासायनिक प्रतिक्रिया का उदाहरण है?
    A. लोहे का चुम्बक बनना
    B. मोमबत्ती का जलना
    C. बर्फ का पिघलना
    D. इनमें से कोई नहीं

578. वर्ष 2011 की जनगणना के अनुसार भारत की जनसंख्या कितनी है?
    A. 121.0 करोड़ B. 105.7 करोड़
    C. 107.5 करोड़ D. 109.2 करोड़

579. निम्नलिखित में से कौन-सा कथन सत्य नहीं है?
    A. प्रधानमंत्री की नियुक्ति राष्ट्रपति करता है
    B. संघ की कार्यपालिका शक्ति प्रधानमंत्री में निहित होती है
    C. प्रधानमंत्री लोक सभा में बहुमत दल का नेता होता है
    D. इनमें से कोई नहीं

580. अंजू बॉबी जॉर्ज सम्बन्धित है—
    A. निशानेबाजी B. एथलेटिक्स
    C. गोल्फ D. शतरंज

581. राष्ट्रपति किसी विधेयक को अपने पास कितने दिनों तक रख सकता है?
    A. 14 दिन
    B. 20 दिन
    C. 6 माह
    D. कोई निश्चित नहीं है

582. जब किसी काँच को रेशम से रगड़ा जाता है, तो छड़ पर कौन-सा आवेश होगा?
    A. ऋण आवेश B. धन आवेश
    C. आवेशहीन D. इनमें से कोई नहीं

583. सर्पदंश से शरीर का कौन-सा भाग प्रभावित होता है?
    A. मस्तिष्क B. तंत्रिका तंत्र
    C. फेफड़ा D. हृदय

584. निम्नलिखित में से कौन-सा विटामिन घाव को भरने में सहायक होता है?
    A. विटामिन A B. विटामिन B
    C. विटामिन C D. विटामिन K

585. निम्नलिखित में से कौन-सी रेखा विषुवत् रेखा के समानान्तर है?
    A. अक्षांश
    B. देशान्तर
    C. अक्षांश एवं देशान्तर
    D. इनमें से कोई नहीं

586. फतेहपुर सीकरी की स्थापना का श्रेय किसे जाता है?

A. अकबर   B. शाहजहाँ
C. शेरशाह   D. जहाँगीर

587. प्लासी का युद्ध कब हुआ था?
A. 1764   B. 1757
C. 1857   D. 1742

588. 1857 के विद्रोह में झाँसी की रानी लक्ष्मीबाई ने किसके सहयोग से ग्वालियर में विद्रोह किया था?
A. तांत्या टोपे   B. नाना साहब
C. कुँवर सिंह   D. बख्त खाँ

589. अन्तिम मुगल शासक बहादुर शाह जफर की मृत्यु कहाँ हुई थी?
A. दिल्ली   B. रंगून
C. आगरा   D. ग्वालियर

590. किसी भी पेड़ की आयु ज्ञात की जाती है?
A. इसके तना की गोलाई को देखकर
B. इसकी जड़ को देखकर
C. इसकी ऊँचाई देखकर
D. इनमें से कोई नहीं

591. महात्मा गांधी की पत्नी का नाम क्या था?
A. कस्तूरबा   B. रम्भा देवी
C. मेनका देवी   D. उर्वशी देवी

592. भारतीय राष्ट्रीय कांग्रेस के संस्थापक कौन थे?
A. डब्ल्यू. सी. बनर्जी
B. ए.ओ. ह्यूम
C. गांधीजी
D. दादा भाई नौरोजी

593. रक्त में यूरिया की वृद्धि किस अंग के विकार से होती है?
A. यकृत   B. हृदय
C. गुर्दे   D. पित्ताशय

594. साबुन को जल में घोलने पर, जल का पृष्ठ तनाव–

A. घट जाएगा
B. बढ़ेगा
C. अपरिवर्तित रहेगा
D. उपर्युक्त सभी

595. पीतल किसकी मिश्र धातु है?
A. ताँबा + टिन
B. ताँबा + एल्युमिनियम
C. ताँबा + जस्ता
D. उपर्युक्त सभी

596. गंदे जल में जमा हुए मच्छरों को नष्ट करने के लिए कैरोसीन तेल का उपयोग किया जाता है, क्योंकि–
A. यह जल के पृष्ठीय तनाव को कम कर देता है
B. जल के पृष्ठीय तनाव को बढ़ा देता है
C. यह जल की श्यानता को बढ़ा देता है
D. उपर्युक्त सभी

597. कैंची में कितने लीवर होते हैं?
A. दो   B. तीन
C. चार   D. पाँच

598. प्रार्थना समाज की स्थापना किसने की थी?
A. राजा राम मोहन राय
B. दयानन्द सरस्वती
C. आत्माराम पांडुरंग
D. केशवचन्द्र सेन

599. लोक सभा के कार्यकाल की अवधि कितनी है?
A. 5 वर्ष   B. 6 वर्ष
C. 4 वर्ष   D. निश्चित नहीं है

600. रेशम के कीड़े का भोज्य पदार्थ क्या है?
A. घास
B. फूल
C. शहतूत की पत्ती
D. इनमें से कोई नहीं

उत्तरमाला

1	2	3	4	5	6	7	8	9	10
B	D	B	B	A	D	C	B	A	C
11	12	13	14	15	16	17	18	19	20
D	B	C	C	A	A	B	D	A	A
21	22	23	24	25	26	27	28	29	30
C	D	B	B	C	C	D	A	B	A
31	32	33	34	35	36	37	38	39	40
B	A	D	C	C	D	A	B	B	B
41	42	43	44	45	46	47	48	49	50
C	C	C	A	D	C	A	C	A	C
51	52	53	54	55	56	57	58	59	60
B	C	D	A	D	D	A	C	B	C
61	62	63	64	65	66	67	68	69	70
D	B	B	A	D	C	A	C	D	D
71	72	73	74	75	76	77	78	79	80
C	C	A	A	A	A	A	C	C	C
81	82	83	84	85	86	87	88	89	90
C	A	A	C	D	A	B	C	D	D
91	92	93	94	95	96	97	98	99	100
C	A	C	B	C	D	D	C	C	B
101	102	103	104	105	106	107	108	109	110
B	B	B	C	C	C	C	A	B	C
111	112	113	114	115	116	117	118	119	120
D	B	C	C	A	B	D	C	A	A
121	122	123	124	125	126	127	128	129	130
B	D	B	A	C	D	B	B	A	C
131	132	133	134	135	136	137	138	139	140
D	B	B	A	D	C	A	C	D	B
141	142	143	144	145	146	147	148	149	150
C	A	C	B	B	D	C	D	C	B
151	152	153	154	155	156	157	158	159	160
B	B	D	B	A	A	A	B	D	C
161	162	163	164	165	166	167	168	169	170
D	D	C	C	B	A	C	B	C	C
171	172	173	174	175	176	177	178	179	180
B	C	C	B	C	B	A	B	B	C
181	182	183	184	185	186	187	188	189	190
D	A	B	B	B	A	A	D	A	A

191	192	193	194	195	196	197	198	199	200
C	A	D	A	B	C	D	C	D	B
201	202	203	204	205	206	207	208	209	210
B	A	B	D	B	C	A	A	C	B
211	212	213	214	215	216	217	218	219	220
C	D	B	A	B	C	D	C	A	C
221	222	223	224	225	226	227	228	229	230
D	C	B	D	A	B	B	A	B	C
231	232	233	234	235	236	237	238	239	240
A	B	C	D	A	D	D	D	B	D
241	242	243	244	245	246	247	248	249	250
A	C	B	A	A	B	A	B	B	C
251	252	253	254	255	256	257	258	259	260
C	D	B	C	B	C	C	A	B	D
261	262	263	264	265	266	267	268	269	270
D	D	C	A	C	D	A	C	A	C
271	272	273	274	275	276	277	278	279	280
B	A	A	B	D	D	C	A	D	A
281	282	283	284	285	286	287	288	289	290
B	B	D	D	D	D	C	A	D	B
291	292	293	294	295	296	297	298	299	300
D	C	D	B	B	B	C	D	D	C
301	302	303	304	305	306	307	308	309	310
C	B	A	A	C	A	D	C	C	C
311	312	313	314	315	316	317	318	319	320
D	A	C	D	C	C	C	B	A	C
321	322	323	324	325	326	327	328	329	330
D	C	B	D	B	C	C	D	A	B
331	332	333	334	335	336	337	338	339	340
A	C	B	D	C	A	A	B	C	A
341	342	343	344	345	346	347	348	349	350
A	D	C	C	C	B	A	B	A	D
351	352	353	354	355	356	357	358	359	360
D	C	C	A	C	C	D	D	B	D
361	362	363	364	365	366	367	368	369	370
B	A	A	C	C	C	D	B	C	A
371	372	373	374	375	376	377	378	379	380
D	C	C	B	C	A	A	D	D	A
381	382	383	384	385	386	387	388	389	390
C	B	A	D	A	C	C	D	B	A
391	392	393	394	395	396	397	398	399	400
B	D	B	A	B	A	C	C	C	D

401	402	403	404	405	406	407	408	409	410
C	D	B	B	B	A	C	D	D	B
411	412	413	414	415	416	417	418	419	420
A	A	D	B	A	D	C	D	A	A
421	422	423	424	425	426	427	428	429	430
C	C	D	C	A	D	A	D	A	B
431	432	433	434	435	436	437	438	439	440
D	D	B	C	C	D	B	B	A	A
441	442	443	444	445	446	447	448	449	450
C	D	B	B	B	D	B	D	C	B
451	452	453	454	455	456	457	458	459	460
B	C	C	B	D	B	C	B	B	D
461	462	463	464	465	466	467	468	469	470
C	A	D	B	D	A	C	A	B	B
471	472	473	474	475	476	477	478	479	480
B	D	A	D	D	D	A	B	A	C
481	482	483	484	485	486	487	488	489	490
A	C	C	D	B	B	A	C	D	A
491	492	493	494	495	496	497	498	499	500
D	A	A	A	C	D	A	B	D	B
501	502	503	504	505	506	507	508	509	510
B	A	C	D	A	C	A	B	C	B
511	512	513	514	515	516	517	518	519	520
D	C	D	C	C	D	B	A	B	A
521	522	523	524	525	526	527	528	529	530
D	B	C	A	C	A	B	C	D	B
531	532	533	534	535	536	537	538	539	540
A	A	D	A	C	B	C	B	B	A
541	542	543	544	545	546	547	548	549	550
C	B	D	D	D	B	A	C	A	A
551	552	553	554	555	556	557	558	559	560
B	C	A	D	A	B	C	B	B	C
561	562	563	564	565	566	567	568	569	570
A	B	D	B	D	B	A	C	C	D
571	572	573	574	575	576	577	578	579	580
C	A	B	B	C	A	B	A	B	B
581	582	583	584	585	586	587	588	589	590
D	B	B	D	A	A	B	A	B	A
591	592	593	594	595	596	597	598	599	600
A	B	C	A	C	A	A	C	A	C

1902

गणित

अंकगणित

संख्या श्रेणी

कुछ मुख्य शृंखलाएँ

1. समानान्तर श्रेणी : वह श्रेणी जिसमें दो लगातार पदों के बीच समान अंतर हो। समानान्तर श्रेणी कहते हैं। जैसे :

(i)   1, 2, 3, 4, ...

(ii) 2, 4, 6, 8, ...

(iii) 5, 10, 15, 20, 25, ...

2. गुणोत्तर श्रेणी : वह शृंखला जिसमें दो लगातार संख्या के बीच समान अनुपात हों। जैसे:

(i) 2, 6, 18, 54, 162, ...

$$\frac{2}{6} = \frac{6}{18} = \frac{54}{162} \Leftrightarrow \frac{1}{3} = \frac{1}{3} = \frac{1}{3}$$

(ii) 3, 6, 12, 24, 48, ...

$$\frac{3}{6} = \frac{6}{12} = \frac{24}{48} \Leftrightarrow \frac{1}{2} = \frac{1}{2} = \frac{1}{2}$$

3. वह शृंखला जिसमें दो पदों के बीच अलग-अलग अंतर हो :

(i) 8, 11, 16, 23, ...

    A. 34   B. 30   C. 32   D. 31

हल : C:

$$8 \quad\; 11 \quad\; 16 \quad\; 23 \quad\; \boxed{32}$$
$$+3 \quad +5 \quad +7 \quad +9$$

अतः अलग पद 32 होगा।

(ii) 8, 25, 35, 40, ...

    A. 41   B. 30   C. 42   D. 40

हल : C:

$$8 \quad\; 25 \quad\; 35 \quad\; 40 \quad\; \boxed{42}$$
$$+4^2+1 \quad +3^2+1 \quad +2^2+1 \quad +1^2+1$$

4. वह शृंखला जिसमें दो शृंखला सम्मिलित हों। जैसे :

(i) 1, 3, 5, 9, 11, 13, ...

    A. 23   B. 15   C. 17   D. 21   E. 19

2

हल : B:

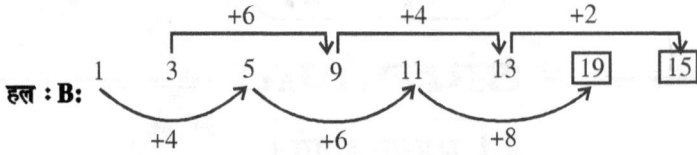

(*ii*) 9, 8, 16, 4, 25, 2, 36, ...

A. 72 B. 37 C. 4 D. 1 E. 2

हल : D:

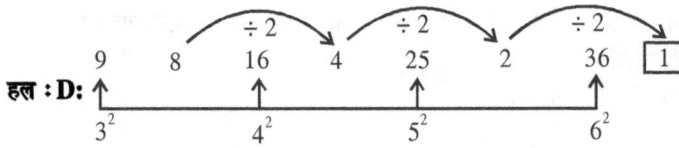

अगला पद = 1

अभ्यासार्थ प्रश्न

1. 3, 10, 17, 24, ...

A. 34 B. 31 C. 35 D. 24

2. 8, 24, 40, 56, ...

A. 82 B. 73 C. 79 D. 72

3. 3, 4, 8, 17, ...

A. 27 B. 33 C. 34 D. 37

4. 4, 23, 34, 39, ...

A. 51 B. 36 C. 35 D. 40

5. 0, 0, 3, 7, 8, 26, ..., 63

A. 17 B. 16 C. 42 D. 15

6. 9, 5, 28, 11, 57, ..., 58

A. 19 B. 20 C. 23 D. 24

7. 11, 9, 13, 8, 16, 7, 20, ...,

A. 10 B. 11 C. 15 D. 6

8. 0, 2, 6, 12, 20, 30, 42, ...,

A. 48 B. 56 C. 60 D. 64

9. 7, 26, 63, 124, ...,

A. 196 B. 200 C. 210 D. 215

10. 1, 3, 7, 13, 21, ...,

A. 27 B. 29 C. 25 D. 31

11. ....., 120, 40, 10, 2

    A. 240   B. 200   C. 60   D. 180

12. 1, 10, 19, 28, 37, 46, ...,

    A. 31   B. 32   C. 33   D. 55

13. 136, 55, 28, 19, 16, ...,

    A. 15   B. 14   C. 13   D. 12

14. 0, 3, 15, 35, 63, 99, ...,

    A. 143   B. 142   C. 140   D. 144

15. 1, 5, 13, 25, 41, ...,

    A. 61   B. 57   C. 51   D. 67

निर्देश (प्र.सं. 16 से 25)–*निम्नलिखित प्रत्येक प्रश्न में दी हुई प्रत्येक श्रेणी में एक संख्या गलत है। उस गलत संख्या को ज्ञात करके उसके स्थान पर नीचे दिए चार वैकल्पिक उत्तरों में से उस सही संख्या को चुनिए :*

16. 95, 86, 73, 62, 47, 30, 11

    A. 90   B. 75   C. 64   D. 35

17. 0, 9, 64, 169, 576, 1225

    A. 225   B. 360   C. 444   D. 556

18. 5, 10, 17, 26, 39, 50, 65

    A. 39   B. 36   C. 37   D. 42

19. 1, 4, 10, 22, 46, 95, 190

    A. 74   B. 25   C. 94   D. 101

20. 2, 9, 28, 65, 126, 216, 344

    A. 38   B. 217   C. 356   D. 66

21. 3, 4, 5, 9, 22.5, 67.5, 270, 945

    A. 236.25   B. 175.5   C. 62.5   D. 140

22. 7, 14, 56, 168, 336, 1344, 2688, 8064

    A. 3032   B. 5032   C. 4032   D. 2680

23. 229, 178, 97, 48, 24, 14, 13

    A. 175   B. 295   C. 23   D. 10

24. 11, 15, 17, 19, 23, 25

    A. 14   B. 18   C. 21   D. 13

25. 58, 57, 54, 50, 42, 33, 22

    A. 48   B. 49   C. 52   D. 30

4

उत्तरमाला

1. B	**2.** D	**3.** B	**4.** D	**5.** D
6. C	**7.** D	**8.** B	**9.** D	**10.** D
11. A	**12.** D	**13.** A	**14.** A	**15.** A
16. B	**17.** A	**18.** C	**19.** C	**20.** B
21. A	**22.** C	**23.** C	**24.** D	**25.** B

साधारण भिन्न और दशमलव भिन्न

भिन्न, अंक ही हैं लेकिन उन्हें अलग ढंग से लिखा जाता है।

भिन्न में जो अंक ऊपर होता है उसे अंश कहते हैं और जो अंक नीचे होता है, उसे हर कहते हैं। $\frac{1}{4}$ में 1 अंश है और 4 हर है।

भिन्नें दो प्रकार की होती हैं—सम भिन्न और विषम भिन्न। सम भिन्नों में केवल अंश और हर होता है, जैसे $\frac{1}{4}$ और $\frac{1}{2}$ जबकि विषम भिन्नों में पूर्णांक भी होता है, जैसे $2\frac{1}{2}$ और $3\frac{3}{4}$ आदि। $2\frac{1}{2}$ में 2 पूर्णांक है और $3\frac{3}{4}$ में 3 पूर्णांक है। विषम भिन्न को सम भिन्न में बदलने के लिए पूर्णांक को हर से गुणा करते हैं और गुणनफल में अंश जोड़ देते हैं। गुणनफल + अंश = अंश हो जाता है और हर वही रहता है, जैसे $2\frac{1}{2}$ विषम भिन्न की सम भिन्न होगी = $2 \times 2 + 1 =$ $\frac{5}{2}$। इसी प्रकार सम भिन्न में यदि अंश हर से अधिक हो तो उसे विषम भिन्न में बदला जाता है। ऐसा करने हेतु अंश में हर से भाग देते हैं। भागफल पूर्णांक बन जाता है, शेष अंश बन जाता है और हर वही रहता है। उदाहरण के लिए सम भिन्न $\frac{5}{2}$ में अंश हर से अधिक है, अतः इसे विषम भिन्न बनाया जा सकता है।

$$\frac{5}{2} = 5 \div 2 = \quad 2\overline{)\,5\,(}\,2$$
$$\underline{\,4}$$
$$\,1$$

∴ इसकी विषम भिन्न होगी $2\frac{1}{2}$

मिश्रित प्रश्न

जोड़, घटाव, गुणा, भाग, कोष्ट जैसे मिश्रित प्रश्नों को हल करने में सबसे पहले क्या करना है, उसके बाद क्या करना है, और उसके बाद क्या करना आदि तथा सबसे अन्त में क्या करना है। इसका निश्चित नियम BODMAS है। इस नियम को याद रखना चाहिए।

प्रश्नों को सरल करते समय सदैव BODMAS शब्द के प्रत्येक अक्षर के क्रम में क्रिया करें।

B	=	(Brackets) कोष्ठक	$[\{(\overline{\ \ })\}]$
O	=	(Of) का	का
D	=	(Division) भाग	$\div$
M	=	(Multiplication) गुणा	$\times$
A	=	(Addition) जोड़	$+$
S	=	(Subtraction) घटाना	$-$

'का' = यह गुणा का संकते है।

'–' = इसे रेखा कोष्ठक या बन्धनी रेखा कहते हैं।

( ) = इसे छोटा कोष्ठक कहते हैं।

{ } = इसे मझला कोष्ठक कहते हैं।

[ ] = इसे बड़ा कोष्ठक कहते हैं।

पहले 'रेखा कोष्ठक' को, उसके बाद 'छोटे कोष्ठक' को फिर 'मझले कोष्ठक' को और सबसे बाद में 'बड़े कोष्ठक' को हल करते हैं।

यदि किसी कोष्ठक में बाईं ओर ऋण का चिन्ह '–' हो, तो उस कोष्ठक के भीतर वाले ऋण चिन्ह धन के चिन्ह में और धन के चिन्ह ऋण में बदल दिये जाते हैं।

यदि इस नियम का पालन नहीं किया जायेगा, तो हल गलत हो जायेगा।

अग्रलिखित कुछ उदाहरणों द्वारा इसको समझाया गया है।

उदाहरण 1. $6 + 5 \times 3 = ?$

इसमें + और × है।

नियम के अनुसार गुणा पहले होगा और जोड़ बाद में

इसलिए $6 + 5 \times 3$

$= 6 + 15 = 21$

जहाँ यदि इस नियम का पालन न करके पहले जोड़ और बाद में गुणा करेंगे तो उत्तर गलत हो जायेगा। देखिए:

$6 + 5 \times 3$

$= 11 \times 3 = 33$

इसलिए नियम का पालन करना जरूरी है।

उदाहरण 2. $\frac{3}{4} \div \frac{1}{2} + \frac{1}{4} - \frac{1}{8} = ?$

नियमानुसार पहले ÷ करें, फिर + करें और उसके बाद – करें।

$$\frac{3}{4} \div \frac{1}{2} + \frac{1}{4} - \frac{1}{8}$$

$$\frac{3}{4} \times \frac{2}{1} + \frac{1}{4} - \frac{1}{8}$$

$$\frac{3}{2} + \frac{1}{4} - \frac{1}{8}$$

यहाँ + और – एक साथ करने पर भी कोई अन्तर नहीं पड़ेगा।

$$\therefore \quad \frac{3}{2} + \frac{1}{4} - \frac{1}{8}$$

$$\frac{12 + 2 - 1}{8} \quad = \frac{13}{8} = 1\frac{5}{8}$$

उदाहरण 3. $\frac{1}{2}$ का $\frac{4}{3} \times 3\frac{1}{2} \div \frac{7}{4} - \frac{1}{2} = ?$

नियमानुसार पहले का, फिर ÷ फिर × और अन्त में – करें।

$$\frac{1}{2} \text{ का } \frac{4}{3} \times \frac{7}{2} \div \frac{7}{4} - \frac{1}{2}$$

$$= \frac{2}{3} \times \frac{7}{2} \div \frac{7}{4} - \frac{1}{2}$$

$$= \frac{2}{3} \times \frac{7}{2} \times \frac{4}{7} - \frac{1}{2}$$

$$= \frac{2}{3} \times 2 - \frac{1}{2} = \frac{4}{3} - \frac{1}{2}$$

$$= \frac{8 - 3}{6} = \frac{5}{6}$$

उदाहरण 4. सरल करें $3 - \left[1 + \left\{ 1 - \left(\frac{2}{5} + \frac{1}{5} \right) \right\} \right]$

नियमानुसार पहले ( ), फिर { } और उसके बाद में [ ] हल करें।

$$= 3 - \left[1 + \left\{ 1 - \left(\frac{2}{5} + \frac{1}{5} \right) \right\} \right] = 3 - \left[1 + \left\{ 1 - \left(\frac{2+1}{5} \right) \right\} \right]$$

$$= 3 - \left[1 + \left\{ 1 - \left(\frac{3}{5} \right) \right\} \right] = 3 - \left[1 + \left\{ \frac{5-3}{5} \right\} \right]$$

$$= 3 - \left[1 + \frac{2}{5}\right] = 3 - \left[\frac{5+2}{5}\right]$$

$$= \frac{3}{1} - \frac{7}{5} = \frac{15-7}{5}$$

$$= \frac{8}{5} = 1\frac{3}{5}$$

अभ्यासार्थ प्रश्न

1. $16 \div 4 - 3\frac{1}{2}$

    A. $\frac{1}{2}$ B. $\frac{3}{4}$ C. $\frac{2}{3}$ D. $\frac{7}{2}$

2. $\frac{1}{2} + \frac{1}{5} \div \frac{1}{10} \times \frac{7}{8}$

    A. $\frac{5}{4}$ B. $\frac{9}{4}$ C. $\frac{3}{2}$ D. $\frac{5}{7}$

3. $7 + 7 - 7 \div 7$

    A. 11   B. 12   C. 1   D. 13

4. $16 \div \frac{8}{5} + 6 - 6$

    A. 10   B. 12   C. 8   D. 15

5. $\frac{1}{10} + \left(\frac{1}{15} + \frac{1}{3}\right) - \frac{6}{5}$ का $\frac{5}{24}$

    A. $\frac{1}{4}$ B. $\frac{2}{3}$ C. $\frac{6}{7}$ D. $\frac{1}{2}$

6. $.05 \div .125 = ...$

    A. 0.2   B. 0.4   C. 0.5   D. 0.6

7. $15 \times 1.2 \div 1.5$ का $.5 = ...$

    A. 0.5   B. 0.6   C. 0.2   D. 0.8

8. $.2 \div (.2 + .2) = ...$

    A. .2   B. .4   C. .5   D. .3

उत्तरमाला

1. A   **2.** B   **3.** D   **4.** A   **5.** A

6. B   **7.** B   **8.** C

महत्तम समापवर्तक और लघुत्तम समापवर्त्य

महत्तम समापवर्तकः दो या दो से अधिक संख्याओं का महत्तम समापवर्तक वह बड़ी से बड़ी संख्या होती है, जो उनमें से प्रत्येक संख्या को पूरा-पूरा विभाजित कर सकती हो।

उदाहरण 1. 108, 144 और 180 का महत्तम समावर्तक ज्ञात करो।

हल : 108 = $2 \times 2 \times 3 \times 3 \times 3$

144 = $2 \times 2 \times 2 \times 2 \times 3 \times 3$

180 = $2 \times 2 \times 3 \times 3 \times 5$

इन तीनों संख्याओं के गुणनखण्डों में उभयनिष्ठ गुणनखण्ड हैं $2 \times 2 \times 3 \times 3 = 36$

अतः इन तीनों संख्याओं का महत्तम समापवर्तक 36 है।

लघुत्तम समापवर्त्यः दो या दो से अधिक संख्याओं का लघुत्तम समापवर्त्य वह छोटी से छोटी संख्या है जो उन दो या अधिक संख्याओं में से प्रत्येक संख्या से पूरी-पूरी विभाजित हो जाती है।

उदाहरण 2. 12, 16 और 30 का लघुत्तम समापवर्त्य ज्ञात करो।

हलः

2	12,	16,	30
2	6,	8,	15
3	3,	4,	15
	1,	4,	5

$= 2 \times 2 \times 3 \times 4 \times 5 = 240$

इस प्रकार 240 उपरोक्त तीनों संख्याओं (12, 16, 30) से पूरी-पूरी विभाजित हो जाएंगी।

याद रखेंः दो संख्याओं का गुणनफल उनके महत्तम समापवर्तक और लघुत्तम समापवर्त्य के गुणनफल के बराबर होता है।

दूसरे शब्दों में,

महत्तम समापवर्तक × लघुत्तम समापवर्त्य = दोनों संख्याओं का गुणनफल

उदाहरण 3. दो संख्याओं का महत्तम समापवर्तक 6 है और उनका लघुत्तम समापवर्त्य 252 है। दोनों में से एक संख्या 42 है, तो दूसरी संख्या ज्ञात करो।

हल : $\dfrac{\text{महत्तम समापवर्तक} \times \text{लघुत्तम समापवर्त्य}}{\text{एक संख्या}}$ = दूसरी संख्या

$= \dfrac{6 \times 252}{42} = 36$ (दूसरी संख्या)

भिन्नों का महत्तम समापवर्तक और लघुत्तम समापवर्त्य याद रखेंः

(i) दी गई भिन्नों का महत्तम समापवर्तक = $\dfrac{\text{अंशों का महत्तम समापवर्तक}}{\text{हरों का लघुत्तम समापवर्त्य}}$

(ii) दी गई भिन्नों का लघुत्तम समापवर्त्य = $\frac{\text{अंशों का लघुत्तम समापवर्त्य}}{\text{हरों का महत्तम समापवर्तक}}$

उदाहरण 4. $\frac{10}{21}, \frac{20}{67}$ और $\frac{55}{56}$ का महत्तम समापवर्तक ज्ञात करो।

हलः $\frac{10, 20 \text{ और } 55 \text{ का महत्तम समापवर्तक}}{21, 63 \text{ और } 56 \text{ का लघुत्तम समापवर्त्य}} = \frac{5}{304}$

अभ्यासार्थ प्रश्न

1. निम्नलिखित में से कौन सी संख्या 105 का गुणनखण्ड नहीं है?
A. 3 B. 7 C. 9 D. 8

2. 63 और 42 का महत्तम समापवर्तक ..... है।
A. 7 B. 14 C. 21 D. 6

3. 882, 396 और 1404 का महत्तम समापवर्तक ..... है।
A. 15 B. 18 C. 21 D. 10

4. दो संख्याओं का गुणनफल 27 है। उनका महत्तम समापवर्तक 3 है, तो उनका लघुत्तम समापवर्त्य होगा .....
A. 7 B. 8 C. 6 D. 9

5. ..... छोटी सी छोटी संख्या है, जिसमें से 5 घटा दिया जाये तो वह 4, 8 और 10 से पूरी पूरी विभाजित हो जाये
A. 45 B. 35 C. 52 D. 48

6. चार अंकों की बड़ी से बड़ी संख्या ..... है, जो 2, 3, 4, 5, 6 और 7 से पूरी पूरी विभाजित हो जाती है।
A. 9960 B. 9660 C. 9670 D. 9950

7. दो संख्याओं का गुणनफल 54 है। उनका महत्तम समापवर्तक 3 हो, तो उनका लघुत्तम समापवर्त्य होगा .....
A. 18 B. 28 C. 38 D. 13

8. $\frac{10}{21}, \frac{25}{27}$ और $\frac{35}{24}$ का महत्तम समापवर्तक ..... है

A. $\frac{5}{1215}$ B. $\frac{5}{1512}$ C. $\frac{5}{1152}$ D. $\frac{5}{1521}$

9. पाँच घंटियां एक साथ बजना आरंभ हुई। यदि वे 2, 3, 4, 5 और 6 सेकेण्ड के अन्तराल से बजती हैं, तो एक घण्टे में ..... एक साथ बजेंगी?
A. 55 B. 61 C. 64 D. 10

उत्तरमाला

1. C	**2.** C	**3.** B	**4.** D	**5.** A
6. B	**7.** A	**8.** B	**9.** B	

वर्गमूल तथा घनमूल

वर्गमूल

सामान्य संख्याओं के वर्गमूल निकालने की दो विधियां है-*(i)* गुणनखण्ड द्वारा, और *(ii)* भाग प्रणाली द्वारा

144 का वर्गमूल गुणनखण्ड प्रणाली द्वारा इस प्रकार निकाला जायेगा

$$\begin{array}{r|r} 2 & 144 \\ \hline 2 & 72 \\ \hline 2 & 36 \\ \hline 2 & 18 \\ \hline 3 & 9 \\ \hline & 3 \end{array}$$

$$\underbrace{2\times 2}_{2}\times\underbrace{2\times 2}_{2}\times\underbrace{3\times 3}_{3} = 12$$

अब इसे ही भाग प्रणाली द्वारा निम्न प्रकार से हल करेंगे–

$$\begin{array}{r|l} & \quad 12 \\ \hline 1 & \overline{1}\,\overline{44} \\ 1 & 1 \\ \hline 22 & \;\;44 \\ & \;\;44 \\ \hline & \;\;\times \\ = & \;\;12 \end{array}$$

(i) वर्गमूल निकालने के लिए संख्या को दाहिनी ओर से (इकाई के अंक से) दो-दो के जोड़ों (समूहों) में बांट लें।

(ii) दशमलव वाली संख्याओं का वर्गमूल निकालने के लिए, दशमलव बिन्दु से शुरू करके दाईं ओर के अंकों के दो-दो के जोड़े बनायें और इस प्रकार दशमलव बिन्दु के बाईं ओर के अंकों के दो-दो जोड़े बनायें।

(iii) यदि दशमलव के दाई ओर पूरे जोड़े न बनें और एक अंक बच जाये तो उसके दाईं ओर एक शून्य लगाकर जोड़ा पूरा कर लें।

(iv) इसके बाद भाग की क्रिया शुरू करें और ज्यों ही दशमलव के दाईं ओर का पहला जोड़ा नीचे उतारा जाये उत्तर में (भागफल में) दशमलव चिन्ह (.) लगा दें।

घनमूल

किसी एक ही संख्या को परस्पर तीन बार गुणा करने पर जो गुणनफल प्राप्त होता है तो उस प्राप्त गुणनफल का घनमूल वह संख्या कहलाती है। इसे $\left(\sqrt[3]{\ }\right)$ चिन्ह द्वारा प्रदर्शित करते हैं। जैसे $5 \times 5 \times 5 = 125$ होता है। अतः 125 का घनमूल 5 होगा अर्थात् $\sqrt[3]{125} = \sqrt[3]{5\times5\times5} = 5$

किसी भी संख्या का घनमूल गुणनविधि द्वारा ही निकालते हैं।

उदाहरण 1. 512 का घनमूल ज्ञात करो।

हल :

2	512
2	256
2	128
2	64
2	32
2	16
2	8
2	4
	2

$$\therefore \quad 512 = \underline{2\times2\times2}\times\underline{2\times2\times2}\times\underline{2\times2\times2}$$
$$= 8\times8\times8$$
$$\therefore \quad \sqrt[3]{512} = 8$$

उदाहरण 2. $\sqrt[3]{32+\sqrt{1012+144}}$ का मान क्या होगा?

हल : $\because$

$$\sqrt{144} = \sqrt{12\times12} = 12$$
$$\sqrt{1024} = \sqrt{4\times4\times4\times4\times4} = 4\times4\times2 = 32$$
$$\therefore \quad \sqrt[3]{32+\sqrt{1012+\sqrt{144}}} = \sqrt[3]{32+\sqrt{1024}}$$
$$\sqrt[3]{32+32} = \sqrt[3]{64}$$
$$\sqrt[3]{4\times4\times4} = 4$$

अभ्यासार्थ प्रश्न

1. 0.0016 का वर्गमूल .... है।
A. 0.04 B. 0.05 C. 0.4 D. 0.004

2. .81 का वर्गमूल .... होगा।
A. .9 B. .09 C. .009 D. 9

3. $\sqrt{.000121}$ का मान .... है।

    A. 0.011   B. 0.11   C. 0.091   D. 11

4. 0.008 का घनमूल .... है।

    A. 0.02   B. 0.2   C. 0.002   D. 0.4

5. एक बाग में 5625 पेड़ हैं। प्रत्येक पंक्ति में उतने ही पेड़ हैं, जितनी कुल पंक्तियां हैं। तो पंक्तियां .... हैं?

    A. 65   B. 70   C. 75   D. 80

6. 724 में .... जोड़ दिया जाये कि वह पूर्ण घन बन जाये?

    A. 3   B. 4   C. 5   D. 6

7. 2196 में से .... निकाल दिया जाये कि वह पूर्ण घन बन जाये?

    A. 1   B. 2   C. 3   D. 5

उत्तरमाला

1. A   **2.** A   **3.** A   **4.** B   **5.** C

6. C   **7.** A

औसत

औसत निकालने की विधि यह है कि पहले उन सब राशियों को जोड़ लें जिनका औसत निकालना हो; उसके बाद उस योगफल में उन राशियों की कुल संख्या से भाग दे दें। उदाहरण के लिए यदि आपको 8, 10, 12 और 14 का औसत निकालना है, तो पहले इन्हें जोड़ दें। 8 + 10 + 12 + 14

= 44 जिनका औसत निकालना है, वे संख्याएं 4 हैं। अतः 44 में 4 से भाग दे दें। $44 \div 4 = \dfrac{44}{4}$

= 11 औसत आया।

इसलिए फार्मूला है :

    (i) $\dfrac{\text{राशियों का योगफल}}{\text{राशियों की संख्या}}$ = औसत।

    (ii) औसत × राशियों की संख्या = राशियों का योगफल।

    (iii) $\dfrac{\text{राशियों का जोड़}}{\text{औसत}}$ = राशियों की संख्या।

    उदाहरण 1. किसी कक्षा में 5 दिनों की दैनिक उपस्थिति 26, 23, 30, 29 और 17 थी? बताओ दैनिक औसत उपस्थिति क्या थी?

    हल :   5 दिनों की कुल उपस्थिति = 26 + 23 + 30 + 29 + 17 = 125 थी।

$$\therefore \quad 1 \text{ दिन की औसत उपस्थिति} = \frac{\text{राशियों का योगफल}}{\text{राशियों की संख्या}} = \frac{125}{5} = 25$$

उदाहरण 2. एक दुकानदार 6 दिनों में 1950 रु. की बिक्री करता है। उसकी दैनिक औसत बिक्री कितनी है?

हल : कुल बिक्री = 1950 रु.

कुल दिन = 6

$$\therefore \quad \text{दैनिक औसत बिक्री} = \frac{1950}{6} = 325 \text{ रु.}$$

उदाहरण 3. 4 पार्सलों का औसत वजन 12.5 कि.ग्रा. है। उनमें से 3 पार्सलों का औसत वजन 12.6 कि.ग्रा., तौ चौथे पार्सल का वजन कितना है?

हल : 4 पार्सलों का औसत वजन = 12.5 कि.ग्रा.

∴ चारों पार्सलों का कुल वजन = 12.5 × 4 = 50 कि.ग्रा.

∴ तीनों पार्सलों का औसत वजन = 12.6 कि.ग्रा.

∴ तीन पार्सलों का कुल वजन = 12.6 × 3 = 37.8 कि.ग्रा.

∴ चौथे पार्सल का वजन = 50 कि.ग्रा. – 37.8 कि.ग्रा. = 12.2 कि.ग्रा.

अभ्यासार्थ प्रश्न

1. एक विद्यार्थी गणित में 56, 75, 86 और 91 अंक प्राप्त करता है। गणित में उसके औसत अंक कितने हैं?

   A. 75   B. 77   C. 76   D. 80

2. यदि 12 लड़कों की औसत आयु 10 वर्ष है। उनमें से 11 लड़कों की औसत आयु 9 वर्ष हो, तो 12वें लड़के की आयु क्या है?

   A. 21 वर्ष   B. 31 वर्ष   C. 51 वर्ष   D. 16 वर्ष

3. तीन संख्याओं का औसत 6 है। उनमें से 2 संख्याओं का औसत 7 है, तो तीसरी संख्या क्या होगी।

   A. 6   B. 5   C. 4   D. 3

4. राधा को विज्ञान में 76 अंक, गणित में 84 अंक और अंग्रेजी में 86 अंक मिले। उसे औसत कितने अंक मिले?

   A. 84   B. 76   C. 82   D. 52

5. 11 खिलाड़ियों की टीम का औसत वजन 35 कि.ग्रा. है। तो उन सब खिलाड़ियों का कुल वजन कितना है?

   A. 185 कि.ग्रा.   B. 285 कि.ग्रा.   C. 385 कि.ग्रा.   D. 485 कि.ग्रा.

6. एक मक्खन के डिब्बे में 2200 ग्राम मक्खन है। इस मक्खन से परिवार की मक्खन की जरूरत 20 दिन तक पूरी होती है। बताइये परिवार में मक्खन की औसत खपत कितनी है?

A. 220 ग्रा.   B. 110 ग्रा.   C. 720 ग्रा.   D. 20 ग्रा.

7. 3 पार्सलों का औसत वजन 10 कि.ग्रा. है। उनमें से 2 पार्सलों का औसत वजन 8 कि. ग्रा. है। बताओ तीसरे पार्सल का वजन कितना है।

A. 12 कि.ग्रा.   B. 14 कि.ग्रा.   C. 10 कि.ग्रा.   D. 16 कि.ग्रा.

8. तीन बक्सों का औसत वजन 578.4 कि.ग्रा. है। उनमें से एक बाक्स का वजन 500 कि. ग्रा. है। बताओं बाकी दोनों बक्सों का औसत वजन कितना है?

A. 517.3 कि.ग्रा.   B. 660.6 कि.ग्रा.   C. 617.6 कि.ग्रा.   D. 610.5 कि.ग्रा.

उत्तरमाला

1. B   **2.** A   **3.** C   **4.** C   **5.** C
6. B   **7.** B   **8.** C

अनुपात एवं समानुपात और साझा

अनुपातः अनुपात सदैव दो सजातीय राशियों में होता है। एक राशि का दूसरी सजातीय राशि में भाग देने पर अनुपात ज्ञात होता है या जब हम एक ही प्रकार की दो वस्तुओं की तुलना करते हैं और यह देखते हैं कि एक वस्तु, दूसरी वस्तु का कौन-सा भाग है तो उन दोनों के बीच पारस्परिक सम्बन्ध को अनुपात कहते हैं।

उदाहरणः किसी कक्षा में 24 लड़के और 16 लड़कियाँ हैं तो बताइये लड़कों और लड़कियों का क्या अनुपात होगा?

हलः $\dfrac{\text{लड़कों की संख्या}}{\text{लड़कियों की संख्या}} = \dfrac{24}{16} = \dfrac{3}{2}$

∴ लड़कों और लड़कियों की संख्या का अनुपात = 3 : 2 होगा।

समानुपातः जब दो अनुपात बराबर होते हैं तो उनकी बराबरी को समानुपात कहते हैं। जैसे a : $b = c : d$ हो तो इसका अर्थ यह है कि $\dfrac{a}{b}$ समानुपात में है $\dfrac{c}{d}$ के और इसे हम निम्न प्रकार से लिख सकते हैं। $\qquad a : b :: c : d$

अतः $a : b :: c : d$ में a, b, c तथा d को क्रमशः प्रथम, द्वितीय, तृतीय और चतुर्थ अनुपाती कहते हैं। इस प्रकार समानुपात में चार पद होते हैं।

नियमः समानुपात $a : b :: c : d$ में $a \times b = b \times c \Rightarrow ad = bc$ होता है।

साझाः साझा दो प्रकार का होता है।

1. **साधारण साझाः** वह साझा जिसमें दो या दो से अधिक व्यापारी अपनी-अपनी पूंजी का इस्तेमाल एक समान अवधि के लिए करते हैं, इसे साधारण साझाा कहते हैं।
2. **मिश्रित साझाः** वह साझा जिसमें दो या दो से अधिक व्यापारी अपनी-अपनी पूंजी का इस्तेमाल अलग-अलग अवधि के लिए करते हैं उसे मिश्रित साझा कहते हैं।

महत्त्वपूर्ण नोटः 1. साधारण साझे से सम्बन्धित प्रश्नों में व्यापार में हुए लाभ अथवा हानि को उनकी पूँजियों के अनुपात में विभाजित करते हैं।

2. मिश्रित साझे से सम्बन्धित प्रश्नों में व्यापार में हुए लाभ अथवा हानि को उनकी पूँजियों तथा समय के गुणनफलों के अनुपात में बाँटा जाता है।

उदाहरण 1. निम्नलिखित में से कौन सा अनुपात बड़ा होगा?

$7 : 3$ या $19 : 9$

हल : $7 : 3 = \frac{7}{3}$ तथा $19 : 9 = \frac{19}{9}$

$\therefore \quad \frac{7}{3} = \frac{7\times3}{3\times3}$ तथा $\frac{19}{9}$

$\therefore \quad \frac{21}{9} > \frac{19}{9}$

अतः $7 : 3$, $19 : 9$ से बड़ा है।

उदाहरण 2. यदि $5 : 3 : : 9 : x$ हो, तो x का मान क्या होगा?

हल : समानुपात में दोनों बाहरी संख्याओं का गुणनफल मध्य की दोनों संख्याओं के गुणनफल के बराबर होता है।

$$5 \times x = 3 \times 9$$

$$x = \frac{3\times9}{5} = \frac{27}{5} = 5\frac{2}{5}$$

उदाहरण 3. A तथा B दो धातुओं के मिश्रण हैं। A में लोहा और ताँबा $7 : 3$ तथा B में यह $7 : 13$ के अनुपात में है। A और B को बराबर मात्रा में मिलाकर एक तीसरी धातु C बनायी जाती है। तो C में धातुओं का अनुपात क्या होगा?

हल : A में लोहे तथा ताँबे का अनुपात $= 7 : 3$

अनुपाती योग $= 7 + 3 = 10$

$\therefore$ A में लोहे तथा ताँबे की मात्रा क्रमशः $\frac{7}{10}$ तथा $\frac{3}{10}$ होगी।

इसी प्रकार धातु में लोहे तथा ताँबे की मात्रा क्रमशः $\frac{7}{20}$ तथा $\frac{13}{20}$ होगी।

प्रश्नानुसार,

A और B धातु की बराबर मात्रा मिलाने पर धातु C में लोहे तथा ताँबे की मात्रा क्रमशः

$$\frac{7}{10}+\frac{7}{20}=\frac{21}{10} \text{ तथा } \frac{3}{10}+\frac{13}{20}=\frac{19}{20} \text{ होगी।}$$

$\therefore$ दोनों का धातु C में अनुपात $= \frac{21}{20}:\frac{19}{20}=21:19$

उदाहरण 4. दूध और पानी के 80 लीटर मिश्रण में दोनों का अनुपात 3 : 5 है। मिश्रण में कितना पानी और डाला जाये ताकि उनका अनुपात 1 : 2 हो जाए?

हल : 80 लीटर मिश्रण में दूध और पानी का अनुपात = 3 : 5

$\therefore$ अनुपाती संख्याओं का योग $= 3+5=8$

$\therefore$ मिश्रण में दूध की मात्रा $= \frac{3}{8}\times80=30$ लीटर

तथा मिश्रण में पानी की मात्रा $= \frac{5}{8}\times80=50$ लीटर

प्रश्नानुसार,

दूध की मात्रा : पानी की मात्रा $= 1:2$

पानी की मात्रा $= 1:2$

$\therefore$ पानी की मात्रा $= \frac{30\times2}{1}=60$ लीटर

अतः मिश्रण में पानी की मात्रा 60 लीटर होनी चाहिए।

मिश्रण में डाला गया पानी $= 60-50=10$ लीटर

उदाहरण 5. यदि 8 सेब और 5 आमों की कीमत वही है जो 6 सेब और 8 आम की कीमत है। तो एक सेब तथा एक आम की कीमत में क्या अनुपात होगा?

हल : $\because$ 8 सेब की कीमत + 5 आम की कीमत = 6 सेब की कीमत + 8 आम की कीमत

$\therefore$ 8 सेब की कीमत – 6 सेब की कीमत = 8 आम की कीमत – 5 आम की कीमत

$\therefore$ 2 सेब की कीमत = 3 आम की कीमत

$\therefore \dfrac{\text{सेब की कीमत}}{\text{आम की कीमत}}=\dfrac{3}{2}$

$\therefore$ सेब की कीमत : आम की कीमत $= 3:2$

अभ्यासार्थ प्रश्न

1. निम्न में से कौन सा अनुपात सबसे बड़ा है?

3 : 5, 5 : 7, 3 : 4 तथा 2 : 3

A. 3 : 5　　　B. 2 : 3　　　C. 3 : 4　　　D. 5 : 7

2. यदि A : B = 3 : 4 तथा B : C = 5 : 6, तो A : B : C में अनुपात .... होगा।

   A. 15 : 24 : 20   B. 15 : 30 : 20   C. 15 : 20 : 24   D. 20 : 15 : 24

3. 12 एवं 18 का विलोम अनुपात .... होगा।

   A. 2 : 3   B. 3 : 2   C. 1 : 2   D. 2 : 1

4. दो संख्याओं का अनुपात 3 : 4 है। यदि दोनों संख्याओं का योग 490 हो तो वे संख्याएँ क्रमशः .... होगी।

   A. 250, 240   B. 120, 160   C. 210, 280   D. 280, 210

5. दो संख्याओं में 3 : 4 का अनुपात है। यदि उन संख्याओं के वर्गों का योग 625 हो तो बताइये वे संख्याएँ क्रमशः .... होंगी।

   A. 16, 20   B. 15, 25   C. 15, 20   D. 20, 50

6. संजय ने 12000 रु. लगाकर एक व्यापार शुरू किया। 3 महीने बाद अजय ने भी 10000 रु. लगाकर साझा कर लिया। यदि वर्ष के अन्त में संजय को 6400 रु. लाभ के रूप में मिला हो तो अजय को रुपया .... मिलेगा।

   A. 6000   B. 7000   C. 9000   D. 4000

7. A और B ने क्रमशः 45000 रु. और 54000 रु. लगाकर साझेदारी में व्यापार किया। 6 मास बाद A ने 10000 रु. और लगाए जबकि B ने 4000 रु. निकाल लिए। यदि व्यापार में वर्ष के अन्त में लाभ 5000 रु. हो तो B का हिस्सा .... होगा।

   A. 2600 रु.   B. 2800 रु.   C. 3000 रु.   D. 2500 रु.

8. A, B, C और D साझेदार हैं। A कुल पूंजी का $\frac{1}{3}$ भाग, B $\frac{1}{4}$ भाग, C $\frac{1}{5}$ भाग और शेष पूँजी D लगाता है। यदि चारों को कुल लाभ 6000 रु. प्राप्त हुआ हो, तो D का लाभ .... होगा।

   A. 1500 रु.   B. 1600 रु.   C. 1300 रु.   D. 1200 रु.

उत्तरमाला

1. C   **2.** A   **3.** B   **4.** C   **5.** C
6. D   **7.** A   **8.** C

समय एवं काम

ऐकिक नियम के प्रश्नों में पहले इकाई वस्तु का मूल्य ज्ञात करके प्रश्न में दी गई संख्या का मूल्य निकालते हैं। उदाहरण के लिए प्रश्न है–

7 बकरियों की कीमत 630 रु. है, तो 20 बकरियों की कीमत क्या होगी?

ऐकिक नियम विधि से इस प्रश्न को हल करने में पहले एक बकरी की कीमत निकालनी होगी। उसके बाद 20 बकरियों की कीमत निकाली जायेगी।

ऐसे प्रश्नों को हल करते समय जो भाषा लिखी जाती है, उसमें जिस राशि या मद का उत्तर निकालना हो, उसे सबसे बाद में लिखा जाता है। जैसे—

उदाहरण 1. 7 बकरियों की कीमत 630 रु. है, तो 20 बकरियों की कीमत क्या होगी? इस प्रश्न में हमें कीमत निकालनी है (रु. में), अतः प्रश्न की भाषा लिखते समय रु. सबसे बाद में लिखेंगे।

हल : $\because$ 7 बकरियों की कीमत = 630 रु.

$\therefore$ 1 बकरी (इकाई) की कीमत = $\dfrac{630}{7}$ रु.

$\therefore$ 20 बकरियों की कीमत = $\dfrac{630}{7} \times 20$ = 1800 रु.

उदाहरण 2. 10 आदमी किसी काम को 30 दिनों में पूरा करते हैं। उसी काम को 15 आदमी कितने दिनों में पूरा करेंगे?

हल : इस प्रश्न में हमें दिन निकालने हैं। इसलिए इसे निम्न प्रकार हल करेंगे।

$\because$ 10 आदमी एक काम को करते हैं = 30 दिन में

$\therefore$ 1 आदमी उस काम को करेगा = 30×10 दिनों में

$\therefore$ 15 आदमी उस काम को करेंगे = $\dfrac{10 \times 30}{15}$ = 20 दिनों में

नोटः (i) यदि एक आदमी एक काम को 10 दिनों में करता है, तो उसका एक दिन का काम होगा = $\dfrac{1}{10}$

(ii) यदि किसी आदमी का एक दिन का काम $\dfrac{1}{10}$ हो, तो वह पूरा काम 10 दिनों में करेगा।

(iii) ऐसे प्रश्नों में पहले एक दिन का काम निकाला जाता है।

(iv) यदि काम करने वाले आदमी बढ़ जायें, तो काम कम समय (कम दिनों) में पूरा होगा और यदि काम करने वाले आदमी कम हो जायें, तो काम अधिक समय (अधिक दिनों) में पूरा होगा।

उदाहरण 3. यदि 15 आदमी किसी काम को 24 दिन में करते हैं, तो कितने आदमी उसी काम को 18 दिन में पूरा करेंगे?

इस प्रश्न में हमें आदमी निकालने हैं, अतः इसे निम्न प्रकार हल करेंगे :

हल :   24 दिन में काम पूरा करते हैं = 15 आदमी

$\therefore$ 1 दिन में काम पूरा करेंगे = 15×24 आदमी

$\therefore$ 18 दिन में काम पूरा करेंगे = $\dfrac{15 \times 24}{18}$ = 20 आदमी

उदाहरण 4. एक रेलगाड़ी 50 मिनट में 60 कि.मी. की दूरी तय करती है 210 कि.मी. की दूरी तय करने में उसे कितना समय लगेगा?

इस प्रश्न में हमें समय निकालना है। अतः हल इस प्रकार निकाला जाएगा।

हल : $\because$ 60 कि.मी. की दूरी तय करती है = 50 मिनट में

$\therefore$ 1 कि.मी. की दूरी तय करेगी = $\frac{50}{60}$ मिनट में

$\therefore$ 210 कि.मी. की दूरी तय करेगी = $\frac{50}{60} \times 210$ = 175 मिनट में

उदाहरण 5. 5 आदमी या 10 स्त्रियाँ एक काम को 6 दिन में पूरा करते हैं। बताओं 1 आदमी और 4 स्त्रियाँ उसी काम को कितने दिनों में पूरा करेंगे?

(*i*) इस प्रश्न में हमें दिन निकालना है।

(*ii*) इस प्रश्न में हमें आदमी और स्त्री के काम का अनुपात मालूम करके उन्हें आदमी या स्त्रियों में बदलकर प्रश्न निकालना होगा।

हल : $\because$ 5 आदमी या 10 स्त्रियाँ एक काम को 1 दिन में पूरा करते हैं।

$\therefore$ 5 आदमी = 10 स्त्रियों के

$\therefore$ 1 आदमी = $\frac{10}{5}$ = 2 स्त्रियों के

$\therefore$ 1 आदमी और 4 स्त्रियाँ = 6 स्त्रियाँ

अब चूँकि 10 स्त्रियाँ पूरा करती हैं = 6 दिनों में

$\therefore$ 1 स्त्री पूरा करेगी = 6×10 दिनों में

$\therefore$ 6 स्त्रियाँ पूरा करेंगी = $\frac{6 \times 10}{6}$ = 10 दिनों में

उदाहरण 6. एक कैम्प में 600 आदमियों के लिए 35 दिन का राशन था। 100 आदमी कैम्प में और आ जाते हैं, तो वह राशन कुल कितने दिन चलेगा?

हल : $\because$ 600 आदमियों के लिए राशन = 35 दिन का

$\therefore$ 1 आदमी के लिए राशन = 600×35 दिन का

$\therefore$ 700 (600 + 100) आदमियों के लिए राशन = $\frac{600 \times 35}{700}$ = 30 दिनों का

उदाहरण 7. एक कैम्प में 100 जवानों के लिए 10 दिन का राशन था। 5 दिन बाद 50 जवान कैम्प छोड़कर चले जाते हैं। बताओ बाकी जवानों के लिए बाकी राशन कितने दिन चलेगा?

हल : 100 जवानों के लिए 10 दिन का राशन था।

5 दिनों तक 100 जवानों ने राशन खाया।

उसके बाद राशन आधा यानी 5 दिन का रह गया।

जवान 100 – 50 = 50 रह गये।

∵   शेष राशन 100 जवान खाते हैं = 5 दिन में

∴   शेष राशन 1 जवान खायेगा = 100×5 दिनों में

∴   शेष राशन 50 जवान खायेंगे = $\dfrac{100 \times 5}{50}$ = 10 दिनों में

उदाहरण 8. किसी सम्पत्ति के $\dfrac{2}{5}$ भाग का मूल्य 9000 रु. है, तो इस सम्पत्ति के $\dfrac{1}{3}$ भाग का मूल्य क्या होगा?

हल : $\dfrac{2}{5}$ भाग का मूल्य = 9000 रु.

∴   पूरी सम्पत्ति का मूल्य = $9000 \times \dfrac{5}{2}$ रु.

∴ $\dfrac{1}{3}$ भाग का मूल्य = $9000 \times \dfrac{5}{2} \times \dfrac{1}{3}$ = 7500 रु.

अभ्यासार्थ प्रश्न

1. 20 आदमी एक काम को 39 दिनों में पूरा करते हैं। 26 आदमी उसी काम को कितने दिनों में पूरा करेंगे?
   A. 25 दिन   B. 30 दिन   C. 35 दिन   D. 40 दिन

2. 15 आदमी एक दीवार 14 दिन में बना सकते हैं। उसी दीवार को 6 दिन में बनाने के लिए कितने आदमी लगाने होंगे?
   A. 35   B. 25   C. 15   D. 20

3. 840 सैनिकों के पास 70 दिन का भोजन था। 10 दिन बाद 210 सैनिक और आ गये। अब शेष भोजन कितने दिन चलेगा?
   A. 40 दिन   B. 42 दिन   C. 48 दिन   D. 50 दिन

4. नल A एक टंकी को 10 मिनट में भर सकता है। नल B उसी टंकी को 15 मिनट में खाली कर सकता है। दोनों नल एक साथ खोल दिये जायें, तो टंकी कितनी देर में भर जायेगी?
   A. 20 मिनट   B. 25 मिनट   C. 30 मिनट   D. 10 मिनट

5. नल A एक टंकी को 10 मिनट में भर सकता है। नल B उसी टंकी को 15 मिनट में भर सकता है। दोनों नल एक साथ खोल दिये जाएं तो टंकी कितने समय में भर जायेगी?
   A. 4 मिनट   B. 5 मिनट   C. 6 मिनट   D. 7 मिनट

उत्तरमाला

1. B **2.** A **3.** C **4.** C **5.** C

गति, समय और दूरी

याद रखें:

(i) दूरी निकालने के लिए गति में समय से गुणा करें, अर्थात् दूरी = गति × समय

(ii) गति निकालने के लिए दूरी में समय से भाग दें, अर्थात् गति = $\frac{\text{दूरी}}{\text{समय}}$

(iii) समय निकालने के लिए दूरी में गति से भाग दें, अर्थात् समय = $\frac{\text{दूरी}}{\text{गति}}$

(iv) गाड़ी को खम्भा या वृक्ष पार करने में केवल अपनी लम्बाई पार करनी होती है।

(v) गाड़ी को पुल या प्लेटफार्म पार करने में अपनी लम्बाई और पुल या प्लेटफार्म की लम्बाई दोनों पार करनी होती हैं।

(vi) जब दो गाड़ियां एक ही दिशा में जा रही हों, तो उनकी आपेक्षिक गति (एक दूसरे को पार करने की गति) निकालने के लिए दोनों गाड़ियों की गति का अंतर निकाला जाता है।

(vii) जब दो गाड़ियां विपरीत दिशा में जा रही हों, तो उनकी आपेक्षिक गति (एक दूसरे को पार करने की गति) निकालने के लिए दोनों गाड़ियों की गति को जोड़ दिया जाता है।

उदाहरण 1. एक रेलगाड़ी 150 मीटर लम्बी है। वह एक खम्भें को 10 सेकेन्ड में पार कर जाती है। बताओ उस रेलगाड़ी की प्रति घण्टा गति (रफ्तार) क्या है?

हल : खम्भा पार करने का अर्थ है वह अपनी लम्बाई (अर्थात् 150 मीटर) पार करती है। इस प्रश्न में हमें गति निकालनी है। गति निकालने के लिए फार्मूला है :

$$\text{गति} = \frac{\text{दूरी}}{\text{समय}} \text{ या } \frac{\text{दूरी}}{\text{समय}} = \text{गति}$$

$$\text{दूरी} = 150 \text{ मीटर} = \frac{150}{1000} \text{ कि.मी.}$$

$$\text{समय} = 10 \text{ सेकेण्ड} = \frac{10}{3600} \text{ घण्टा}$$

$$\therefore \quad \frac{\text{दूरी}}{\text{समय}} = \frac{150/1000}{10/3600} = \text{गति}$$

$$\frac{150}{1000} \times \frac{3600}{10} = 54 \text{ कि.मी. प्रति घण्टा}$$

उदाहरण 2. 150 मीटर लम्बी रेलगाड़ी 60 कि.मी. प्रति घण्टे की गति से जा रही है। उसे 150 मीटर लम्बे प्लेटफार्म को पार करने में कितना समय लगेगा?

हल : इस प्रश्न में हमें समय निकालना है।

समय निकालने का फार्मूला $= \dfrac{\text{दूरी}}{\text{गति}} = $ समय

दूरी = 150 मी. रेलगाड़ी + 150 मी. प्लेटफार्म = 300 मी. $= \dfrac{300}{1000}$ कि.मी.

गति = 60 कि.मी. प्रति घण्टे $= \dfrac{60}{3600}$ मी. प्रति घण्टे

$\therefore \qquad \dfrac{\text{दूरी}}{\text{गति}} = \dfrac{300/1000}{60/3600}$

$$= \frac{300}{1000} \times \frac{3600}{60} = 18 \text{ सेकेण्ड}$$

उदाहरण 3. 50 मीटर लम्बी रेलगाड़ी 36 कि.मी. प्रति घण्टे की गति से चल रही है। उसे एक वृक्ष को पार करने में कितना समय लगेगा?

हल : वृक्ष पार करने का अर्थ है वह अपनी लम्बाई (50 मीटर) पार करती है।

इस प्रश्न में समय निकालना है। समय निकालने का फार्मूला है:

$\dfrac{\text{दूरी}}{\text{गति}} = $ समय

दूरी $= \dfrac{50}{1000}$ कि.मी.

गति $= \dfrac{36}{3600}$

$\therefore \qquad$ दूरी $= \dfrac{50/1000}{36/3600} = \dfrac{50}{1000} \times \dfrac{3600}{36} = 5 \text{ सेकेण्ड}$

उदाहरण 4. एक रेलगाड़ी 36 कि.मी. प्रति घण्टे की चाल से एक सिगनल को 6 सेकेण्ड में पार कर लेती है। गाड़ी की लम्बाई बताओ?

हल : $\because$ 3600 सेकेण्ड में = 36000 मी.

$\therefore \qquad$ 1 सेकेण्ड में $= \dfrac{36000}{3600}$ मी.

$\therefore \qquad$ 6 सेकेण्ड में $= \dfrac{36000 \times 6}{3600} = 60$ मीटर

अभ्यासार्थ प्रश्न

1. दिल्ली और बनारस के बीच की दूरी 900 कि.मी. है। एक गाड़ी दिल्ली से 50 कि.मी. प्रति घण्टे की गति से दूसरी बनारस से 40 कि.मी. प्रति घण्टे की गति से रवाना होती है। कितने घण्टे बाद दोनों गाड़ियां मिलेंगी?

    A. 10 घण्टे   B. 15 घंटे   C. 20 घंटे   D. 18 घंटे

2. दो व्यक्ति एक ही स्थान से एक दूसरे से उलटी दिशा में चलना शुरू करते हैं उनमें से एक की गति 3 कि.मी. प्रति घण्टा है और दूसरे की गति 4 कि.मी. प्रति घण्टा। उनके रवाना होने के 10 मिनट के बाद उन दोनों के बीच दूरी होगी?

    A. $1\frac{1}{6}$ कि.मी.   B. $1\frac{1}{7}$ कि.मी.   C. $2\frac{1}{6}$ कि.मी.   D. $2\frac{1}{7}$ कि.मी.

3. राम अपनी मोटरगाड़ी में 30 कि.मी. प्रति घण्टे की रफ्तार से जा रहा है। श्याम उसी मार्ग पर 50 कि.मी. प्रति घण्टे की रफ्तार से अपनी मोटर से जा रहा है। राम की मोटर गाड़ी श्याम की मोटरगाड़ी से 100 कि.मी. आगे है। बताओ कितने समय में श्याम की मोटरगाड़ी राम की मोटरगाड़ी से जा मिलेगी?

    A. 3 घंटे   B. 4 घंटे   C. 3.5 घंटे   D. 5 घंटे

4. एक विद्यार्थी अपने घर से 3 कि.मी. प्रति घण्टे की गति से चलकर स्कूल 10 मिनट देर से पहुंचता है। यदि वह 4 कि.मी. प्रति घण्टे की गति से चलता, तो वह 15 मिनट पहले स्कूल पहुचता है। घर से स्कूल कितनी दूर है?

    A. 3 कि.मी.   B. 5 कि.मी.   C. 6 कि.मी.   D. 7 कि.मी.

5. 160 मी. लम्बी रेलगाड़ी 50 कि.मी. प्रति घण्टे की गति से 100 मी. लम्बे प्लेटफार्म को कितने समय में पार कर लेगी?

    A. 15 सेकेण्ड   B. 18 सेकेण्ड   C. 21 सेकेण्ड   D. 25 सेकेण्ड

उत्तरमाला

1. A   **2.** A   **3.** D   **4.** B   **5.** B

प्रतिशत

1. प्रतिशत का अर्थ है–हर सौ पर। इसका चिन्ह है–%. 5% का अर्थ है–हर सौ पर 5.

2. प्रतिशत को भिन्न में बदलने के लिए उसे 100 से भाग कर दें। जैसे $20\% = \frac{20}{100} = \frac{1}{5}$

3. साधारण भिन्न को प्रतिशत में बदलने के लिए उसे 100 से गुणा कर दें। जैसे $\frac{1}{10} \times 100$

$= 10\%$

उदाहरण 1. 25% को साधारण भिन्न में बदलो।

हल : $\quad 25\% = \frac{25}{100} = \frac{1}{4}$

उदाहरण 2. 40 बच्चों की एक कक्षा में 10 लड़कियां हैं। बताओ कक्षा में कितने प्रतिशत लड़कियां हैं?

हल : 40 बच्चों में 10 लड़कियां हैं

$\therefore \quad$ 100 बच्चों में $\frac{10}{40} \times 100 = 25\%$

उदाहरण 3. राम को वार्षिक परीक्षा में 55% अंक मिले। यदि परीक्षा में सब अंक 600 थे, तो उसे कुल कितने अंक मिले?

हल : 55% अंक मिले अर्थात् $\frac{55}{100}$ अंक मिले

$$\text{कुल अंक} = 600$$

$$\text{प्राप्त अंक} = \frac{55}{100}$$

$\therefore$ उसे मिले कुल अंक $= \frac{600 \times 55}{100} = 330$ अंक

उदाहरण 4. 40 रु. का 30% कितना है?

हल : 100 पर 30

$\therefore \quad$ 1 पर $\frac{30}{100}$

$\therefore \quad$ 40 पर $\frac{40 \times 30}{100} = 12$ रु.

उदाहरण 5. 80 रु. के 10% तथा 5% का योग कितना होगा?

हल : $(i) \quad$ 80 रु. का 10% $= \frac{10}{100} \times 80 = 8$ रु.

$(ii) \quad$ 80 रु. का 5% $= \frac{5}{100} \times 80 = 4$ रु.

$$8 + 4 = 12 \text{ रु.}$$

प्रतिशत को दशमलव में बदलने की विधि

प्रतिशत का चिन्ह हटा दें और बाईं और दो अंकों के बाद दशमलव का चिन्ह लगा दें।

उदाहरण : 25% को दशमलव मे बदलिये।

$$25\% = .25$$ (बाईं ओर दो अंकों के बाद दशमलव बिन्दु लगा दिया।)

उदाहरण : 1.5% को दशमलव मे बदलिये।

$$1.5\% = 0.15$$ (बाईं ओर दो अंकों के बाद दशमलव बिन्दु लगा दिया।
यहाँ एक शून्य लगाकर दो अंक पूरे करने पड़े।)

दशमलव को प्रतिशत में बदलने की विधि

दशमलव बिन्दु के दाहिनी ओर दो अंक आगे बढ़ा दें और उसके बाद % का निशान लगा दें।

उदाहरण 6. .24 को प्रतिशत मे बदलिये।

हल : $.24 = 24\%$ (दशमलव बिन्दु के दाहिनी ओर दो अंक आगे बढ़ाने पर
24.0 बनेगा, अतः दशमलव बिन्दु (.) लगाने की
जरूरत नहीं है।)

उदाहरण 7. .0043 को प्रतिशत में बदलिए।

हल : $.0043 = .43\%$ (दशमलव बिन्दु को दाहिनी ओर दो अंक आगे बढ़ाने पर
.43 बनेगा। उस पर % का निशान लगा दें।)

अभ्यासार्थ प्रश्न

1. 300 रु. का 7% कितना होगा?

A. 210 रु.   B. 21 रु.   C. 35 रु.   D. 30 रु.

2. किस संख्या का 25%, 12 है?

A. 48   B. 35   C. 44   D. 54

3. 200 का कितने प्रतिशत 14 है?

A. 5   B. 6   C. 7   D. 8

4. $\dfrac{2}{3}$ का कितने प्रतिशत $\dfrac{1}{3}$ है?

A. 40%   B. 50%   C. 45%   D. 60%

5. एक परीक्षा में कुल 800 अंक थे। राम ने उस परीक्षा में 84% अंक प्राप्त किये। उसने कितने अंक प्राप्त किये?

A. 600   B. 625   C. 672   D. 700

6. दीनानाथ अपनी मासिक आय का 80% खर्च कर देता है और हर महीने 100 रु. बचा लेता है। उसकी मासिक आय कितनी है?

A. 450 रु.   B. 500 रु.   C. 575 रु.   D. 600 रु.

7. एक स्कूल में 500 विद्यार्थी थे। उसमें से 300 विद्यार्थी पास हुए। बताओ कितने प्रतिशत विद्यार्थी पास हुए?

A. 60%   B. 70%   C. 80%   D. 55%

8. एक विमान में 340 यात्री बैठे हैं और विमान की 80% सीटें भर गई हैं। अभी कितने और यात्री विमान में आ सकते हैं?

A. 59   B. 63   C. 85   D. 71

उत्तरमाला

1. B   2. A   3. C   4. B   5. C
6. B   7. A   8. C

लाभ एवं हानि

लाभ और हानि शब्द साधारणतया व्यापार में इस्तेमाल किए जाते हैं। प्रत्येक व्यापार का उद्देश्य लाभ कमाना होता है। लाभ और हानि से सम्बन्धित सभी तरह के प्रश्नों को हल करने से पहले निम्नलिखित बातों का जानना आवश्यक है।

1. कोई वस्तु जिस मूल्य पर खरीदी जाती है उसे उस वस्तु का लागत मूल्य या क्रय मूल्य (Cost Price) कहते हैं। इसे क्रय मूल्य (C.P.) द्वारा भी निर्दिष्ट किया जाता है।

2. कोई वस्तु जिस मूल्य पर बेची जाती है उसे उस वस्तु का विक्रय मूल्य (Sale Price) कहते हैं। इसे विक्रय मूल्य (S.P.) द्वारा भी निर्दिष्ट किया जाता है।

3. यदि वस्तु का क्रय मूल्य (Cost Price), वस्तु के विक्रय मूल्य (Sale Price) से अधिक हो तो उस वस्तु पर हमेशा हानि होगी। अर्थात्
   हानि = क्रय मूल्य – विक्रय मूल्य

4. यदि किसी वस्तु का विक्रय मूल्य (Sale Price) वस्तु के क्रय मूल्य (Cost Price) से अधिक हो तो उस वस्तु पर हमेशा लाभ होगा। अर्थात्
   लाभ = विक्रय मूल्य – क्रय मूल्य

5. लाभ और हानि दो प्रकार से व्यक्त किए जाते हैं:
   (i) रुपयों में;   (ii) प्रतिशत में

उदाहरण : यदि किसी वस्तु का क्रय मूल्य 100 रु. तथा उसका विक्रय मूल्य 95 रु. हो तो वस्तु पर लाभ या हानि कितनी होगी?

हल : चूँकि वस्तु का क्रय मूल्य उसके विक्रय मूल्य से अधिक है इसलिए वस्तु पर हानि होगी। अर्थात्

हानि = क्रय मूल्य – विक्रय मूल्य = 100 – 95 = 5 रु. हानि

उपरोक्त उदाहरण हमने वस्तु पर लाभ और हानि को रुपयों में समझाया है। अब हम लाभ हानि को प्रतिशत में व्यक्त करते हैं।

लाभ-हानि को प्रतिशत लाभ और प्रतिशत हानि में बदलने के लिए निम्नलिखित सूत्रों को याद रखें।

1. लाभ % = $\frac{\qquad \times 100}{\qquad}$

2. हानि % = $\frac{\qquad \times 100}{\qquad}$

लाभ-हानि को प्रतिशत लाभ और हानि में बदलने के लिए नीचे कुछ उदाहरणों द्वारा समझाया गया है।

उदाहरण 1. यदि किसी वस्तु को 20 रु. में खरीद कर उसे 25 रु. में बेच दिया हो तो उस वस्तु पर कितने प्रतिशत लाभ या हानि होगी?

हल : चूँकि वस्तु का क्रय मूल्य वस्तु के विक्रय मूल्य से कम है इसलिए वस्तु पर लाभ होगा।

अर्थात् विक्रय मूल्य – क्रय मूल्य = 25 – 20 = 5 रु.

$\therefore$ प्रतिशत लाभ = $\frac{5\times100}{20} = 25\%$

उदाहरण 2. एक किताब का अंकित मूल्य 64 रु. है। यदि उसे 48 रु. में बेचा जाता है तो कितने प्रतिशत हानि होगी?

हल : किताब का क्रय मूल्य = 64 रु.

तथा किताब का विक्रय मूल्य = 48 रु.

$\therefore$ हानि % = $\frac{\text{हानि}\times100}{\text{क्रय मूल्य}} = \frac{16\times100}{64} = 25\%$

उदाहरण 3. एक वस्तु को 1056 रु. में बेचने पर 12% की हानि होती है। यदि उसे 1440 रु. में बेचा जाए तो कितने प्रतिशत की लाभ या हानि होगी?

हल : पहली स्थिति में–

$$\text{विक्रय मूल्य} = \text{क्रय मूल्य}\left(1-\frac{\%\ \text{हानि}}{100}\right)$$

$$1056 = \text{क्रय मूल्य}\left(1-\frac{12}{100}\right)$$

$$\text{क्रय मूल्य} = \frac{1056\times100}{88} = 1200\ \text{रु.}$$

28

अतः वस्तु का क्रय मूल्य 1200 रु. है।

दूसरी स्थिति में–

$$विक्रय\ मूल्य\ =\ 1440$$

∴   लाभ = विक्रय मूल्य – क्रय मूल्य

$$=\ 1440 - 1200 = 240$$

∴ $\%\ लाभ\ =\ \dfrac{लाभ \times 100}{क्रय\ मूल्य} = \dfrac{240 \times 100}{1200} = 20\%$

उदाहरण 4. एक दुकानदार 20 कि.ग्रा. गेहूँ 3.10 रु. प्रति किलोग्राम तथा 18 कि.ग्रा. गेहूँ 3.50 रु. प्रति किलोग्राम की दर से खरीदता है। यदि वह दोनों प्रकार के गेहूँ को मिलाकर बने मिश्रण को 4 रु. प्रति किलोग्राम की दर से बेचे तो दुकानदार को कितने प्रतिशत लाभ होगा?

हल : 3.10 रु. प्रति किलोग्राम की दर से 20 किग्रा. गेहूँ का

$$खरीद\ मूल्य\ =\ 20 \times 3.10 = 62\ रु.$$

3.50 रु. प्रति किलोग्राम की दर से 18 कि.ग्रा. गेहूँ का

$$खरीद\ मूल्य\ =\ 18 \times 3.50 = 63\ रु.$$

∴   कुल खरीद मूल्य = 62 + 63 = 125 रु.

$$विक्रय\ मूल्य\ =\ (20 + 18) \times 4 = 38 \times 4 = 152\ रु.$$

∴   लाभ = विक्रय मूल्य – क्रय मूल्य

$$=\ 152 - 125 = 27\ रु.$$

∴ $\%\ लाभ\ =\ \dfrac{27 \times 100}{125} = 21\dfrac{3}{5}\%$

उदाहरण 5. एक दुकानदार 11 पेंसिलें 10 रु. में खरीदता है तथा 10 पेंसिलें 11 रु. में बेचता है तो उसको कितने प्रतिशत लाभ होता है?

हल :   11 पेंसिलों का क्रय मूल्य = 10 रु.

∴   1 पेंसिल का क्रय मूल्य = $\dfrac{10}{11}$ रु.

तथा 10 पेंसिलों का विक्रय मूल्य = 11 रु.

∴   1 पेंसिल का विक्रय मूल्य = $\dfrac{11}{10}$ रु.

∴   लाभ = विक्रय मूल्य – क्रय मूल्य

$$=\ \dfrac{11}{10} - \dfrac{10}{11} = \dfrac{21}{110}\ रु.$$

$$\therefore \quad \% \text{ लाभ} = \frac{\text{लाभ} \times 100}{\text{क्रय मूल्य}} = \frac{\frac{21}{110}}{\frac{10}{11}} \times 100 = \frac{21 \times 11 \times 100}{110 \times 10}$$

$$= 21\%$$

उदाहरण 6. किसी वस्तु को 810 रु. में बेचने पर उतनी ही हानि होती है जितना कि वस्तु को 10% लाभ पर बेचने पर लाभ होता है। तो वस्तु का क्रय मूल्य निकालें।

हल : माना कि वस्तु को 810 रु. बेचने पर x रु. की हानि होती है।

वस्तु का क्रय मूल्य $= (810 + x)$ रु.

तथा 10% लाभ के कारण वस्तु पर लाभ $= (810 + x)$ रु. का 10%

$$= \left(\frac{810 + x}{100}\right) \text{रु.}$$

प्रश्नानुसार—

वस्तु पर हानि = वस्तु का 10% लाभ

$$\therefore \qquad x = \frac{810 + x}{10}$$

$$10x = 810 + x$$

या $$9x = 810$$

या $$x = \frac{810}{9} = 90 \text{ रु.}$$

$\therefore$ वस्तु का क्रय मूल्य $= (810 + 90) = 900$ रु.

अभ्यासार्थ प्रश्न

1. यदि वस्तु को 25% हानि पर बेचा जाए तो उस वस्तु का विक्रय मूल्य उसके क्रय मूल्य से गुणा .... होगा।

   A. $\frac{2}{3}$ B. $\frac{3}{4}$ C. $\frac{4}{5}$ D. $\frac{3}{5}$

2. यदि किसी वस्तु को 21 रु. में बेचने पर 12% का लाभ होता है तो बताइये उस वस्तु का क्रय मूल्य .... होगा।

   A. 16 रु.   B. 17.50 रु.   C. 18.75 रु.   D. 19.10 रु.

3. यदि वस्तु को 3400 रु. में बेचने पर 15% हानि होती है तो बताइए उस वस्तु का क्रय मूल्य .... होगा।

A. 4200 रु.　　B. 4500 रु.　　C. 4000 रु.　　D. 7185 रु.

4. एक वस्तु को 38 रु. में बेचने पर 5% की हानि होती है। यदि इसे 42 रु. में बेचा जाए तो .... प्रतिशत लाभ या हानि होगी।

　A. 5% हानि　　B. 5% लाभ　　C. 7% लाभ　　D. 6% हानि

5. यदि 10 पेनों का क्रय मूल्य, 9 पेनों के विक्रय मूल्य के बराबर हो तो .... प्रतिशत लाभ होगा।

　A. 30%　　B. 35%　　C. 40%　　D. 25%

6. स्टॉक खत्म करने के लिए लगाई सेल में वस्तु का मूल्य 20% कम अंकित किया गया। यदि एक वस्तु का पहला मूल्य 150 रु. हो तो बताइये सेल में वस्तु का अंकित मूल्य . ... होगा।

　A. 120 रु.　　B. 130 रु.　　C. 140 रु.　　D. 150 रु.

7. किसी आदमी को पुराना स्कूटर 2970 रु. में बेचने पर 10% हानि होती है। यदि वह उस पर 20% लाभ कमाना चाहे तो उसे स्कूटर .... बेचना चाहिए।।

　A. 3850 रु.　　B. 3900 रु.　　C. 3960 रु.　　D. 4000 रु.

उत्तरमाला

1. B　　**2.** C　　**3.** C　　**4.** B　　**5.** D
6. A　　**7.** C

साधारण एवं चक्रवृद्धि ब्याज

साधारण ब्याजः उधार दी गई धनराशि का प्रयोग करने के बदले में जो धनराशि दी जाती है उसे ब्याज कहते हैं। इस प्रकार के ब्याज में ब्याज की गणना केवल उधार दी गई धनराशि पर ही करते हैं ब्याज को धनराशि में जोड़ा नहीं जाता है। उधार दी गई धनराशि को मूलधन तथा मूलधन और ब्याज के योग को मिश्रधन कहते हैं।

साधारण ब्याज से सम्बन्धित प्रश्नों को हल करने के लिए निम्नलिखित सूत्रों को याद रखिये:

1. साधारण ब्याज $= \dfrac{\text{मूलधन (धनराशि)} \times \text{समय} \times \text{दर}}{100}$

2. मूलधन (धनराशि) $= \dfrac{\text{साधारण ब्याज} \times 100}{\text{समय} \times \text{दर}}$

3. समय $= \dfrac{\text{साधारण ब्याज} \times 100}{\text{मूलधन (धनराशि)} \times \text{दर}}$

4. दर $= \dfrac{\text{साधारण ब्याज} \times 100}{\text{मूलधन (धनराशि)} \times \text{समय}}$

5. मिश्रधन = मूलधन (धनराशि) + साधारण ब्याज

चक्रवृद्धि ब्याज : वह ब्याज जो उधार दी गई धनराशि के प्रयोग के बदले में समय पर न देकर उसे धनराशि में जोड़ दिया जाता है फिर धनराशि और ब्याज के प्राप्त योग पर ब्याज लगाया जाता है, उसे **चक्रवृद्धि ब्याज** कहते हैं।

चक्रवृद्धि ब्याज से सम्बन्धित प्रश्नों को हल करने के लिए निम्नलिखित सूत्रों को याद रखिए :

1. समस्त धन या मिश्रधन $= \left(1 + \dfrac{\text{दर}}{100}\right)^{\text{समय}}$

2. चक्रवृद्धि ब्याज $= \left[\left(1 + \dfrac{\text{दर}}{100}\right)^{\text{समय}} - 1\right]$

अभ्यासार्थ प्रश्न

1. 450 रु. पर 6% वार्षिक ब्याज दर से 4 मास का ब्याज .... होगा।

   A. 7 रु.   B. 8 रु.   C. 9 रु.   D. 10 रु.

2. .... में 3600 रु. पर 6% वार्षिक दर से साधारण ब्याज 432 रु. होगा।

   A. 1 वर्ष   B. 2 वर्ष   C. 3 वर्ष   D. 4 वर्ष

3. 200 रु. का 2 वर्ष में 10% वार्षिक ब्याज की दर से चक्रवृद्धि ब्याज .... होगा।

   A. 42 रु.   B. 45 रु.   C. 40 रु.   D. 50 रु.

4. 1500 रु. की धनराशि का 2 वर्ष में 5% वार्षिक दर से चक्रवृद्धि ब्याज और साधारण ब्याज के बीच अन्तर .... होगा।

   A. 2.50 रु.   B. 2.75 रु.   C. 3 रु.   D. 3.75 रु.

5. यदि 5000 रु. पर 2 वर्ष का साधारण ब्याज 500 रु. हो तो समस्त धन अर्थात् मिश्रधन .... होगा।

   A. 4500 रु.   B. 5000 रु.   C. 5500 रु.   D. 6000 रु.

6. यदि कोई राशि साधारण ब्याज से 15 वर्षों में दुगुनी हो जाती है तो यह तिगुनी .... वर्षों में होगी।

   A. 30   B. 10   C. 40   D. 20

7. किस राशि का 5% दर से 5 वर्ष का साधारण ब्याज 80 रु. होगा?

   A. 250 रु.   B. 300 रु.   C. 350 रु.   D. 320 रु.

उत्तरमाला

1. C **2.** B **3.** A **4.** D **5.** C
6. A **7.** D

मिश्रित प्रश्न

1. 6155 में से कौन-सी संख्या घटा दी जाये कि शेष पूर्ण वर्ग बन जाये?
A. 86 B. 71 C. 36 D. 54

2. एक कैप्टन 335260 सैनिकों को ठोस वर्ग में खड़ा करता है परन्तु 19 सैनिक बच जाते हैं। बताओ सामने की पंक्ति में कितने सैनिक हैं?
A. 255 B. 379 C. 579 D. 609

3. 8000 का घनमूल क्या होगा?
A. 200 B. 20 C. 30 D. 40

4. यदि $200+\sqrt{?}=800$ का 30% तो (?) चिन्ह् पर मान होगा :
A. 180 B. 40 C. 160 D. 1600

5. $\sqrt[3]{1325+\sqrt{20+\sqrt{256}}}$ का मान कितना होगा?
A. 13 B. 21 C. 11 D. 25

6. यदि $\frac{\sqrt{?}}{26}=\frac{1}{\sqrt{1521}}$ तो (?) चिन्ह् पर मान होगा :
A. $\frac{16}{27}$ B. $\frac{4}{9}$ C. $\frac{2}{3}$ D. $\frac{9}{11}$

7. $\sqrt{42.25}$ का मान कितना होगा?
A. 5.5 B. 5.6 C. 6.5 D. 6.25

8. $\sqrt[3]{.000008}$ का मान क्या होगा?
A. .002 B. .02 C. .2 D. .0002

9. एक वर्गाकार खेत की भुजा 21 मीटर है। यदि एक-एक मीटर की दूरी पर पौधे लगाए जायें तो पौधों की कुल संख्या कितनी होगी?
A. 441 B. 484 C. 499 D. 509

10. यदि $\sqrt{2+\frac{2}{49}}=\frac{x}{21}$, तो x का मान क्या होगा?
A. 90 B. 30 C. 45 D. 60

11. 0.6241 का वर्गमूल क्या होगा?

A. .49 B. .51 C. .79 D. .71

12. $5\frac{19}{25}$ का वर्गमूल क्या होगा?

A. $3\frac{2}{5}$ B. $2\frac{2}{5}$ C. $2\frac{4}{5}$ D. $3\frac{1}{5}$

13. निम्नलिखित में से कौन-सी संख्या 105 का गुणनखण्ड नहीं है?

A. 3 B. 7 C. 9 D. 5

14. 63 और 42 का महत्तम समापवर्तक है–

A. 7 B. 9 C. 6 D. 21

15. 882, 396 और 1404 का महत्तम समापवर्तक है

A. 84 B. 18 C. 36 D. 9

16. 38, 26 और 14 लीटर दूध बोतलों में भरना है। एक बोतल में अधिक-से-अधिक कितना दूध डाला जाए कि प्रत्येक किस्म का दूध बोतलों में भरा जा सके।

A. 3 लीटर B. 6 लीटर C. 7 लीटर D. 2 लीटर

17. दो संख्याओं का गुणनफल 27 है। उनका महत्तम समापवर्तक 3 है, तो उनका लघुत्तम समापवर्त्य क्या होगा?

A. 81 B. 54 C. 9 D. 6

18. वह छोटी-से-छोटी संख्या क्या है, जिसमें से 5 घटा दिया जाये तो वह 4, 8 और 10 से पूरी-पूरी विभाजित हो जाये?

A. 45 B. 40 C. 85 D. 50

19. चार अंकों की वह बड़ी-से बड़ी संख्या क्या है जो 2, 3, 4, 5, 6 और 7 पूरी-पूरी विभाजित हो जाती है?

A. 9729 B. 9760 C. 9579 D. 9660

20. दो संख्याओं का गुणनफल 54 है। उनका महत्तम समापवर्तक 3 है, तो उनका लघुत्तम समापवर्त्य क्या होगा?

A. 18 B. 21 C. 9 D. 24

21. $\frac{10}{21}, \frac{25}{27}$ और $\frac{35}{24}$ का महत्तम समापवर्तक है।

A. $\frac{5}{216}$ B. $\frac{5}{1080}$ C. $\frac{5}{1512}$ D. $\frac{5}{638}$

22. पांच घंटियां एक साथ बजना आरंभ हुई। यदि वे 2, 3, 4, 5 और 6 सेकेण्ड के अन्तराल से बजती हैं, तो एक घण्टे में कितनी बार एक साथ बजेंगी?

A. 59 बार B. 60 बार C. 61 बार D. 62 बार

23. $\dfrac{7-3\times5+12}{12\times3+2-32} = ?$

   A. $\dfrac{1}{3}$ B. $\dfrac{2}{3}$ C. $\dfrac{3}{4}$ D. $\dfrac{5}{6}$

24. $\dfrac{1.4\times3.6-1.2}{0.4\times1.2} = ?$

   A. 8   B. 2   C. 4   D. 3

25. $5\dfrac{1}{4}+3\dfrac{1}{8}+2\dfrac{1}{4}-1\dfrac{1}{4} = ?$

   A. $9\dfrac{5}{8}$ B. $3\dfrac{5}{8}$ C. $2\dfrac{5}{8}$ D. $1\dfrac{1}{8}$

26. $1\dfrac{1}{2}+\dfrac{5}{8}+\dfrac{3}{4}-\dfrac{1}{2}\times1\dfrac{1}{2} = ?$

   A. $3\dfrac{1}{8}$ B. $27\dfrac{5}{8}$ C. $2\dfrac{1}{8}$ D. $20\dfrac{1}{3}$

27. $4\times1-\dfrac{1}{2}\times\dfrac{1}{2}+2 =$

   A. $5\dfrac{3}{4}$ B. $4\dfrac{3}{4}$ C. $3\dfrac{3}{4}$ D. $6\dfrac{1}{4}$

28. $12+\dfrac{1}{2}+0.5\times\dfrac{5}{2}-2 = ?$

   A. $12\dfrac{3}{4}$ B. $11\dfrac{3}{4}$ C. $17\dfrac{4}{7}$ D. $19\dfrac{1}{7}$

29. $0.01 + 2 \times 1.02 \div 0.2 - 0.5 = ?$

   A. 8.68   B. 9.71   C. 9.66   D. 6.66

30. $14 \times 3.2 - 2 \times 2.1 + 0.8 = ?$

   A. 1.08   B. 2.18   C. 1.18   D. 2.08

31. $3\dfrac{1}{2}+2\dfrac{5}{7}\times\dfrac{7}{19}-\dfrac{1}{2}\div2 = ?$

   A. $2\dfrac{1}{3}$ B. $4\dfrac{1}{3}$ C. $4\dfrac{1}{4}$ D. $4\dfrac{1}{3}$

32. $5 \div \dfrac{3}{4} + \dfrac{2}{3} \times \dfrac{3}{4} - \dfrac{2}{3}$ का $\dfrac{13}{7}$ = ?

A. $4\dfrac{12}{11}$ B. $5\dfrac{13}{14}$ C. $5\dfrac{13}{17}$ D. $6\dfrac{13}{14}$

33. .... का $11\dfrac{1}{9}\%$ = 12

A. 78   B. 106   C. 108   D. 110

34. 128 का .... % = 16

A. $11\dfrac{1}{9}$ B. $12\dfrac{1}{2}$ C. $16\dfrac{2}{3}$ D. 25

35. 132 का $8\dfrac{1}{3}\%$ = ?

A. 14   B. 17   C. 16   D. 11

36. 3 मीटर का कितने % = 75 सेमी. होगा?

A. 25   B. 20   C. 18   D. 15

37. 30 रु. का कितने % = 10 रु. होगा?

A. $23\dfrac{1}{3}$ B. $33\dfrac{1}{3}$ C. $31\dfrac{1}{9}$ D. $21\dfrac{1}{9}$

38. 10% का 10% कितने % होगा?

A. 7   B. 6   C. 1   D. 5

39. एक मिनट 12 सेकेण्ड, एक घण्टे का कितने % होगा?

A. 1   B. 5   C. 8   D. 2

40. एक वस्तु का सूची मूल्य 250 रु. है। यदि दुकानदार नकद मूल्य देने पर ग्राहक को वस्तु पर 12% की छूट दे तो वस्तु का नकद मूल्य कितना होगा?

A. 180 रु.   B. 220 रु.   C. 188 रु.   D. 190 रु.

41. किसी आयत के क्षेत्रफल का 75% का मान 15 वर्ग मीटर हो तो उस आयत का वास्तविक क्षेत्रफल कितना होगा?

A. 20 वर्ग मीटर   B. 18 वर्ग मीटर   C. 16 वर्ग मीटर   D. 25 वर्ग मीटर

42. किसी शहर की जनसंख्या 50,000 से बढ़कर 52,000 हो जाती हो तो बताइये कितने प्रतिशत की वृद्धि होगी।

A. 3%   B. 6%   C. 4%   D. 5%

43. मिट्टी के तेल का भाव 10% बढ़ जाने के कारण किसी गृहिणी को तेल की खपत कितने प्रतिशत कम कर देनी चाहिए ताकि उसका खर्च बिल्कुल न बढ़े?

A. $11\frac{1}{9}\%$ B. $16\frac{2}{3}\%$ C. 20%   D. $9\frac{1}{11}\%$

44. एक विद्यार्थी को पास होने के लिए 40% अंक चाहिए। यदि वह 220 अंक प्राप्त करता हो और 20 अंकों से फेल हो जाता हो तो बताइये परीक्षा के कुल अंक कितने होंगे?
A. 540   B. 700   C. 600   D. 800

45. यदि किसी वस्तु के विक्रय मूल्य में 25% की कमी कर दी जाये तो उसकी सेल 30% बढ़ जाती है। तो बताइये सेल से प्राप्त नकद धन में क्या प्रभाव पड़ेगा?
A. 2.5% कमी   B. 2.5% वृद्धि   C. 4.5% कमी   D. 4.5% वृद्धि

46. किसी विद्यालय में 97% विद्यार्थी उपस्थित थे और 18 विद्यार्थी अनुपस्थित थे तो बताइये विद्यालय में कुल विद्यार्थियों की संख्या कितनी थी?
A. 500   B. 600   C. 580   D. 1540

47. स्टैंडर्ड सोने में 22 भाग सोना तथा 2 भाग धातु है। यदि एक वस्तु जो स्टैंडर्ड सोने की बनी है उसमें सोने की प्रतिशत मात्रा कितनी होगी?

A. $91\frac{2}{3}\%$ B. $81\frac{2}{3}\%$ C. $99\frac{1}{3}\%$ D. $91\frac{1}{3}\%$

48. एक वस्तु की सूची मूल्य 240 रु. है। यदि दुकानदार ग्राहक को नकद मूल्य देने पर 12% की छूट देता हो तो वस्तु का नकद मूल्य क्या होगा?
A. 210.20 रु.   B. 211.20 रु.   C. 215.20 रु.   D. 218.80 रु.

49. एक नगर की जनसंख्या पहले वर्ष 10% तथा दूसरे वर्ष 5% बढ़ती है। यदि प्रारम्भिक जनसंख्या 40,000 हो तो दो वर्ष बाद नगर की जनसंख्या क्या होगी?
A. 56300   B. 46200   C. 44200   D. 46800

50. यदि किसी वर्ग की प्रत्येक भुजा 50% बढ़ा दी जाए तो उनके क्षेत्रफल में कितने प्रतिशत वृद्धि हो जाएगी?
A. 125%   B. 115%   C. 140%   D. 130%

51. एक वस्तु नकद मूल्य देने पर 12% छूट पर उपलब्ध है। यदि ग्राहक ने उस वस्तु को 440 रु. में खरीदा हो तो बताइये वस्तु का सूची मूल्य कितना होगा?
A. 480 रु.   B. 550 रु.   C. 500 रु.   D. 560 रु.

52. एक पुस्तक का सूची मूल्य 12.50 रु. है। यदि इसे 10% छूट पर बेचा जाए तो पुस्तक का विक्रय मूल्य कितना होगा?
A. 15.40 रु.   B. 11.25 रु.   C. 11.75 रु.   D. 12.30 रु.

53. एक विद्यार्थी को पास होने के लिए 33% अंकों की आवश्यकता है। यदि परीक्षा के कुल अंक 300 में से एक विद्यार्थी ने 65 अंक प्राप्त किये हों तो बताइये वह कितने अंकों से फेल होगा?
A. 34   B. 28   C. 31   D. 32

54. किस धनराशि पर 4% वार्षिक ब्याज की दर से 5 वर्ष का साधारण ब्याज 64 रु. होगा?

A. 220 रु.   B. 280 रु.   C. 320 रु.   D. 300 रु.

55. यदि 600 रु. की राशि पर $2\frac{1}{2}$ वर्ष का साधारण ब्याज 30 रु. हो तो ब्याज की वार्षिक दर क्या होगी?

A. 1%   B. 2%   C. 4%   D. 8%

56. 450 रु. पर 6% वार्षिक ब्याज दर से 4 मास का ब्याज कितना होगा?

A. 9 रु.   B. 8 रु.   C. 6 रु.   D. 5 रु.

57. कोई राशि साधारण ब्याज पर 5 वर्षों में दोगुनी हो जाती हो तो वही राशि कितने वर्षों में तीन गुनी हो जाएगी?

A. 8   B. 10   C. 14   D. 6

58. कितने समय में 3600 रु. पर 6% वार्षिक दर से साधारण ब्याज 432 रु. होगा?

A. 1 वर्ष   B. 2 वर्ष   C. $1\frac{1}{2}$ वर्ष   D. $2\frac{1}{4}$ वर्ष

59. किस राशि पर 3% वार्षिक ब्याज की दर से 2 वर्ष का ब्याज 36 रु. होगा?

A. 500 रु.   B. 575 रु.   C. 590 रु.   D. 600 रु.

60. कितने समय में $5\frac{1}{2}$% वार्षिक ब्याज की दर से 5000 रु. का मिश्रधन 6100 रु. हो जाएगा?

A. 4 वर्ष   B. 3 वर्ष   C. $3\frac{1}{3}$ वर्ष   D. $4\frac{1}{3}$ वर्ष

61. ब्याज की किस दर से कोई राशि 16 वर्षों में दुगुनी हो जाएगी?

A. $5\frac{1}{2}$%   B. $6\frac{1}{4}$%   C. $4\frac{1}{3}$%   D. $2\frac{1}{2}$%

62. किसी राशि का 3 वर्ष का मिश्रधन 6850 रु. तथा 4 वर्ष का मिश्रधन 925 रु. हो, तो बताइये वह राशि तथा वार्षिक ब्याज की दर कितनी होगी?

A. 625 रु., 12%   B. 600 रु., 10%   C. 625 रु, 10%   D. 600 रु. 12%

63. किस ब्याज दर से 150 रु. की राशि 14 वर्षों में अपने से दोगुनी हो जाएगी?

A. $6\frac{1}{7}$%   B. $7\frac{1}{7}$%   C. $8\frac{2}{3}$%   D. $9\frac{1}{3}$%

64. कितने समय में 800 रु. का 6% वार्षिक ब्याज दर से साधारण ब्याज 80 रु. होगा?

A. $1\frac{2}{3}$ वर्ष   B. $2\frac{1}{3}$ वर्ष   C. $3\frac{1}{4}$ वर्ष   D. $4\frac{1}{4}$ वर्ष

65. एक वस्तु का क्रय मूल्य 150 रु. है। यदि इसे 13% लाभ पर बेचा जाए तो बताइये वस्तु का विक्रय मूल्य कितना होगा?

A. 170.75 रु. B. 169.50 रु. C. 160.50 रु. D. 174.75 रु.

66. यदि 12 वस्तुओं का क्रय मूल्य 9 वस्तुओं के विक्रय मूल्य के बराबर हो तो बताइये लाभ प्रतिशत होगा।

A. $33\frac{1}{3}\%$ B. $23\frac{1}{7}\%$ C. 20% D. 25%

67. किसी वस्तु को 250 रु. में खरीदकर 300 रु. में बेच दिया गया। बताइये उस पर कितने प्रतिशत लाभ हुआ?

A. 16% B. 20% C. 18% D. 17%

68. एक वस्तु को 38 रु. में बेचने पर 5% हानि होती है। यदि इसे 42 रु. में बेचा जाए तो कितने प्रतिशत लाभ या हानि होगी?

A. 6% लाभ B. 5% लाभ C. 8% हानि D. 4% हानि

69. एक ट्रांजिस्टर का क्रय मूल्य, उसके विक्रय मूल्य से 5% कम है। यदि ट्रांजिस्टर का क्रय मूल्य 665 रु. हो तो विक्रय मूल्य कितना होगा?

A. 660 रु. B. 680 रु. C. 700 रु. D. 710 रु.

70. यदि किसी वस्तु को 5% हानि पर बेचने पर 3990 रु. मिले हों, तो उस वस्तु का क्रय मूल्य कितना होगा?

A. 4100 रु. B. 4200 रु. C. 3890 रु. D. 4400 रु.

71. यदि 10 पेनों का क्रय मूल्य, 8 पेनों के विक्रय मूल्य के बराबर हो तो प्रतिशत लाभ कितना होगा?

A. 20% B. 16% C. 25% D. 30%

72. यदि किसी वस्तु का विक्रय मूल्य 15% हानि के कारण 680 रु. हो तो उस वस्तु का क्रय मूल्य कितना होगा?

A. 800 रु. B. 760 रु. C. 810 रु. D. 840 रु.

73. प्रारम्भ की 5 अभाज्य संख्याओं (Prmie Numbers) का औसत कितना होगा?

A. 6.6 B. 5.8 C. 5.6 D. 5.2

74. 7 के प्रथम पांच गुणजों (Multiples) का औसत क्या होगा?

A. 21 B. 23 C. 24 D. 28

75. 8 : 12 = 10 :: ? है तो प्रश्न चिन्ह् (?) के स्थान पर क्या मान होगा?

A. 14 B. 15 C. 16 D. 18

76. यदि $x : y = 2 : 3$ तथा $2 : x = 1 : 2$ हो, तो y का मान कितना होगा?

A. 6 B. 5 C. 4 D. 3

77. निम्न में से कौन सा अनुपात सबसे बड़ा है?

    A. 3 : 5   B. 5 : 7   C. 3 : 4   D. 2 : 3

78. निम्न में से कौन सा अनुपात सबसे छोटा होगा?

    A. 1 : 10   B. 1 : 100   C. 9 : 1000   D. 500 : 10,000

79. यदि $x : y = y : z$ हो तो x का मान कितना होगा?

    A. $\dfrac{y^2}{z}$ B. $\dfrac{z}{y^2}$ C. yz D. $\dfrac{z^2}{y}$

80. यदि $x : y = 3 : 2$ हो, तो $(x + y) : (x - y) = ?$

    A. 1 : 5   B. 2 : 5   C. 5 : 1   D. 3 : 5

81. 12 और 18 का विलोम अनुपात होगा?

    A. 3 : 2   B. 2 : 3   C. 4 : 3   D. 3 : 4

82. 5 और 125 का मध्य समानुपात कितना है?

    A. 20   B. 25   C. 28   D. 27

83. 3, 4 और 15 का चौथा अनुपात होगा?

    A. 16   B. 18   C. 20   D. 15

84. 12 और 30 का तृतीय समानुपात कितना होगा?

    A. 75   B. 125   C. 60   D. 70

85. 9 और 25 का मध्य समानुपात कितना होगा?

    A. 20   B. 21   C. 15   D. 22

86. यदि $A : B = 2 : 7$ तथा $B : C = 3 : 8$ हो तो $A : C$ का मान कितना होगा?

    A. 3 : 28   B. 28 : 3   C. 27 : 1   D. 3 : 25

87. दो संख्याओं का अनुपात 3 : 4 है। यदि दोनों संख्याओं का योग 490 हो तो वे संख्याएं क्रमशः क्या होंगी?

    A. 220, 270   B. 210, 280   C. 120, 160   D. 180, 290

88. यदि एक त्रिभुज के कोणों में 1 : 2 : 3 का अनुपात हो तो उस त्रिभुज के सबसे बड़े कोण का मान होगा।

    A. 90°   B. 70°   C. 105°   D. 110°

89. x और y किसी कार्य को करने का 4200 रु. में ठेका लेते हैं। जिसे x अकेला 3 सप्ताह में तथा y अकेला 2 सप्ताह में पूरा कर सकते हैं। यदि वे दोनों मिलकर उस कार्य को करें तो बताइये x और y अपने हिस्से के धन को किस अनुपात में बांटेंगे?

    A. 1680, 2520 रु.   B. 1700, 2500 रु.

    C. 2500, 1700 रु.   D. 2540, 1660 रु.

90. एक नल एक हौज को 4 घण्टे में तथा दूसरा नल उस हौज को 5 घण्टे में भर सकता है। यदि दोनों नल एक साथ खोल दिये जायें तो हौज को भरने में कितने घण्टे लगेंगे?

A. $3\frac{2}{9}$ घण्टे   B. $2\frac{2}{9}$ घण्टे   C. $2\frac{1}{9}$ घण्टे   D. $3\frac{5}{9}$ घण्टे

91. x एक काम को 4 दिन में, y उसे 5 दिन में, तथा z उसे 7 दिन में कर सकता है। यदि वे तीनों मिलकर उस काम को करें तो बताइये काम को पूरा होने में कितने दिन लगेंगे?

A. $2\frac{53}{83}$ दिन   B. $1\frac{57}{83}$ दिन   C. $1\frac{53}{81}$ दिन   D. $2\frac{57}{83}$ दिन

92. A, B तथा C मिलकर 480 रु. कमाते हैं। यदि उनके कामों का अनुपात 2 : 3 : 5 हो तो बताइये B को अपने हिस्से का कितना धन प्राप्त होगा?

A. 145 रु.   B. 144 रु.   C. 160 रु.   D. 170 रु.

93. 4 आदमी एक काम को $5\frac{2}{3}$ दिन में पूरा करते हैं तो बताइये 5 आदमी उसी काम को कितने दिनों में पूरा करेंगे?

A. $4\frac{8}{15}$ दिन   B. $2\frac{8}{15}$ दिन   C. $3\frac{8}{15}$ दिन   D. $6\frac{8}{15}$ दिन

94. A और B मिलकर एक काम 4 दिन में, B और C मिलकर उसी काम को 6 दिन में तथा C और A मिलकर उस काम को 8 दिन में पूरा कर सकते हों तो बताइये A अकेला उस काम को कितने दिनों में पूरा कर सकेगा?

A. $7\frac{3}{5}$ दिन   B. $8\frac{3}{5}$ दिन   C. $9\frac{3}{5}$ दिन   D. $9\frac{2}{5}$ दिन

95. उपरोक्त प्रश्न में, B अकेला उस काम को कितने दिनों में पूरा करेगा?

A. $3\frac{6}{7}$ दिन   B. $6\frac{6}{7}$ दिन   C. $8\frac{6}{7}$ दिन   D. $9\frac{3}{7}$ दिन

96. यदि m आदमी $\frac{1}{n}$ काम को p दिन में पूरा कर सकते हैं तो बताइये q दिन में पूरे काम को कितने आदमी पूरा करेंगे?

A. $\frac{mnp}{q}$ B. $\frac{mnq}{p}$ C. $\frac{npq}{m}$ D. $mnpq$

97. उपरोक्त प्रश्न में यदि $m = 15$, $n = 40$, $p = 12.5$ तथा $q = 20$ हो तो इसे पूरा करने में आदमियों की संख्या होनी चाहिए।

A. 380   B. 375   C. 360   D. 280

98. एक काम को 2 आदमी और 3 बच्चे मिलकर 6 दिन में कर सकते हैं। उसी काम को 4 आदमी और 3 बच्चे मिलकर 4 दिन में कर सकते हैं। तो बताइये 8 आदमी और 3 बच्चे मिलकर उस काम को कितने दिनों में पूरा कर सकते हैं?

A. $2\frac{2}{5}$ दिन   B. $1\frac{1}{5}$ दिन   C. $3\frac{1}{5}$ दिन   D. $3\frac{2}{5}$ दिन

99. एक मोटर साइकिल की चाल 36 किमी./घ. है तो बताइये इसकी चाल (मी./से.) में कितनी होगी?

A. 10   B. 12   C. 14   D. 18

100. एक 100 मीटर लम्बी रेलगाड़ी 60 किमी./घ. की रफ्तार से जा रही है। तो बताइये रेलगाड़ी को एक टेलीग्राफ पोस्ट को पार करने में कितना समय लगेगा?

A. 4 से.   B. 6 से.   C. 8 से.   D. 10 से.

101. एक 150 मीटर लम्बी गाड़ी 90 किमी./घ. की चाल से चल रही है। गाड़ी को एक पेड़ को पार करने में कितना समय लगेगा?

A. 6 से.   B. 8 से.   C. 10 से.   D. 11 से.

102. एक स्कूटर सवार अपनी यात्रा 10 घंटे में पूरी करता है। यदि वह आधी दूरी 21 किमी./घ. की चाल से तथा शेष आधी दूरी को 24 किमी./घ. की चाल से तय करे तो बताइये उसके द्वारा तय की गई दूरी कितनी होगी?

A. 230 किमी.   B. 224 किमी.   C. 324 किमी.   D. 120 किमी.

103. एक 100 मीटर लम्बी रेलगाड़ी 65 किमी./घ. की चाल से चल रही है। गाड़ी विपरीत दिशा में 5 किमी./घ. की चाल से आते हुए आदमी को पार करने में कितना समय लेगी?

A. $5\frac{1}{7}$ से.   B. $6\frac{2}{3}$ से.   C. $4\frac{1}{7}$ से.   D. $3\frac{1}{7}$ से.

उत्तरमाला

1. B	**2.** C	**3.** B	**4.** D	**5.** C
6. B	**7.** C	**8.** B	**9.** B	**10.** B
11. C	**12.** B	**13.** C	**14.** D	**15.** B
16. D	**17.** C	**18.** A	**19.** D	**20.** A
21. C	**22.** C	**23.** B	**24.** A	**25.** A
26. C	**27.** A	**28.** B	**29.** B	**30.** A
31. C	**32.** B	**33.** C	**34.** B	**35.** D
36. A	**37.** B	**38.** C	**39.** D	**40.** B
41. A	**42.** C	**43.** D	**44.** C	**45.** A
46. B	**47.** A	**48.** B	**49.** B	**50.** A

51. C	**52.** B	**53.** A	**54.** C	**55.** B
56. A	**57.** B	**58.** B	**59.** D	**60.** A
61. B	**62.** A	**63.** B	**64.** A	**65.** B
66. A	**67.** B	**68.** B	**69.** C	**70.** B
71. C	**72.** A	**73.** C	**74.** A	**75.** B
76. A	**77.** C	**78.** C	**79.** A	**80.** C
81. A	**82.** B	**83.** C	**84.** A	**85.** C
86. A	**87.** B	**88.** A	**89.** A	**90.** B
91. B	**92.** B	**93.** A	**94.** C	**95.** B
96. A	**97.** B	**98.** A	**99.** A	**100.** B
101. A	**102.** B	**103.** A		

कुछ चुने हुए प्रश्नों के व्याख्यात्मक उत्तर—

2. 19 सैनिक बच जाते हैं, अतः

पंक्तियों में सैनिकों की संख्या = 335260 – 19 = 335241

अतः प्रत्येक पंक्ति में सैनिकों की संख्या = $\sqrt{335241}$ = 579.

5. $\sqrt[3]{1325 + \sqrt{20 + \sqrt{256}}}$

$= \sqrt[3]{1325 + \sqrt{20 + 16}}$

$= \sqrt[3]{1325 + \sqrt{36}}$

$= \sqrt[3]{1331}$

$= \sqrt[3]{11 \times 11 \times 11}$

$= 11$

10. दिया है, $\sqrt{2 + \dfrac{2}{49}} = \dfrac{x}{21}$

$\Rightarrow \quad \sqrt{\dfrac{98 + 2}{49}} = \dfrac{x}{21}$

$\Rightarrow \quad \dfrac{10}{7} = \dfrac{x}{21}$

$\Rightarrow \quad x = \dfrac{21 \times 10}{7} = 30$

16. 38, 26 एवं 14 का महत्तम समापवर्तक,

$$38 = 2 \times 19$$
$$36 = 2 \times 18$$
$$14 = 2 \times 7$$

म.स. = 2

अतः प्रत्यक बोतल में अधिक से अधिक दूध = 2 ली.

19. चार अंकों की बड़ी से बड़ी संख्या = 9999

2, 3, 4, 5, 6, 7 का लघुत्तम समापवर्त्य = 420

अतः 420 से 9999 में भाग देने पर

```
420) 9999 (23
      840
      ————
     1599
     1260
     ————
      339
```

अतः अभीष्ट संख्या = 9999 – 339 = 9660

29. $0.01 + 2 \times 1.02 \div 0.2 - 0.5$

$$= 0.01 + \frac{2.04}{0.2} - 0.5$$
$$= 0.01 + 10.2 - 0.5$$
$$= 9.71$$

38. 10% का 10% कितने % होगा?

$$= \frac{10}{100} \times \frac{10}{100} - \frac{1}{100} = 1\%$$

39. 1 मिनट 12 सेकेण्ड = 72 सेकेण्ड

1 घंटा = 3600 सेकेण्ड

$$\text{अभीष्ट } \% = \frac{72 \times 100}{3600} = 2\%$$

41. माना आयत का क्षेत्रफल वर्ग = x मी.

प्रश्न से $\quad x \times 75\% = 15$

$$x = \frac{15 \times 100}{75} = 20 \text{ वर्ग मी.}$$

50. माना वर्ग की भुजा = x सेमी.

तब क्षेत्रफल = x^2 वर्ग सेमी.

पुनः 50% वृद्धि के कारण

$$\text{वर्ग की भुजा} = x\left(1 + \frac{50}{100}\right) = \frac{3x}{2}$$

$$\text{क्षेत्रफल} = \frac{9x^2}{4} \Rightarrow \text{कमी} = \frac{5x^2}{4}$$

$$\% \text{ कमी} = \frac{5x^2}{4 \times x^2} \times 100 = 125\%$$

53. माना कि विद्यार्थी x अंकों से फेल होगा।

∴ परीक्षा में पास अंक = $(65 + x)$ होंगे।

परन्तु परीक्षा के पास अंक = परीक्षा के कुल अंकों का 33%

= 300 का = $300 \times \dfrac{33}{100} = 99$

∴ $65 + x = 99 \Rightarrow x = 99 - 65 = 34$

अतः विद्यार्थी 34 अंकों से फेल होगा।

57. माना   राशि = x रु., मिश्रधन = $2x$ रु.

साधारण ब्याज = x रु.

माना   दर = $r\%$

∴ $x = \dfrac{x \times r \times 5}{100}$

           $r = 20\%$

पुनः   राशि = x रु., मिश्रधन = $3x$ रु.

साधारण ब्याज = $2x$ रु.

∴ $2x = \dfrac{x \times 20 \times t}{100}$ ∴ $t = 10$ वर्ष

62. ∵   3 वर्ष का मिश्रधन = 850 रु.

तथा   4 वर्ष का मिश्रधन = 925 रु.

∴ 1 वर्ष का साधारण ब्याज = 925 – 850 = 75 रु.

∴ 3 वर्ष का साधारण ब्याज = 75 × 3 = 225 रु.

∴ मूलधन = 3 वर्ष का मिश्रधन – वर्ष का साधारण ब्याज

            = 850 – 225 = 625 रु.

∴   दर = $\dfrac{\text{साधारण ब्याज} \times 100}{\text{मूलधन} \times \text{समय}} = \dfrac{75 \times 100}{625 \times 1} = 12\%$

अतः वह राशि 625 रु. तथा दर = 12% वार्षिक होगी।

66. माना कि 12 वस्तुओं का क्रय मूल्य = x रु.

प्रश्नानुसार, 9 वस्तुओं का विक्रय मूल्य = x रु. होगा।

$\therefore$ 1 वस्तु का क्रय मूल्य = $\dfrac{x}{12}$ रु.

तथा 1 वस्तु का विक्रय मूल्य = $\dfrac{x}{9}$ रु.

$\therefore$ लाभ = विक्रय मूल्य − क्रय मूल्य = $\dfrac{x}{9}-\dfrac{x}{12}=\dfrac{x}{36}$ रु.

$\therefore$ प्रतिशत लाभ = $\dfrac{\text{लाभ} \times 100}{\text{क्रय मूल्य}}=\dfrac{\frac{x}{36}\times 100}{\frac{x}{12}}=33\dfrac{1}{3}\%$

68. पहली स्थिति में, वस्तु का विक्रय मूल्य = 38 रु., % हानि = 5%

$\therefore$ वस्तु का क्रय मूल्य = विक्रय मूल्य $\left(\dfrac{100}{100-\%\,\text{हानि}}\right)$

$= 38\left(\dfrac{100}{100-5}\right)=\dfrac{38\times 100}{95}=40$ रु.

दूसरी स्थिति में, क्रय मूल्य = 40 रु., विक्रय मूल्य = 42 रु.

$\therefore$ लाभ = विक्रय मूल्य − क्रय मूल्य = 42 − 40 = 2 रु.

$\therefore$ प्रतिशत लाभ = $\dfrac{\text{लाभ} \times 100}{\text{क्रय मूल्य}}=\left(\dfrac{2\times 100}{40}\right)=5\%$

73. $\therefore$ प्रारम्भ की प्रथम 5 अभाज्य संख्याएं : 2, 3, 5, 7 व 11 हैं

$\therefore$ इनका औसत = $\dfrac{2+3+5+7+11}{5}=\dfrac{28}{5}=5.6$

75. चूंकि समानुपात में दोनों बाहरी संख्याओं का गुणनफल, मध्य की दोनों संख्याओं के गुणनफल के बराबर होता है।

$\because 8:12::10:?\therefore 8\times ?=12\times 10\Rightarrow ?=\dfrac{12\times 10}{8}=15$

84. माना 12 एवं 30 का तृतीय समानुपात x है, तब

$12:30::30:x$ [तृतीय समानुपात = $\dfrac{b^2}{a}$ जहाँ a एवं b दी हुई संख्याएं हैं।]

$\Rightarrow 12\times x=30\times 30$

$\Rightarrow x=\dfrac{30\times 30}{12}=75$

86. $A : B = 2 : 7 \quad \Rightarrow \quad \dfrac{A}{B} = \dfrac{2}{7}$

तथा $\quad B : C = 3 : 8 \quad \Rightarrow \quad \dfrac{B}{C} = \dfrac{3}{8}$

$\therefore \quad \dfrac{A}{B} \times \dfrac{B}{C} = \dfrac{2}{7} \times \dfrac{3}{8} \quad \Rightarrow \quad \dfrac{A}{C} = \dfrac{2}{28}$

$\therefore \quad A : C = 3 : 28$

92. B का हिस्सा $= \dfrac{3}{10} \times 480 = 144$ रु.

98. $\because$ (2 आदमी + 3 बच्चे) का एक दिन का काम $= \dfrac{1}{6}$ $\qquad$ ...(i)

तथा (4 आदमी + 3 बच्चे) का 1 दिन का काम $= \dfrac{1}{4}$ $\qquad$ ...(ii)

समीकरण (i) व (ii) से,

$\qquad$ 2 आदमियों का 1 दिन का काम $= \dfrac{1}{4} - \dfrac{1}{6} = \dfrac{1}{12}$

$\therefore \qquad$ 3 बच्चों का 1 दिन का काम $= \dfrac{1}{6} - \dfrac{1}{12} = \dfrac{1}{12}$

तथा $\qquad$ 8 आदमियों का 1 दिन का काम $= \dfrac{1}{12} \times 4 = \dfrac{1}{3}$

$\therefore$ (8 आदमी + 3 बच्चों) का 1 दिन का काम $= \dfrac{1}{3} + \dfrac{1}{12} = \dfrac{5}{12}$

चूंकि $\qquad$ काम (8 आदमी + 3 बच्चे) करते हैं = 1 दिन

$\therefore \qquad$ पूरा काम (8 आदमी + 3 बच्चे) करेंगे $= \dfrac{12}{5} = 2\dfrac{2}{5}$ दिन में

103. चूंकि आदमी, रेलगाड़ी की विपरीत दिशा में चल रहा है।

$\therefore \qquad$ सापेक्ष चाल = रेलगाड़ी की चाल + आदमी की चाल

$\qquad\qquad = 75 + 5 = 60$ किमी./घ.

$\therefore$ पार करने में लगा समय $= \dfrac{\text{रेलगाड़ी की लम्बाई (दूरी)}}{\text{सापेक्ष चाल}} = \dfrac{100 \text{मी.}}{70 \text{किमी./घ.}}$

$\qquad\qquad = \dfrac{100 \text{मी.}}{70 \times \dfrac{5 \text{मी.}}{18 \text{मी.}}} = 5\dfrac{1}{7}$ सेकेण्ड

बीजगणित

समीकरण/द्विघात समीकरण

समीकरण दो प्रकार के होते हैं:

1. साधारण समीकरण
2. युगपत समीकरण

1. साधारण समीकरण : जिस समीकरण में केवल एक अज्ञात राशि हो, उसे साधारण समीकरण कहते हैं। जैसे $4x = 8$ में केवल एक राशि अज्ञात है और वह अज्ञात राशि x है। इसलिए यह साधारण समीकरण है।

साधारण समीकरण के प्रश्नों को हल करने के नियमः

1. समीकरण के दोनों पदों में समान संख्या या राशि जोड़ देने से समीकरण के दोनों पद समान होते हैं।

2. समीकरण के दोनों पदों में से समान संख्या या राशि निकाल देने से समीकरण के दोनों पद समान रहते हैं।

3. समीकरण के दोनों पदों में एक ही समान संख्या या राशि से भाग देने से भी समीकरण के दोनों पद समान रहते हैं।

4. समीकरण के दोनों पदों में एक ही समान संख्या या राशि से गुणा करने पर भी समीकरण के दोनों पद समान रहते हैं।

5. समीकरण के एक पद की किसी संख्या को दूसरे पद की ओर पक्षान्तर करने से समीकरण की संख्या का चिन्ह बदल जाता है। जैसे : $x - 4 = 6$ यहाँ पर -4 को पक्षान्तर करने पर समीकरण के दूसरे पद में जाने पर उसका चिन्ह बदल जाएगा अर्थात् -4 का $+4$ हो जाएगा।

उदाहरण 1. $2x + 7 = 9$ में x का क्या मान होगा?

हल : $\qquad 2x = 9 - 7$ या $2x = 2$

$\therefore \qquad\qquad x = \dfrac{2}{2} = 1.$

उदाहरण 2. $12x - 9x + 16 - 7 = 6x - 14x + 45 - 3$ में x का मान ज्ञात करो।

हल : $12x - 9x + 16 - 7 = 6x - 14x + 45 - 3$

$\Rightarrow 12x - 9x - 6x + 14x = 45 - 3 - 16 + 7$

$\Rightarrow 11x = 33$ या $x = 3$

2. युगपत समीकरण : एक अन्य प्रकार के समीकरण युगपत समीकरण कहलाते हैं, इसमें दो स्वतन्त्र समीकरण होते हैं और उनमें दो अज्ञात संख्याएं या राशियाँ होती हैं और उन दोनों का मान समीकरण में बराबर होता है।

जैसे $x - y = 2$ और $x + y = 8$ इसमें अज्ञात राशियां x एवं y हैं और समीकरणों में x और y का मान समान अर्थात् $x = 5$ और $y = 3$ है।

युगपत समीकरण को हल करने की दो विधियां हैं:

पहली विधि : समीकरणों में से किसी एक समीकरण में से एक अज्ञात संख्या का मान दूसरी संख्या के मान के रूप में अभिव्यक्त कर लेते हैं। इसके बाद इस मान को दूसरी समीकरण में प्रतिस्थापित कर देते हैं। इस प्रकार यह एक सरल समीकरण बन जाता है और जिसे हल करके दूसरी संख्या ज्ञात की जा सकती है।

दूसरी विधि : इस विधि के अन्तर्गत समीकरणों को जोड़कर या घटा कर एक अज्ञात संख्या का विलोपन कर दिया जाता है।

द्विघात समीकरण

समीकरण $P(x) = 0$ जहाँ $P(x)$ एक द्विघात बहुपद है, इसको द्विघात समीकरण कहा जाता है। यदि संख्याएं α और β; $P(x)$ के दो शून्यक हों तो α और β संगत द्विघात समीकरण के दो मूल हैं। जैसे,

$$ax^2 + bx + c = 0 \qquad \qquad ...(1)$$

यदि α और β समीकरण के दो मूल हैं तो

$$\alpha + \beta = -\frac{b}{a} \quad तथा \quad \alpha\beta = \frac{c}{a}$$

$$x = \frac{-b \pm \sqrt{b^2 - 4ac}}{2a} \qquad \qquad ...(2)$$

$b^2 - 4ac$ को द्विघात समीकरण का विवेचक कहते हैं। इसे D से व्यक्त किया जाता है।

1. यदि $D > 0$, तो दो अलग-अलग मूल होते हैं।

$$\alpha = \frac{-b + \sqrt{b^2 - 4ac}}{2a} \quad तथा \quad \beta = \frac{-b - \sqrt{b^2 - 4ac}}{2a}$$

2. यदि $D = 0$ तो दोनों मूल समान होते हैं।

$$\alpha \quad तथा \quad \beta = \frac{-b}{2a}$$

3. यदि $D < 0$ तो दोनों मूल काल्पनिक होते हैं।

यदि द्विघात समीकरण दिया हो तो समीकरण (2) से उसके मूल α और β निकाला जा सकता है, यदि सिर्फ मूल α और β दिया हो तो द्विघात समीकरण होगी, $x^2 - sx + p = 0$.

जहाँ s = मूलों का योगफल ($\alpha + \beta$)

       p = मूलों का गुणनफल ($\alpha \beta$)

उदाहरण 1. दिखाइये कि द्विघात समीकरण के दो वास्तविक मूल हैं।

     $6x^2 - 6x + 1 = 0$

हल : $D = (6)^2 - 4.6.1$

           $= 36 - 24 = 12$

चूँकि $D > 0$, इसलिए समीकरण के दो वास्तविक मूल α, β हैं।

उदाहरण 2. द्विघात समीकरण $2x^2 + 5x - 10 = 0$ के मूलों का योगफल तथा गुणनफल ज्ञात कीजिए।

हल :   मूलों का योगफल $= \dfrac{-b}{a} = \dfrac{-5}{2}$

      मूलों का गुणनफल $= \dfrac{c}{a} = \dfrac{-10}{2} = -5$

उदाहरण 3. एक द्विघात समीकरण बनाइए जिसके मूलों का योगफल 14 और गुणनफल 15 हो।

हल : $x^2 - sx + p = 0$

             $s = 14$

             $p = 15$

$\therefore$ $x^2 - 14x + 15 = 0$

उदाहरण 4. एक द्विघात समीकरण का मूल 3 तथा 4 है तो द्विघात समीकरण बनाइए।

हल : दिया हुआ है $\alpha = 3$ तथा $\beta = 4$

$\therefore$ $\alpha + \beta = 7$

          $\alpha \beta = 12$

$\therefore$ $x^2 - 7x + 12 = 0$

उदाहरण 5. यदि α और β, $x^2 - 13x + 42 = 0$ के मूल हों तो $\alpha^2 + \beta^2$ का मान ज्ञात करें।

हल : $x^2 - 13x + 42 = 0$

         $x^2 - 7x - 6x + 42 = 0$

      $x(x - 7) - 6(x - 7) = 0$

       $(x - 7)(x - 6) = 0$

$\therefore$ $x - 7 = 0$ या $x - 6 = 0$

          $x = 7$ या $x = 6$

$\therefore$ $\alpha = 7$ तथा $\beta = 6$

$\therefore$ $\alpha^2 + \beta^2 = 49 + 36 = 85$

सर्वसमिकाएँ

दो राशियों या संख्याओं को परस्पर एक-दूसरे से गुणा करके हमें जो राशि या संख्या ज्ञात होती है उसे हम दोनों संख्याओं का गुणनफल कहते हैं और जिन दो राशियों को गुणा करके गुणनफल निकाला जाता है, उन्हें गुणनफल या गुणनखण्ड कहते हैं। उदाहरण के लिए 3 और 5 दो राशियाँ हैं इनका गुणनफल $3 \times 5 = 15$ है तथा गुणनफल 15 के गुणनखण्ड 3 और 5 हैं। इसी प्रकार यदि दो राशियाँ a और $(b \times c)$ के गुणनखण्ड a और $(b + c)$ हैं।

उदाहरण 1. $3xy - 12zy$ के गुणनखण्ड ज्ञात कीजिए।

हल : $3xy - 12zy$

$= 3y \times (x - 4z) = 3y (x - 4z)$

उदाहरण 2. $x^2 (a + b) + y^2 (a + b) + z^2 (a + b)$ के गुणनखण्ड निकालिए।

हल : दिया है $x^2 (a + b) + y^2 (a + b) + z^2 (a + b)$

$= (a + b) (x^2 + y^2 + z^2)$

$(a + b)$ और $(x^2 + y^2 + z^2)$ दोनों को आपस में गुणा कर दिया जाए तो गुणनफल $x^2 (a + b) + y^2 (a + b) + z^2 (a + b)$ आ जाएगा।

उदाहरण 3. $4a^2 + 12a + 5$ के गुणनखण्ड निकालिए:

हल : $4a^2 + 12a + 5$

$= 4a^2 + 10a + 2a + 5$

$= 2a (2a + 5) + 1 (2a + 5) = (2a + 5) (2a + 1)$

घातांक

महत्त्वपूर्ण सूत्र

(i) $a^x \times a^y = a^{x+y}$

(ii) $a^x \div a^y = a^{x-y}$

(iii) $(a^x)^y = (a^y)^x = a^{xy}$

(iv) $a^x = a^y \Rightarrow x = y$

(v) $a^x = b^x \Rightarrow a = b$

(vi) $a^0 = 1$

(vii) $a^{-m} = \dfrac{1}{a^m}$

(viii) $\left(\dfrac{a}{b}\right)^m = \dfrac{a^m}{b^m}$

उदाहरण 1. $\sqrt[6]{7^{12}}$ का मान ज्ञात कीजिए।

हल : $\sqrt[6]{7^{12}} = \left(7^{12}\right)^{\frac{1}{6}} = 7^{12 \times \frac{1}{6}} = 7^2 = 49$

उदाहरण 2. $\left(-3\dfrac{1}{2}\right)^{-3}$ का मान कितना होगा?

हल : $\left(-3\dfrac{1}{2}\right)^{-3} = \left(-\dfrac{7}{2}\right)^{-3} = \dfrac{1}{\left(-\dfrac{7}{2}\right)^{3}}$

$$= \left(-\dfrac{2}{7}\right)^{3} = \dfrac{-2}{7} \times \dfrac{-2}{7} \times \dfrac{-2}{7} = \dfrac{-8}{343}$$

उदाहरण 3. $p^2 \times p^5 \times p^8 \times p^6 \times p^{14}$ का मान ज्ञात कीजिए।

हल : $p^2 \times p^5 \times p^8 \times p^6 \times p^{14} = p^{2+5+8+6+14} = p^{35}$

उदाहरण 4. अगर $a^x = b$: $b^y = c$ और $c^z = a$ हो, तो सिद्ध करो कि $xyz = 1$.

हल : $\because$ $\qquad a^x = b,\ b^y = c,\ c^z = a$

$\therefore$ $\qquad\qquad a = c^z = (b^y)^z = b^{yz}$

$\Rightarrow$ $\qquad\qquad a = (a^x)^{yz} = a^{xyz}$

$\qquad\qquad\qquad xyz = 1$

उदाहरण 5. अगर $3^{2x-y} = 3^{x+y} = \sqrt{27}$ हो, तो x और y का मान ज्ञात करो।

हल : $\qquad\qquad 3^{2x-y} = \sqrt{27} = 27^{\frac{1}{2}} = 3^{\frac{3}{2}}$

$\qquad\qquad\qquad 3^{x+y} = \sqrt{27} = 27^{\frac{1}{2}} = 3^{\frac{3}{2}}$

$\Rightarrow$ $\qquad\qquad 2x - y = \dfrac{3}{2}$ $\qquad\qquad\qquad$ ...(1)

$\qquad\qquad\qquad x + y = \dfrac{3}{2}$ $\qquad\qquad\qquad$ ...(2)

समीकरण (2) को 2 से गुणा करने और समीकरण (1) में से घटाने पर

$\qquad\qquad x = 1,\ y = 1/2$

अभ्यासार्थ प्रश्न

1. सरल कीजिए : $\left(\dfrac{3}{4}\right)^2 \times \left(\dfrac{2}{3}\right)^2$

A. $\dfrac{1}{8}$ $\qquad\qquad$ B. $\dfrac{1}{4}$ $\qquad\qquad$ C. $\dfrac{1}{16}$ $\qquad\qquad$ D. $\dfrac{1}{32}$

2. सरल कीजिए : $\left(3^2 - 2^2\right) \div \left(\dfrac{1}{5}\right)^2$

    A. 125   B. 25   C. $\dfrac{1}{125}$ D. $\dfrac{1}{25}$

3. सरल कीजिए : $\left(\dfrac{-1}{2}\right)^3 \times 2^3 \times \left(\dfrac{3}{4}\right)^2$

    A. $\dfrac{9}{16}$ B. $\dfrac{-9}{16}$ C. $\dfrac{27}{16}$ D. $\dfrac{-27}{16}$

4. सरल कीजिए : $\left(\dfrac{5}{2}\right)^3 \div \left(\dfrac{5}{2}\right)^7$

    A. $\dfrac{16}{625}$ B. $-\dfrac{16}{625}$ C. $\dfrac{625}{16}$ D. $\dfrac{16}{125}$

5. सरल कीजिए : $(2^3 \times 3^2) \div 3^3$

    A. $\dfrac{8}{27}$ B. $\dfrac{8}{3}$ C. $\dfrac{27}{8}$ D. $\dfrac{3}{8}$

6. $\left[\left(\dfrac{1}{5}\right)^6 \div \left(\dfrac{1}{5}\right)^5\right] \div \dfrac{1}{5} = ?$

    A. 1   B. $\dfrac{1}{25}$ C. $\dfrac{1}{125}$ D. 25

7. सरल कीजिए : $\left(2^{-1} \div 5^{-1}\right)^2 \times \left(\dfrac{5}{8}\right)^{-1}$

    A. 8   B. 4   C. 10   D. –10

उत्तरमाला

1. B   **2.** A   **3.** B   **4.** A   **5.** B

6. A   **7.** C

लघुगुणक

लघुगुणक की परिभाषा: यदि $a^N = x$ जहाँ $a > 0$, तब N को संख्या x का आधार a पर लघुगुणक कहते हैं। अर्थात् $N = \log_a x$, जहाँ x धनात्मक है।

मुख्य सूत्र

(i) $\log_a 1 = 0$ (ii) $\log_a a = 1$

(iii) $\log_a b = \dfrac{\log b}{\log a}$ (iv) $\log_a b = \dfrac{1}{\log_b a}$

(v) $\log_a b = \log_m b \times \log_a m$ (vi) $\log_{a^n} b = \log_a b^{1/n}$

(vii) $\log_a M \cdot N = \log_a M + \log_a N$ (viii) $\log_a \dfrac{M}{N} = \log_a M - \log_a N$

(ix) $\log_a M^N = N \log_a M$.

उदाहरण 1. N का मान ज्ञात करो, अगर

(a) $\log_{\sqrt 3} N = 8$ (b) $\log_{1/2} N = 5$

हल : परिभाषा से,

(a) $N = \left(\sqrt 3\right)^8 = 81$ (b) $N = \left(\dfrac{1}{2}\right)^5 = \dfrac{1}{32}$

उदाहरण 2. a का मान ज्ञात करो, अगर

(a) $\log_a 216 = 6$ $\therefore$ $\left(\sqrt 6\right)^6 = a^6 \Rightarrow a = \sqrt 6$

(b) $1728 = a^6$ $\therefore$ $\left(\sqrt{12}\right)^6 = a^6 \Rightarrow a = \sqrt{12}$

उदाहरण 3. $\log_a b \cdot \log_c a \cdot \log_b c$ का मान ज्ञात करो।

हल : $\log_a b \cdot \log_c a \cdot \log_b c = \dfrac{\log b}{\log a} \cdot \dfrac{\log a}{\log c} \cdot \dfrac{\log c}{\log b} = 1$

उदाहरण 4. निम्नलिखित का मान ज्ञात करो :

(a) $\log_{\sqrt 7} 2401$

(b) $\log_{\sqrt[3] 3} 729$

हल : (a) $\log_{\sqrt 7} 2401 = \log_{\sqrt 7} \left(\sqrt 7\right)^8 = 8 \log_{\sqrt 7} \sqrt 7 = 81 \times 1 = 81$

(b) $\log_{\sqrt[3] 3} 729 = \log_{3\sqrt 3} 729 = \log_{3\sqrt 3} \left(3\sqrt 3\right)^4 = 4 \times 1 = 4$

उदाहरण 5. अगर $\log x + \log (x-3) = 1$ हो, तो x का मान ज्ञात करो।

हल:
$$\log x + \log (x-3) = 1$$
$$\log x + \log (x-3) = \log 10$$
$$\log x (x-3) = \log 10$$
$$\Rightarrow \quad x^2 - 3x = 10$$
$$x^2 - 5x + 2x - 10 = 0$$
$$x^2 - 5x + 2x - 10 = 0$$
$$x(x-5) + 2(x-5) = 0$$
$$(x-5)(x+2) = 0$$
$$x = 5, -2.$$

अभ्यासार्थ प्रश्न

1. $\log_a x^2 - \log_a x^2$ का मान .... है।
  A. 1   B. 0   C. 2   D. $2x^2$

2. $\log_2 32 + \log_2 4$ का मान .... है।
  A. 5   B. 2   C. 4   D. 7

3. यदि $\log x = 2$ हो, तो $\log (x)^n$ का मान .... होगा।
  A. n B. n^2 C. $2n$ D. $2n^2$

4. $\log_4 16 = $ ....
  A. 4   B. 3   C. 2   D. 0

5. यदि $\log_a 32 = 5$ हो, तो a का मान .... होगा।
  A. 2   B. 3   C. 5   D. 32

उत्तरमाला

1. B   **2.** D   **3.** C   **4.** C   **5.** A

करणी

परिभाषा : $\sqrt{2}, \sqrt{3}, \sqrt{5}, \sqrt[3]{2}, \sqrt[4]{6}...$ इत्यादि को करणी कहते हैं। यदि a एक धन परिमेय संख्या है जिसे किसी परिमेय संख्या के nवें घात के रूप में प्रकट नहीं कर सकते, तो अपरिमेय संख्या $\sqrt[n]{a}$ या $a^{\frac{1}{n}}$ के घनात्मक n वें मूल को करणी कहते हैं। ' $\sqrt[n]{\ }$ ' को करणी चिन्ह कहते हैं। n को करणी और a को करणीगत कहते हैं।

कुछ महत्त्वपूर्ण नियम

1. $\left(\sqrt[n]{a}\right)^n = a$

2. $\left(\sqrt[n]{a} \cdot \sqrt[n]{b}\right)^n = ab$

3. $\dfrac{\sqrt[n]{a}}{\sqrt[n]{b}} = \sqrt[n]{\dfrac{a}{b}}$

4. $\left(\sqrt[n]{a}\right)^m = a^{\frac{m}{n}}$

5. $\sqrt[n]{a^m} = a^{\frac{1}{mn}}$

उदाहरण 1. $\sqrt[4]{81}$ को सरलतम रूप में लिखिए।

हल : $\sqrt[4]{81} = \sqrt[4]{3 \times 3 \times 3 \times 3} = 3$

उदाहरण 2. निम्न को अवरोही क्रम में लिखिए।

$\sqrt[3]{4}, \sqrt[6]{10}, \sqrt[12]{25}$

हल : $\sqrt[3]{4}, \sqrt[6]{10}, \sqrt[12]{25} = \sqrt[12]{4^4}, \sqrt[12]{10^2}, \sqrt[12]{25}$

अतः $\sqrt[3]{4} > \sqrt[6]{10} > \sqrt[12]{25}$

उदाहरण 3. $\sqrt{3} \times \sqrt{5}$ का मान ज्ञात कीजिए।

हल : $\sqrt{3} \times \sqrt{5} = \sqrt{3 \times 5} = \sqrt{15} = 3.8729.$

अभ्यासार्थ प्रश्न

1. मान ज्ञात करो : $\left(64^{2/3}\right)^{1/2}$

    A. 4   B. 8   C. 12   D. 16

2. मान ज्ञात करो : $(100)^{-3/2}$

    A. $\dfrac{1}{100}$ B. $\dfrac{1}{1000}$ C. $\dfrac{1}{10}$ D. $\dfrac{1}{10000}$

3. सरल करो : $27^{2/3} \times 27^{1/3} \times 27^{-4/3}$

    A. $\dfrac{1}{3}$ B. $\dfrac{1}{9}$ C. $\dfrac{1}{27}$ D. 27

4. सरल करो : $(.008)^{2/3}$

    A. 0.4   B. 0.04   C. 0.004   D. 0.0004

5. $\sqrt[3]{64 \times 729} = ?$

    A. 18   B. 36   C. 54   D. 72

6. $\sqrt[3]{\dfrac{27}{64}} = ?$

    A. $\dfrac{3}{4}$ B. $\dfrac{3}{8}$ C. $\dfrac{3}{16}$ D. $\dfrac{3}{64}$

7. किसी घन का आयतन 512 घनमीटर है। घन की भुजा की लम्बाई ज्ञात कीजिए।

    A. 4.8 मी.   B. 7.8 मी.   C. 6.8 मी.   D. 8.0 मी.

उत्तरमाला

1. A   **2.** B   **3.** A   **4.** B   **5.** B

6. A   **7.** D

समुच्चय

समुच्चय (Set)

1. वस्तुओं के सुपरिभाषित संग्रह को समुच्चय कहते हैं। सुपरिभाषित से तात्पर्य है कि दिए गए नियम के अनुसार वस्तु एक समुच्चय का अवयव है कि नहीं।

2. समुच्चय के अवयव या सदस्य (Elements of a Set) — वे वस्तुएं जिनसे मिलकर समुच्चय, बनता है समुच्चय के अवयव या सदस्य कहलाते हैं, जैसे :

    $V = \{a, e, i, o, u\}$ में a, e, i, o, u समुच्चय के अवयव हैं।

समुच्चय के प्रकार

    रिक्त समुच्चय (Empty or Null Sets) : ऐसा समुच्चय जिसका कोई अवयव न हो **रिक्त समुच्चय** कहलाता है। इसे संकेत ϕ (Phai sign) द्वारा भी प्रदर्शित किया जाता है।

    एकल समुच्चय (Single Set) : ऐसे समुच्चय जिसमें केवल एक ही अवयव हो उसे एकल समुच्चय कहते हैं। जैसे A = {3} {0} एकल समुच्चय हैं।

    परिमित या सान्त समुच्चय (Finite Set) : जिस समुच्चय के अवयवों (Elements) की गिनती की जा सके उसे **परिमित समुच्चय** कहते हैं।

अपरिमित या अनन्त समुच्चय (Infinite Sets) : ऐसे समुच्चय के अवयवों की गिनती न की जा सके अर्थात् जिनके अवयवों की संख्या असीमित हो उसे **अपरिमित या अनन्त समुच्चय** कहते हैं।

समान समुच्चय (Equal Sets) : जिन दो समूहों में प्रत्येक अवयव बराबर हों और एक ही हों तो उनको **समान समुच्चय** कहते हैं। जैसे X = {1, 3, 5, 7} और Y = {1, 3, 5, 7} समान समूह हैं क्योंकि दोनों के अवयव एक ही हैं।

तुल्य समुच्चय (Equivalent Sets) : यदि A समुच्चयों के अवयवों की संख्या B समुच्चयों के अवयवों की संख्या के बराबर हो, तो उन्हें **तुल्य समुच्चय** कहा जाता है। जैसे समुच्चय A = {1, 2, 3} और समुच्चय B = {*x*, *y*, *z*} दोनों समुच्चय में उनके प्रत्येक अवयव के लिए दूसरे समुच्चय में एक संगत अवयव मौजूद हैं।

उपसमुच्चय (Subset) : यदि A समुच्चय का प्रत्येक अवयव B समुच्चय का भी अवयव हो, तो A समुच्चय का B समुच्चय का उपसमुच्चय कहते हैं।

जैसे : A समुच्चय = {1, 7, 11, 12}

B समुच्चय = {1, 3, 4, 7, 10, 11, 12, 13}

इसमें A समुच्चय का प्रत्येक अवयव B समुच्चय का भी अवयव है। इसलिए A समुच्चय B समुच्चय का उपसमुच्चय है।

समुच्चय पर संक्रियाएं (Operationas on Sets) : निम्नलिखित प्रकार की संक्रियाएं समुच्चयों पर की जा सकती हैं:

(*i*) **समुच्चय का सम्मिलन (Union of Sets) :** दो समुच्चयों A और B का संघ वह समुच्चय है जिसके अवयव या तो A में या B में या दोनों में हों। इसे $A \cup B$ द्वारा दर्शाते हैं तथा पढ़ते हैं, ''A सम्मिलन B''। सांकेतिक रूप में $A \cup B$ या $x \in$ दोनों A और B।

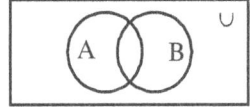

(*ii*) **समुच्चय का (सर्वनिष्ठ) (Intersection of Sets) :** दो समुच्चयों A और B का सर्वनिष्ठ वह समुच्चय है जिसके अवयव A में भी होते हैं और B में भी होते हैं अर्थात् A और B दोनों में उभयनिष्ठ होते हैं। इसे $A \cap B$ द्वारा दर्शाते हैं तथा पढ़ते हैं, सर्वनिष्ठ ''A सर्वनिष्ठ B''। सांकेतिक रूप में $A \cap B = \{x \mid x \in A$ और $x \in B\}$

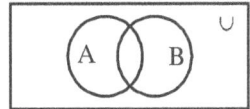

वेन आरेख (Venn Diagrams) : समुच्चयों और उनके गुणधर्मों को किसी विशेष आरेखों द्वारा आसानी से दर्शाने को वेन आरेख कहते हैं। अभीष्ठ वे आरेख नीचे दिया गया है।

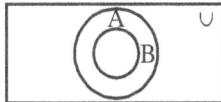

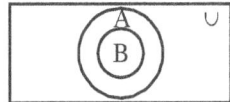

समुच्चयों में प्रयोग होने वाले संकेत और उनके अर्थ :

$\in$	=	से सम्बन्धित	$\subset$	=	समाविष्ट है
{ }	=	रिक्त समुच्चय	$\Rightarrow$	=	अर्थ यह है
ϕ	=	शून्य रिक्त समुच्चय	$\Leftrightarrow$	=	के बराबर है
=	=	सम समुच्चय	$\not\subset$	=	में समविष्ट नहीं है
~	=	तुल्य समुच्चय	=	=	समान है
$\not\subseteq$	=	उप-समुच्चय नहीं	$\neq$	=	समान नहीं है
$\subset$	=	उचित उपसमुच्चय	$<$	=	से कम
: या ।	=	ऐसा है कि	$>$	=	से ज्यादा

उदाहरण 1. A .= {ϕ} के सभी उपसमुच्चय लिखो।

हल : सभी उपसमुच्चयों की संख्या = 2^n

जहाँ n = समुच्चय में अवयवों की संख्या

$\therefore$ $2^1 = 2$

$\therefore$ A , ϕ

उदाहरण 2. यदि A कोई समुच्चय हो तो $A \cap \phi$ ज्ञात कीजिए?

हल : $\varphi \subset A$

$\therefore$ $A \cap \phi = \phi$ उत्तर

उदाहरण 3. यदि U = {a, e, i, o, u} और A = {a, i, o}, तो इन समुच्चयों को वेन आरेख में दिखाइये।

हल : अभीष्ठ वेन आरेख निम्न है।

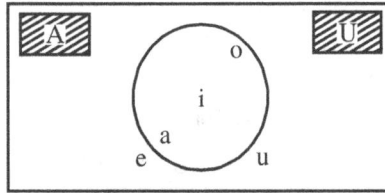

अभ्यासार्थ प्रश्न

1. निम्नलिखित में से कौन-सा समुच्चय सभी समुच्चयों का उपसमुच्चय है?

A. {1, 2, 3, 4, ...} B. {1} C. {0} D. { }

2. इनमें से किस समुच्चय का केवल एक ही उपसमुच्चय है?

A. {0, 1} B. {1} C. {0} D. { }

3. माना P = {$x : x$ एक प्राकृत संख्या है}

Q = {$x : x$ एक पूर्ण संख्या है}

R = $\{x : x$ एक पूर्णांक है$\}$

तो $P \cup R$ बराबर है :

A. ϕ B. P C. Q D. R

4. यदि $A = \{1, 2, 3, 4, 5\}$ और

$B = \{9, 7, 5, 3\}$, तो

A. $A - B = \{3, 5\}$ B. $A - B = \{1, 2, 4\}$

C. $A - B = \{9, 7\}$ D. $A - B = \{1, 2, 4, 9, 7\}$

5. मान लो A और B दो ऐसे समुच्चय हैं कि $n(A) = 16$, $n(B) = 12$ और $n(A \cup B) = 8$

तब $n(A \cup B)$ निम्न के बराबर हैं :

A. 28 B. 12 C. 20 D. 36

उत्तरमाला

1. D **2.** D **3.** D **4.** B **5.** C

मिश्रित प्रश्न

1. 3 कुर्सियों तथा 4 मेजों का मूल्य 2250 रु. तथा 4 कुर्सियों और 3 मेजों का मूल्य 1950 रु. है। एक कुर्सी तथा एक मेज का मूल्य ज्ञात कीजिए।

A. 600 रु. B. 500 रु. C. 550 रु. D. 650 रु.

2. एक संख्या दो अंकों की है तथा अंकों का जोड़ 8 है। यदि संख्या में 18 जोड़ दिया जाए तो अंक बदल जाते हैं। संख्या ज्ञात कीजिए।

A. 53 B. 62 C. 35 D. 44

3. दो संख्याओं का योग 35 तथा उनका अन्तर 13 है। संख्याएं ज्ञात कीजिए

A. 21, 14 B. 22, 13 C. 24, 11 D. 23, 12

4. दो संख्याओं का अनुपात 2 : 3 है। यदि प्रत्येक संख्या में 5 जोड़ा जाए तो उनका अनुपात 5 : 7 हो जाता है। संख्याएं ज्ञात कीजिए।

A. 14, 21 B. 20, 30 C. 16, 24 D. 12, 18

5. दो संख्याओं का अनुपात 3 : 4 है। यदि उनके वर्गों का योग 625 हो तो संख्याएँ ज्ञात कीजिए।

A. 12, 16 B. 18, 24 C. 15, 20 D. 24, 32

6. एक आदमी की वर्तमान आयु उसके पुत्र की आयु की चार गुना है। 20 वर्ष बाद उसकी आयु पुत्र की आयु की दुगनी रह जाएगी। उनकी वर्तमान आयु ज्ञात कीजिए।

A. 40, 10   B. 48, 12   C. 60, 15   D. 56, 14

7. पिता की आयु, पुत्र की आयु की तिगुनी है। 12 वर्ष बाद पिता की आयु, पुत्र की आयु से दुगुनी होगी। उनकी वर्तमान आयु ज्ञात कीजिए।

A. 30, 10   B. 36, 12   C. 39, 13   D. 45, 15

8. यदि हम एक भिन्न के अंश में 1 जोड़ें तथा हर में से 1 घटाएं तो यह भिन्न 1 हो जाती है। यदि हम केवल इसके हर में 1 जोड़ें तो यह $\dfrac{1}{2}$ हो जाती है। भिन्न ज्ञात कीजिए।

A. $\dfrac{4}{5}$ B. $\dfrac{3}{5}$ C. $\dfrac{5}{6}$ D. $\dfrac{5}{7}$

9. पिता की वर्तमान आयु पुत्र की आयु से 6 गुनी है। चार वर्ष बाद पिता की आयु पुत्र की आयु से 4 गुनी होगी। उनकी वर्तमान आयु ज्ञात कीजिए।

A. 60, 10   B. 48, 8   C. 42, 7   D. 36, 6

10. एक आयत का परिमाप 180 सेमी. है। यदि इसकी भुजाओं का अनुपात 5 : 4 है तो आयत की लम्बाई ज्ञात कीजिए।

A. 100 सेमी.   B. 80 सेमी.   C. 50 सेमी.   D. 40 सेमी.

11. k का मान ज्ञात कीजिए ताकि $(k-12)\,x^2 + 2\,(k-12)\,x + 2 = 0$ के मूल समान हों।

A. 10   B. 12   C. 14   D. 16

12. k के किस मान से बहुपद $kx^2 + 4x + 4$ को दो रैखिक गुणनखंडों में विभाजित किया जा सकता है?

A. $k \le 2$ B. $k \le 3$ C. $k \le 4$ D. $k \le 1$

13. एक द्विघात समीकरण बनाइए जिसके मूल $3 + \sqrt{7}$, तथा $3 - \sqrt{7}$ हों।

A. $x^2 - 6x + 2 = 0$ B. $x^2 - 5x + 2 = 0$

C. $x^2 - 4x + 2 = 0$ D. $x^2 - 3x + 2 = 0$

14. यदि द्विघात समीकरण $ax^2 + bx + c = 0$ के मूल α तथा β हों तो $\alpha^2 + \beta^2$ का मान ज्ञात कीजिए।

A. $\dfrac{b^2 - 2ac}{a^2}$ B. $\dfrac{b^2 - 4ac}{a^2}$ C. $\dfrac{b^2 - 2ac}{b^2}$ D. $\dfrac{b^2 - 2ac}{c^2}$

15. x के लिए हल कीजिए :

$$\sqrt{2x^2 - 2x + 1} - 2x + 3 = 0$$

A. 2, 4   B. 1, 4   C. 3, 4   D. 1, 5

16. x के लिए हल कीजिए :

$$\sqrt{2x + 9} + x = 13$$

A. 8   B. 7   C. 6   D. 5

17. दो क्रमागत धन समपूर्णांक ज्ञात कीजिए जिनके वर्गों का योग 340 हो।

A. 12, 14   B. 14, 16   C. 10, 12   D. 16, 18

18. दो क्रमागत प्राकृत संख्याएं ज्ञात कीजिए जिनके वर्गों का योग 221 हो।

A. 8, 9   B. 9, 10   C. 10, 11   D. 11, 12

19. एक संख्या तथा उसके व्युत्क्रम का योग $\frac{17}{4}$ है, संख्या ज्ञात कीजिए।

A. 4   B. 3   C. 2   D. 8

20. दो क्रमागत धन विषम पूर्णांक ज्ञात कीजिए जिनके वर्गों का योग 290 हो।

A. 9, 11   B. 11, 13   C. 13, 15   D. 15, 17

21. दो बहुपदों $(x+2)(x-3)^2$ तथा $(x+3)(x-3)$ का म.स.व. ज्ञात कीजिए।

A. $(x+2)(x+3)$ B. $(x+2)(x-3)$

C. $(x+2)(x-3)^2$ D. $(x+2)(x+3)(x-3)^2$

22. बहुपदों $p(x) = x^2 + 9x + 20$ तथा $q(x) = x^2 + 7x + 10$ का ल.स.व. ज्ञात कीजिए।

A. $(x+2)(x+5)$ B. $(x+5)(x+4)$

C. $(x+2)(x+4)$ D. $(x+2)(x+4)(x+5)$

23. $p(x) = x^2 - 5x + 6$ तथा $q(x) = x^2 - 6x + 5$ का ल.स.व. ज्ञात कीजिए।

A. $(x-1)(x-2)(x-3)(x-5)$ B. $(x-1)(x-2)(x-3)$

C. $(x-1)(x-5)$ D. $(x-3)(x-2)$

24. $x^2 + 9x + 20$ तथा $x^2 + 8x + 15$ का ल.स.व. ज्ञात कीजिए।

A. $(x+5)(x+4)$ B. $(x+5)(x+3)$

C. $(x+3)(x+4)(x+5)$ D. $(x+3)(x+4)^2$

25. $x^2 + 5x + 4$ तथा $x^2 + 9x + 20$ का ल.स.व. ज्ञात कीजिए।

A. $(x+4)(x+1)$ B. $(x+5)(x+4)$

C. $(x+1)(x+5)^2$ D. $(x+1)(x+4)(x+5)$

26. व्यंजक $\frac{2}{\sqrt{7}}$ के हर का परिमेयकरण करने का मान होगा?

A. $\frac{3\sqrt{7}}{7}$ B. $2\sqrt{7}$ C. $\frac{2\sqrt{7}}{7}$ D. $\frac{2}{7}$

27. $5\sqrt[4]{3}$ को पूर्ण करणी के रूप में लिखने पर मान कितना होगा?

A. $\sqrt[4]{1775}$ B. $\sqrt[4]{1875}$ C. $\sqrt[4]{1996}$ D. $\sqrt[4]{1885}$

28. $\left(5\sqrt{3}+2\sqrt{27}+\frac{1}{\sqrt{3}}\right)$ को सरल करने पर मान कितना होगा?

A. $\frac{31}{2}\sqrt{3}$ B. $\frac{34}{5}\sqrt{3}$ C. $\frac{34}{3}\sqrt{3}$ D. $\frac{32}{\sqrt{3}}$

29. $\frac{6}{3\sqrt{2}-2\sqrt{3}}$ को परिमेय हर वाले व्यंजक के रूप में प्रकट करने पर मान क्या होगा?

A. $4\sqrt{2}+2\sqrt{3}$ B. $3\sqrt{2}+2\sqrt{3}$ C. $3\sqrt{7}+5\sqrt{6}$ D. $6\sqrt{3}+2\sqrt{5}$

30. $\frac{\sqrt{6}}{\sqrt{2}+\sqrt{3}}+\frac{3\sqrt{2}}{\sqrt{6}+\sqrt{3}}-\frac{4\sqrt{3}}{\sqrt{6}+\sqrt{2}}$ का सरलतम मान कितना होगा?

A. 0 B. 1 C. 2 D. 8

31. निम्नलिखित को आरोही क्रम में किस प्रकार लिख सकते हैं– $\sqrt[4]{10},\sqrt[3]{6},\sqrt{3}$

A. $\sqrt{3},\sqrt[4]{10},\sqrt[3]{6}$ B. $\sqrt[4]{10},\sqrt{3},\sqrt[3]{6}$

C. $\sqrt[3]{6},\sqrt{3},\sqrt[4]{10}$ D. $\sqrt[4]{10},\sqrt[3]{6},\sqrt{3}$

32. $\log\frac{a^2}{bc}+\log\frac{b^2}{ca}+\log\frac{c^2}{ab}$ को सरल करने पर मान क्या होगा?

A. 1 B. log (*abc*) C. 0 D. $\log\left(\frac{b^2}{ac}\right)$

33. $\log\frac{32}{81}$ को log2 तथा log3 के रूप में किस प्रकार व्यक्त कर सकते हैं?

A. 4 log 2 + 3 log 3 B. 5 log 2 – 4 log 3

C. 5 log 2 + 4 log 3 D. 5 log 3 + 4 log 2

34. यदि $\log 2 = 0.30103$ तो बताइये $\log\frac{25}{2}$ का मान कितना होगा?

A. 0.08762 B. 0.09691 C. 0.6750 D. 0.7532

35. यदि $(125)^{5-3x} = (5)^{7-7x}$ हो तो बताइये x का मान कितना होगा?

A. 2 B. 0 C. 4 D. 5

36. यदि $\log_a 2^{x+4} = \log_a 512$ हो तो x का मान कितना होगा?

A. 4 B. 3 C. 5 D. 2

37. log 5369.7 का पूर्णांश होगा :

A. 4 B. 2 C. 3 D. 1

38. log 345.78 = 2.5388 तो log 34578 का मान कितना होगा?

A. 3.5378 B. 4.5388 C. 6.5370 D. 4.5670

39. यदि log 3 = 0.4771 हो तो बताइये 3^{35} में अंकों की संख्या कितनी होगा?

A. 17 B. 16 C. 18 D. 20

40. $\left(\frac{x^a}{x^b}\right)^{a+b} \times \left(\frac{x^b}{x^c}\right)^{b+c} \times \left(\frac{x^c}{x^a}\right)^{c+a}$ का मान क्या है?

A. 0 B. 1 C. x^{abc} D. $\frac{1}{x^{abc}}$

41. $\left(x^2\right)^4 \times \left(\frac{1}{\sqrt{x}}\right)^2$ का मान कितना होगा?

A. x^6 B. x^8 C. x^7 D. $\frac{1}{x^7}$

42. $\left(\frac{a^m}{a^n}\right)^{\frac{1}{mn}} \times \left(\frac{a^n}{a^l}\right)^{\frac{1}{ln}} \times \left(\frac{a^l}{a^m}\right)^{\frac{1}{lm}}$ का मान क्या है?

A. 0 B. 1 C. a^{mnl} D. $a^{1/mnl}$

43. यदि A = {2, 4, 6} हो तो $A \cup \phi$ किसके बराबर होगा?

A. {2, 8} B. {2, 4, 6} C. {2, 4} D. {4, 6}

44. यदि A = {1, 2, 3} तथा B = {2, 3, 5} हो तो (A – B) तथा $(A \cap B)$ के मान क्रमशः क्या होंगे?

A. {5}, {2, 3} B. {1}, {2, 5} C. {1}, {2, 3} D. {1, 2}, {3}

45. समुच्चय A = {2, 3, 6}, B = {3, 6, 7} तथा C = {7, 9} तो $A = (B \cup C)$ का मान क्या होगा?

A. {2} B. {3, 6} C. {6} D. {2, 6}

46. यदि C = {1, 2, 3, 4..........10}, A = {4, 7, 9} तथा B = {9, 1, 6}, तो $(A - B) \cup C$ का मान कितना होगा?

A. {1, 2, 3, 5, 6, 8, 9, 10} B. {1, 5, 8, 9, 11}

C. {9, 10} D. {C}

47. यदि A = {2, 4, 6, 8, 10}, B = {5, 6, 8, 9} तथा C = {8, 9, 10, 11} तो $A \cup (B \cap C)$ का मान क्या होगा?

A. {1, 3, 5, 7, 9} B. {2, 4, 6, 8, 9, 10}

C. {3, 8, 10} D. {2, 4, 6, 10}

48. उपरोक्त प्रश्न में $(A \cap B) \cup (A \cup C)$ का मान कितना होगा?

A. {2, 4, 6, 8, 9, 10}   B. {4, 6, 10}

C. {2, 9, 10}   D. {2, 4, 6, 8, 10}

49. यदि समुच्चय $A = \{2, 3, 6\}$, $B = \{3, 6, 7\}$ तथा $C = \{7, 9\}$ तो $A - (B \cup C)$ का मान क्या होगा?

A. {3, 6}   B. {6}   C. {2}   D. {2, 3, 6}

50. $A \subset B$ का अर्थ होगा–

A. समुच्चय A समुच्चय B का उप समुच्चय है

B. समुच्चय B समुच्चय A का उप समुच्चय है

C. A = B

D. A > B

51. $x^4 - y^4$, $x^6 - y^6$ का म. स. क्या है?

A. $(x^2 - y^2)(x + y)$ B. $(x^2 + y^2)$ C. $(x + y)(x - y)$ D. $x^3 - y^3$

52. $(x^2 - 1)$ तथा $ax^2 - b(x + 1)$ म.स. $(x - 1)$ हो तो a तथा b का सम्बन्ध होगा?

A. $a + 2b = 0$ B. $2a + b = 0$ C. $a = 2b$ D. $a = \dfrac{b}{2}$

53. $(x^3 - x)$, $(x - 1)^2$, $(x^2 - 1)^2$ का म. स. कितना होगा?

A. $x(x + 1)^2 (x - 1)^2$ B. $x(x - 1)^2 (x - 2)^2$

C. $x(x + 1) (x - 2)$ D. $x^2(x + 1)^2 (x - 1)^2$

54. दो व्यंजकों का गुणनफल $(x - 2)^2 (x + 2)^2$ है। यदि उनका म. स. $(x - 2)$ हो तो उनका ल. स. कितना होगा?

A. $(x - 2)(x + 2)^2$ B. $x^3 + 2$ C. $x^3 - 2$ D. $(x + 2)^3$

55. A के किस मान के लिए $x^2 - 2x - 24$ और $x^2 - Ax - 6$ का म. स. $(x - 6)$ होगा?

A. 8   B. 4   C. 5   D. 2

उत्तरमाला

1. A	**2.** C	**3.** C	**4.** B	**5.** C
6. A	**7.** B	**8.** B	**9.** D	**10.** C
11. C	**12.** D	**13.** A	**14.** A	**15.** B
16. A	**17.** A	**18.** C	**19.** A	**20.** B
21. D	**22.** D	**23.** A	**24.** C	**25.** D
26. C	**27.** C	**28.** C	**29.** B	**30.** A
31. A	**32.** C	**33.** B	**34.** B	**35.** C

36. C	**37.** C	**38.** B	**39.** A	**40.** B
41. C	**42.** B	**43.** B	**44.** C	**45.** A
46. A	**47.** B	**48.** A	**49.** C	**50.** A
51. C	**52.** C	**53.** A	**54.** A	**55.** C

कुछ चुने हुए प्रश्नों के व्याख्यात्मक उत्तर——

1. माना 1 कुर्सी का मूल्य = x रु.

1 मेज का मूल्य = y रु.

$\therefore \qquad 3x + 4y = 2250 \qquad \qquad …(i)$

$\qquad \qquad 4x + 3y = 1950 \qquad \qquad …(ii)$

समीकरण (i) को 4 से गुणा करने पर

$\qquad 12x + 16y = 9000 \qquad \qquad …(iii)$

समीकरण (ii) को 3 से गुणा करने पर

$\qquad 12x + 9y = 5850 \qquad \qquad …(iv)$

समीकरण (iii) में से (iv) घटाने पर

$\qquad \qquad 7y = 3150$ या $y = 450$

y का मान समीकरण (i) में रखने पर

$\qquad 3x + 4 \times 450 = 2250$

$\qquad \qquad 3x = 2250 - 1800$

$\qquad \qquad 3x = 450$ या $x = 150$

अतः 1 कुर्सी + 1 मेज का मूल्य = 150 + 450 = 600 रु.

2. माना इकाई का अंक = x

तथा दहाई का अंक = y

अतः वास्तविक संख्या = $10y + x$

प्रश्न के अनुसार,

$\qquad \qquad x + y = 8 \qquad \qquad …(i)$

$\qquad 10y + x + 18 = 10x + y$ या $9y - 9x = -18$

या $\qquad x - y = 2$

समीकरण (i) तथा (ii) को जोड़ने पर

$\qquad \qquad 2x = 10 \quad \Rightarrow \quad x = 5$

$\qquad \qquad 5 + y = 8 \quad \Rightarrow \quad y = 3$

अतः संख्या = $10 \times 3 + 5 = 35$

4. माना संख्याएं $2x$ तथा $3x$ हैं।

प्रश्नानुसार, $\dfrac{2x+5}{3x+5} = \dfrac{5}{7}$

$\therefore \qquad 14x + 35 = 15x + 25$

$\qquad 14x - 15x = 25 - 35$

$\qquad\qquad -x = -10$ या $x = 10$

$\therefore \qquad$ संख्याएं $= 20, 30$

6. माना पुत्र की आयु $= x$ वर्ष

तो पिता की आयु $= 4x$ वर्ष

$\qquad 4x + 20 = 2(x + 20)$

$\qquad 4x + 20 = 2x + 40$

$\qquad\quad 2x = 20$ या $x = 10$

$\therefore$ पिता की आयु $= 40$ वर्ष

पुत्र की आयु $= 10$ वर्ष

7. माना पुत्र की वर्तमान आयु $= x$ वर्ष

तो पिता की वर्तमान आयु $= 3x$ वर्ष

प्रश्नानुसार,

$\qquad 3x + 12 = 2(x + 12)$

$\Rightarrow \qquad 3x + 12 = 2x + 24$

$\qquad\qquad x = 12$

$\therefore \qquad$ पिता की आयु $= 36$ वर्ष

पुत्र की आयु $= 12$ वर्ष

12. $kx^2 + 4x + 4$

यहाँ $D = b^2 - 4ac = (4)^2 - 4k(4) = 16 - 16k$

वास्तविक रैखिक गुणनखंडों के लिए $D \geq 0$

$\therefore \qquad\qquad 16 - 16k \geq 0 \quad \therefore \quad k \leq 1$

14. $ax^2 + bx + c = 0$

मूलों का योग $= \alpha + \beta = \dfrac{-b}{a}$

मूलों का गुणनफल $= \alpha\beta = \dfrac{c}{a}$

$\alpha^2 + \beta^2 = (\alpha + \beta)^2 - 2\alpha\beta$

$\qquad = \left(-\dfrac{b}{a}\right)^2 - 2\left(\dfrac{c}{a}\right) = \dfrac{b^2}{a^2} - \dfrac{2c}{a} = \dfrac{b^2 - 2ac}{a^2}$

15. $\sqrt{2x^2 - 2x + 1} - 2x + 3 = 0$

या $\sqrt{2x^2 - 2x + 1} = 2x - 3$

दोनों ओर वर्ग करने पर

$2x^2 - 2x + 1 = 4x^2 + 9 - 12x$

$2x^2 - 10x + 8 = 0$

$2(x^2 - 5x + 4) = 0$ या $x^2 - 5x + 4 = 0$

$x^2 - 4x - x + 4 = 0$ या $x(x - 4) - 1(x - 4) = 0$

$(x - 4)(x - 1) = 0$ या $x = 4, x = 1$

17. माना दो क्रमागत समपूर्णांक x तथा $x + 2$ हैं

$x^2 + (x + 2)^2 = 340$

$x^2 + (x^2 + 4x + 4) = 340$

$2x^2 + 4x - 336 = 0$ या $x^2 + 2x - 168 = 0$

$x^2 + 14x - 12x - 168 = 0$

$x(x + 14) - 12(x + 14) = 0$ या $(x - 12)(x + 14) = 0$

$x - 12 = 0$ या $x + 14 = 0$

$x = 12$ या $x = -14$

क्योंकि -14 धन पूर्णांक नहीं है, अतः अभीष्ट संख्याएं 12, 14 हैं।

18. माना संख्याएं $x, x + 1$ हैं।

प्रश्नानुसार, $x^2 + (x + 1)^2 = 221$

$x^2 + (x^2 + 2x + 1) = 221$

$2x^2 + 2x - 220 = 0$ या $x^2 + x - 110 = 0$

$x^2 + 11x - 10x - 110 = 0$

$x(x + 11) - 10(x + 11) = 0$

$(x - 11)(x - 10) = 0$ ∴ $x = 10$ या $x = -11$

x का मान -11 नहीं हो सकता क्योंकि x एक प्राकृतिक संख्या है।

अतः अभीष्ट संख्याएं 10, 11 हैं।

20. माना दो क्रमागत धन विषम पूर्णांक $2x - 1, 2x + 1$ हैं।

प्रश्नानुसार, $(2x - 1)^2 + (2x + 1)^2 = 290$

$(4x^2 + 1 - 4x) + (4x^2 + 1 + 4x) = 290$ या $8x^2 + 2 = 290$

$8x^2 - 288 = 0$ या $x^2 - 36 = 0$

$x^2 = 36$ या $x = \pm 6$

$x = -6$ नहीं हो सकता क्योंकि अभीष्ट पूर्णांक धन है।

∴ $x = 6$

$$\Rightarrow \qquad 2x - 1 = 2 \times 6 = 11$$
$$2x + 1 = 2 \times 6 + 1 = 13$$

अतः अभीष्ट विषम पूर्णांक 11, 13 हैं।

21. $p(x) = (x + 2)(x - 3)^2$

$q(x) = (x + 3)(x - 3)$

$\therefore$ $p(x)$ तथा $q(x)$ का ल.स.व. $= (x + 2)(x + 3)(x - 3)^2$

25. $\quad x^2 + 5x + 4 = x^2 + 4x + x + 4$
$$= x(x + 4) + 1(x + 4)$$
$$= (x + 1)(x + 4)$$
$$x^2 + 9x + 20 = x^2 + 5x + 4x + 20$$
$$= x(x + 5) + 4(x + 5) = (x + 5)(x + 4)$$

$\therefore$ ल.स.व. $= (x + 1)(x + 4)(x + 5)$

36. $\because$ $\log_a 2^{x+4} = \log_a 512$

$\Rightarrow$ $\log_a 2^{x+4} = \log_a 2^9$

$\Rightarrow$ $x + 4 = 9$ $\Rightarrow$ $x = 5$

40. $\left(\dfrac{x^a}{x^b}\right)^{a+b} \times \left(\dfrac{x^b}{x^c}\right)^{b+c} \times \left(\dfrac{x^c}{x^a}\right)^{c+a}$

$$= \left(x^{a-b}\right)^{a+b} \times \left(x^{b-c}\right)^{b+c} \times \left(x^{c-a}\right)^{c+a}$$

$$= x^{(a-b)(a+b)} \times x^{(b-c)(b+c)} \times x^{(c-a)(c+a)}$$

$$= x^{a^2-b^2} \times x^{b^2-c^2} \times x^{c^2-a^2}$$

$$= x^{a^2-b^2+b^2-c^2+c^2-a^2} = x^0 = 1$$

53. $\therefore$ $\qquad x^3 - x = x(x^2 - 1) = x(x + 1)(x - 1)$
$$(x - 1)^2 = (x - 1)(x - 1)$$

तथा $\qquad (x^2 - 1)^2 = (x + 1)^2(x - 1)^2$

$\because$ $\qquad$ ल.स. $= x(x + 1)^2 (x - 1)^2$

55. $\because$ यदि $(x - 6)$ व्यंजक $x^2 - 2x - 24$ और $x^2 - Ax - 6$ का म.स. है तो $x - 6 = 0 \Rightarrow$ $x = 6$ रखने पर व्यंजक $(x^2 - Ax - 6)$ का शेषफल 0 आयेगा।

अर्थात् $(6)^2 - A \times 6 - 6 = 0 \Rightarrow 36 - 6A - 6 = 0$

$\Rightarrow \qquad A = \dfrac{30}{6} = 5$

———————

क्षेत्रमिति

एक आयत चार भुजाओं से घिरी हुई एक तल में बनी आकृति है जिसके चारों कोण 90° होते हैं। आयत की आमने-सामने की भुजाएं बराबर होती हैं तथा संलग्न भुजाएं बराबर नहीं होती। एक वर्ग एक तल में बनी ऐसी आकृति है जिसकी चारों भुजाएं बराबर होती हैं तथा प्रत्येक कोण 90° का होता है।

परिमापः आयताकार आकृति की चारों भुजाओं का योग परिमाप कहलाता है।

आयत का परिमाप = 2(लम्बाई + चौड़ाई)

वर्ग का परिमाप = $4 \times$ भुजा की लम्बाई

त्रिभुज का परिमाप = तीनों भुजाओं का योग

क्षेत्रफलः एक तल में बनी आकृति का क्षेत्रफल वह राशि है जो इसकी भुजाओं द्वारा घिरी रहती है यह दी हुई माप की इकाइयों की संख्या के रूप में प्रकट किया जाता है।

आयत का क्षेत्रफल = लम्बाई $\times$ चौड़ाई

आयत की लम्बाई = $\dfrac{\text{क्षेत्रफल}}{\text{चौड़ाई}}$

आयत की चौड़ाई = $\dfrac{\text{क्षेत्रफल}}{\text{लम्बाई}}$

वर्ग का क्षेत्रफल = भुजा $\times$ भुजा = भुजा^{2}

वर्ग की भुजा = $\sqrt{\text{क्षेत्रफल}}$

आयत का विकर्ण = $\sqrt{\text{लम्बाई}^2 + \text{चौड़ाई}^2}$

वर्ग का विकर्ण = $\sqrt{2} \times$ भुजा

कमरे की चारों दीवारों का क्षेत्रफल = 2 (ल॰ + चौ॰) $\times$ ऊंचाई

कमरे की ऊंचाई = $\dfrac{\text{चारों दीवारों का क्षेत्रफल}}{2(\text{ल} + \text{चौ})}$

त्रिभुजः तीन सरल रेखाओं से घिरी हुई आकृति को त्रिभुज कहते हैं। BC त्रिभुज का आधार है तथा AD इसकी ऊंचाई है।

त्रिभुज का क्षेत्रफल = $\dfrac{\text{आधार} \times \text{ऊँचाई}}{2}$

$= \dfrac{BC \times AD}{2}$

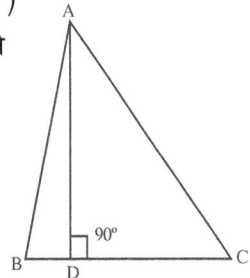

त्रिभुज का क्षेत्रफल ज्ञात करना जब इसकी तीनों भुजाएं दी गई हों: यदि त्रिभुज की तीन भुजाएं a, b तथा c हों तो त्रिभुज का क्षेत्रफल–

$$\Delta = \sqrt{s(s-a)(s-b)(s-c)} \quad \text{जहां} \quad s = \frac{a+b+c}{2}$$

यदि त्रिभुज समबाहु है (तीनों भुजाएं बराबर हैं) जैसे–

$$a = b = c = x \text{ (माना) तो}$$

$$\text{क्षेत्रफल } \Delta = \frac{\sqrt{3}}{4}x^2$$

$$\text{ऊंचाई} = \frac{2 \times \text{क्षेत्रफल}}{\text{आधार}} = \frac{2\sqrt{3}}{4} . \frac{x^2}{x} = \frac{\sqrt{3}}{2}x$$

चतुर्भुज का क्षेत्रफल: चार सरल रेखाओं से घिरी आकृति चतुर्भुज कहलाती है। माना ABCD एक चतुर्भज है और AC इसका विकर्ण है जो इसे दो त्रिभुजों ACD तथा ABC में विभक्त करता है।

समानान्तर चतुर्भुज का क्षेत्रफल: समानान्तर चतुर्भुज एक ऐसा चतुर्भुज है, जिनकी सम्मुख भुजाएं परस्पर समानान्तर तथा बराबर होती हैं। इसकी सम्मुख भुजाएं तथा सम्मुख कोण बराबर होते हैं। परन्तु 90° के नहीं होते तथा प्रत्येक विकर्ण इसे दो बराबर त्रिभुजों में बांटता है।

समानांतर चतुर्भुज ABCD का क्षेत्रफल = आधार × ऊंचाई

समचतुर्भुज का क्षेत्रफल: समचतुर्भुज एक ऐसी चतुर्भुज है जिसकी चारों भुजाएं समान हैं तथा इसके विकर्ण एक दूसरे को समकोण पर समद्विभाजित करते हैं।

समलम्ब का क्षेत्रफल: समलम्ब एक ऐसी चतुर्भुज है जिसकी दो सम्मुख भुजाएं समानान्तर होती हैं। क्षेत्रफल = $\frac{1}{2}$ × ऊँचाई (समानांतर भुजाओं का योग)

वृत्त: वृत्त एक ऐसी आकृति है जो वक्र रेखा द्वारा घिरी हुई है जिसका प्रत्येक बिन्दु, केन्द्र बिन्दु से समान दूरी पर होता है।

वृत्त की परिधि = $2\pi r$ इकाइयां

जहां r वृत्त का अर्धव्यास है तथा $\pi = \frac{22}{7} = 3.1416$

वृत्त का क्षेत्रफल = πr^2 वर्ग इकाइयां

वृत्त का व्यास = $2r$ इकाइयां

ठोस: कोई वस्तु जो स्थान घेरती है, भार रखती है तथा जिसका स्वरूप निश्चित है, ठोस कहलाती है। ठोस वस्तु की तीन मापें होती हैं, लम्बाई, चौड़ाई और ऊंचाई (मोटाई)।

आयतन: ठोस की तलों द्वारा घिरी हुई जगह ठोस का आयतन कहलाती है।

घनः एक ठोस जो 6 वर्गाकार तलों द्वारा घिरा होता है, घन कहलाता है।

घनाभः एक ठोस जो 6 आयताकार तलों द्वारा घिरा होता है, घनाभ कहलाता है।

परिभाषाओं से यह स्पष्ट है कि घन की लम्बाई, चौड़ाई और ऊंचाई बराबर होती है तथा घनाभ की लम्बाई, चौड़ाई और ऊंचाई बराबर नहीं होती है।

$$\text{घनाभ का आयतन} = \text{लम्बाई} \times \text{चौड़ाई} \times \text{ऊंचाई}$$

या

$$\text{लम्बाई} = \frac{\text{आयतन}}{\text{चौ॰} \times \text{ऊँ॰}}$$

$$\text{चौड़ाई} = \frac{\text{आयतन}}{\text{ल॰} \times \text{ऊँ॰}}$$

$$\text{ऊंचाई} = \frac{\text{आयतन}}{\text{ल॰} \times \text{चौ॰}}$$

$$\text{घन का आयतन} = (\text{एक किनारा})^3$$

$$\text{घन का किनारा} = \sqrt[3]{\text{आयतन}}$$

$$\text{घनाभ के तलों का कुल क्षेत्रफल} = 2[\text{ल॰} \times \text{चौ॰} + \text{चौ॰} \times \text{ऊं॰} + \text{ल॰} \times \text{ऊं॰}]$$

$$\text{घन के तलों का कुल क्षेत्रफल} = 6\,[\text{किनारा}]^2$$

$$\text{घनाभ का विकर्ण} = \sqrt{\text{ल॰}^2 + \text{चौ॰}^2 + \text{ऊं॰}^2}$$

$$\text{घन का विकर्ण} = \text{किनारा}\ \sqrt{3}$$

$$\text{बेलन का आयतन} = \text{आधार का क्षे॰} \times \text{ऊंचाई}$$

$$\text{बेलन की ऊंचाई} = \frac{\text{आयतन}}{\pi r^2}$$

$$\text{बेलन के आधार का अर्द्धव्यास} = \sqrt{\frac{\text{आयतन}}{\pi h}}$$

$$\text{बेलन के वक्र तल का क्षे॰} = 2\pi rh$$

$$\text{बेलन के तलों का कुल क्षे॰} = 2\pi r(h + r)$$

$$\text{शंकु का आयतन} = \frac{1}{3}\pi r^2 \times h$$

$$\text{शंकु के वक्र तल का क्षेत्रफल} = \pi rl = \pi r\left(\sqrt{h^2 + r^2}\right)$$

$$\text{शंकु का कुल पृष्ठ} = \pi r(l + r)$$

जहां l इसकी तिरछी ऊंचाई है तथा इसका मान $\sqrt{h^2 + r^2}$ के बराबर है।

गोले का आयतन = $\frac{1}{3}\pi r^3$ (r अर्धव्यास है)

गोले का पृष्ठ क्षे॰ = $4\pi r^2$

उदाहरण 1. एक त्रिभुज का क्षेत्रफल 60 से॰मी॰ भुजा वाले वर्ग के क्षेत्रफल के बराबर हे। त्रिभुज की वह भुजा ज्ञात करो, जो सम्मुख शीर्ष से 120 से॰मी॰ की दूरी पर है।

हलः त्रिभुज का क्षेत्रफल = वर्ग का क्षेत्रफल

$= (60)^2 = 60 \times 60 = 3600$ वर्ग से॰मी॰

$\therefore$ त्रिभुज का क्षेत्रफल = $\frac{1}{2}\times \quad \times$

$3600 = \frac{1}{2}\times \quad \times 120$

आधार = $\frac{3600\times 2}{120} = 60$ सेमी॰

उदाहरण 2. एक गोलाकार क्षेत्र की परिधि 88 मीटर है तो इसकी त्रिज्या क्या होगी?

हलः गोलाकार क्षेत्र की परिधि = $2\pi\times$ त्रिज्या

$\therefore$ त्रिज्या = $\frac{\text{परिधि}}{2\pi} = \frac{88\times 7}{2\times 22} = 44$ मी॰

उदाहरण 3. एक बेलन की त्रिज्या 3 मीटर है और इसकी ऊंचाई 7 मीटर है तो बेलन का आयतन निकालें।

हलः बेलन का आयतन = $\pi r^2 h$

$= \frac{22}{7}\times 3\times 3\times 7 = 198$ घन मीटर

उदाहरण 4. यदि एक शंकु का व्यास 14 मी॰ है और इसकी त्रिर्यक ऊँचाई 9 मी॰ हो तो इसके वक्र पृष्ठ का क्षेत्रफल क्या होगा?

हलः शंकु की त्रिज्या = $\frac{\text{व्यास}}{2} = \frac{14}{2} = 7$ मी॰

$\therefore$ शंकु के वक्र पृष्ठ का क्षेत्रफल = $\pi r l$

$= \frac{22}{7}\times 7\times 9$

$= 198$ वर्ग मी॰

उदाहरण 5. एक गोले का अर्धव्यास 21 सेमी॰ है तो इसका आयतन कितना होगा?

हलः गोले की त्रिज्या = 21 सेमी॰

∴ गोले का आयतन $= \frac{4}{3}\pi r^3$

$= \frac{4}{3} \times \frac{22}{7} \times 21 \times 21 \times 21$

= 39808 घन मीटर

उदाहरण 6. एक गोले के वक्र पृष्ठ का क्षेत्रफल 1386 वर्ग सेमी॰ है। इसका आयतन क्या होगा?

हलः गोले के वक्र पृष्ठ का क्षेत्रफल $= 4\pi r^2$

$$1386 = 4 \times \frac{22}{7} \times r^2$$

$$r^2 = \frac{1386 \times 7}{4 \times 22} = \frac{441}{4}$$

$$r = \sqrt{\frac{441}{4}} = \frac{21}{2} \text{ सेमी॰}$$

∴ गोले का आयतन $= \frac{4}{3}\pi r^3$

$$= \frac{4}{3} \times \frac{22}{7} \times \frac{21}{2} \times \frac{21}{2} \times \frac{21}{2}$$

= 4851 घन सेमी॰

अभ्यासार्थ प्रश्न

1. एक बाग की लम्बाई तथा चौड़ाई का अनुपात 2 : 1 है। यदि इसका परिमाप 60 मी॰ है तो इसकी लम्बाई .... है।

A. 20 मी॰ B. 15 मी॰ C. 40 मी॰ D. 30 मी॰

2. एक कमरे की चारों दीवारों का क्षेत्रफल 660 वर्ग मी॰ है तथा इसकी लम्बाई चौड़ाई से दुगुनी है। यदि कमरे की ऊंचाई 11 मी॰ है तो इसकी छत का क्षेत्रफल .... है।

A. 300 वर्ग मी॰ B. 350 वर्ग मी॰ C. 200 वर्ग मी॰ D. 250 वर्ग मी॰

3. एक आयत का क्षेत्रफल 150 वर्ग मी॰ है तथा इसकी एक भुजा 15 मी॰ है। इसकी ऊंचाई .... है।

A. 10 मी॰ B. 15 मी॰ C. 18 मी॰ D. 20 मी॰

4. एक समचतुर्भुज का परिमाप 100 सेमी॰ है तथा इसका एक विकर्ण 40 सेमी॰ है। दूसरा विकर्ण .... है।

A. 25 सेमी॰   B. 20 सेमी॰   C. 30 सेमी॰   D. 70 सेमी॰

5. एक वृत्ताकार छल्ले की भीतरी तथा बाहरी परिधि 22 सेमी॰ तथा 44 सेमी॰ है। इसकी मोटाई .... है।

A. 4 सेमी॰   B. 3.5 सेमी॰   C. 5 सेमी॰   D. 8 सेमी॰

6. एक घन का पृष्ठ क्षेत्रफल 1014 वर्ग सेमी॰ है। इसका आयतन .... है।

A. 2000 घन सेमी॰   B. 2500 घन सेमी॰   C. 2197 घन सेमी॰   D. 500 घन सेमी॰

7. एक बेलन का आधार की परिधि 88 सेमी॰ है। इसकी ऊंचाई 42 सेमी॰ है। इसका आयतन .... है।

A. 25873 घन सेमी॰   B. 26113 घन सेमी॰

C. 27000 घन सेमी॰   D. 27732 घन सेमी॰

8. एक शंकु की ऊंचाई 9 सेमी॰ तथा आधार का व्यास 14 सेमी॰ है। इसका आयतन .... है।

A. 400 घन सेमी॰   B. 450 घन सेमी॰   C. 462 घन सेमी॰   D. 512 घन सेमी॰

उत्तरमाला

1. A   **2.** C   **3.** A   **4.** C   **5.** B

6. C   **7.** A   **8.** C

रेखागणित

1. **रेखा (Line) :** वह दूरी जो दो बिन्दुओं को आपस में जोड़ती है; रेखा कहलाती है। इसकी कोई चौड़ाई, लम्बाई और मोटाई नहीं होती यह असीमित होती है। रेखाएं दो प्रकार की होती हैं– 1. सरल रेखा 2. वक्र रेखा।

2. **बिन्दु (Point) :** जहाँ दो सीधी रेखाएं आपस में एक-दूसरे को काटती हैं बिन्दु कहलाती है। इसकी न लम्बाई होती है; न चौड़ाई और न मोटाई।

3. **समान्तर रेखाएँ (Parallel Straight Lines) :** दो रेखाएं जो एक ही तल में स्थित हों और जो प्रतिच्छेदन न करती हों, समान्तर रेखाएँ कहलाती हैं।

4. **कोण (Angle) :** एक ही आद्य-बिन्दु से खींची गई दो किरणों से बनने वाली आकृति को कोण कहते हैं। उभयनिष्ठ आद्य-बिन्दु कोण का शीर्ष कहलाता है और कोण बनाने वाली दो रेखाएँ इसकी भुजा कहलाती हैं।

5. **न्यून कोण (Acute Angle) :** ऐसा कोण जिसका माप 0° से अधिक तथा 90° से कम हो न्यून कोण कहलाता है।

6. **पुनर्युक्त या वृहत् कोण (Reflex Angle) :** वह कोण जिसका माप 180° से अधिक तथा 360° से कम हो वृहत् कोण कहलाता है।

समकोण (Right Angle) : वह कोण जिसका माप 90° का हो समकोण कहलाता है।

अधिक कोण (Obtuse Angle) : वह कोण जिसका माप 90° से अधिक हो परन्तु 180° से कम हो अधिक कोण कहलाता है।

कोटिपूरक कोण (Complementary Angle) : वह दो कोण जिनका योगफल 90° हो और जो एक-दूसरे के पूरक हों कोटिपूरक कोण कहलाता है।

सम्पूरक कोण (Supplementary Angle) : ऐसे दो कोण जिनका योगफल 180° हो तथा प्रत्येक कोण दूसरे के पूरक हो उसे सम्पूरक कोण कहते हैं।

आसन्न कोण (Adjacent Angle) : वे दो कोण जिनका शीर्ष बिन्दु एक ही बिन्दु हो तथा उनकी एक उभयनिष्ठ भुजा कोण की दूसरी भुजा के एक ओर हो, और दूसरे कोण की दूसरी भुजा उभयनिष्ठ भुजा के दूसरी ओर हो आसन्न कोण कहलाता है।

कोणों का रैखिक युग्म (A linear Pair of Angle) : वो दो आसन्न कोण जिनकी विभिन्न भुजाएं दो विपरीत किरणें हो, कोणों का रैखिक युग्म कहलाती है।

1. **विषमबाहु त्रिभुज :** जिस त्रिभुज की तीनों भुजाएं असमान हों विषमबाहु त्रिभुज कहलाता है।

2. **समद्विबाहु त्रिभुज :** जिस त्रिभुज की दो भुजाएं आपस में बराबर हों वो समद्विबाहु त्रिभुज कहलाता है।

3. **समबाहु या समत्रिबाहु त्रिभुज :** जिसकी तीनों भुजाएं बराबर हों समबाहु त्रिभुज या समत्रिबाहु त्रिभुज कहलाता है।

चतुर्भुज (Quadrilateral) : चार सरल रेखाओं से घिरी एक समतल आकृति चतुर्भुज कहलाती है। चतुर्भुज का एक विकर्ण इसको दो त्रिभुजों ACD तथा ABC में विभाजित करता है।

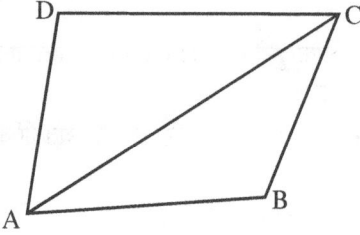

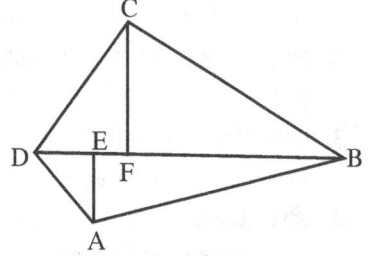

यदि एक विकर्ण और सम्मुख शीर्षों से विकर्ण पर दो लम्ब दिए गए हैं, तब चतुर्भुज ABCD का क्षेत्रफल

$= \Delta ABD$ का क्षेत्रफल $+ \Delta CBD$ का क्षेत्रफल

$$= \frac{1}{2}[BD \times AE] + \frac{1}{2}[BD \times CF]$$

$$= \frac{1}{2} BD \times [AE + CF]$$

$= \frac{1}{2} \times$ विकर्ण $\times$ सम्मुख शीर्षों से विकर्ण पर खींचे गए लम्बों की लम्बाईयों का योग

चतुर्भुज का क्षेत्रफल

$\frac{1}{2} \times$ विकर्ण $\times$ सम्मुख शीर्षों से विकर्ण पर खींचे गए लम्बों की लम्बाईयों का योग

समान्तर चतुर्भुज (Parallelogram) : यह चार भुजाओं की एक समतल आकृति होती है, जिसकी सम्मुख भुजाएं समान्तर तथा बराबर होती हैं। एक समान्तर चतुर्भुज के सम्मुख कोण बराबर होते हैं।

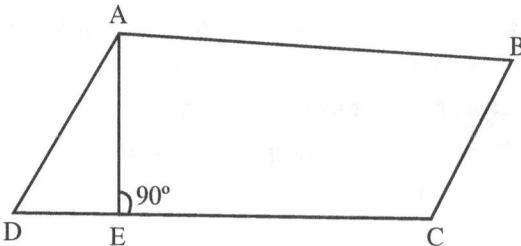

समान्तर चतुर्भुज के विकर्ण एक-दूसरे को समद्विभाजित करते हैं। समान्तर चतुर्भुज का प्रत्येक विकर्ण इसको दो बराबर भागों में विभाजित करता है।

समान्तर चतुर्भुज का क्षेत्रफल = आधार × ऊँचाई

समान्तर चतुर्भुज ABCD का क्षेत्रफल = CD × AE

समचतुर्भुज (Rhombus) : यह चार भुजाओं की एक समतल आकृति है, जिसकी चारों भुजाएं बराबर होती हैं।

समचतुर्भुज के विकर्ण एक-दूसरे को समकोण पर समद्विभाजित करते हैं।

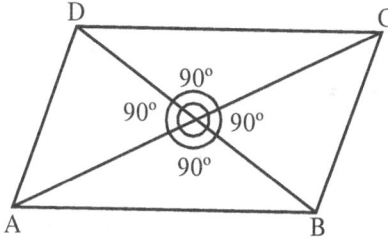

समचतुर्भुज ABCD का क्षेत्रफल

$$= \text{क्षेत्रफल } \Delta ADC + \text{क्षेत्रफल } \Delta ABC$$

$$= \frac{1}{2} \times (AC \times DO) + \frac{1}{2}(AC \times BO)$$

$$= \frac{1}{2} \times AC\,(DO + BO)$$

$$= \frac{1}{2} \times AC \times BD$$

$$= \frac{1}{2} \times \text{ दोनों विकर्णों का गुणनफल}$$

समलम्ब चतुर्भुज (Trapezium) : यह चार भुजाओं की एक समतल आकृति है, जिसकी एक युग्म सम्मुख भुजाएं समान्तर तथा असमान होती है।

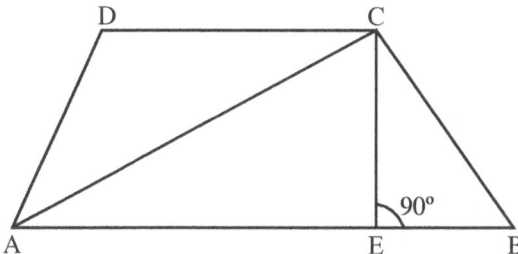

समलम्ब चतुर्भुज ABCD का क्षेत्रफल

$$= \text{क्षेत्रफल } \Delta ABC + \text{क्षेत्रफल } \Delta ADC$$

$$= \frac{1}{2}(AB \times CE) + \frac{1}{2}(DC \times CE)$$

$$= \frac{1}{2}CE \times (AB + DC)$$

$$= \frac{1}{2} \times \text{ऊँचाई} \times \text{समान्तर भुजाओं की लम्बाई का योग}$$

त्रिभुज (Triangle) : ऐसी आकृति जो तीन सरल रेखाओं से बनी हो त्रिभुज कहलाती है। भुजाओं के विचार से त्रिभुज तीन प्रकार के होते हैं।

1. विषमबाहु त्रिभुज, जिसकी तीनों भुजाएं असमान हों।
2. समबाहु त्रिभुज, जिसकी तीनों भुजाएं बराबर हों।
3. समद्विबाहु त्रिभुज, जिसकी दो भुजाएं आपस में बराबर हों।

कोणों के विचार से त्रिभुज तीन प्रकार के होते हैं।

1. न्यून कोण त्रिभुज, जिसका प्रत्येक कोण न्यून हो।
2. अधिक कोण त्रिभुज, जिसका एक कोण 90° से बड़ा हो।
3. समकोण त्रिभुज, जिसका एक कोण 90° का हो।

त्रिभुज के आन्तरिक कोणों का योग = 180°

महत्त्वपूर्ण सूत्र

1. समबाहु त्रिभुज का प्रत्येक कोण 60° का होता है।
2. एक सरल रेखा के ऊपर बने सभी कोणों का योग 180° होता है।
3. एक बिन्दु पर बने कोणों का योग 360° होता है।
4. यदि किसी कोण की भुजाओं के समानान्तर दूसरे कोण की भुजाएं हों तो कोण बराबर होते हैं।
5. यदि दो रेखाएं समानान्तर हों तथा एक तिर्यक रेखा उन्हें दो बिन्दुओं पर काटे तो
   (*i*) एक ही ओर बने अन्तःकोणों का योग 180° होता है।
   (*ii*) एकान्तर कोण समान होते हैं।
   (*iii*) संगत कोण समान होते हैं।
6. समद्विबाहु त्रिभुज में दो कोण बराबर होते हैं।
7. वर्ग तथा आयत के विकर्ण समान होते हैं परन्तु समचतुर्भुज तथा समानान्तर चतुर्भुज के विकर्ण असमान होते हैं।

8. सभी बहुभुज आकृतियों के बाह्य कोणों का योग सदैव 360° होता है।
9. बहुभुज आकृतियों के आन्तरिक कोणों का योग सदैव 90° होता है।
10. चतुर्भुज के आन्तरिक कोणों का योग सदैव 360° होता है।
11. पंचभुज के आन्तरिक कोणों का योग सदैव 540° होता है।
12. षटभुज के आन्तरिक कोणों का योग सदैव 720° होता है।

अभ्यासार्थ प्रश्न

1. यदि एक त्रिभुज के कोण 2 : 3 : 4 के अनुपात में हो तो तीनों कोण होंगे–
A. 60°, 60°, 60° B. 40°, 60°, 80°
C. 50°, 40°, 90° D. 30°, 60°, 90°

2. यदि एक चतुर्भुज के तीनों कोण 100°, 48° और 92° के हों तो चौथा कोण ज्ञात करो।
A. 100 B. 110 C. 120 D. 130

3. एक समबाहुभुज के प्रत्येक कोण का माप 108° हो, तो भुजाओं की संख्या होगी–
A. 5 B. 4 C. 3 D. 6

4. एक कोण का माप अपने सम्पूरक कोण के माप का दुगुना है तो इस कोण का माप होगा–
A. 30° B. 40° C. 50° D. 60°

5. नीचे दिए हुए त्रिभुज ABC में AB = AC तथा आधार BC को D तक बढ़ाया गया है। ∠ACD = 130° हो, तो ∠A का मान होगा–

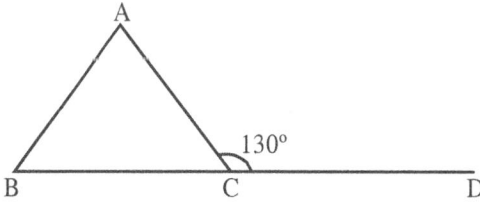

A. 50° B. 70° C. 80° D. 90°

6. एक समबाहु पंचभुज की भुजाओं को एक ही क्रम से बढ़ाने पर बने कोणों का योग होगा–
A. 108° B. 112° C. 118° D. 120°

उत्तरमाला

1. B **2.** C **3.** A
4. D **5.** C **6.** A

त्रिकोणमिति

1. **कोणों को मापने की दो पद्धतियां है।**

   (*i*) **वृतीय पद्धति :** इस पद्धति के अन्तर्गत कोण अंश, मिनट तथा सेकेण्ड में नापे जाते हैं।
   $1° = 60'$ (मिनट), $1' = 60$ (सेकेण्ड)

   (*ii*) **वृतीय नाप :** इस पद्धति के अन्तर्गत कोण रेडियन में नापते हैं। अतः रेडियन =
   $\dfrac{\text{चाप}}{\text{त्रिज्या}}$ ।

2. **त्रिकोणमितीय निष्पत्तियों का अनुपात :** समकोण त्रिभुज की तीनों भुजाओं लम्ब, आधार तथा कर्ण के पारस्परिक अनुपात को त्रिकोणमितीय अनुपात कहते हैं।

$$\sin\theta = \frac{\text{लम्ब}}{\text{कर्ण}} \qquad\qquad \sin(90° - \theta) = \cos\theta$$

$$\cos\theta = \frac{\text{आधार}}{\text{कर्ण}} \qquad\qquad \cos(90° - \theta) = \sin\theta$$

$$\tan\theta = \frac{\text{लम्ब}}{\text{आधार}} \qquad\qquad \tan(90° - \theta) = \cot\theta$$

$$\cot\theta = \frac{1}{\tan\theta} = \frac{\text{आधार}}{\text{लम्ब}} \qquad\qquad \cot(90° - \theta) = \tan\theta$$

$$\sec\theta = \frac{1}{\cos\theta} = \frac{\text{कर्ण}}{\text{आधार}} \qquad\qquad \sec(90° - \theta) = \mathrm{cosec}\,\theta$$

$$\mathrm{cosec}\,\theta = \frac{1}{\sin\theta} = \frac{\text{कर्ण}}{\text{लम्ब}} \qquad\qquad \mathrm{cosec}(90° - \theta) = \sec\theta$$

3. **त्रिकोणमितीय अनुपातों का पारस्परिक सम्बन्ध**

   (*i*) $\sin A = \dfrac{1}{\mathrm{cosec}\,A}$

   (*ii*) $\cos A = \dfrac{1}{\sec A}$

   (*iii*) $\tan A = \dfrac{\sin A}{\cos A}$

(*iv*) $\cot A = \dfrac{\cos A}{\sin A}$

(*v*) $\sin^2 A + \cos^2 A = 1$

(*vi*) $\sec^2 A = 1 + \tan^2 A$

(*vii*) $\operatorname{cosec}^2 A = 1 + \cot^2 A$

(*viii*) $\tan A \times \cot A = 1$

(*ix*) $\sin A \times \operatorname{cosec} A = 1$

(*x*) $\cos A \times \sec A = 1$

निम्नलिखित सारणी में 0°, 30°, 45°, 60° तथा 90° कोणों के लिए विभिन्न त्रिकोणमितीय निष्पत्तियों के मान दिये गये हैं। इन्हें भली-भांतिपूर्वक याद कर लें–

निष्पत्ति कोण	**0°**	**30°**	**45°**	**60°**	**90°**
sin	0	$\frac{1}{2}$	$\frac{1}{\sqrt{2}}$	$\frac{\sqrt{3}}{2}$	1
cos	1	$\frac{\sqrt{3}}{2}$	$\frac{1}{\sqrt{2}}$	$\frac{1}{2}$	0
tan	0	$\frac{1}{\sqrt{3}}$	1	$\sqrt{3}$	∞
cot	∞	$\sqrt{3}$	1	$\frac{1}{\sqrt{3}}$	0
sec	1	$\frac{2}{\sqrt{3}}$	$\sqrt{2}$	2	$\propto$
cosec	∞	2	$\sqrt{2}$	$\frac{2}{\sqrt{3}}$	1

90° से अधिक कोणों के त्रिकोणमितीय अनुपात ज्ञात करने के लिए कुछ प्रमुख नियम–

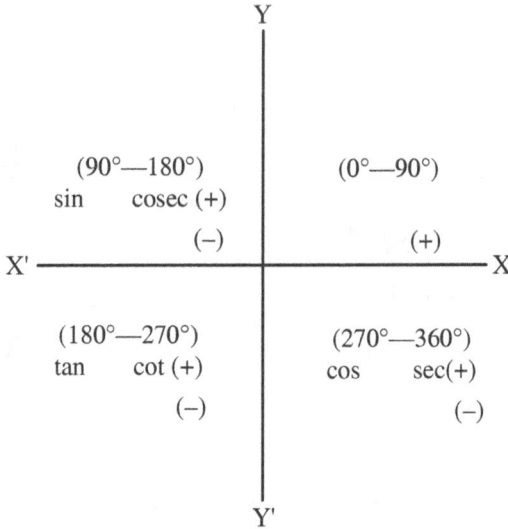

महत्त्वपूर्ण नोट– $(90° + θ)$ तथा $(90° – θ)$ के कोणों के त्रिकोणमितीय अनुपात निम्न क्रम बदल जाते हैं–

$\sin \rightleftharpoons \cos, \tan \rightleftharpoons \cot$

$\sec \rightleftharpoons \operatorname{cosec}$

तथा $(180° + θ)$, $(180° – θ)$, $(360° + θ)$, $(360° – θ)$ व $(–θ)$ आदि के कोण त्रिकोणमितीय अनुपात में अपरिवर्तित रहते हैं। अर्थात् sin का sin तथा cos का cos रहता है।

ऊँचाई एवं दूरी

त्रिकोणमिति की सहायता से हम कुछ वस्तुओं की ऊँचाइयाँ तथा बिन्दुओं के बीच दूरियां वास्तविक रूप में बिना, मापे ही ज्ञात कर सकते हैं।

उन्नयन कोण तथा अवनमन कोण (Angle of Elevation and Angle of Depression) यदि क्षैतिज रेखा OX पर बिन्दु O, जोकि प्रेक्षक की आँख है तथा एक वस्तु OX के तल में है, तब :

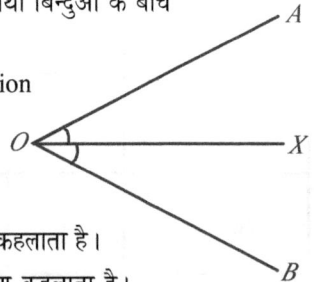

(i) यदि A, OX के ऊपर है, तो $\angle XOA$ उन्नयन कोण कहलाता है।

(ii) यदि B, OX के नीचे है, तो $\angle XOB$ अवनमन कोण कहलाता है।

उदाहरण 1. एक व्यक्ति जो नदी के किनारे खड़ा है, वह नदी के दूसरे किनारे पर खड़े वृक्ष के शीर्ष से $60°$ उन्नयन कोण मापता है। यदि वह किनारे से 40 मीटर दूर हटता है, तो उन्नयन कोण $30°$ मापता है। वृक्ष की ऊँचाई तथा नदी की चौड़ाई ज्ञात कीजिए।

हल : माना वृक्ष की ऊँचाई $AB = h$ मी. है तथा नदी की चौड़ाई $CB = x$ मी. है।

$$\angle BCA = 60°$$

माना दूसरी स्थिति में व्यक्ति बिन्दु D पर है, तो

$$\angle BDA = 30°$$

अब समकोण $\triangle ABC$ में

$$\frac{AB}{BC} = \tan 60°$$

अर्थात् $\qquad \dfrac{h}{x} = \sqrt{3}$

या $\qquad h = \sqrt{3}x$ ...(i)

समकोण $\triangle ABD$ में

$$\frac{AB}{BD} = \tan 30°$$

अर्थात् $\qquad \dfrac{h}{40+x} = \tan 30° = \dfrac{1}{\sqrt{3}}$

या $\qquad \sqrt{3}h = 40 + x$ ...(ii)

समीकरण (ii) में (i) से प्राप्त h का मान रखने पर

$$\sqrt{3} \times \sqrt{3}x = 40 + x$$

या $\qquad 3x = 40 + x$

या $\qquad 3x - x = 40$

या या $\qquad 2x = 40$

या $\qquad x = 20$ मी.

$\qquad$ (i) से $h = \sqrt{3} \times 20$

$$= 1.732 \times 20 = 34.64 \text{ मी.}$$

अतः $\qquad$ वृक्ष की ऊँचाई $= 34.64$ मी.

$\qquad$ नदी की चौड़ाई $= 20$ मी.

उदाहरण 2. एक सीढ़ी एक मकान की दीवार के साथ लगी है तथा धरातल के साथ $60°$ का कोण बनाती है। यदि सीढ़ी का पाद दीवार से 9.6 मी. दूर है, तो सीढ़ी की लम्बाई ज्ञात कीजिए।

हल : माना सीढ़ी की स्थिति AC है तथा इसकी लम्बाई x मी. है।

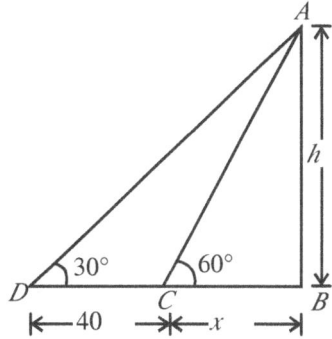

$$\angle BAC = 60°$$

तथा $\qquad AB = 9.6$ मी.

समकोण $\triangle ABC$ में,

$$\frac{AB}{AC} = \cos 60° = \frac{1}{2}$$

या $\qquad AC = 2AB$

$$= 2 \times 9.6 \text{ मी.}$$

$$= 19.2 \text{ मी.}$$

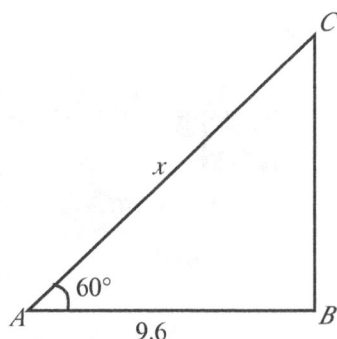

अतः सीढ़ी की लम्बाई 19.2 मी. है।

उदाहरण 3. एक मीनार 128 मी. ऊंची है। मीनार के शीर्ष से एक कार का अवनमन कोण 30° है। मीनार से कार की दूरी ज्ञात कीजिए।

हल : माना मीनार की स्थिति AB है तथा कार की स्थिति C है।

समकोण $\triangle ABC$ में,

$$\frac{AB}{BC} = \tan 30° = \frac{1}{\sqrt{3}}$$

$$BC = AB \times \sqrt{3}$$

या $\qquad BC = 128\sqrt{3}$ मी.

अतः

मीनार से कार की दूरी $128\sqrt{3}$ मी. है।

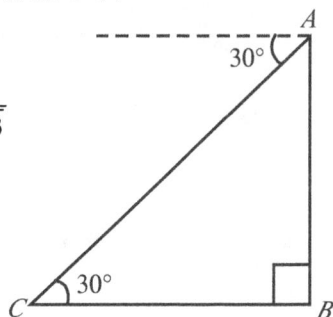

मिश्रित प्रश्न

1. एक वर्ग का परिमाप ज्ञात कीजिए यदि इसका विकर्ण 72 सेमी. हो।

A. $36\sqrt{2}$ सेमी.   B. $72\sqrt{2}$ सेमी.   C. $144\sqrt{2}$ सेमी.   D. $288\sqrt{2}$ सेमी.

2. एक आयत का क्षेत्रफल 192 वर्ग मी. है। यदि आयत की लम्बाई 16 मी. हो, तो इसका परिमाप ज्ञात कीजिए।

A. 28 मी.   B. 56 मी.   C. 32 मी.   D. 64 मी.

3. एक समद्विबाहु समकोण त्रिभुज का क्षेत्रफल 200 वर्ग सेमी. है। इसके कर्ण की लम्बाई ज्ञात कीजिए।

A. $20\sqrt{2}$ सेमी.   B. 20 सेमी.   C. $40\sqrt{2}$ सेमी.   D. 40 सेमी.

4. एक समचतुर्भुज का क्षेत्रफल 72 वर्ग सेमी. है। यदि इसका एक विकर्ण 8 सेमी. लम्बा है तो दूसरा विकर्ण कितना होगा?

A. 16 सेमी. B. 18 सेमी. C. 14 सेमी. D. 12 सेमी.

5. एक वर्ग का परिमाप $(4x + 24)$ सेमी. है इसका विकर्ण ज्ञात कीजिए।

A. $(x + 6)$ सेमी. B. $4(x + 6)$ सेमी.

C. $\sqrt{2}\,(x+6)$ सेमी. D. $(2x + 12)$ सेमी.

6. एक समकोण त्रिभुज का क्षेत्रफल ज्ञात कीजिए यदि इसके परिवृत की त्रिज्या 3 सेमी. तथा कर्ण पर डाला गया लम्ब 2 सेमी. है।

A. 6 सेमी.^{2} B. 12 सेमी.^{2} C. 8 सेमी.^{2} D. 10 सेमी.^{2}

7. एक शतरंज बोर्ड में 64 वर्गाकार खाने हैं और प्रत्येक वर्गाकार खाने का क्षेत्रफल 6.25 वर्ग सेमी. है। यदि बोर्ड के चारों ओर 2 सेमी. चौड़ा बार्डर हो तो शतरंज बोर्ड की भुजा ज्ञात कीजिए।

A. 20 सेमी. B. 22 सेमी. C. 24 सेमी. D. 26 सेमी.

8. एक वृत्ताकार रास्ते की भीतरी परिधि 440 मी. है। रास्ते के बाहरी वृत्त का व्यास ज्ञात कीजिए यदि रास्ते की चौड़ाई 14 मी. है।

$\left(\pi = \frac{22}{7} \text{ लीजिए}\right)$

A. 70 मी. B. 84 मी. C. 168 मी. D. 98 मी.

9. एक वृत्ताकार बाग की त्रिज्या 100 मी. है। इसके चारों ओर 10 मी. चौड़ी एक सड़क है। सड़क का क्षेत्रफल ज्ञात कीजिए।

A. 2200 मी.^{2} B. 4400 मी.^{2} C. 8800 मी.^{2} D. 6600 मी.^{2}

10. दो वृत्तों की परिधियों का अनुपात 2 : 3 है। उनके क्षेत्रफलों का अनुपात ज्ञात कीजिए।

A. 4 : 9 B. 9 : 4 C. 2 : 3 D. 3 : 2

11. एक स्टील की तार को वर्ग के रूप में मोड़ने पर यह 121 वर्ग सेमी. स्थान घेरती है। यदि इस तार को वृत्त के रूप में मोड़ा जाए तो वृत्त का क्षेत्रफल ज्ञात करो।

$\left(\pi = \frac{22}{7} \text{ लीजिए}\right)$

A. 154 वर्ग सेमी. B. 308 वर्ग सेमी. C. 77 वर्ग सेमी. D. 168 वर्ग सेमी.

12. एक वर्ग की भुजा 42 सेमी. है। इसकी भुजा को व्यास मानकर एक अर्धवृत्ताकार भाग इसमें से काट दिया जाता है। शेष भाग का क्षेत्रफल ज्ञात कीजिए।

A. 1058 सेमी.^{2} B. 1060 सेमी.^{2} C. 1071 सेमी.^{2} D. 1075 सेमी.^{2}

13. धातु के तीन घन जिनके किनारे क्रमशः 3 सेमी., 4 सेमी. और 5 सेमी. हैं, को पिघलाकर एक नया घन बनाया जाता है। नये घन का किनारा ज्ञात कीजिए।

A. 6 सेमी. B. 7 सेमी. C. 8 सेमी. D. 9 सेमी.

14. 18 मी. × 12 मी. × 9 मी. माप वाले घनाभ में से 3 मी. किनारे वाले कितने घन काटे जा सकते हैं?

A. 48 B. 24 C. 72 D. 96

15. उस बड़ी-से-बड़ी छड़ की लम्बाई ज्ञात कीजिए जो 12 मी. × 8 मी. × 9 मी. आकार के कमरे में रखी जा सके।

A. 15 मी. B. 17 मी. C. 19 मी. D. 21 मी.

16. कमरे की चारदीवारी का क्षेत्रफल ज्ञात कीजिए जिसकी लम्बाई 7 मी. चौड़ाई. 5 मी. और ऊँचाई 4 मी. है।

A. 24 वर्ग मी. B. 48 वर्ग मी. C. 96 वर्ग मी. D. 120 वर्ग मी.

17. d सेमी. व्यास के गोले के अन्दर एक घन बनाया गया है। ऐसे बड़े-से-बड़े घन की भुजा क्या होगी?

A. $\frac{d\sqrt{3}}{3}$ सेमी. B. $d\sqrt{3}$ सेमी. C. $3d$ सेमी. D. $\frac{d}{3}$ सेमी.

18. एक बेलनाकार टैंक का आयतन 6160 घन मी. है। यदि इसके आधार का व्यास 28 मी. है तो इसकी गहराई ज्ञात कीजिए।

A. 10 मी. B. 15 मी. C. 20 मी. D. 25 मी.

19. एक शंकु के आधार की त्रिज्या 5 सेमी. तथा ऊँचाई 12 सेमी. है। इसके सम्पूर्ण पृष्ठ का क्षेत्रफल ज्ञात कीजिए।

A. 1980 सेमी.^{2} B. $\frac{1980}{7}$ सेमी.^{2} C. 282 सेमी.^{2} D. 284 सेमी.^{2}

20. एक शंक्वाकार तम्बू के आधार की परिधि 44 मी. है। यदि तम्बू की ऊंचाई 9 मी. हो तो तम्बू में भरी वायु का आयतन ज्ञात कीजिए।

A. 431 मी.^{3} B. 450 मी.^{3} C. 460 मी.^{3} D. 462 मी.^{3}

21. एक लम्ब वृत्तीय शंकु का वक्र पृष्ठ क्षेत्रफल ज्ञात कीजिए जिसकी त्रिज्या 5 सेमी. तथा ऊंचाई 12 सेमी. है।

A. $\frac{1430}{7}$ सेमी.^{2} B. $\frac{1435}{7}$ सेमी.^{2} C. $\frac{1453}{7}$ सेमी.^{2} D. $\frac{1437}{7}$ सेमी.^{2}

22. घातु की एक अर्ध वृत्ताकार शीट का क्षेत्रफल ज्ञात कीजिए जिसका व्यास 28 सेमी. है।

A. 308 सेमी.^{2} B. 322 सेमी.^{2} C. 336 सेमी.^{2} D. 360 सेमी.^{2}

23. एक शंकु का वक्र पृष्ठ क्षेत्रफल 4070 वर्ग सेमी. है। यदि इसका व्यास 70 सेमी. हो, तो इसकी तिरछी ऊंचाई क्या होगी?

A. 33 सेमी. B. 35 सेमी. C. 37 सेमी. D. 39 सेमी.

24. एक शंकु तथा एक अर्धगोले के आधार तथा आयतन समान है। इनकी ऊंचाइयों का अनुपात ज्ञात कीजिए।

A. 1 : 2 B. 2 : 1 C. 4 : 1 D. 1 : 4

25. एक गोले का पृष्ठ क्षेत्रफल $452\frac{4}{7}$ वर्ग सेमी. है। इसका आयतन क्या होगा? $\left(\pi = \frac{22}{7}\right)$ लीजिए।

A. 905 सेमी.^{3} B. $905\frac{1}{7}$ सेमी.^{3} C. 908 सेमी.^{3} D. $908\frac{1}{7}$ सेमी.^{3}

26. एक लम्बवृत्तीय बेलन का आयतन ज्ञात कीजिए जिसकी ऊंचाई 21 सेमी. तथा आधार की त्रिज्या 5 सेमी. हो।

A. 1650 सेमी.^{3} B. 1680 सेमी.^{3} C. 1675 सेमी.^{3} D. 1690 सेमी.^{3}

27. $\sec(90° - \theta).\sin\theta$ का मान कितना है?

A. ∞ B. 0 C. $\cot\theta$ D. 1

28. यदि $\sin 58° = \frac{x}{y}$ हो तो cosec 58° का मान कितना होगा?

A. $\frac{x}{y}$ B. $\sqrt{x^2 + y^2}$ C. $\frac{y}{x}$ D. $\sqrt{x^2 - y^2}$

29. यदि $\sin 75° = \frac{\sqrt{3}+1}{2\sqrt{2}}$, तो cos 15° का मान क्या है?

A. $\frac{\sqrt{3}+1}{2\sqrt{2}}$ B. $\frac{\sqrt{3}+1}{3\sqrt{2}}$ C. $\frac{\sqrt{3}-1}{2\sqrt{2}}$ D. $\frac{\sqrt{3}-1}{3\sqrt{2}}$

30. यदि $\alpha + \beta = \frac{\pi}{2}$ और $\sin\alpha = \frac{1}{2}$ तो β का मान कितना होगा?

A. 30° B. 45° C. 60° D. 120°

31. sin 60° cos 30° – cos 150° sin 120° का मान कितना होगा?

A. $\frac{3}{2}$ B. $\frac{1}{2}$ C. $\frac{3}{4}$ D. $\frac{2}{3}$

32. sin (–300°) का मान क्या है?

A. $\frac{2}{\sqrt{3}}$ B. $\frac{1}{\sqrt{2}}$ C. $\frac{\sqrt{3}}{2}$ D. $-\frac{\sqrt{3}}{2}$

33. यदि 0° तथा 180° के बीच $\cos\theta = -\dfrac{\sqrt{3}}{2}$ हो तो θ का मान कितना होगा?

   A. 60°   B. 180°   C. 150°   D. 120°

34. sin 120°.sec 150° का मान क्या होगा?

   A. –1   B. 0   C.   D. 2

35. $\dfrac{\sin 36° + \cos 36°}{\cos 54° + \sin 54°}$ का मान क्या होगा?

   A. $\dfrac{\sqrt{3}+1}{2}$ B. $\dfrac{\sqrt{2}+1}{\sqrt{3}}$ C. 1   D. 0

36. $\cot^2 30° + \tan^2 45° + \cot^2 90°$ का मान निम्न में से कौन-सा होगा?

   A. 0   B. $\dfrac{1}{2}$ C. 4   D. ∞

37. $\cot(270° - \theta).\cot(270° + \theta).\cot(540° - \theta) \times \cot(540° + \theta)$ का मान कितना है?

   A. cot θ   B. 1   C. tan θ   D. 0

38. $\csc(270° - \theta) \times \csc(270° + \theta) + \cot(270° - \theta) \times \cot(270° + \theta)$ का मान क्या है?

   A. cosec θ   B. 1   C. cot θ   D. 0

39. $\cos\theta + \sin(270° + \theta) - \sin(270° - \theta) + \cos(180° + \theta)$ का मान कितना होगा?

   A. 0   B. $\dfrac{1}{2}$ C. cos θ   D. sin θ

40. sin 105° का मान क्या है?

   A. $\dfrac{\sqrt{3}+1}{3\sqrt{2}}$ B. $\dfrac{\sqrt{3}-1}{2\sqrt{2}}$ C. $\dfrac{\sqrt{3}+1}{2\sqrt{2}}$ D. $\dfrac{\sqrt{2}+1}{2\sqrt{2}}$

41. यदि $\cos A = \dfrac{12}{13}$, $\cos B = \dfrac{8}{17}$ हो तो sin (A – B) का मान क्या होगा?

   A. $-\dfrac{140}{221}$ B. $-\dfrac{120}{69}$ C. $\dfrac{128}{31}$ D. $\dfrac{64}{17}$

42. यदि $\tan A = \dfrac{5}{6}$ तथा $\tan B = \dfrac{1}{11}$ हो तो (A + B) का मान कौन-सा होगा?

   A. 0°   B. 30°   C. 45°   D. 60°

43. यदि $(A + B) = 45°$ तो $\left(\frac{\tan A + \tan B}{1 - \tan A \tan B}\right)$ का मान क्या होगा?

A. 1 B. $\frac{1}{\sqrt{2}}$ C. 0 D. $\sqrt{3}$

44. यदि $\sin A = \frac{3}{5}$ तथा $\cos B = \frac{5}{13}$ तो $\sin (A + B)$ का मान क्या है?

A. $\frac{61}{62}$ B. $\frac{63}{65}$ C. $\frac{52}{51}$ D. $\frac{62}{65}$

45. $\cos 72° \cos 42° + \sin 72° \sin 42°$ का मान कितना होगा?

A. $\frac{2}{\sqrt{3}}$ B. $\frac{1}{\sqrt{2}}$ C. $\frac{\sqrt{3}}{2}$ D. $\frac{1}{2}$

46. जिस समय सूर्य का उन्नयन कोण 45° था, एक खम्भे की परछाई 10 मी. नापी गई तो बताइये खम्भे की ऊंचाई कितनी होगी?

A. 8 मी. B. 9 मी. C. 10 मी. D. 12 मी.

47. यदि 12 मी. ऊंचे पुल से नाव का अवनमन कोण 60° का बन रहा हो तो बताइये नाव पुल के आधार से कितनी दूरी पर स्थित होगी?

A. $3\sqrt{3}$ मी. B. $4\sqrt{3}$ मी. C. $5\sqrt{3}$ मी. D. $6\sqrt{3}$ मी.

48. एक वृक्ष आंधी के झोंके से कुछ ऊंचाई पर टूटकर लटक गया। यदि वह बिन्दु जहां वृक्ष का ऊपरी सिरा भूमि को स्पर्श कर रहा है, वृक्ष के आधार से 6 मी. दूर हो तथा लटका हुआ भाग पृथ्वी के साथ 45° का कोण बना रहा हो तो उस वृक्ष की ऊंचाई कितनी होगी?

(उत्तर दशमलव के दो स्थानों तक दीजिए यदि)

A. 14.48 मी. B. 13.38 मी. C. 12.56 मी. D. 17.68 मी.

49. एक नदी की चौड़ाई नापने हेतू जब नदी के इस पार से उस पार ठीक सामने तट पर स्थित किसी ऊंची पहाड़ी को देखा जाता है तो उन्नयन कोण 45° का बनता है। जब उसी सीध में तट से 30 मी. पीछे दूर हटकर देखा जाता है तो उन्नयन कोण 30° का हो जाता है। बताइये नदी की चौड़ाई कितनी होगी?

A. 39.84 मी. B. 40.98 मी. C. 52.64 मी. D. 56.87 मी.

50. एक मकान की खिड़की से एक झंडे के शिखर का उन्नयन कोण 60° तथा उसके पाद का अवनमन कोण 30° है। यदि मकान से झण्डे की दूरी 9 मी. हो तो बताइये झण्डे की ऊंचाई कितनी है?

A. $15\sqrt{2}$ मी. B. $16\sqrt{2}$ मी. C. $16\sqrt{3}$ मी. D. $12\sqrt{3}$ मी.

51. 8 मी. लम्बी सीढ़ी एक बिजली के खम्भे की चोटी से 8 मी. नीचे तक पहुंचती है। यदि सीढ़ी के निचले सिरे पर खम्भे के शिखर का उन्नयन कोण 60° हो तो बताइये खम्भे की ऊंचाई कितनी होगी?

A. 6 मी. B. 12 मी. C. 11 मी. D. 18 मी.

52. एक नाव से, जो पुल की ओर आ रही है। उस पुल का उन्नयन कोण 30° का देखा गया। नाव के उसी चाल से 4 मिनट चलने के बाद उन्नयन कोण 60° हो गया। बताइये नाव को पुल तक पहुंचने में कितना समय और लगेगा?

A. $1\frac{1}{2}$ मि. B. $2\frac{1}{2}$ मि. C. 2 मि. D. $3\frac{1}{2}$ मि.

53. किसी मीनार के आधार से एक ही सरल रेखा में स्थित दो बिन्दुओं A और B से उसकी चोटी के उन्नयन कोण कोटिपूरक हैं। यदि आधार से बिन्दुओं A और B की दूरी क्रमशः *a* और *b* हो तो बताइये मीनार की ऊंचाई कितनी होगी?

A. $\sqrt{ab}$ B. ab C. ab^2 D. $\sqrt{a(b+1)}$

54. एक मीनार AB क्षैतिज भूमि पर ऊर्ध्वाधर खड़ी है और उसके ऊपर एक पताका दण्ड AC लगा है। भूमि पर स्थित बिन्दु O पर AC और AB द्वारा अन्तरित कोण क्रमशः α और β इस प्रकार हैं– $\tan\alpha = \frac{1}{8}$ तथा $\tan\beta = \frac{1}{2}$ यदि मीनार AB की ऊंचाई 12 मी. हो तो बताइये AC की लम्बाई क्या होगी?

A. 6 मी. B. 2 मी. C. 4 मी. D. $5\frac{1}{2}$ मी.

55. एक वायुयान दो मकानों के ऊपर से उड़ रहा है। जिनके बीच की क्षैतिज दूरी 300 मी. है। यदि किसी समय वायुयान से एक ही दिशा में दोनों मकानों के अवनमन कोण 45° तथा 60° के हों तो बताइये वायुयान कितनी ऊंचाई पर है।

A. $120\left(2+\sqrt{2}\right)$ मी. B. $150\left(3+\sqrt{3}\right)$ मी.

C. $144\sqrt{3}$ मी. D. $222\sqrt{2}$ मी.

56. उस समय सूर्य का उन्नयन कोण क्या होगा जबकि एक स्तम्भ की छाया उसकी कुल ऊंचाई की $\sqrt{3}$ गुनी हो?

A. 60° B. 45° C. 30° D. 75°

57. सीधी क्षैतिज सड़क के उर्ध्वाधर ऊपर एक हवाई जहाज सड़क के दो क्रमागत किलोमीटर के पत्थरों के बीच जो हवाई जहाज के दोनों ओर स्थित हैं, उड़ रहा है। यदि पत्थरों का अवनतांश कोण क्रमशः 30° तथा 60° हो तो वायुयान की ऊंचाई कितनी होगी?

A. 18 मी. B. 16 मी. C. 21 मी. D. 24 मी.

उत्तरमाला

1. C	**2.** B	**3.** A	**4.** B	**5.** C
6. A	**7.** C	**8.** C	**9.** D	**10.** A
11. A	**12.** C	**13.** A	**14.** C	**15.** B
16. C	**17.** A	**18.** A	**19.** B	**20.** D
21. A	**22.** A	**23.** C	**24.** B	**25.** B
26. A	**27.** D	**28.** C	**29.** A	**30.** C
31. A	**32.** C	**33.** C	**34.** A	**35.** C
36. C	**37.** B	**38.** B	**39.** A	**40.** C
41. A	**42.** C	**43.** A	**44.** B	**45.** C
46. C	**47.** B	**48.** A	**49.** B	**50.** D
51. B	**52.** C	**53.** A	**54.** C	**55.** B
56. C	**57.** B			

कुछ चुने हुए प्रश्नों के व्याख्यात्मक उत्तर

1. विकर्ण की लम्बाई = 72 सेमी.

माना वर्ग की भुजा = x सेमी.

तो,

$$x^2 + x^2 = (72)^2$$
$$2x^2 = (72)^2$$
$$x^2 = \frac{72 \times 72}{2} = 72 \times 36$$

∴ $$x = 36\sqrt{2}$$

वर्ग का परिमाप = $4x = 4 \times 36\sqrt{2} = 144\sqrt{2}$ सेमी.

3. समद्विबाहु समकोण त्रिभुज का क्षेत्रफल = $\frac{1}{2}a^2$

$$\frac{1}{2}a^2 = 200$$
$$a^2 = 200 \times 2 = 400$$
$$a = \sqrt{400} = 20 \text{ सेमी.}$$
$$\text{कर्ण} = \sqrt{a^2 + a^2} = \sqrt{(20)^2 + (20)^2}$$
$$= \sqrt{400 + 400} = \sqrt{800} = 20\sqrt{2} \text{ सेमी.}$$

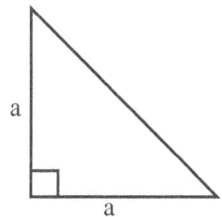

5. वर्ग का परिमाप $= (4x + 24)$ सेमी.

वर्ग की भुजा $= \frac{1}{4}(4x+24) = (x + 6)$ सेमी.

वर्ग का विकर्ण $= \sqrt{2}\,(x + 6)$ सेमी.

6. कर्ण = परिवृत का व्यास

$= 2 \times 3 = 6$ मी.

कर्ण पर डाला गया लम्ब = 2 सेमी.

समकोण त्रिभुज का क्षेत्रफल$= \frac{1}{2}\times 6\times 2 = 6$ वर्ग सेमी.

7. शतरंज बोर्ड की प्रत्येक भुजा में वर्गों की संख्या $= \sqrt{64} = 8$

प्रत्येक वर्ग का क्षेत्रफल = 6.25 सेमी.^{2}

वर्ग की भुजा $= \sqrt{6.25} = 2.5$ सेमी.

$\therefore$ शतरंज बोर्ड की भुजा $= 8 \times 2.5 = 20$ सेमी.

बार्डर की चौड़ाई = 2 सेमी.

$\therefore$ बार्डर सहित शतरंज बोर्ड की भुजा $= 20 + 2 + 2 = 24$ सेमी.

8. भीतरी परिधि = 440 मी.

$2\pi r = 440$

$\therefore \quad r = \frac{440}{2\pi} = \frac{440\times 7}{2\times 22} = 70$ मी.

रास्ते की चौड़ाई = 14 मी.

$\therefore$ रास्ते सहित वृत्त की त्रिज्या $= 70 + 14 = 84$ मी.

$\therefore$ बाहरी वृत्त का व्यास $= 84 \times 2 = 168$ मी.

11. वर्ग का क्षेत्रफल = 121 वर्गसेमी.

वर्ग की भुजा $= \sqrt{121} = 11$ सेमी.

वर्ग का परिमाप $= 11 \times 4 = 44$ सेमी.

जब तार को वृत्त के रूप में मोड़ा जाता है, तो $2\pi r = 44$

$\therefore \quad r = \frac{44}{2\pi} = \frac{44\times 7}{2\times 22} = 7$ सेमी.

वृत्त का क्षेत्रफल $= \pi r^2 = \frac{22}{7}\times 7\times 7 = 154$ वर्ग सेमी.

12. वर्ग की भुजा = 42 सेमी.

अर्धवत्त का व्यास = 42 सेमी.,

त्रिज्या = $\frac{42}{2}$ = 21 सेमी.

वर्ग का क्षेत्रफल = 42 × 42 = 1764 वर्ग सेमी.

अर्धवृत्त का क्षेत्रफल = $\frac{1}{2}\pi r^2 = \frac{1}{2}\times\frac{22}{7}\times 21\times 21$

= 693 वर्ग सेमी.

शेष भाग का क्षेत्रफल = 1764 – 693

= 1071 वर्ग सेमी.

15. बड़ी-से-बड़ी छड़ जो कमरे में रखी जा सकती है, उसकी लम्बाई कमरे के विकर्ण के बराबर होगी

∴ छड़ की लम्बाई = $\sqrt{l^2+b^2+h^2} = \sqrt{(12)^2+(8)^2+(9)^2}$

= $\sqrt{144+64+81} = \sqrt{289}$ = 17मी.

18. टेंक का आयतन = 6160 घन मी.

आधार का व्यास = 22 मी.

∴ त्रिज्या = 14 मी.

सुत्र से, $6160 = \pi \times 14 \times 14 \times h$

∴ $h = \frac{6160\times 7}{22\times 14\times 14}$

= 10 मी.

24. माना शंकु तथा अर्धगोले की ऊंचाई क्रमशः h तथा H है। शंकु तथा अर्धगोले के आधार की त्रिज्याएं समान हैं।

शंकु का आयतन = अर्धगोले का आयतन

$\frac{1}{3}\pi r^2 h = \frac{1}{2}\times\frac{4}{3}\pi r^2$ H [अर्धगोले के लिए H = r]

∴ $\frac{h}{H} = \frac{2}{1}$ ∴ $h : H = 2 : 1$

28. $\because \sin 58° = \frac{x}{y} \Rightarrow \frac{1}{\sin 58°} = \frac{y}{x} \Rightarrow \text{cosec } 58° = \frac{y}{x}$

31. sin 60°.cos 30° – cos 150° sin 120°

$= \frac{\sqrt{3}}{2}\times\frac{\sqrt{3}}{2} - \cos(90° + 60°) . \sin(90° + 30°)$

$= \frac{3}{4} + \sin 60°.\cos 30° = \frac{3}{4}+\frac{3}{4} = \frac{3}{2}$

33. $\because \cos\theta = -\dfrac{\sqrt{3}}{2} \Rightarrow \cos\theta = \cos(90° + 60°)$

$\Rightarrow \cos\theta = \cos 150° \Rightarrow \theta = 150°$

35. $\dfrac{\sin 36° + \cos 36°}{\cos 54° + \sin 54°}$

$= \dfrac{\sin 36° + \cos 36°}{\cos(90° - 36°) + \sin(90° - 36°)}$

39. $\because \cos\theta + \sec(270° + \theta) - \sec(270° - \theta) + \cos(180° + \theta)$
$= \cos\theta + (-\cos\theta) - (-\cos\theta) + (-\cos\theta)$
$= \cos\theta - \cos\theta + \cos\theta - \cos\theta$
$= 0$

40. $\sin 105° = \sin(60° + 45°)$
$= \sin 60° . \cos 45° + \cos 60° . \sin 45°$

$= \dfrac{\sqrt{3}}{2} \times \dfrac{1}{\sqrt{2}} + \dfrac{1}{2} \times \dfrac{1}{\sqrt{2}}$

$= \dfrac{\sqrt{3} + 1}{2\sqrt{2}}$

41. $\cos A = \dfrac{12}{13} \quad \therefore \sin A = \sqrt{1 - \left(\dfrac{12}{13}\right)^2} = \sqrt{\dfrac{25}{169}} = \dfrac{5}{13}$

$\cos B = \dfrac{8}{17} \quad \therefore \sin B = \sqrt{1 - \left(\dfrac{8}{17}\right)^2} = \sqrt{\dfrac{225}{289}} = \dfrac{15}{17}$

अब $\sin(A - B) = \sin A . \cos B - \cos A . \sin B$

$= \dfrac{5}{13} \times \dfrac{8}{17} - \dfrac{12}{13} \times \dfrac{15}{17}$

$= \dfrac{40}{221} - \dfrac{180}{221} = \dfrac{-140}{221}$

42. $\because \tan(A + B) = \dfrac{\tan A + \tan B}{1 - \tan A \cdot \tan B}$

$\Rightarrow \tan(A + B) = \dfrac{\dfrac{5}{6} + \dfrac{1}{11}}{1 - \dfrac{5}{6} \times \dfrac{1}{11}} = \dfrac{\dfrac{61}{66}}{\dfrac{61}{66}}$

95

$\Rightarrow \quad \tan(A+B) = 1 = \tan 45°$

$\Rightarrow \qquad A+B = 45°$

45. $\cos 72° . \cos 42° + \sin 72° . \sin 42°$

$= \cos(72° - 42°)$

$= \cos(30°) = \dfrac{\sqrt{3}}{2}$

46. माना खम्भा (BC) = x मी.

तथा उन्नयन कोण θ = 45°

$\therefore \triangle ABC$ में, $\tan\theta = \dfrac{BC}{AC}$

$\Rightarrow \qquad \tan 45° = \dfrac{x}{10}$

$\Rightarrow \qquad x = 10$ मी.

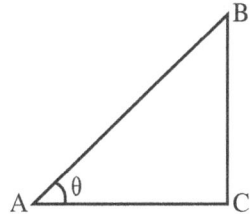

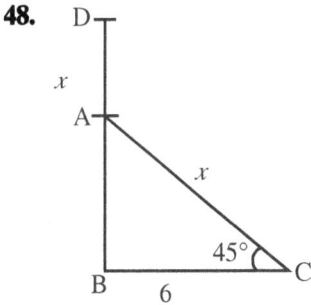

48.

प्रश्न से $\qquad AD = AC = x$ मी. (माना)

$BC = 6$ मी.

$\triangle ABC$ में, $\quad \tan 45° = \dfrac{AB}{6}$

$\therefore \qquad AB = 6$ मी.

पुनः $\triangle ABC$ में, $\cos 45° = \dfrac{6}{x}$

$\dfrac{1}{\sqrt{2}} = \dfrac{6}{x}$

$\therefore \qquad x = 6 \times 1.414$

$= 8.48$

अतः वृक्ष की कुल ऊँचाई = 8.48 + 6 = 14.48

50.

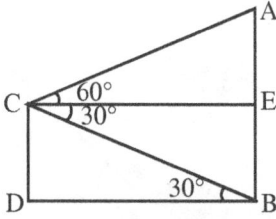

चित्र में CD खिड़की तथा AB झण्डा है,

$$\angle ECB = 30° = \angle CBD$$
$$CE = DB = 9 \text{ मी.}$$

ΔCDB में, $\tan 30° = \dfrac{CD}{DB} \Rightarrow \dfrac{1}{\sqrt{3}} = \dfrac{CD}{9}$

$\Rightarrow \qquad CD = 3\sqrt{3}$ मी.

ΔAEC में, $\tan 60° = \dfrac{AE}{CE} \Rightarrow \sqrt{3} = \dfrac{AE}{9}$

$\Rightarrow \qquad AE = 9\sqrt{3}$ मी.

$\therefore$ झण्डे की ऊँचाई $AB = AE + BE$

$$= 3\sqrt{3} + 9\sqrt{3} = 12\sqrt{3} \text{ मी.}$$

52. माना AB पुल तथा $DC = x$ मी.

$$CB = y \text{ मी.}$$

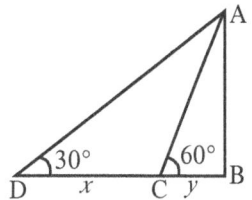

तो ΔADB $\quad \tan 30° = \dfrac{AB}{x+y}$

$$\dfrac{1}{\sqrt{3}} = \dfrac{AB}{x+y}$$

$$x + y = AB\sqrt{3} \qquad\qquad ...(i)$$

पुनः ΔACB में, $\tan 60° = \dfrac{AB}{y} \quad \Rightarrow \quad \sqrt{3} = \dfrac{AB}{y}$

$$AB = y\sqrt{3} \qquad\qquad ...(ii)$$

(i) एवं (ii) से

$$x + y = y\sqrt{3} \times \sqrt{3}$$
$$x = 2y$$

चूँकि $2y$ दूरी 4 मिनट में तय करता है तथा चाल समान है तो y दूरी 2 मिनट में तय करेगा।

1109

GENERAL ENGLISH

Error Detection

Directions : *In the following questions indicate which portion of the sentence marked A, B, C or D contains an error. If there is no error, mark E (Ignore punctuation errors, if any).*

1. They went (A)/to college (B)/ after the rain (C)/stopped (D)/No error (E).

2. She had met (A)/me twice (B)/a week during (C)/the summer holidays (D)/No error (E).

3. Why does he (A)/not attend (B)/ with what (C)/I am saying? (D)/ No error (E).

4. We must (A)/not deviate (B)/of the (C)/right path (D) /No error (E).

5. The temperature (A)/has been (B)/upon (C)/the average recently (D)/No error (E).

6. They have (A)/enjoyed to talk (B)/to her about (C)/old times (D)/No error (E).

7. She made me (A)/to admire her (B)/to admire her for her beauty (C)/and intelligence (D)/ No error (E).

8. She asked her son (A)/if he was (B)/going to (C)/college today (D)/No error (E).

9. The doctor said to (A)/the patient (B)/not to eat (C)/fried things (D)/ No error (E).

10. He is one of (A)/those boys (B)/ who is (C)/physically strong (D)/ No error (E).

11. Those who is (A)/punctual in attendence (B)/will be (C)/well rewarded (D)/No error (E).

12. If your mother (A)/will come again (B)/I shall report (C)/ against you (D)/No error (E).

13. He is very poor (A)/to buy clothes/(B)/for his children (C)/ and wife (D)/No error (E).

14. He is one of (A)/my those friends (B)/ who have achieved (C)/ tremendous success in life (D)/ No error (E).

15. Mumps are (A)/a disease (B)/ with painful swelling (C)/in the neck (D)/No error (E).

16. No sooner (A)/I reached (B)/the station, (C)/than the train started (D)/No error (E).

17. Though he worked (A)/hard, still he (B)/could not pass (C)/the examination (D)/No error (E).

18. She is (A)/too happy (B)/to see you (C)/after so many days (D)/ No error (E).

19. My friend has (A)/been living in London (B)/with her parents (C)/ for the past three years (D)/No error (E).

3

20. He sat (A)/in the cafe (B)/when I met him (C)/the other day (D)/ No error (E).

21. All human beings (A)/have their roles (B)/to play in (C)/the theatre of this world (D)/No error (E).

22. Though lot of (A)/work has been done (B)/in the country, (C)/it is not enough (D)/No error (E).

23. Education can play (A)/an important role (B)/in creating (C)/communal harmony (D)/No error (E).

24. He felt that (A)/it was no longer necessary (B)/for him to hunt (C)/ down a job (D)/No error (E).

25. I know many men (A)/who had marked (B)/physical courage, but (C)/lacked moral courage (D)/No error (E).

26. Life is dear (A)/to a mute creature (B)/as it is (C)/to a man (D)/No error (E).

27. He walked up (A)/the end of (B)/ the road but (C)/found no flourist (D)/No error (E).

28. He has been (A)/appointed as (B)/President of (C)/the ruling party (D)/No error (E).

29. Fashion is very (A)/fickle, and keeping up (B)/with trends can (C)/be trying and expensive proposition (D)/No error (E).

30. The doctors told the family (A)/ that if the patient (B)/could survive for 24 hours (C)/he will have a chance (D)/No error (E).

31. They took (A)/more time (B)/for reaching there (C)/than we (D)/ No error (E).

32. Neither I nor (A)/she am to (B)/ apply for (C)/this teaching post (D)/No error (E).

33. Ten rupees are (A)/surely not a (B)/big sum to (C)/reckon with (D)/No error (E).

34. The speed of (A)/the sports car (B)/ is greater than the (C)/ other one (D)/ No error (E).

35. This dictionary is (A)/as good if (B)/not better than (C)/the other one (D)/No error (E).

36. None but (A)/those having (B)/ three years' experience (C)/need apply (D)/No error (E).

37. My father got (A)/angry before (B)/I said (C)/a word (D)/No error (E).

38. Tapan is the most (A)/irresponsible person (B)/and does not (C)/care for his belongings (D)/No error (E).

39. In spite of Jaya's (A)/faults my mother (B)/can not help (C)/but like her (D)/No error (E).

40. If she would have (A)/worked hard/(B)/she would have (C)/ passed the examination (D)/No error (E).

41. As the child is not (A)/feeling well, so he (B)/will not be able (C)/to attend the school (D)/No error (E).

42. After he returns (A)/from his official tour (B)/I will go and (C)/see him (D)/No error (E).

43. The maximum (A)/number of persons (B)/a boat (C)/is ten (D)/ No error (E).

44. If the day (A)/after tomorrow (B)/ is Friday, what day (C)/was yesterday (D)/No error (E).

45. Only well read person (A)/can make (B)/proper use (C)/of the English language (D)/No error (E).

46. She is one of (A)/the fashion designers (B)/which have (C)/ become famous (D)/No error (E).

47. Not only Harish (A)/but also Nikhil (B)/is involved in (C)/the social service programme (D)/No error (E).

48. Neither he (A)/or I have (B)/been called (C)/for the interview (D)/ No error (E).

49. We all know (A)/that he is (B)/ wiser (C)/than hardworking (D)/ No error (E).

50. I wish (A)/I was (B)/the Prime Minister (C)/of the country (D)/ No error (E).

51. Too calmly (A)/the hunter took (B)/careful aim (C)/and fired the bullets (D)/No error (E).

52. The court presented (A)/rigorous imprisonment to (B)/all the seven accused (C)/in the bank robbery case (D)/No error (E).

53. Amar was conscious to (A)/all that was (B)/going on (C)/around his place (D)/No error (E).

54. Hurry up (A)/if not (B)/you miss the bus (C)/to school! (D)/No error (E).

55. Till it stops raining (A)/I can not (B)/go to the (C)/market for shopping (D)/No error (E).

56. Only if (A)/I were rich (B)/ enough to buy I can (C)/buy my favourite car (D)/No error (E).

57. The thief mother (A)/pleaded (B)/for her (C)/son's innocence (D)/No error (E).

58. They plan their products (A)/and strategies little by little (B)/rather than (C)/take a long leap (D)/No error (E).

59. The last decade (A)/had witnessed a shift (B)/in business strategies (C)/all about the world (D)/No error (E).

60. Experience, good (A)/analytical skills (B)/and flair for innovation (C)/are called (D)/No error (E).

61. The Worker Union (A)/has given (B)/a written complaint (C)/to the Chairman (D)/No error (E).

62. Five armed miscreants (A)/broke through the house (B)/and decamped with (C)/jewellery and cash (D)/No error (E).

63. He is (A)/not scholar, (B)/he is (C)/an engineer (D)/No error (E).

64. On every (A)/Saturday night (B)/ we go (C)/to cinema (D)/No error (E).

65. I shall (A)/go to the library (B)/ to return books (C)/before the due date (D)/No error (E).

66. Her mother (A)/is an interior designer (B)/and earns thousands of rupees (C)/a month (D)/No error (E).

67. The leaf (A)/is always (B)/the green (C)/in colour (D)/No error (E).

68. The lion (A)/saw his (B)/shade in (C)/the water (D)/No error (E).

69. The child (A)/was walking (B)/ in the (C)/centre of the road (D)/ No error (E).

70. The fire (A)/that broke out (B)/ last night (C)/caused many damage (D)/No error (E).

71 Many people (A)/lost their life (B)/in the train accident (C)/last year (D)/No error (E).

72. The number of (A)/members of the club (B)/are increasing (C)/ day-by-day (D)/No error (E).

73. The colour (A)/of her hairs (B)/ is as black (C)/as coal (D)/No error (E).

74. The news (A)/of her recovery (B)/ from coma (C)/are unbelievable (D)/No error (E).

75. Very little (A)/people attended (B)/the function (C)/yesterday night (D)/No error (E).

76. Our long trip (A)/by train (B)/ was not (C)/at all comfortable (D)/No error (E).

77. All his savings (A)/are kept (B)/ in the locker (C)/of a nearby bank (D)/No error (E).

78. Jaya and me (A)/would rather (B)/ go to (C)/the library (D)/No error (E).

79. Just between (A)/you and I, (B)/ I do not want (C)/to meet him (D)/No error (E).

80. One should be (A)/aware of (B)/ his responsibility (C)/towards elders (D)/No error (E).

81. Divya is (A)/more beautiful (B)/ than (C)/her (D)/No error (E).

82. Rinku (A)/is intelligent (B)/than (C)/I (D)/No error (E).

83. Neither of (A)/the participants (B)/managed to score (C)/the qualifying points (D)/No error (E).

84. Any of (A)/these two dresses (B)/ has been tailored (C)/by the Choicest Tailors (D)/No error (E).

85. Mary has grown (A)/into (B)/a (C)/handsome woman (D)/No error (E).

86. Pinki is (A)/four years (B)/smaller (C)/than Asha (D)/No error (E).

87. The building (A)/on the next block (B)/is several metres (C)/ tall (D)/No error (E).

88. Children must (A)/keep (B)/their teeth (C)/clear (D)/No error (E).

89. All the students (A)/passed the examination (B)/accept the one (C)/who cheated (D)/No error (E).

90. Farther information (A)/on the matter (B)/is eagerly awaited (C)/ by all (D)/No error (E).

91. Mayank has been (A)/sick for (B)/ over (C)/two months (D)/No error (E).

92. He is (A)/my elder brother (B)/ and the man with him (C)/is his best friend (D)/No error (E).

93. Lie this (A)/book on (B)/the shelf (C)/over there (D)/No error (E).

94. He told (A)/me he (B)/would come back (C)/to Delhi (D)/No error (E).

95. This bank (A)/was stolen (B)/last night (C)/by some men (D)/ No error (E).

96. He wanted (A)/to lend a book (B)/from my (C)/best friend (D)/ No error (E).

97. He learnt (A)/me how (B)/to drive (C)/a car (D)/No error (E).

98. Can I (A)/be of (B)/some help (C)/to you? (D)/No error (E).

99. None fortunately (A)/saw us (B)/ there at (C)/the club (D)/No error (E).

100. Unless you (A)/do not (B)/leave early (C)/you can't catch the train (D)/ No error (E).

101. The teacher (A)/came always (B)/ late to (C)/our class (D)/No error (E).

102. Many remote areas (A)/are (B)/ rarely (C)/populated (D)/No error (E).

103. He is living (A)/in Patna (B)/ before he moved (C)/to Delhi (D)/No error (E).

104. I am sorry (A)/for not able to (B)/come to (C)/your Birthday Party (D)/No error (E).

105. Alas! (A)/the train (B)/stops (C)/ suddenly (D)/No error (E).

106. She is (A)/went to (B)/meet her (C)/parents after a long time (D)/ No error (E).

107. The child (A)/picked (B)/the ball (C)/from the ground (D)/No error (E).

108. God helps (A)/them (B)/who help (C)/themselves (D)/ No error (E).

109. Once on a time (A)/there lived (B)/a very wise (C)/and handsome king (D)/No error (E).

110. He thought (A)/that he could (B)/ win the first prize (C)/in the painting competition (D)/No error (E).

111. I refrained (A)/myself (B)/from expressing (C)/my views (D)/No error (E).

112. The official excuse (A)/was that (B)/the fourth general election (C)/was only 4 months aloof (D)/ No error (E).

113. Seven years (A)/was long (B)/a time (C)/to wait (D)/No error (E).

114. There are three major factors (A)/ which a recruiter (B)/must look for (C)/in a candidate (D)/No error (E).

115. Her mother had died (A)/when she was (B)/not yet (C)/two year old (D)/No error (E).

116. The sole objective (A)/of the trust (B)/is the warfare (C)/of mentally retarded children (D)/ No error (E).

117. All you have (A)/been hoping for (B)/will finally (C)/get accomplished (D)/No error (E).

118. Students are (A)/warned to (B)/ pay attention to (C)/their studies (D)/No error (E).

119. I have seen (A)/a beautiful (B)/ girl walking (C)/down the stairs yesterday (D)/No error (E).

120. Once he decided to (A)/build the temple (B)/the search for (C)/a suitable site started (D)/No error (E).

121. The robber was (A)/in poor shape (B)/but his spirit (C)/were not broken (D)/No error (E).

122. Inside a week (A)/I was asked (B)/to report to the Headquarters (C)/on deputation (D)/No error (E).

123. There is (A)/a clear division (B)/of opinion (C)/amidst the political parties (D)/No error (E).

124. The fighting (A)/broke out (B)/ later (C)/a dispute (D)/No error (E).

125. His lawyers (A)/have forbade (B)/ him to say (C)/anything (D)/No error (E).

EXPLANATORY ANSWERS

1. D : It should be 'had stopped'.
2. A : It should be 'she met'.
3. C : It should be 'to what'.
4. C : It should be 'from the'.
5. C : It should be 'above'.
6. B : It should be 'enjoyed talking'.
7. B : It should be 'admire her'.
8. D : It should be 'college that day'.
9. A : It should be 'The doctor advised'.
10. A : It should be 'who are'.
11. A : It should be 'Those who are'.
12. B : It should be 'comes again'.
13. A : It should be 'He is too poor'.
14. E :
15. A : It should be 'Mumps is'.
16. B : It should be 'did I reach'.
17. B : It should be 'hard, he'.
18. B : It should be 'very happy'.

19. D : It should be 'for the last three years'.
20. A : It should be 'He was sitting'.
21. C : It should be 'to play on'.
22. A : It should be 'Though a lot of'.
23. E :
24. D : It should be 'for a job'.
25. A : It should be 'I have known many men'.
26. A : It should be 'Life is as dear'.
27. B : It should be 'to the end of'.
28. B : It should be 'appointed'.
29. D : It should be 'be a trying and expensive proposition'.
30. D : It should be 'he would have a chance'.
31. C : It should be 'to reach there'.
32. B : It should be 'she is to'.
33. A : It should be 'Ten rupees is'.
34. C : It should be 'is greater than that of the'.

9

35. B : It should be 'as good as if'.

36. E :

37. C : It should be 'I had said'.

38. D : It should be 'take care of his belongings'.

39. D : It should be 'liking her'.

40. A : It should be 'If she had'.

41. B : It should be 'feeling well he'.

42. C : It should be 'I will go to'.

43. C : It should be 'on each boat'.

44. D : It should be 'was it yesterday'.

45. A : It should be 'only a well read person' OR 'only well read persons'.

46. C : It should be 'who have'.

47. E :

48. B : It should be 'nor I have'.

49. C : It should be 'more wise'.

50. B : It should be 'I were'.

51. A : It should be 'very calmly'.

52. A : It should be 'the court awarded'.

53. A : It should be 'Amar was conscious of'.

54. B : It should be 'lest'.

55. A : It should be 'Unless the rain stops'.

56. C : It should be 'I could'.

57. A : It should be 'The thief's mother'.

58. D : It should be 'taking a long leap'.

59. D : It should be 'all over the world'.

60. D : It should be 'are called for'.

61. A : It should be 'The Workers' Union'.

62. B : It should be 'broke into the house'.

63. B : It should be 'not a scholar'.

64. D : It should be 'to the cinema'.

65. C : It should be 'to return the books'.

66. E :

67. C : It should be 'green'.

68. C : It should be 'image in'

69. D : It should be 'middle of the road'.

70. D : It should be 'caused much damage'.

71. B : It should be 'lost their lives'.

72. C : It should be 'is increasing'.

73. B : It should be 'of her hair'.

74. D : It should be 'is unbelievable'.

75. A : It should be ' very few'.

76. A : It should be 'Our long journey'.

77. E :

78. A : It should be 'Jaya and I'.

79. B : It should be 'you and me'.

80. C : It should be 'one's responsibility'.

81. D : It should be 'she'.

82. B : It should be 'is more intelligent'.

83. A : It should be 'None of'.

84. A : It should be 'Either of'.

85. D : It should be 'beaufiful woman'.

86. C : It should be 'younger'.

87. D : It should be 'high'.

88. D : It should be 'clean'.

89. C : It should be 'except the one'.

90. A : It should be 'Further information'.

91. B : It should be 'ill for'.

92. E :

93. A : It should be 'Lay this'.

94. B : It should be 'me that he'.

95. B : It should be 'was robbed'.

96. B : It should be 'to borrow a book'.

97. A : It should be 'He taught'.

98. E :

99. A : It should be 'Fortunately no one'.

100. B : 'do not' is not needed in the sentence.

101. C : It should be 'always came'.

102. C : It should be 'scarcely'.

103. A : It should be 'He had been living'.

104. B : It should be 'for not being able to'.

105. C : It should be 'had stopped'.

106. B : It should be 'going to'.

107. B : It should be 'picked up'.

108. B : It should be 'those'.

109. A : It should be 'Once upon a time'.

110. E :

111. B : 'myself' is not needed in the sentence.

112. D : It should be 'was only four months away'.

113. B : It should be 'was too long'.

114. B : It should be 'that a recruiter'.

115. A : It should be 'Her mother died'.

116. C : It should be 'is the welfare'.

117. A : It should be 'All that you have'.

118. B : It should be 'advised to'.

119. B : It should be 'I saw'.

120. E :

121. D : It should be 'was not broken'.

122. A : It should be 'Within a week'.

123. D : It should be 'among the political parties'.

124. C : It should be 'after'.

125. B : It should be 'have forbidden'.

Synonyms

Directions : *In each questions below, out of the four alternatives, choose the one which best expresses the meaning of the given word.*

1. Odious
A. unpleasant B. dirty
C. silly D. constant

2. Hybrid
A. clean B. cross
C. superb D. serious

3. Detract
A. to redo B. delete
C. diminish D. change

4. Connoisseur
A. trustworthy B. expert
C. cheat D. corrupt

5. Luminous
A. quiet B. unbound
C. pressed D. glowing

6. Fractious
A. irritable B. shattered
C. partitioned D. unfair

7. Wanton
A. strict B. desired
C. playful D. unwanted

8. Spurious
A. genuine
B. false
C. readily available
D. outstanding

9. Verity
A. truth B. change
C. wholesome D. differ

10. Spendthrift
A. emptied B. consumer
C. worried D. wasteful

11. Vestibule
A. directed
B. investment
C. lobby
D. idling

12. Gullible
A. hungry B. foolish
C. insane D. cheeky

13. Bedeck
A. get off B. worker
C. decorate D. transfer

14. Infringe
A. filter B. disobey
C. boundary D. shrink

15. Adjourn
A. delay B. trip
C. bind D. court

16. Wobble
A. elastic B. heated
C. tremble D. jumpy

17. Drudgery
A. magic B. treatment
C. doubtful D. labour

18. Fugitive
A. crucial B. stormy
C. unstable D. mature

19. Profane
A. impure   B. proud
C. survey   D. certified

20. Niche
A. cost   B. place
C. mark   D. grip

21. Quirk
A. easy   B. fancy
C. dumb   D. recall

22. Mandatory
A. human   B. heroic
C. required   D. polite

23. Foster
A. cultivate   B. dedicate
C. train   D. achieve

24. Antiquity
A. age   B. old
C. ancient   D. thought

25. Complacent
A. confused   B. unseen
C. thick   D. pleased

26. Erudite
A. harsh   B. strain
C. quick   D. learned

27. Zenith
A. modest   B. height
C. tussle   D. shameful

28. Grimy
A. unclean   B. shiny
C. greased   D. slippery

29. Kindle
A. soft   B. pity
C. fire   D. make

30. Tedious
A. lively   B. minute
C. tiring   D. single

31. Yoke
A. embryo   B. shout
C. desire   D. bond

32. Jocular
A. faulty   B. funny
C. idiotic   D. uneven

33. Nefarious
A. evil   B. friendly
C. ignorant   D. many

34. Incur
A. gain   B. arrive
C. speak   D. force

35. Resolve
A. cancel   B. total
C. decide   D. balance

36. Overcast
A. announce   B. project
C. dull   D. carry

37. Vouch
A. rest   B. certify
C. cheque   D. purse

38. Supple
A. dark   B. silly
C. agree   D. elastic

39. Jeopardy
A. fun   B. action
C. merry   D. danger

40. Fidelity
A. manner   B. faith
C. story   D. charge

41. Zone
A. point   B. issue
C. belt   D. object

42. Decoy
A. spy   B. ruin
C. trap   D. fact

13

43. Amplify
   A. boost   B. remove
   C. test   D. value

44. Random
   A. casual   B. will
   C. order   D. limit

45. Extol
   A. ending   B. widen
   C. force   D. celebrate

46. Thorny
   A. sharp
   B. frightening
   C. thorough
   D. disable

47. Rugged
   A. matted   B. rough
   C. strong   D. grand

48. Forage
   A. aged   B. scare
   C. food   D. weak

49. Hoodwink
   A. cheat   B. viewer
   C. honest   D. decent

50. Smother
   A. plain   B. envelop
   C. giggle   D. hurry

Directions : *In the questions that follow, a set of three words is given with different meanings of a certain word. Choose that word from the options given after each set.*

51. Absurd, Droll, Comic
   A. dainty   B. insane
   C. jocular   D. stormy

52. Gracious, Daring, Manful
   A. clanger   B. gallivant
   C. gallant   D. wager

53. Lovable, Enchanting, Cuddly
   A. beloved   B. amiable
   C. sonorous   D. forage

54. Overwhelm, Crush, Destroy
   A. overdue   B. oppress
   C. downfall   D. engulf

55. Decode, Simplify, Interpret
   A. observe
   B. calculate
   C. erase
   D. translate

56. Mark, Note, Sign
   A. symptom   B. issue
   C. letter   D. order

57. Relish, Smack, Swallow
   A. hurt   B. praise
   C. taste   D. scold

58. Dreadful, Hellish, Titanic
   A. uneven
   B. monstrous
   C. difficult
   D. hated

59. Reduce, Cheaper, Exhaust
   A. finish   B. burn
   C. wipe   D. depress

60. Fancy, Request, Desire
   A. covet   B. worry
   C. haste   D. caution

61. Rough, Crude, Sharp
   A. edged   B. harsh
   C. uneven   D. witty

62. Devalue, Corrupt, Weaken
   A. unwell   B. alter
   C. adulterate   D. praise

63. Fence, Defend, Protect
   A. barricade   B. curtail
   C. storm   D. reserve

64. Graceful, Tender, Refined
A. pure   B. lively
C. elegant   D. legal

65. Lodge, Abide, Dwell
A. rule   B. reside
C. dominate   D. complain

66. Credit, Dignity, Glory
A. crown   B. decent
C. mannerly   D. honour

67. System, Method, Fashion
A. technique   B. famous
C. unitary   D. ability

68. Titan, Huge, Jumbo
A. time   B. ample
C. fast   D. gaint

69. Absurd, Amazing, Wonderful
A. silly
B. handsome
C. incredible
D. praise

70. Distant, Aloof, Careless
A. lazy
B. indifferent
C. away
D. secondary

71. Die, Expire, Vanish
A. perish   B. last
C. want   D. due

72. Thoughtful, Grave, Serious
A. ideal   B. sacred
C. angry   D. pensive

73. Sum, Number, Amount
A. whole   B. count
C. quantity   D. finance

74. Legal, Official, Lawful
A. court   B. justice
C. valid   D. rule

75. Insane, Dumb, Crazy
A. bright   B. idiotic
C. clown   D. wise

76. Reign, Empire, Kingdom
A. sovereignty
B. command
C. destruction
D. union

77. Nurse, Feed, Attend
A. nourish   B. consume
C. present   D. protect

78. Daily, Register, Gazette
A. journal
B. regular
C. attendance
D. always

79. Friendly, Warm, Cheerful
A. manly   B. tepid
C. excited   D. cordial

80. Cry, Moan, Sigh
A. wail   B. groan
C. lease   D. clamp

81. Imitate, Phoney, Counterfeit
A. mimic   B. double
C. constitute   D. forge

82. Creation, Inception, Source
A. genesis   B. beget
C. sculpture   D. trace

83. Protege, Aspirant, Entrant
A. nominee   B. scholar
C. orator   D. disposed

84. Force, Compel, Bind
A. solder   B. unite
C. oblige   D. activate

85. Derision, Contempt, Despite
A. ladle   B. deface
C. berate   D. scorn

86. Unfruitful, Barren, Unproductive
A. wasted   B. marooned
C. pilfered   D. sterile

87. Vanity, Arrogance, Pride
A. maturity   B. exclusive
C. conceit   D. terse

88. Douse, Satiate, Cool
A. freeze   B. simplify
C. quench   D. relax

89. Candid, Artless, Ingenuous
A. drab   B. naive
C. fadded   D. cheap

90. Guide, Symptom, Clue
A. measure   B. index
C. effect   D. aide

91. Baron, Mogul, Magnate
A. lure   B. princely
C. tycoon   D. genre

92. Mesmerize, Spellbind, Fascinate
A. hypnotize   B. scrape
C. remember   D. attract

93. Custom, Style, Trend
A. vogue   B. tradition
C. lively   D. fancy

94. Juvenile, Callow, Unfledged
A. shrewd
B. inexperienced
C. young
D. cunning

95. Struggle, Tussle, Scuffle
A. toil   B. wrestle
C. debate   D. error

96. Spiritual, Heavenly, Divine
A. learned
B. celestial
C. mythological
D. scholistic

97. Provide, Bestow, Reveal
A. convey   B. engage
C. clear   D. furnish

98. Husky, Gruff, Croaky
A. revile   B. tactless
C. hoarse   D. evident

99. Expression, Remark, Locution
A. distinct   B. speech
C. phrase   D. appeal

100. Contract, Guarantee, Pledge
A. undertake
B. soothe
C. offer
D. appropriate

101. Gauze, Swathe, Plaster
A. passage   B. clean
C. fortify   D. bandage

102. Opulence, Treasure, Prosperity
A. attainment
B. saving
C. fortune
D. support

103. Panic, Startle, Unnerve
A. dread   B. release
C. corner   D. alarm

104. Remove, Abstract, Recall
A. erase
B. unbound
C. remember
D. withdraw

105. Free, Frank, Direct
A. available
B. outspoken
C. orderly
D. approachable

106. Evildoer,   Wrongdoer,
Transgressor
A. corrupt   B. killer
C. malefactor   D. slave

16

107. Cripple, Hack, Disfigure
    A. mutilate   B. exercise
    C. decrease   D. beat

108. Baffle, Confuse, Bewilder
    A. blend   B. surprise
    C. puzzle   D. madden

109. Delight, Pleasure, Comfort
    A. please   B. luxury
    C. happiness   D. deceit

110. Slit, Gash, Notch
    A. untie   B. separate
    C. stimulate   D. incision

111. Core, Grain, Marrow
    A. centre   B. reality
    C. kernel   D. solid

112. Bolt, Lock, Hasp
    A. rough   B. latch
    C. bound   D. close

113. Notification, Statement, Account
    A. presentation   B. reminder
    C. bulletin   D. logic

114. Scrutinize, Investigate, Analyse

    A. violate   B. promote
    C. explore   D. exhibit

115. Precise, Methodical, Efficient
    A. perfect   B. calculated
    C. systematic   D. accurate

116. Sunny, Joyful, Debonair
    A. Showy   B. rampart
    C. brisk   D. buoyant

117. Academic, Speculative, Theoretical
    A. hypothetical
    B. educative
    C. overwrought
    D. unanimous

118. Confound, Dishevel, Tangle
    A. jumble   B. exchange
    C. disobey   D. affix

119. Paroxysm, Spasm, Outbreak
    A. agony   B. outburst
    C. outset   D. entry

120. Murmur, Breathe, Rustle
    A. disturb   B. whisper
    C. inhale   D. noise

ANSWERS

1	2	3	4	5	6	7	8	9	10
A	B	C	B	D	A	C	B	A	D
11	12	13	14	15	16	17	18	19	20
C	B	C	B	A	C	D	C	A	B
21	22	23	24	25	26	27	28	29	30
B	C	A	A	D	D	B	A	C	C
31	32	33	34	35	36	37	38	39	40
D	B	A	A	C	C	B	D	D	B
41	42	43	44	45	46	47	48	49	50
C	C	A	A	D	A	B	C	A	B
51	52	53	54	55	56	57	58	59	60
C	C	B	D	D	A	C	B	D	A

61	62	63	64	65	66	67	68	69	70
B	C	A	C	B	D	A	D	C	B
71	72	73	74	75	76	77	78	79	80
A	D	C	C	C	A	A	A	D	B
81	82	83	84	85	86	87	88	89	90
D	A	A	C	D	D	C	C	B	B
91	92	93	94	95	96	97	98	99	100
C	A	A	C	B	B	D	C	C	A
101	102	103	104	105	106	107	108	109	110
D	C	D	D	B	C	A	C	B	D
111	112	113	114	115	116	117	118	119	120
C	B	C	C	C	D	A	A	B	B

Antonyms

Directions : *In each questions below, out of the four alternatives, choose the word that is most nearly the opposite in meaning to the given word.*

1. Transient
   A. passing
   B. brief
   C. lucid
   D. eternal

2. Effective
   A. potent
   B. able
   C. futile
   D. sharp

3. Oust
   A. spoil
   B. renew
   C. induct
   D. outdo

4. Sustain
   A. rule
   B. uphold
   C. impose
   D. resist

5. Lofty
   A. sublime
   B. flat
   C. shrill
   D. terse

6. Venerable
   A. similar
   B. young
   C. accurate
   D. wise

7. Anticipation
   A. surprise
   B. foresee
   C. revival
   D. assurance

8. Embellish
   A. obscure
   B. enrich
   C. deface
   D. lavish

9. Deter
   A. circulate
   B. induce
   C. hamper
   D. encourage

10. Luscious
    A. shining
    B. tasty
    C. eerie
    D. sour

11. Revenue
    A. income
    B. outlay
    C. construct
    D. repeal

12. Tangible
    A. independent
    B. unreal
    C. material
    D. salient

13. Fiendish
    A. corrupt
    B. angelic
    C. valuable
    D. reverent

14. Headstrong
    A. complaisant
    B. mastermind
    C. unorthodox
    D. ponderous

15. Nebulous
    A. clear
    B. confused
    C. careful
    D. central

16. Questionable
    A. subjective
    B. disputed
    C. certain
    D. deductive

17. Slender
    A. silky
    B. grim
    C. stout
    D. coarse

18. Upright
    A. inferior
    B. crooked
    C. wrong
    D. engage

19. Tyrant
    A. quiet
    B. accord
    C. kind
    D. unjust

20. Sporadic
    A. genuine   B. blithe
    C. peculiar   D. frequent

21. Blemish
    A. acclaim   B. spotless
    C. advance   D. retard

22. Extravagant
    A. frank   B. credible
    C. partial   D. stingy

23. Stretch
    A. prevail   B. fondle
    C. object   D. curtail

24. Persecute
    A. sanction   B. patronize
    C. authorise   D. transact

25. Eternal
    A. finite   B. mystic
    C. perpetual   D. disjunct

26. Deviate
    A. obscure   B. magnify
    C. persist   D. restore

27. Vicious
    A. moral   B. chaste
    C. faulty   D. peevish

28. Subtle
    A. artful   B. coarse
    C. delicate   D. fragile

29. Ferocious
    A. prolific   B. strong
    C. modest   D. wild

30. Pertinent
    A. relevant   B. graphic
    C. unfit   D. prompt

31. Mighty
    A. frail   B. godly
    C. potent   D. uneasy

32. Onerous
    A. exacting   B. crushing
    C. facile   D. arduous

33. Transact
    A. afflict   B. loiter
    C. waver   D. persist

34. Mourn
    A. maim   B. deplore
    C. revel   D. truncate

35. Claim
    A. quote   B. waive
    C. lively   D. bright

36. Solemn
    A. sedate   B. cordial
    C. artless   D. vulgar

37. Zealot
    A. devoted   B. fickle
    C. fanatic   D. highest

38. Bewilder
    A. astonish   B. damage
    C. enlighten   D. distrust

39. Contempt
    A. grace   B. scorn
    C. share   D. accord

40. Hypocrisy
    A. flattery   B. charm
    C. deceit   D. honesty

41. Protract
    A. refute   B. clarify
    C. curtail   D. conceal

42. Uncouth
    A. clownish   B. attractive
    C. unbiased   D. reliable

43. Scarcity
    A. pleasure   B. galore
    C. retrieval   D. amass

44. Rejoice
    A. neglect   B. drain
    C. obtuse   D. lament

45. Partake
    A. whole   B. allot
    C. divide   D. sever

46. Just
    A. unlawful   B. partial
    C. discreet   D. fraction

47. Myth
    A. legend   B. story
    C. fable   D. fact

48. Unanimity
    A. unity   B. agreement
    C. discord   D. deception

49. Ghastly
    A. inconstant B. spectral
    C. gratified D. corporeal

50. Loathe
    A. undress   B. prefer
    C. compromise D. dominate

ANSWERS

1	2	3	4	5	6	7	8	9	10
D	C	C	C	B	B	C	C	D	D
11	**12**	**13**	**14**	**15**	**16**	**17**	**18**	**19**	**20**
B	B	B	A	A	C	C	B	C	D
21	**22**	**23**	**24**	**25**	**26**	**27**	**28**	**29**	**30**
B	D	D	B	A	C	A	B	C	C
31	**32**	**33**	**34**	**35**	**36**	**37**	**38**	**39**	**40**
A	C	B	C	B	D	B	C	A	D
41	**42**	**43**	**44**	**45**	**46**	**47**	**48**	**49**	**50**
C	B	B	D	B	A	D	C	D	B

One Word Substitution

Directions : *Choose the most suitable 'one word' for each of the following expressions given below.*

1. The belief that good must prevail over evil in the end
   A. Optimism
   B. Sophtism
   C. Truism
   D. Radicalism

2. Hater of women
   A. Misochist
   B. Misogamist
   C. Misogynist
   D. Misanthropist

3. That cannot be seen through
   A. Transparent
   B. Translucent
   C. Evanscent
   D. Opaque

4. One who will never cease to exist
   A. Immoral
   B. Impassable
   C. Immortal
   D. Impassive

5. Custom or condition of marriage to more than one person at a time
   A. Bigamy
   B. Polygamy
   C. Monogamy
   D. Matriomony

6. Habit of walking in sleep
   A. Sophtism
   B. Somnambulism
   C. Scepticism
   D. Somniloquism

7. Person who talks too much or too often only about himself
   A. Optimist
   B. Critic
   C. Egoist
   D. Stoic

8. A summary or outline of a book
   A. Precis
   B. manuscript
   C. Preface
   D. Synopsis

9. Neat and smart in dress and appearance
   A. Shabby   B. Spruce
   C. Rustic   D. Sophist

10. Arrangement of events according to dates or times of occurrence
    A. Chronology
    B. Catalogue
    C. Chronicle
    D. Choreography

11. A person who has no means of livelihood
    A. Beggar   B. Refugee
    C. Convict   D. Pauper

12. A post supporting the handrail of a staircase
    A. Banister   B. Barrage
    C. Barrister   D. Barouche

21

13. A person who firmly believes that all the events are decided by fate
    A. Forte   B. Florist
    C. Fugitive   D. Fatalist

14. Easily cheated or duped
    A. Naive   B. Deceived
    C. Gullible   D. Forged

15. Things that can be easily set on fire
    A. Inflammable   B. Sparkler
    C. Fiery   D. Rabid

16. Instrument for testing the quality of milk
    A. Altimeter
    B. Lactometer
    C. Barometer
    D. Chronometer

17. A person who believes in the existence of God
    A. Atheist   B. Baptist
    C. Theist   D. Cynicist

18. Of, or like a cat
    A. Furry   B. Agile
    C. Feline   D. Canine

19. Extermination of a race or community by mass murder
    A. Arson   B. Coup
    C. Pilferage   D. Genocide

20. Given, done or obtained without payment
    A. Award
    B. Endowment
    C. Gratuity
    D. Grant

21. A cardboard box for holding goods
    A. Carton   B. Trunk
    C. Chest   D. Package

22. Person relying on experience and observation
    A. Examiner
    B. Eccentric
    C. Empiric
    D. Executioner

23. Group of lions
    A. Shoal   B. Pride
    C. Flock   D. Pack

24. An exceptionally brilliant or successful young person
    A. Genius   B. Maestro
    C. Intellect   D. Whiz-kid

25. Ruler who has absolute authority to run the government
    A. Monarch
    B. Dictator
    C. Bureaucrat
    D. Theocrat

26. Agreement during a war or battle to stop fighting for a time
    A. Alliance
    B. Treaty
    C. Armistice
    D. Concordant

27. A person who eats human flesh
    A. Cannibal   B. Obese
    C. Dossier   D. Laggard

28. An illusion or hope that cannot be realized
    A. Mirage
    B. Fantasy
    C. Misconception
    D. Perception

29. Something outdated or no longer in use or fashion
    A. Absolute   B. Obsolete
    C. Retarded   D. Regale

30. Complete failure to reach an agreement to settle a quarrel or grievance
A. Mishap   B. Wreck
C. Omission   D. Deadlock

31. Person who eats too much
A. Famished B. Glutton
C. Hungry   D. Starved

32. Contrary to law
A. Inimical B. Adverse
C. Illegal   D. Precept

33. A criminal who has often been in prison
A. Jailbird B. Jailor
C. Prisoner D. Jockey

34. Person using more words than needed
A. Gullible B. Talkative
C. Verbose   D. Extrovert

35. Building where grain is stored
A. Stockyard B. Modicum
C. Iota   D. Granary

36. A woman head of a family or tribe
A. Matriarch B. Patriarch
C. Frateral   D. Ladybird

37. Crime of killing a small babe
A. Insensate
B. Infanticide
C. Innuendo
D. Infidel

38. Person of good appearance and manners
A. Debonair B. Adonis
C. Courteous D. Social

39. A change which is proposed or made to a rule, regulation etc.
A. Enhancement
B. Reform
C. Clarification
D. Amendment

40. A dull, slow or mindless person
A. Insane   B. Zombie
C. Deranged D. Lunatic

41. A place where people often meet
A. Rendezvous
B. Club
C. Joint
D. Association

42. Reaching a conclusion from two statements
A. Reasoning
B. Comparison
C. Syllogism
D. Deduction

43. Being the only one of its sort
A. Specimen
B. Sample
C. Unique
D. Outstanding

44. Exposed to being attacked or harmed
A. Volatile
B. Vulnerable
C. Versatile
D. Voluptuary

45. Egg laying animals that creep or crawl
A. Reptiles B. Creepers
C. Primers   D. Insects

46. A person who is free from national prejudices and feels at home in any country of the world
A. Orthodox
B. Conservative
C. Crusader
D. Cosmopolitan

47. Speech delivered without previous thought or preparation
    A. Oration   B. Jargon
    C. Extempore   D. Harangue

48. Irrelevant talk about God and sacred things
    A. Sacrilege
    B. Blasphemy
    C. Profanity
    D. Oblation

49. Company of persons making a journey together for safety
    A. Travellers
    B. Tourists
    C. Campaign
    D. Caravan

50. Animals feeding on flesh or other animal matter
    A. Carnivore   B. Omnivore
    C. Barbarian   D. Cannibal

ANSWERS

1	2	3	4	5	6	7	8	9	10
A	C	D	C	B	B	C	D	B	A
11	12	13	14	15	16	17	18	19	20
D	A	D	C	A	B	C	C	D	C
21	22	23	24	25	26	27	28	29	30
A	C	B	D	B	C	A	A	B	D
31	32	33	34	35	36	37	38	39	40
B	C	A	C	D	A	B	A	D	B
41	42	43	44	45	46	47	48	49	50
A	C	C	B	A	D	C	B	D	A

Idioms and Phrases

Directions : *From the alternatives given below each idiom/phrase select the one that best brings out the meaning of the idiom/phrase.*

1. By leaps and bounds
   A. majority   B. rapidly
   C. easily   D. fairly

2. In a daze
   A. in bright light
   B. ill and bedridden
   C. facing a problem
   D. confused and shocked

3. A broken reed
   A. a broken affair
   B. an unreliable person
   C. discord
   D. an easy task

4. Round the corner
   A. curved
   B. drift
   C. easily available
   D. not far off

5. A black sheep
   A. a person of bad reputation
   B. a breed of sheep
   C. a dark room
   D. unpleasant feeling

6. To cross one's mind
   A. to get confused
   B. to occur
   C. to create tension
   D. to tell a lie

7. Yeoman's service
   A. render help
   B. poor service
   C. slavery
   D. late delivery of goods

8. To lead a dog's life
   A. to live in a small house
   B. to behave inhumanly
   C. to be loyal to others
   D. to live in misery

9. An early bird
   A. one who catches worms
   B. a cock or hen
   C. a lucky person
   D. an early riser

10. A fool's errand
    A. to work very slowly
    B. to waste time
    C. a useless task
    D. a silly mistake

11. Fair and square
    A. give reason
    B. honest
    C. smart person
    D. a white cube

12. A feather in one's cap
    A. a hole in the cap
    B. an achievement
    C. a light object
    D. a dirty cap

13. A queer fish
    A. a strange person

25

B. a dead fish
C. a secret plan
D. biased person

14. Flying colours
  A. victory
  B. modern art
  C. rainbow
  D. good news

15. Gift of the gab
  A. well learned
  B. an unexpected visitor
  C. fluency in speech
  D. a costly gift

16. Game for anything
  A. prefer playing games to studies
  B. full of life
  C. easily impressed
  D. a good player

17. To give a slip
  A. to fall
  B. to go unnoticed
  C. to bunk the class
  D. to escape

18. A white collar worker
  A. a person doing a labourer's work
  B. a person doing an officer's job
  C. a person in white uniform
  D. a foreign dignatory

19. By and large
  A. expanded
  B. without any trouble
  C. an easy situation
  D. in general

20. Dress someone up
  A. get ready for a party
  B. prepare to do something

C. disguise
D. plan

21. Let someone down
  A. disappoint
  B. push away
  C. humiliate
  D. say goodbye

22. To take after
  A. to chase
  B. to resemble
  C. to follow
  D. to walk behind

23. Fret and fume
  A. shout loudly
  B. burn a large fire
  C. start a fight
  D. show angry impatience

24. Practise what you preach
  A. become a teacher
  B. do what is right
  C. do what one advises others to do
  D. follow the leader

25. The top brass
  A. a rich dealer of brass product
  B. high ranking military officer
  C. good trumpet player
  D. of great value or importance

26. The ins and outs
  A. entry and exit gates
  B. secret information
  C. the good and the bad
  D. the full details

27. Hit the jackpot
  A. have a great success
  B. slap a foolish person
  C. win in a gamble
  D. hit the target

28. A casanova
    A. to have fun
    B. a sincere wish
    C. an unfaithful lover
    D. an unexpected good news

29. Straight from the horse's mouth
    A. very outspoken
    B. most powerful
    C. heart warming speech
    D. first hand news

30. To set forth
    A. to impress
    B. to express
    C. to follow
    D. to clear all doubts

31. Lay off
    A. dismiss temporarily
    B. to fall asleep
    C. feel tired
    D. postpone

32. To fall in with
    A. form a group
    B. work together
    C. to decline
    D. to agree to

33. Bring round
    A. persuade
    B. encircle
    C. trap
    D. draw a circle

34. Yawning gap
    A. parted lips
    B. a wide gap
    C. on the other side
    D. more than needed

35. A word of honour
    A. an award
    B. a sincere promise

    C. a high military rank
    D. an effort to win

36. Even walls have ears
    A. holes in walls
    B. very poor condition
    C. there are spies around
    D. face trouble

37. A stepping stone
    A. a rung of ladder
    B. to finish a given task
    C. source of success
    D. an opportunity

38. To smell a rat
    A. to have a suspicion
    B. foul smell
    C. to be scared of
    D. to sense trouble

39. Turning point
    A. a busy crossroad
    B. a point of change for the better
    C. an important factor
    D. a kind of bend

40. One of these days
    A. recently   B. recent past
    C. finally   D. shortly

41. To see eye to eye with
    A. to cause a fight
    B. to reason out
    C. to get friendly with
    D. to agree

42. Red tape
    A. power
    B. official delay
    C. danger sign
    D. unlucky person

43. To be in a saddle
    A. to be in control

B. to ride a horse
C. to be in trouble
D. to be very excited

44. Under the table
A. unknown
B. secretly
C. well hidden
D. not in view

45. A rainy day
A. a time of trouble
B. the day of the onset of monsoon
C. a day when it rained continuously
D. the time to have fun

46. To put on
A. to mimic
B. to stay on
C. to offer for sale
D. to wear

47. To hold on
A. catch on to something
B. to save
C. to let someone wait
D. to continue

48. To read between the lines
A. to correct the errors
B. to see the hidden meaning
C. to study hard
D. to discover something new

49. Look after
A. to overlook
B. to ignore
C. to attend to
D. to take charge

50. Tom, Dick and Harry
A. three musketeers
B. many sided
C. ordinary person
D. three different pairs

ANSWERS

1	2	3	4	5	6	7	8	9	10
B	D	B	D	A	B	A	D	D	C
11	**12**	**13**	**14**	**15**	**16**	**17**	**18**	**19**	**20**
B	B	A	A	C	B	D	B	D	C
21	**22**	**23**	**24**	**25**	**26**	**27**	**28**	**29**	**30**
A	B	D	C	B	D	A	C	D	B
31	**32**	**33**	**34**	**35**	**36**	**37**	**38**	**39**	**40**
A	D	A	B	B	C	C	A	B	D
41	**42**	**43**	**44**	**45**	**46**	**47**	**48**	**49**	**50**
D	B	A	B	A	D	D	B	C	C

Mis-Spelt Words

Directions : *In each question below, groups of four words are given. In each group, one word is not spelt correctly. Find this mis-spelt word.*

1. A. bouquet B. eternal C. criple D. blurred

2. A. lodge B. rigime C. inhabit D. conduit

3. A. hostile B. entrence C. fervent D. typically

4. A. terminator B. border C. censer D. juicer

5. A. ruffian B. distortion C. brighten D. comedean

6. A. conterary B. persuade C. nostalgia D. proficient

7. A. spectators B. condemn C. priority D. analisis

8. A. percolate B. delimma C. fierce D. overwhelm

9. A. fabricate B. ethical C. optimist D. armistise

10. A. absente B. genuine C. heartily D. agitated

11. A. allot B. occurance C. faithful D. nativity

12. A. contradict B. realistick C. abstract D. brutal

13. A. profitable B. construct C. salwage D. authentic

14. A. engredients B. personal C. ruthless D. discrete

15. A. temprate B. virtuous C. fanfare D. smoulder

16. A. idling B. consumer C. protrution D. oblique

17. A. illegal B. condensed C. culpable D. boundry

18. A. prespire B. dribble C. acutely D. wither

19. A. stagnant B. profession C. quater D. inverted

20. A. ettiquete B. intrinsic C. probable D. crusading

21. A. reciprocate B. dehidration C. tournament D. circumvent

22. A. evacuate B. converge C. dissembark D. elegance

23. A. exemplary B. submerging C. cooperative D. managable

24. A. inundate B. smoulder C. stimulus D. generosity

25. A. dexterous B. kernel C. pagentry D. novice

26. A. wrestler B. numeros
C. festivity D. baptism

27. A. remorseful B. journalism
C. gurilla D. youngster

28. A. filanthropy B. ravenous
C. detergent D. unforeseen

29. A. inoccupied B. ensure
C. anatomy D. unwary

30. A. luminous B. abhorrent
C. vibrasion D. wretched

ANSWERS (WITH CORRECT SPELLING)

1. C : cripple
2. B : regime
3. B : entrance
4. C : censor
5. D : comedian
6. A : contrary
7. D : analysis
8. B : dilemma
9. D : armistice
10. A : absentee
11. B : occurrence
12. B : realistic
13. C : salvage
14. A : ingredients
15. A : temperate
16. C : protrusion
17. D : boundary
18. A : perspire
19. C : quarter
20. A : etiquette
21. B : dehydration
22. C : disembark
23. D : manageable
24. D : generosity
25. C : pageantry
26. B : numerous
27. C : guerilla
28. A : philanthropy
29. A : unoccupied
30. C : vibration

Word Usage

Directions : *In each question below, sentences are given with blanks to be filled in with appropriate words. From the given four alternatives, choose the correct word which meaningfully completes the given sentence.*

1. The suspect was too ..... to admit that he had committed the crime.
   A. nervous   B. clever
   C. shy   D. obstinate

2. The patient's condition would become ..... if timely medication is not given.
   A. pathetic   B. deadly
   C. serious   D. grave

3. He was ..... of his valuables.
   A. cheated   B. snatched
   C. looted   D. deprived

4. The child picked up the toy which ..... on the ground.
   A. laid   B. lay
   C. lying   D. was lie

5. I ..... a certain grace about the way she carried herself.
   A. marked   B. found
   C. noticed   D. assumed

6. The fact is that men in uniform make a ..... audience.
   A. distinguished
   B. cheerful
   C. encouraging
   D. experimental

7. Try to be ..... about your objectives.

A. clear   B. confused
C. worried   D. ignorant

8. One evening, all the children in the family ..... to go to a picnic.
   A. fought   B. panicked
   C. decided   D. needed

9. High pitched noises ..... the reader's mind.
   A. crackled   B. disturbed
   C. dampened   D. crossed

10. After the control, the ..... winner celebrated by partying with her friends.
    A. eager   B. solitary
    C. expected   D. radiant

11. Medication will also be ..... at the time of examination.
    A. advised
    B. made available
    C. prescribed
    D. distributed

12. Too much work will ..... your energy.
    A. drain   B. boost
    C. enhance   D. filter

13. The water ..... in a silver stream down on mountain slope.
    A. seeped   B. rushed
    C. flowed   D. drained

14. The film was ..... the 'Best Film' for its magnificent portrayal of the complex and moving emotions.
    A. described   B. directed
    C. adjudged   D. projected

15. He will not study ..... he is compelled to do so.
A. unless   B. till
C. since   D. until

16. Women have ..... strongly in our freedom movements during the Civil Disobedience Movement in 1930.
A. focussed
B. participated
C. protested
D. improved

17. The ..... he eats, the fatter he becomes.
A. less   B. most
C. more   D. lots

18. I felicitated him on his grand ..... at the Defence Service Examination.
A. party
B. success
C. authority
D. appointment

19. He ..... your helping him to do the sums.
A. criticises
B. praises
C. accomplishes
D. appreciates

20. The word 'caste' is ..... from the Portuguese word 'casta' signifying breed, race or kind.
A. extracted   B. imposed
C. derived   D. taken

21. She walked past us with her ..... in the air.
A. chin   B. attention
C. nose   D. hands

22. He ..... his back on his friends when he became a celebrity.

A. forced   B. showed
C. detained   D. turned

23. That multinational firm seeks to ..... engineers from all walks of disciplines to its various departments.
A. offer   B. recruit
C. lay off   D. impress

24. We all believe that change is the ..... of nature.
A. law   B. force
C. habit   D. part

25. Only ..... will you find a girl that combines both looks and is good at other things.
A. rarely   B. often
C. naturally   D. in films

26. There are a few parents, who can ..... to send their children to boarding schools.
A. reason out   B. admit
C. afford   D. try

27. His achievements in the field of social welfare are .....
A. creditable
B. exceptional
C. underestimated
D. manifold

28. The palatial building was ..... for the wedding occassion.
A. ignited
B. enlightened
C. lighted
D. illuminated

29. This is the ..... of the two questions.
A. hardest
B. unexpected
C. complex
D. easier

30. The court has ..... the final judgement.
A. decided
B. awaited
C. examined
D. passed

31. Nearly fifty countries are expected to ..... in the trade fair this year.
A. collaborate
B. participate
C. franchise
D. unite

32. The actor's fine performance undoubtedly deserved a great ..... from the audience.
A. applause
B. criticism
C. proposal
D. reward

33. The army offers exciting career ..... for the adventurous young people.
A. promotions
B. perks
C. providents
D. prospects

34. The model's face was ..... with heavy make-up.
A. coated
B. painted
C. glued
D. shaded

35. India is the largest ..... of films in the world.
A. producer
B. maker
C. inventor
D. creator

36. The naughty child was ..... by his mother.
A. loved
B. defended
C. rebuked
D. threatened

37. Even after hours of discussion the Board failed to reach a ..... decision.
A. biased
B. unanimous
C. unique
D. perplexed

38. He refused to sell that dress unless the price offered was .....
A. right
B. true
C. correct
D. realistic

39. Women in rural areas are capable of progressive thinking and have the ..... for viable social participation.
A. potential
B. heart
C. knowledge
D. courage

40. The unemployment rate in the country is ..... and ample measures should be taken to solve the problem.
A. stagnant
B. controversial
C. alarming
D. distinct

ANSWERS

1	2	3	4	5	6	7	8	9	10
D	C	D	B	C	A	A	C	B	D
11	**12**	**13**	**14**	**15**	**16**	**17**	**18**	**19**	**20**
C	A	B	C	A	B	C	B	D	C
21	**22**	**23**	**24**	**25**	**26**	**27**	**28**	**29**	**30**
C	D	B	A	A	C	A	C	D	D
31	**32**	**33**	**34**	**35**	**36**	**37**	**38**	**39**	**40**
B	A	D	A	A	C	B	A	A	C

Sentence Completion

Directions : *Following exercise is meant to test your ability to choose the right words to fill in the gaps of sentences. Read the sentence carefully and choose suitable preposition for the purpose.*

1. She is proud ..... her beauty.
   A. at   B. on
   C. of   D. about

2. Mohan belongs ..... the upper strata of the society.
   A. from   B. for
   C. to   D. of

3. They have invited us ..... attend the function.
   A. for   B. to
   C. upto   D. at

4. We offer heartiest congratulation ..... your success.
   A. at   B. on
   C. upon   D. for

5. M/s Ram Avtar & Sons are the famous dealers ..... sugar and wheat.
   A. of   B. in
   C. at   D. for

6. He showed much affection ..... me when I met him recently.
   A. for   B. to
   C. with   D. towards

7. He entered ..... the gate without any dificulty.
   A. by   B. from
   C. in   D. into

8. He aimed ..... the target and fired.
   A. to   B. at
   C. on   D. up

9. The trend ..... price rise is unfortunate.
   A. in   B. of
   C. for   D. with

10. Adulteration ..... food stuff is going unchecked.
    A. with   B. of
    C. in   D. into

11. So far that case is concerned, I have not dealt ..... it.
    A. no preposition is required
    B. in
    C. into
    D. with

12. The man killed ..... road accident was a stranger.
    A. of   B. by
    C. in   D. on

13. He did not go ..... the right direction.
    A. to   B. by
    C. into   D. in

14. The train reached ..... the station right time.
    A. to
    B. by
    C. on
    D. no preposition is required

34

15. Punjab Mail arrived ..... New Delhi Railway Station three hours late.
A. no preposition is required
B. on
C. at
D. to

16. He slipped away ..... the crowd to avoid arrest.
A. of   B. from
C. by   D. with

17. The man died ..... heart attack without receiving any treatment.
A. of   B. with
C. in   D. by

18. He called ..... me late at night to communicate the message.
A. upon   B. on
C. to   D. up

19. The accused ran away ..... the police custoday.
A. from   B. off
C. by   D. off

20. My friend called ..... me to offer congratulations on my success.
A. to   B. upon
C. on   D. off

21. This remark is not ..... your favour.
A. to   B. for
C. in   D. of

22. He acted well ..... accordance with law.
A. with   B. by
C. in   D. to

23. There is a provision ..... law to bail out the accused.
A. by   B. of
C. with   D. in

24. Parole can be granted ..... any convict under the provisions of law.
A. for   B. to
C. into   D. upon

25. The appeal has been moved ..... High Court by the party.
A. in   B. to
C. for   D. with

26. He filed an appeal ..... the higher court.
A. with   B. to
C. in   D. for

27. An appeal has been admitted ..... the Supreme Court.
A. by   B. into
C. with   D. in

28. The absentee was reported to be ..... bed since last three days.
A. at   B. in
C. on   D. into

29. When I entered the room he was lying ..... bed.
A. over   B. at
C. on   D. in

30. Please accompany me ..... my room to collect the material.
A. for   B. to
C. upto   D. into

31. He met me ..... the way near the park after a long time.
A. in   B. by
C. on   D. into

32. This item has been included ..... the agenda of the meeting.
A. into   B. in
C. on   D. with

33. He has made good progress ..... English now.
A. with B. in
C. into D. of

34. The colour of your coat is matching ..... that of the pant.
A. with
B. by
C. to
D. no preposition is required

35. Our team played a match ..... the Young Men's.
A. by B. with
C. to D. against

36. Will you go ..... the market just now?
A. in B. to
C. for D. into

37. Indian team had played ..... the M.C.C. last year.
A. with B. upon
C. against D. off

38. I am not going to contest Lok Sabha seat ...... Raebareli.
A. off B. from
C. by D. at

39. The substract can also be injected ..... human body.
A. with B. upon
C. into D. in

40. You must be very careful ..... reading the question paper.
A. for B. in
C. with D. against

41. The fare to Mumbai has been increased ..... sixty rupees from here recently.
A. to B. by
C. with D. upto

42. Fare to Chennai has now increased ..... eighty rupees from here instead of seventy-three.
A. by B. to
C. for D. upto

43. He is going to Kolkata ..... Punjab Mail.
A. by B. with
C. in D. through

44. Diwali is a festival ..... light.
A. of B. for
C. with D. by

45. I am not responsible ..... your personal safety.
A. of B. for
C. with D. about

46. He was run over ..... a speedy train.
A. of B. off
C. by D. under

47. The train reached the station ..... right time.
A. by
B. at
C. on
D. no preposition is required

48. He is good ..... chess.
A. for B. at
C. on D. with

49. Payments were made ..... cash at the Head Office.
A. in
B. by
C. through
D. no preposition is required

50. He called ..... John in the street and insulted him.
A. up B. at
C. down D. away

51. Preface ..... this book is very impressive.
A. for   B. of
C. to   D. on

52. Headlines of a newspapers are helpful ..... understanding the intro and follow-up of the news.
A. in   B. for
C. about   D. with

53. Title cover counts much ..... sale of any book.
A. in   B. for
C. to   D. on

54. He sent ..... his resignation last night.
A. for   B. up
C. in   D. to

55. He gave a ring ..... me yesterday.
A. for   B. to
C. about   D. by

56. He wants to appear ..... the university examination.
A. at   B. in
C. for   D. to

57. Respondent had appeared ..... the tribunal.
A. in   B. at
C. before   D. to

58. Witness was produced ..... the court today by the police.
A. to   B. before
C. in   D. at

59. The films produced ..... India lack of technical accomplishment.
A. by   B. in
C. at   D. from

60. In respect of films, India is ..... the largest producer of the world.
A. no preposition is required
B. from
C. among
D. into

61. Syce let ..... the horse from the carriage.
A. off   B. away
C. up   D. out

62. The cup was broken ..... pieces.
A. to   B. into
C. with   D. by

63. They are not ..... friendly terms now.
A. on   B. with
C. in   D. at

64. He was wearing a cap ..... his head.
A. over   B. upon
C. on   D. at

65. He had wrapped a handkerchief ..... his head.
A. over   B. upon
C. around   D. on

66. Who knocked at the door ..... this hour of night?
A. by   B. in
C. at   D. on

67. Alas! his ailing friend passed ..... last night.
A. off   B. away
C. on   D. out

68. Do not put ..... this urgent work on tomorrow.
A. away   B. out
C. off   D. down

69. An extra bogie was attached ..... Punjab Mail to accommodate the marriage party.

A. with   B. to
C. by   D. into

70. He pulled ..... the chain to stop the train.
A. up   B. down
C. away   D. off

71. They put ..... the cigarette before entering into the shrine.
A. down   B. off
C. out   D. away

72. There is a danger of epidemic break ..... in the flooded area.
A. out   B. up
C. away   D. off

73. There is an apprehension ..... breach of peace in the town.
A. for   B. of
C. with   D. into

74. The train was packed ..... capacity.
A. beyond   B. upto
C. over   D. to

75. The accused were awarded death penalty ..... the triple murder case.
A. for   B. in
C. into   D. against

76. He was listening ..... my advice attentively.
A. to   B. for
C. by   D. at

77. Servant put ..... the lights and went to sleep.
A. off   B. out
C. away   D. in

78. Due to on-rush ..... the traffic streets are jammed.
A. off   B. of
C. with   D. by

79. Survival of civil polity without fair administration justice cannot be imagined .....
A. at
B. by
C. no preposition is required
D. of

80. Aspirations ..... the people have remained unfulfilled in spite of much progress through planning.
A. by   B. of
C. in   D. for

81. We have entered ..... partnership of a reputable firm.
A. into   B. in
C. for   D. to

82. ..... the influence of wine, the man quarrelled with the conductor.
A. in   B. by
C. under   D. for

83. Our train will pass ..... that station during late hours of night.
A. through   B. by
C. from   D. with

84. Industrial production ..... the country has fallen due to labour trouble and power crisis.
A. in   B. of
C. into   D. within

85. Unemployment in the country is ..... the pitch of it.
A. on   B. at
C. to   D. in

86. Superfast trains are useful ..... long journey.
A. to   B. for
C. in   D. into

87. Don't take ill ..... it! my friend.
A. for   B. of
C. on   D. upon

88. Newspapers are an effective medium ..... public opinion in a democratic country.
A. for   B. of
C. to   D. into

89. All democratic governments show great respect ..... public opinion.
A. in   B. for
C. to   D. on

90. An independent judiciary is a must ..... social justice.
A. for   B. to
C. unto   D. upon

91. The facts as stated above are true ..... the best of my knowledge and belief.
A. in   B. by
C. to   D. from

92. He does not think ..... his future at all.
A. for   B. on
C. upon   D. of

93. Mohan is actively thinking ..... his future course of action.
A. of   B. for
C. about   D. upon

94. Wine is injurious ..... health.
A. for   B. to
C. upon   D. about

95. She alighted ..... the bus at Connaught Place.
A. off   B. from
C. with   D. by

96. He went abroad ..... the morning flight.
A. by   B. from
C. with   D. off

97. Orders have been issued to inquire ..... the matter.
A. about   B. into
C. of   D. off

98. One of your friends met me last night and inquired ..... your health.
A. into   B. for
C. about   D. of

99. Government has setup a court ..... inquiry to ascertain the facts.
A. for   B. of
C. about   D. on

100. He is a candidate ..... B.A. examination.
A. to   B. for
C. in   D. at

ANSWERS

1	2	3	4	5	6	7	8	9	10
C	C	B	B	B	B	D	B	B	C
11	**12**	**13**	**14**	**15**	**16**	**17**	**18**	**19**	**20**
D	C	D	D	C	B	A	D	A	C
21	**22**	**23**	**24**	**25**	**26**	**27**	**28**	**29**	**30**
C	C	B	B	A	C	A	C	D	B

31	32	33	34	35	36	37	38	39	40
B	A	B	D	D	B	C	B	C	B
41	42	43	44	45	46	47	48	49	50
B	B	A	A	B	C	D	B	A	C
51	52	53	54	55	56	57	58	59	60
B	A	B	C	B	B	C	C	B	A
61	62	63	64	65	66	67	68	69	70
A	B	A	C	C	C	B	C	B	B
71	72	73	74	75	76	77	78	79	80
C	A	B	D	B	A	B	B	D	B
81	82	83	84	85	86	87	88	89	90
A	C	B	B	B	B	B	B	B	A
91	92	93	94	95	96	97	98	99	100
C	D	C	B	B	A	B	C	B	B

Ordering of Sentences

Directions : *In the questions given below, the first and the last part of the sentences are numbered 1 and 6. The rest of the sentence is split into four parts P, Q, R and S which are not given in their proper order. From the given options after each questions, find out which of the four combinations is correct.*

1. 1. Looking at the history
P. can help us remember
Q. and perhaps encourage us
R. of everyday life
S. that every day is history
6. to live a little more intensely.
A. SQPR B. PQSR
C. QRPS D. RPSQ

2. 1. There are seven precautions.
P. of being a lightning casualty
Q. that can minimise your chances
R. if you cannot seek shelter
S. in a substantial building
6. or a hard-topped vehicle
A. SQRP B. SQPR
C. QSPR D. QPRS

3. 1. A large man
P. stood stiffly in the back
Q. to meet the wildly
R. of the vehicle
S. wearing a battered grey hat
6. cheering thousands
A. SPRQ B. SQPR
C. SQRP D. QSPR

4. 1. When it was learnt
P. the world price,
Q. that the cost of production
R. was more than three times
S. the government offered
6. lavish subsidies to farmers.
A. QRPS B. PQRS
C. PRQS D. QSRP

5. 1. Someone who has
P. sports or physical activity
Q. may not be
R. excelled only in studies
S. but has completely ignored
6. a good team player
A. PRQS B. SQRP
C. RSPQ D. QRPS

6. 1. Many top management executives
P. and therefore the pre-interview stage
Q. have realised the inadequacies
R. of the interview process
S. has become an important process

6. in weeding out the weaker candidates.

A. RPQS   B. PRSQ
C. QSPR   D. QRPS

7. 1. A large number

P. of party leaders feel

Q. only the judiciary

R. that it is

S. which can finally pave the way

6. for his selection as party chief.

A. SPQR   B. PRQS
C. SQRP   D. RQPS

8. 1. Fed up with

P. the villagers took turns staying awake

Q. in their neighbourhood,

R. the spate of robberies

S. to collar the uninvited visitor

6. on his next attempt to rob.

A. SPQR   B. QSPR
C. RQPS   D. PRSQ

9. 1. Law and order

P. who eliminate government officials

Q. terrorists and militants

R. are virtually at ransom

S. in the hands of

6. and panic crowds.

A. PRSQ   B. RSQP
C. SQPR   D. PSRQ

10. 1. It is not

P. but whether we can

Q. a question of whether

R. we can afford

S. to make nuclear weapons

6. afford not to

A. PQSR   B. SRQP
C. QRSP   D. RSPQ

11. 1. The most interesting feature

P. of the emancipation of women

Q. is that the woman's claim

R. accepted without any

S. to equality has been

6. demur or challenge.

A. PRQS   B. SRQP
C. PQSR   D. RQPS

12. 1. Hindi has

P. modern language and

Q. medium of instruction in

R. it is doing better as

S. rapidly developed as

6. schools and colleges.

A. SPRQ   B. SRQP
C. PQRS   D. PRSQ

13. 1. Cinema as a

P. used to educate childern

Q. as well as illiterates

R. can very effectively be

S. medium of instruction

6. under adult education scheme.

A. QRPS   B. SQRP
C. PSQR   D. SRPQ

14. 1. Most people with a layman's

P. do not go to a witchdoctor for one.

Q. is created by books and media

R. an awarness of which

S. knowledge of science,

6. but have recourse to medicine.

A. QSRP   B. RQPS

C. SRQP   D. PSQR

15. 1. The theories of Charles Darwin that

P. man was a special creation

Q. man was descended from the ape

R. of God and Adam and Eve

S. shook the religious belief that

6. were the first humans

A. RQPS   B. QSPR

C. PSQR   D. QRPS

16. 1. It is hard

P. responsibility for doing

Q. to work, to accept

R. often unpleasant

S. to teach youngsters

6. but necessary chores

A. SQPR   B. RSPQ

C. PSRQ   D. SRPQ

17. 1. Action speaks louder

P. provide the first

Q. parents need to be

R. conscious that they

S. than words and

6. role models for their children

A. PQSR   B. SRQP

C. SQRP   D. QRPS

18. 1. As a teenager

P. her singing talents

Q. under the watchful eye

R. Whitney Houston cultivated

S. of her mother, Cissy

6. founder of the 1960s group The Sweet Inspiration.

A. QPRS   B. SQRP

C. PRSQ   D. RPQS

19. 1. If however,

P. travel in winter, and

Q. do not mind

R. the cold and the snow,

S. you plan to

6. how about Europe?

A. PRSQ   B. SPQR

C. RQSP   D. RPSQ

20. 1. Talking excitedly,

P. the two walked on,

Q. eventually meeting

R. to be the father

S. a man who seemed

6. of one of them

A. SPRQ   B. RQPS

C. PQSR   D. QSPR

21. 1. Essentially, a mutual fund is

P. provided by

Q. a collective pool

R. purchased from money

S. of assets

6. a large number of investors.

A. QRPS   B. QSRP

C. QPRS   D. QSPR

22. 1. Renowned carnatic vocalist, T.R. Balamani,

P. teaching music for

Q. who has been

R. says that group lessons

S. the last 27 years,

6. have a certain advantage over private lessons.
   A. QPSR   B. SQRP
   C. PQSR   D. SRPQ

23. 1. A lot of friends
    P. of their lives
    Q. have made a shambles
    R. I grew up with
    S. and have got
    6. into drugs and violent crime
    A. RQPS   B. QRSP
    C. SQPR   D. PSRQ

24. 1. Far more attention is
    P. planning of kitchens today
    Q. due to
    R. than ever before,
    S. being given to the
    6. space constraints and modern appliances.
    A. QRPS   B. SPRQ
    C. RSPQ   D. PSQR

25. 1. A happy family is
    P. the lessons of giving
    Q. and sharing
    R. the members learn
    S. one in which
    6. each other joys and sorrows.
    A. QRSP   B. SRQP
    C. SRPQ   D. RSQP

26. 1. It is important to keep
    P. to maintain
    Q. the various components
    R. of nature in full harmony
    S. a balance
    6. in the environment

A. QRPS   B. PSRQ
C. SQPR   D. RQSP

27. 1. Not only
    P. better than cats,
    Q. the one better
    R. are dogs
    S. but in many ways
    6. than humans
    A. PSQR   B. QSPR
    C. RPSQ   D. PQRS

28. 1. The mechanic was very busy
    P. when I took my car
    Q. in the waiting room
    R. I settled down
    S. for repairs, so
    6. with a book I'd brought along.
    A. PQRS   B. RSQP
    C. PSRQ   D. RPQS

29. 1. Dressing up can be
    P. an easy task of
    Q. an honest manner
    R. you can look at your figure
    S. as its faults in
    6. and then go about choosing something that's just right for you.
    A. PQSR   B. SPQR
    C. QRPS   D. PRSQ

30. 1. Some people
    P. certainly they enjoy
    Q. unhappy today but
    R. may be
    S. far greater comforts
    6. than their forefathers ever did.
    A. RQPS   B. PSQR
    C. SPRQ   D. QSRP

ANSWERS

1	2	3	4	5	6	7	8	9	10
D	D	A	A	C	D	B	C	B	C

11	12	13	14	15	16	17	18	19	20
C	A	D	C	B	A	C	D	B	C

21	22	23	24	25	26	27	28	29	30
B	A	A	B	C	A	C	C	D	A

Comprehension

Directions : *Read the following passage carefully and choose the best answer to each of the questions out of the four alternatives given.*

PASSAGE-I

We talk about two people fighting like wild cats, but this is nothing compared to angry mongooses fighting. They grip each other with their mouths and front paws and they roll over and over, all the time screaming at each other. They seem to be tearing each other to pieces. Yet, when they finally part, neither of them shows even a scratch.

Mongooses can move as quickly as lightning. That is why they can kill snakes without hurting themselves. They sink their needle-sharp teeth into the back of the neck of a poisonous snake. Apart from its speed, its tail helps the mongoose when it fights with snakes. When the mongoose is angry the hairs on its tail stand out so that it looks like a brush. When it attacks it keeps wiping this brush across the face of its enemy.

Although, they kill snakes, the usual food of mongooses is rats, mice, lizards, insects and other small animals. They are also very fond of eggs. If it is caught when it is young, the mongoose can become very tame and it is a delightful pet. In India, many people keep mongooses in their homes as protection against snakes.

QUESTIONS

1. When two mongooses fight
   A. they kill each other
   B. they keep screaming
   C. they tear each other to pieces
   D. they scratch each other

2. A mongoose moves
   A. only when asked to do so
   B. very fast
   C. all the time
   D. round and round

3. When it fights a snake the mongoose uses
   A. some needles
   B. its nose
   C. its sharp teeth
   D. its ears

4. 'Apart from' (in paragraph 2), means
   A. different from
   B. away from
   C. in addition to
   D. far from

5. The mongoose uses its tail
   A. to clean itself
   B. to clean the face of the snake
   C. instead of a brush
   D. as a weapon

46

6. The ..... food of a mongoose is rats and mice

A. special   B. ordinary
C. only   D. raw

7. The mongoose likes to ..... eggs.

A. lay   B. bury
C. hide   D. eat

8. People, in India, keep mongooses at home

A. to guard the home
B. to catch mice
C. to protect themselves from snakes
D. to fight other mongooses

PASSAGE-II

The mosquito is a nuisance. It annoys people when they are sleeping and it is also dreaded as a carrier of malaria. For many years, all kinds of methods have been used to get rid of mosquitoes. In some parts of the world, people rub themselves with an oil that will keep mosquitoes away. The health authorities spend a lot of money spraying stagnant ponds and other places where mosquitoes breed, with a powerful fluid that kills all the harmful insects, including mosquitoes. In many tropical countries, people sleep under mosquito nets. If they sleep out in the open, they make sure that there is a fire to keep away mosquitoes.

The latest device for mosquito eradication is a machine called the 'Zapper' which is produced and sold by an American company. It kills mosquitoes and other small insects. A coloured light inside the machine attracts the mosquitoes. When they enter the Zapper a powerful ray kills the insects at once.

The machine which must be made to stand on the floor is four feet high and weighs thirty pounds. The Zapper does not cause any harm to human beings. The inventor of Zapper thinks that his machine is the best way to get rid of mosquitoes as well as other insects that bite human beings. Of course, insects such as flies and moths will also be killed if they enter the Zapper. The Zapper now works only on electricity. It is likely that in a few years somebody will invent a similar machine operated on battery.

QUESTIONS

1. Zapper is the ..... of a new machine.

A. inventor   B. title
C. name   D. colour

2. The Zapper is used for

A. catching mosquitoes
B. trapping flies
C. burning insects
D. killing mosquitoes

3. The mosquitoes are attracted by the ..... in the machine.

A. colours   B. noise
C. beauty   D. light

4. The Zapper should be

A. nailed to the wall
B. hung from the ceiling
C. placed on the ground
D. buried in the ground

5. Flies will be killed if they ..... the Zapper.

A. fly near

B. see
C. touch
D. come into

6. The Zapper can only be used in homes which have
A. electricity   B. batteries
C. insects   D. lights

7. The Zapper is a safe invention because it
A. is only four feet high
B. does not harm people
C. does not make noise
D. works on electricity

PASSAGE-III

Just as some men like to play football or cricket, so some men like to climb mountains. This is often very difficult to do, for mountains are not just big hills. Paths are usually very steep. Some mountain sides are straight up and down, so that it may take many hours to climb as little as one hundred feet. There is always the danger than you may fall off and be killed or injured. Men talk about conquering a mountain. It is a wonderful feeling to reach the top of a mountain after climbing for hours and may be, even for days. You look down and see the whole country below you. You feel god-like. Two Italian prisoners of war escaped from a prison camp in Kenya during the war. They did not try to get back to their own country, for they knew that was impossible. Instead, they climbed to the top of Mount Kenya, and then they came down again and gave themselves up. They had wanted to get that feeling of freedom

that one has, after climbing a difficult mountain.

QUESTIONS

1. Some men like to climb a mountain because
A. they do not like to play football or cricket
B. they know the trick of climbing
C. they want to have a wonderful feeling
D. they like to face danger

2. To climb mountains is often difficult because
A. mountains are big hills
B. it consumes more time
C. prisoners often escape from camps and settle there
D. paths are steep and uneven

3. 'It is a wonderful feeling .....' 'It' refers to
A. the steep path
B. the prisoner
C. the mountain
D. mountaineering

4. Two Italian prisoners escaped from the camp and climbed to the top of Mount Kenya
A. to escape to Italy
B. to come down and give up
C. to get the feeling of freedom
D. to gain fame as mountaineers

5. Mountaineering is not a very popular sport like football or cricket because
A. there are no spectators in this sport
B. it may take many hours or even days

C. not many people are prepared to risk their lives

D. people do not want to enjoy a god-like feeling

PASSAGE-IV

Once, an ant who had come to drink at a stream fell into the water and was carried away by the swift current. He was in great danger of drowning. A dove, perched on a nearby tree, saw the ant's danger and dropped a leaf into the water. The ant climbed on to this, and was carried to safety.

Sometimes after this, a hunter, creeping through the bushes, saw the dove asleep, and took careful aim with his gun. He was about to fire when the ant, who was nearby, crawled forward and bit him sharply in the ankle. The hunter missed his aim, and the loud noise of gun awakened the dove from her sleep. She saw her danger and flew swiftly away to safety. Thus, the ant repaid the dove for having saved his life in the foaming current of the stream.

QUESTIONS

1. The ant came to stream to
A. fall into it
B. look at the swift current
C. to carry back some water
D. drink at it

2. The dove dropped a leaf into the water to
A. save the ant
B. drown the ant
C. help itself
D. perch on it

3. The dove was in danger because
A. a hunter wanted to care for it
B. there was a bush nearby
C. a hunter was about to shoot it
D. it had fell off the branch

4. The word 'aim' in this passage means
A. to point a gun at something or someone
B. to have an ambition
C. to try to reach somewhere
D. to look at something

5. The ant repaid the dove by
A. biting the hunter
B. warning the dove
C. crawling near the hunter
D. biting the dove

PASSAGE-V

Throughout in recorded history, India was celebrated for her fine textiles, her muslins and brocades of silver and gold. As a matter of fact, there is evidence that her textile industry goes back at least five thousand years, for Indian muslins were found urapped around mummies in Egyptian pyramids dating back to 3000 BC. The ancient Indian iron and steel industry was equally famous. The well-known Damascus steel for swords and armour used in the Crusades came from India. Thus, in countless industries and crafts, the Indian craftsman, worker, builder and artist created and prospered, and their products found favour both at home and abroad. And then, political disintegration and foreign conquest closed the long golden chapter of India's advancement and creative achievement.

QUESTIONS

1. India had a flourishing textile industry in the past, is proved by the fact, that
   A. India produced muslins and brocades of silver and gold
   B. the country was already famous for its fine textiles
   C. the industry claims to be five thousand year old
   D. Indian muslins were used for covering Egyptian mummies in 3000 BC.
2. According to the writer, the ancient Indian iron and steel industry was famous, because
   A. India supplied swords and armour to Damascus
   B. India provided steel with which swords and armour were made for the Crusaders
   C. Indian steel was famous among those fighting the Crusades
   D. Products of iron and steel were shipped to Damascus from India
3. Which one of the following statements is not true?
   A. There is a long history of excellence that the Indian craftsmen had achieved in various crafts
   B. Creations of Indian craftsmen brought to them prosperity
   C. Even after foreign conquest these crafts ensured India's industrial progress
   D. Indian crafts died out due to political division of the country
4. Which of the following is opposite in meaning to the word 'advancement' occurring in the passage?
   A. deterioration
   B. backwardness
   C. poverty
   D. failure
5. Which one of the following would be the most suitable title for the passage?
   A. The rise and fall of Indian crafts
   B. Ancient India's textile industry
   C. Indian iron and steel industry in the past
   D. Indian exports in the ancient times

PASSAGE-VI

A man may usually be known by the books he reads, as well as by the company he keeps; for there is a companionship of books as well as of men; and one should always live in the best compamy, whether it be of books or of men. A good book may be among the best of friends. It is the same today that it always was and it will never change. It is the most patient and cheerful of companions. It does not turn its back upon us in times of adversity or distress. It always receives us with the same kindness; amusing and interesting us in youth, comforting and consoling us in age.

QUESTIONS _____

1. According to the writer, 'a man may usually be known by the books he reads', because
   A. his reading habit shows that he is a scholar
   B. the books he reads affect his thinking and character
   C. books provide him a lot of knowledge
   D. his selection of books generally reveals his temperament and character

2. Which one of the following statements is not true?
   A. Good books as well as good men always provide the finest company
   B. A good book never betrays us
   C. We have sometimes to be patient with a book as it may bore us
   D. A good book serves as a permanent friend

3. The statement 'A good book may be among the best of friends', in the middle of the passage means that
   A. there cannot be a better friend than a good book
   B. books may be good friends, but not better than good men
   C. a good book can be included amongst the best friends of mankind

D. our best friends read the same good books

4. Which of the following is opposite in meaning to the word 'adversity' occurring in the passage?
   A. happiness
   B. prosperity
   C. progress
   D. misfortune

5. Which one of the following would be the most suitable title for the passage?
   A. Books show the reader's character
   B. Books as man's abiding friends
   C. Books are useful in our youth
   D. The importance of books in old age

PASSAGE-VII

Honey bees make their own hives in hollow trees, or they use the hives that men make for them.

In each hive, there are worker bees who make the honey-comb out of wax and others who guard the beehive and collect food. There is a queen who lays an eggs in each cell of the honey-comb.

The young bees are fed on nectar and pollen. Honey is made in the bodies of the worker bees from the nectar and pollen of flowers.

Every year the old queen leaves the hive and she is followed by a 'Swarm' of bees.

52

QUESTIONS _____

1. Honey bees normally live
   A. on trees
   B. in houses
   C. in hives
   D. on roofs

2. The queen bee
   A. rules the other bees
   B. feeds on the other bees
   C. trains the worker bees
   D. lays the eggs

3. The honey-comb is made out of
   A. nectar
   B. flowers
   C. wax
   D. sugar

4. Honey is made by
   A. working men
   B. worker bees
   C. men in hives
   D. queens

5. Which of the following titles would be most suitable for the passage?
   A. The Queen
   B. Honey Bees
   C. Insects
   D. Worker Bees

PASSAGE-VIII

Birds are alike in many ways. Because they all have backbones. They are all vertebrates. They all have two legs and two wings. they all have lungs and are warm blooded. This means that their bodies are warm even when the weather is cold. All birds have feathers.

There are many different kinds of birds. Some, like the ostrich, are taller and heavier than a man. Some are very small, like the humming-bird. Many birds can fly very well. Swallows and ducks are excellent flyers. Some birds cannot fly at all. The pengum's wings cannot lift him off the ground.

QUESTIONS _____

1. According to the passage, all birds are vertebrates because they have
   A. feathers
   B. two legs and two wings
   C. backbones
   D. warm blood

2. When a bird is alive and well, its body is
   A. cold   B. warm
   C. light   D. heavy

3. One very large bird mentioned in the passage is the
   A. penguin
   B. humming-bird
   C. swallow
   D. ostrich

4. According to the passage, the humming-bird
   A. sings beautifully
   B. can fly very high
   C. is very small
   D. can fly very well

5. A penguin cannot
   A. fly in cold water
   B. stay on the ground
   C. fly very well
   D. fly at all

PASSAGE-IX

In order to measure distances, the surveyor lays out a series of straight lines which he calls survey lines. To do this, he uses his chain and ranging rods. The rods are not unlike broomsticks only longer, and they are usually coloured black and white or red and white so that they can be easily seen. Assuming that the surveyor wished to measure the distance between X and Y, he would place a rod at X while his assistant would walk towards Y. The surveyor would stand two or three yards behind X. Keeping X and Y in line; his assistant would then place one or more rods at intervals and in the same line, the surveyor guiding him as to whether or not all rods were in line.

QUESTIONS _____

1. Survey lines help a surveyor to
   A. make straight lines
   B. see easily and clearly
   C. range some rods
   D. measure distances

2. Two different things used by the surveyor to lay out his survey lines are
   A. a chain and some rods
   B. broomsticks and rods
   C. a tape and a chain
   D. a chain and broomsticks

3. Because they have to be easily seen, ranging rods are
   A. striaght
   B. carefully measured
   C. guided
   D. brightly coloured

4. When measuring the distance from X to Y, the surveyor stands
   A. in front of X
   B. behind X
   C. on a line between X and Y
   D. two or three yards behind Y

5. The surveyor has to guide his assistant to
   A. stand behind Y
   B. walk towards X
   C. find the rods
   D. keep the rods in a straight line

PASSAGE-X

Any person who wishes to be a candidate for election to the National Assembly must prepare four copies of the nomination paper in the prescribed form (Form E). He must also make a declaration in the prescribed form (Form F) stating that he is qualified to be a member of the Assembly. A day is specified in the election notice for the receipt of nominations. The nomination papers and the declaration must be delivered to the Returning Officer between 9 AM and 12 mid-day on that day. Delivery may be made by the candidate himself, or by the person who proposed or the person who seconded him.

QUESTIONS _____

1. The prospective candidate for elections has to
   A. make sure that he will win
   B. fill in a nomination paper

C. be a member of the Assembly

D. have a duplicate machine

2. How many different forms must be completed by the candidate?
   A. Three
   B. One
   C. Two
   D. Four

3. A candidate completes Form F to declare that he:
   A. wants to vote
   B. has paid the required deposit
   C. is qualified to be a candidate
   D. cannot vote

4. Nominations must be handed in
   A. in nine o'clock on the day stated
   B. at 12 mid-day on the day stated
   C. during the afternoon of the day stated
   D. during first half of the day stated

5. The completed forms can be delivered to the Returning Officer by
   A. one of three people
   B. any member of the candidate's family
   C. the person who came second in the election
   D. no-one but the candidate

PASSAGE-XI

Electricity is very useful as long as we do not get in its way. But it can make trouble for us if we do. Luckily, we have a way of avoiding this. We can wrap electric wires in coats of rubber or plastic. These coats are called insulation. Electricity cannot travel through a coat of insulation, and so it runs along safely inside the wire.

If a current of electricity runs through you, it gives you a shock and strong shocks are dangerous. They can kill you. So it is safest not to meddle with electric wires or machines. An electrician knows how to work with electricity, and he does not get hurt. Usually, he turns a switch so that no current at all comes into the wire on which he is working.

QUESTIONS

1. According to the passage, electricity becomes dangerous when
   A. it is too hot
   B. it is interfered with
   C. the power fails
   D. it cannot travel

2. Electric wires covered with rubber or plastic are
   A. dangerous
   B. insulated
   C. live
   D. troublesome

3. If a current of electricity runs through a person's body
   A. it always kills him
   B. he does not get hurt
   C. it lights him up
   D. he gets a shock

4. The advice given in the passage about electric wires and machines is

A. to cover them with rubber or plastic
B. to turn them off
C. to make them safe to meddle with
D. not to interfere with them

5. Electricians avoid getting shocks from electric wires by
A. switching off the current
B. not touching wires
C. going against the current
D. wearing insulated coats

PASSAGE-XII

Glaciers are formed by the continuous collection of snow on high peaks. The weight of additional snow compresses the earlier falls into ice which is slowly forced down into valleys.

Continental glaciers, or ice-sheets covering whole continents, are now found only in Greenland and the Polar regions. However, at one time similar ice-sheets covered most of Northern Europe, Canada and Northern USA. In the Southern Hemisphere, because of the smaller land surfaces, the effect of the ice-sheets was limited.

Much study has been devoted recently to the glaciers on Mt. Kenya. Here there are ten glaciers which appear to be slowly shrinking in size and five others have disappeared altogether. It is thought that the climate in this part of Africa may be getting progressively warmer, the giant groundsel plants on the slopes of Mt. Kenya were at one time known to grow much lower down but are now isolated plants near the peak.

QUESTIONS _____

1. According to the passage, glaciers are first formed
A. high up on mountains
B. in valleys
C. on ice
D. in ice-sheets

2. According to the passage, continental glaciers can now be fournd
A. on the continent
B. in northern Europe
C. in Greenland and at the Poles
D. on ice-sheets

3. The effect of te ice-sheets was limited in the Southern Hemisphere because
A. it is warmer than the Northern Hemisphere
B. it is smaller than the Northern Hemisphere
C. there is less land than in the Northern Hemisphere
D. there is more land than in the Northern Hemisphere

4. According to the passage, how many glaciers were there on Mt. Kenya at one time?
A. Ten   B. Fifteen
C. Five   D. None

5. What, according to the author, may be the cause of the disappearance of some of the glaciers on Mt. Kenya?
A. The climate is becoming colder
B. There is too much rain
C. Not enough snow is falling
D. The climate is becoming warmer

ANSWERS

Passage-I

1	2	3	4	5
B	B	C	C	D

6	7	8
B	D	C

Passage-II

1	2	3	4	5
C	D	D	C	D

6	7
A	B

Passage-III

1	2	3	4	5
C	D	D	C	A

Passage-IV

1	2	3	4	5
D	A	C	A	A

Passage-V

1	2	3	4	5
C	B	C	B	A

Passage-VI

1	2	3	4	5
B	C	C	B	B

Passage-VII

1	2	3	4	5
C	D	C	B	B

Passage-VIII

1	2	3	4	5
C	B	D	C	D

Passage-IX

1	2	3	4	5
D	A	D	B	D

Passage-X

1	2	3	4	5
B	C	C	D	A

Passage-XI

1	2	3	4	5
B	B	D	D	A

Passage-XII

1	2	3	4	5
A	C	C	B	D

Closet Test

Directions : *In the following passages, some of the words have been left out. First, read each passage over and try to understand what it is about, then fill in the blanks with the help of alternatives given.*

PASSAGE-I

He mentioned two factors being responsible ... (1) ... this telecom revolution. One is the ... (2) ... technological change, beginning ... (3) ... microelectronics ... (4) ..., the budget problems of most industrial countries ... (5) ... with free trade agreements ... (6) ... resulted in major liberalisation moves. Their aim ... (7) ... to increase the world economy through a ... (8) ... market at lower prices. In the process, most countries were, and still are, ... (9) ... to privatise part of their national telecom operator companies ... (10) ... order to survive.

1. A. to   B. with
   C. from   D. for

2. A. easy   B. rapid
   C. real   D. fast

3. A. with   B. at
   C. by   D. along

4. A. firstly
   B. truly
   C. rarely
   D. secondly

5. A. combination
   B. combined
   C. combine
   D. confusion

6. A. was   B. will be
   C. had   D. have been

7. A. are   B. is
   C. was   D. will be

8. A. many   B. bigger
   C. busy   D. largest

9. A. forcible
   B. pushed
   C. to go
   D. being forced

10. A. in   B. at
    C. by   D. with

PASSAGE-II

A long line of women were waiting ... (1) ... a shop. A man approached and immediately pushed ... (2) ... the front of the line. Angry shouts sent ... (3) ... retreating to the back. He tried again, ... (4) ... once more the women jostled and ... (5) ... him back again. Finally, giving ... (6) ..., he ... (7) ... his tie, ... (8) his ruffled hair and, with dignity, ... (9) ... , "Very well, ladies, ... (10) ... that's what you want, I won't open the shop."

1. A. beside   B. outside
   C. against   D. before

57

2. A. at   B. forward
    C. to   D. behind

3. A. her   B. his
    C. she   D. him

4. A. and   B. also
    C. because   D. but

5. A. pushed   B. broke
    C. shook   D. threw

6. A. in   B. up
    C. into   D. on

7. A. straightened
    B. messed
    C. pressed
    D. crushed

8. A. soothed
    B. organised
    C. smoothed
    D. closed

9. A. told   B. cried
    C. said   D. said that

10. A. all   B. then
    C. for   D. if

PASSAGE-III

The skin is the body's ... (1) ... organ. With the exception of the palms and soles, the skin is ... (2) ... with hair follicles. The skin's ... (3) ... is to protect the body ... (4) ... regulating its temperature. The skin ... (5) ... of three layers. For a lovely skin one should ... (6) ... caring for it. Refresh the skin with a face mask from ... (7) ... . To prevent skin from losing vital oils use a moisturiser ... (8) ... cleansing. Moisturising prevents ... (9) ... loss of water from the skin ... (10) ... protecting and nourishing it.

1. A. longest   B. larger
    C. largest   D. longer

2. A. scratched
    B. covered
    C. toned
    D. dabbed

3. A. function B. reason
    C. habit   D. ability

4. A. by   B. with
    C. for   D. unless

5. A. kinds   B. parts are
    C. is found D. consists

6. A. start   B. detest
    C. allow   D. hate

7. A. morning till night
    B. days
    C. time to time
    D. yesteryears

8. A. later   B. beyond
    C. ahead of D. after

9. A. undue   B. wanted
    C. little   D. rare

10. A. hereby   B. thereby
    C. therefore D. hence

PASSAGE-IV

Many accidents take place at home, ... (1) ... it is up to the parents to take ... (2) ... . Open windows ... (3) ... dangerous ... (4) ... them with bars or grills. Also use child-proof electric circuits ... (5) ... the wall to ... (6) ... inquisitive little hands ... (7) ... getting shocks. Better ... (8) ... ensure ... (9) ... your home ... (10) ... earth-leak circuit breakers installed.

1. A. so   B. also
    C. for   D. as

2. A. care
B. precaution
C. advise
D. help

3. A. are   B. can be
C. prove   D. appear

4. A. break   B. seal
C. cover   D. fill

5. A. inside   B. over
C. on   D. in

6. A. prevent   B. let
C. allow   D. encourage

7. A. against   B. for
C. from   D. behind

8. A. still   B. thus
C. not   D. quickly

9. A. regarding   B. than
C. about   D. that

10. A. had   B. has
C. have   D. may have

PASSAGE-V

He had lived nearly his ... (1) ... life not ... (2) ... from the house in ... (3) .. he was born and raised, and from the ... (4) ... of his brothers and sisters. That working class neighbourhood ... (5) ... big and rich ... (6) ... for him. Our family eventually joined him ... (7) ..., and on trips ... (8) ... the neighbourhood, he proudly ... (9) ... me ... (10) ... friends.

1. A. total   B. complete
C. entire   D. maximum

2. A. afar   B. away
C. far off   D. far

3. A. where   B. what
C. why   D. which

4. A. houses   B. homes
C. dwelling   D. inhabitat

5. A. was   B. were
C. is   D. are

6. A. only   B. supply
C. enough   D. amount

7. A. over   B. together
C. there   D. with

8. A. inside   B. near
C. into   D. through

9. A. threw
B. introduced
C. handed
D. presented

10. A. for   B. to
C. like   D. as

PASSAGE-VI

The boy was hurt ... (1) ... confused. What ... (2) ... seemed so beautiful now looked ... (3) ... the plastic, cheap thing ... (4) .... it was. He ... (5) ... outside to the back porch and ... (6) ... to cry ... (7) ... his mother appeared and ... (8) gently what was wrong. He explained ... (9) ... best he could. She listened, and then they ... (10) ... inside.

1. A. too   B. and
C. so   D. also

2. A. have   B. has
C. has been   D. had

3. A. alike   B. like
C. same as   D. as

4. A. that   B. what
C. which   D. who

5. A. brushed B. scurried
C. walked D. narrated

6. A. start B. acted
C. began D. got

7. A. early B. quick
C. fast D. soon

8. A. told B. cried
C. said D. asked

9. A. as B. it
C. on D. so

10. A. went B. go
C. will go D. were going

PASSAGE-VII

His appetite ... (1) ... research continued to set him apart from other investors. He ... (2) ... the heavy business manuals ... (3) ... the zest of a small boy reading comics. Line ... (4) ... line, he soaked up financial pages. His friends cheerfully accepted that he knew ... (5) ... about stocks than ... (6) ... . Nobody was going to tell you ... (7) ... stocks were a bargain; you had to ... (8) ... there on your own. And, so he ... (9) ... his homework. His independence of mind and ability to focus on his work ... (10) ... served him well.

1. A. for B. of
C. above D. with

2. A. weighed B. read
C. collected D. bought

3. A. around B. under
C. with D. like

4. A. from B. by
C. inside D. between

5. A. most B. more
C. all D. much

6. A. somebody
B. nobody
C. everybody
D. anybody

7. A. what B. that
C. which D. when

8. A. go B. come
C. arrive D. get

9. A. did B. do
C. made D. does

10. A. too B. also
C. together D. both

ANSWERS

Passage-I

1	2	3	4	5	6	7	8	9	10
D	B	A	D	B	C	C	B	D	A

Passage-II

1	2	3	4	5	6	7	8	9	10
B	C	D	D	A	B	A	C	C	D

Passage-III

1	2	3	4	5	6	7	8	9	10
C	B	A	A	D	A	C	D	A	B

Passage-IV

1	2	3	4	5	6	7	8	9	10
A	B	B	C	D	A	C	A	D	B

Passage-V

1	2	3	4	5	6	7	8	9	10
C	D	D	A	A	C	C	D	B	B

Passage-VI

1	2	3	4	5	6	7	8	9	10
B	D	B	A	C	C	D	D	A	A

Passage-VII

1	2	3	4	5	6	7	8	9	10
A	B	C	B	B	D	C	D	A	B

Miscellaneous Questions

Directions : *Choose the right question-word with which a question can be framed in respect to each of the following sentences. The italicised part of each sentence could be the answer to such a question.*

1. *Two clerks* had failed to report for duty.
   A. Who   B. What
   C. Whom   D. How

2. She is leaving the country *tomorrow.*
   A. Why   B. Where
   C. When   D. What

3. *Mr. Shah* is the Chairman of the newly-found committee.
   A. Who   B. What
   C. How   D. Why

4. The function was held *at the club.*
   A. Whose   B. Where
   C. Whom   D. Why

5. He scolded *the servant* for breaking the glass.
   A. Who   B. Whom
   C. Whose   D. What

6. This is *her* book.
   A. Who   B. Can
   C. How   D. Whose

7. The Dentist *told her to open the mouth.*
   A. What   B. Whom
   C. Where   D. Why

8. *This Grammar Book* is the better of the two books.
   A. How   B. Who
   C. Which   D. What

9. He went to the village *to visit his grand parents.*
   A. Why   B. Where
   C. How   D. What

10. *Yes,* I like it.
    A. Will   B. Do
    C. Can   D. have

Directions : *Choose the most appropriate meaning of each of the sentences given below.*

11. He secured 89% marks.
    A. He stood first in class
    B. He had faired well in his exams
    C. He has done better than his friends
    D. He will get the scholarship

12. The child is now cured.
    A. The doctor is checking the child's pulse
    B. The child is running around with joy
    C. The child is eating chocolates
    D. The child had been ill

13. Minni cannot sit on this chair.
    A. There is dirt on the chair
    B. Minni does not like the colour of the chairs

C. The chair is too small for Minni to sit on

D. Minni is sitting on the sofa

14. He only plays cricket.

A. He plays cricket and nothing else

B. He and nobody else plays cricket

C. He cannot play any other game

D. He plays cricket and nothing else worth-mentioning

15. Our guest came early.

A. Our guest came before the scheduled time

B. Our guest came earliest

C. Our guest came already

D. Our guest came too soon

16. She is Rhea's mother.

A. Rhea is her daughter

B. Only Rhea and nobody else is her daughter

C. She is not only Rhea's mother but also Ritu's mother

D. She is proud of her daughter

17. We missed the train.

A. The train had left the platform at 9.30 pm

B. The train had left right on time

C. We were late in reaching the station

D. The train did not wait for us

18. He is the richest man in the town.

A. A few men in the town are richer than him

B. No other man in the town is as rich as him

C. The town is full of rich men

D. He has recently purchased acres of land in this town

19. I want this book.

A. This book is very much in demand

B. This book is written by my favourite author

C. I want to present this book to my best friend

D. This book contains information useful for my research

20. She is drinking lemonade.

A. She is thirsty

B. She only drinks lemonade

C. She does not like any other drink

D. Only lemonade is served in the restaurant where she is sitting

Directions : *In the following questions, there are some bold words or phrase which have been given with four options. If another word or better expression is required for the bold part choose it from the group. If no change is required, choose 'D' as the answer.*

21. He **had left** for Kolkata tomorrow.

A. will go

B. is leaving

C. left already

D. no change is required

22. He is such **a clown man** that he can make anybody laugh.

A. clownish

B. a funny clown man

C. a serious joker

D. no change is required

23. Many less people attended the function.
   A. very few
   B. lesser
   C. the least
   D. no change is required

24. She is seventeen **ages** old.
   A. age
   B. year
   C. years
   D. no change is required

25. He is **a well student** and is admired by all
   A. an expert student
   B. a healthy student
   C. a good student
   D. no change is required

26. I **knocked at** the door before opening it.
   A. banged
   B. shouted at
   C. kicked hard
   D. no change required

27. A much pollution is caused by smoke from factories.
   A. much
   B. more
   C. most
   D. no change is required

28. You **are viewing at** the most beautiful girl.
   A. are seeing at
   B. are looking at
   C. are viewing over
   D. no change is required

29. Do not go near the fire, your clothes **may get burning.**
   A. may get fired
   B. may get burns
   C. may catch fire
   D. no change is required

30. The star **is burning** in the sky.
   A. shines
   B. is shone
   C. was twinkling
   D. no change is required

ANSWERS (WITH EXPLANATION)

1. D : How many clerks failed to report for duty?

2. C : When is she leaving the country?

3. A : Who is the Chairman of the newly found committee?

4. B : Where was the function held?

5. B : Whom did he scold for breaking the glass?

6. D : Whose book is this?

7. A : What did the Dentist tell her?

8. C : Which is the better of the two books?

9. A : Why did he go to the village?

10. B : Do you like it?

11	12	13	14	15	16	17	18	19	20
B	D	C	D	A	A	C	B	D	A
21	22	23	24	25	26	27	28	29	30
B	B	A	C	C	D	A	B	C	A

सामान्य बुद्धि परीक्षा

1 शृंखला

शृंखला के प्रश्नों में चार अंकों की एक शृंखला दी जाती है। इन चारों अंकों के बीच आपस में कुछ संबंध होता है। उस सम्बन्ध को समझना होता है और उसी आधार पर शृंखला की आगे की संख्यायें ज्ञात करना होता है। अक्षरों की भी शृंखला हो सकती है। आरंभ में हम कुछ प्रश्नों के साथ वैकल्पिक उत्तर देंगे, जिनमें से केवल एक उत्तर सही है। उसे छाँटना है। बाद में अभ्यास के लिए प्रश्न हैं, जिनमें वैकल्पिक उत्तर नहीं हैं। प्रश्नों के व्याख्यात्मक उत्तर बाद में दिये गये हैं।

निर्देशः निम्नलिखित प्रश्नों में से प्रत्येक प्रश्न में संख्याओं या अक्षरों की एक शृंखला दी गई है। प्रत्येक प्रश्न में एक स्थान रिक्त है। नीचे दिये गये चार वैकल्पिक उत्तरों में से सही उत्तर छाँटिये।

परीक्षा में पूछे गये प्रश्नों के नमूने के आधार पर

1. 1, 3, 7, 15, ...
A. 25 B. 31 C. 33 D. 35

2. 4, 9, 16, 25, ...
A. 36 B. 38 C. 40 D. 42

3. 1, 13, 25, 37, ...
A. 41 B. 45 C. 49 D. 53

4. 64, 32, 16, 8, ...
A. 1 B. 2 C. 4 D. 6

5. AZ, DW, GT, ...
A. CX B. TG C. JQ D. EV

6. A, D, G, ...
A. I B. K C. H D. J

7. Z, A, Y, B, ...
A. X B. C C. D D. W

8. यदि 3 + 2 = 25 और 3 + 4 = 49, तो 2 + 3 = ?
A. 6 B. 15 C. 25 D. 18

9. 2, 4, 8, 16, ...
    A. 20   B. 24   C. 32   D. 28

10. 20, 15, 11, 8, ...
    A. 3   B. 4   C. 5   D. 6

अभ्यास के लिए प्रश्न

11. 76, 63, 50, 37, ...   **12.** 5, 10, 17, 26, ...

13. 2, 6, 12, 20, ...   **14.** 3, 6, 9, 12, ...

15. 3, 7, 11, 13, ...   **16.** 1, 4, 9, 16, ...

17. 0, 3, 8, 15, ...   **18.** 3, 6, 12, 24, ...

19. 1, 4, 8, 13, ...   **20.** 1, 3, 6, 10, ...

21. 1, 5, 17, 53, ...   **22.** 3, 8, 15, 24, ...

23. 25, 19, 14, 10, ...   **24.** 3, 7, 15, 31, ...

25. 80, 40, 20, 10, ...   **26.** 1, 6, 11, 16, ...

27. 59, 52, 45, 38, ...   **28.** 2, 5, 11, 23, ...

29. 13, 17, 19, 23, ...   **30.** 13, 23, 33, 43, ...

31. 1, 4, 10, 22, ...   **32.** 1, 4, 9, 16, ...

33. 96, 48, 24, 12, ...   **34.** 14, 10, 13, 9, 12, 8, ...

35. 4, 7, 14, 17, 34, 37, ...   **36.** 32, 16, 20, 10, 14, ...

37. 2, 3, 3, 5, 4, 7, ...   **38.** 5, 6, 8, 11, 15, 20, ...

39. 2, 9, 28, 65, ...   **40.** 0, 2, 6, 12, 20, ...

41. 2, 5, 10, 17, 26, ...   **42.** 1, 5, 11, 19, 29, ...

43. $\frac{11}{12}, \frac{10}{11}, \frac{9}{10}, \frac{8}{9},$ .....   **44.** 4, 5, 9, 14, 23, ...

45. 5, 10, 15, 25, 40, ...   **46.** 360, 180, 60, 15, ...

47. 4, 9, 16, 25, 36, ...   **48.** 4, 8, 3, 6, 2, 4, ...

49. 1, 8, 27, 64, ...   **50.** 4, 8, 16, 28, ...

51. 1, 2, 5, 10, 17, ...   **52.** 720, 120, 24, 6, ...

53. 1, 2, 4, 8, 16, ...   **54.** 1, 3, 6, 10, 15, ...

55. 0, 1, 4, 9, 16, ...   **56.** 810, 270, 90, 30, ...

57. 9, 16, 25, 36, ...   **58.** 6, 9, 12, 15, ...

59. 4, 8, 13, 19, ...   **60.** 3, 7, 15, 31, ...

61. 89, 79, 70, 62, ...   **62.** 2, 3, 4, 6, 8, ...

63. 3, 4, 9, 16, 27, ...   **64.** 45, 35, 26, 18, ...

65. 2, 9, 16, 23, ...

66. 40, 32, 26, 22, ...

67. 1, 3, 6, 10, ...

68. 66, 47, 28, ...

69. 5, 7, 11, 19, ...

70. 12, 6, 3, 1½, ...

71. 2, 3, 4, 6, 6, 9, ...

72. 5, 36, 10, 18, 20, ...

73. 5, 7, 11, 13, ...

74. 2, 4, 8, 16, ...

75. 45, 36, 27, ...

76. 1, 7, 13, 19, ...

77. 1, 4, 9, 16, ...

78. 54, 63, 72, ...

79. 42, 53, 63, 72, ...

80. 20, 8, 10, 4, 5, ...

81. 5, 11, 23, ...

82. 10, 22, 46, ...

83. 37, 41, 47, ...

84. 3, 2, 9, 6, 27, ...

85. 3, 6, 10, 15, ...

86. 2, 6, 12, 20, ...

87. 1, 8, 27, 64, ...

88. 125, 64, 27, 8, ...

89. 36, 49, 64, 81, ...

90. 64, 49, 36, 25, ...

91. यदि 3 + 4 = 25 और 4 + 5 = 41, तो 5 + 6 = ?

92. यदि 2 + 3 = 25 और 3 + 4 = 49, तो 4 + 5 = ?

93. यदि 6 – 4 = 20 और 5 – 3 = 16, तो 4 – 3 = ?

94. यदि 8 – 6 = 4 और 7 – 4 = 9, तो 5 – 2 = ?

95. यदि 7 + 9 = 32 और 3 + 6 = 18, तो 5 + 4 = ?

96. यदि 3 + 2 = 25 और 3 + 4 = 49, तो 3 + 5 = ?

97. यदि 9 – 5 = 2 और 25 – 15 = 5, तो 12 – 6 = ?

98. यदि 2 × 3 = 13 और 3 × 4 = 25, तो 4 × 5 = ?

99. यदि 2 + 3 = 13 और 3 + 4 = 25, तो 2 + 5 = ?

100. यदि 6 – 3 = 9 और 7 – 2 = 25, तो 8 – 4 = ?

101. यदि 5 + 2 = 29 और 2 + 3 = 13, तो 3 + 5 = ?

102. यदि 6 – 3 = 27 और 5 – 4 = 9, तो 6 – 4 = ?

103. यदि 4 – 2 = 4 और 6 – 4 = 4, तो 5 – 3 = ?

104. यदि 3 + 5 = 64 और 2 + 3 = 25, तो 4 + 6 = ?

105. यदि 1 + 4 = 10 और 2 + 5 = 14, तो 3 + 6 = ?

106. यदि 3 × 2 = 60 और 3 × 3 = 90, तो 3 × 4 = ?

107. यदि 5 × 3 = 2 और 17 × 6 = 11, तो 18 × 5 = ?

108. यदि 4 × 5 = 60 और 2 × 8 = 48, तो 3 × 6 = ?

109. यदि 9 – 5 = 2 और 25 – 15 = 5, तो 12 – 6 = ?

6

110. यदि $5 \times 8 = 13$ और $7 \times 9 = 16$, तो $3 \times 7 = ?$

111. यदि $\dfrac{3}{4} + \dfrac{5}{6} = \dfrac{8}{10}$ और $\dfrac{6}{7} + \dfrac{2}{3} = \dfrac{8}{10}$, तो $\dfrac{3}{4} + \dfrac{2}{3} = ?$

112. यदि $4 \times 7 = 11$ और $11 \times 4 = 15$, तो $7 \times 9 = ?$

113. यदि $\dfrac{5}{7} = 12$ और $\dfrac{1}{10} = 11$, तो $\dfrac{3}{5} = ?$

114. यदि $25 \times 12 = 13$ और $9 \times 3 = 6$, तो $17 \times 4 = ?$

115. यदि $5 \div 2 = 7$ और $11 \div 2 = 13$, तो $8 \div 3 = ?$

116. BCD, CDE, DEF, ...

117. XYZ, WXY, VWX, ...

118. AZ, BY, CX, DW, ...

119. ACE, BDF, CEG, DFH, ...

120. ZX, YW, XV, WU, ...

121. AE, BF, CG, DH, ...

122. ABD, BCE, CDF, DEG, ...

123. AN, BO, CP, DQ, ...

124. ABZ, BCY, CDX, DEW, ...

125. ZA, YB, XC, WD, ...

126. A, D, G, J, ...

127. Z, W, T, Q, ...

128. AZY, BYX, CXW, ...

129. BA, DC, FE, HG, ...

130. ZYX, WVU, TSR, ...

व्याख्या सहित उत्तर

1. B: प्रत्येक संख्या को दूना करके उसमें 1 जोड़ने से अगली संख्या बनती है।

2. A: संख्यायें क्रमशः 2, 3, 4 और 5 का वर्ग हैं। अगली संख्या $6^2 = 36$ होगी।

3. C: प्रत्येक संख्या में 12 जोड़ने से अगली संख्या बनती है।

4. C: हर संख्या को 2 से भाग देने से अगली संख्या प्राप्त होती है।

5. C: पहले अक्षर क्रमशः शुरू से दो-दो अक्षर छोड़कर : दूसरे अक्षर क्रमशः अन्त से दो-दो अक्षर छोड़कर।

6. D: वर्णमाला के आरंभ से दो-दो अक्षर छोड़कर।

7. A: वर्णमाला के अन्त से पहला अक्षर, शुरू से पहला अक्षर, अन्त से दूसरा अक्षर, शुरू से दूसरा अक्षर—इसी क्रम में आगे बढ़ें।

8. C: $3 + 2 = 5$; $5^2 = 25$ और $3 + 4 = 7$; $7^2 = 49$; इसी प्रकार $2 + 3 = 5$; $5^2 = 25$.

9. C: संख्यायें दूनी होती गई हैं।

10. D: अगली संख्यायें क्रमशः 5, 4, 3 घटाने से बनी हैं।

11. 24: क्रमशः 13 घटाने से अगली संख्यायें बनती हैं।

12. 37: इस शृंखला की संख्यायें क्रमशः $2^2 + 1$; $3^2 + 1$; $4^2 + 1$ और $5^2 + 1$ हैं।

13. 30: इस शृंखला की संख्यायें क्रमशः $2^2 - 2$; $3^2 - 3$; $4^2 - 4$ और $5^2 - 5$ हैं।

14. 15: इस शृंखला की अगली संख्यायें 3 जोड़कर बनती हैं।

15. 17: इस शृंखला की सभी संख्यायें क्रमशः रूढ़ संख्यायें हैं।

16. 25: इस शृंखला की संख्यायें क्रमशः 1^2; 2^2; 3^2; 4^2 हैं।

17. 24: इस शृंखला की संख्यायें क्रमशः $1^2 - 1$; $2^2 - 1$; $3^2 - 1$ और $4^2 - 1$ हैं।

18. 48: प्रत्येक संख्या का दोगुना करने से अगली संख्या बनी है।

19. 19: इस शृंखला की संख्याओं में क्रमशः 3, 4 और 5 जोड़कर अगली संख्यायें बनी हैं।

20. 15: इस शृंखला की अगली संख्यायें क्रमशः 2, 3 और 4 जोड़कर बनी हैं।

21. 161: इस शृंखला में प्रत्येक संख्या को 3 से गुणा करके उसमें 2 जोड़कर अगली संख्या बनी है।

22. 35: इस शृंखला की संख्यायें क्रमशः 2, 3, 4, 5 का वर्ग करके उसमें से 1 घटाकर बनाई गई है।

23. 7: इस शृंखला की संख्यायें क्रमशः 6, 5, 4 घटाकर बनी हैं।

24. 63: इस शृंखला में प्रत्येक संख्या को 2 से गुणा करके उसमें 1 जोड़कर अगली संख्या बनी है।

25. 5: इस शृंखला की संख्यायें पिछली संख्या से क्रमशः आधी होती गई हैं।

26. 21: प्रत्येक संख्या में 5 जोड़कर अगली संख्या बनी है।

27. 31: प्रत्येक संख्या में से 7 घटाने से अगली संख्या बनी है।

28. 47: प्रत्येक संख्या को दूना करो और उसमें 1 जोड़ दो, तो अगली संख्या बनेगी।

29. 29: इस शृंखला की सभी संख्यायें क्रमशः रूढ़ि संख्यायें हैं।

30. 53: प्रत्येक संख्या में 10 जोड़कर अगली संख्या बनी है।

31. 46: प्रत्येक संख्या में 2 से गुणा करने और गुणनफल में 2 जोड़ने से अगली संख्या बनती है।

32. 25: इस शृंखला की संख्यायें क्रमशः 1, 2, 3 और 4 का वर्ग है।

33. 6: इस शृंखला में प्रत्येक संख्या को 2 से भाग देने पर जो भागफल आता है, वही अगली संख्या है।

34. 11: पहली, तीसरी और पाँचवीं संख्यायें क्रमशः 1 से कम होती गई हैं, इसी प्रकार दूसरी, चौथी और छठी संख्यायें भी क्रमशः एक कम होती गई हैं।

35. 74: पहली संख्या में 3 जोड़ने पर दूसरी संख्या बनी है– 4 + 3 = 7, अब दूसरी संख्या अर्थात् 7 को दूना कर दिया है, तो तीसरी संख्या बनी है– 7 × 2 = 14; फिर यही क्रम आरम्भ होगा 14 + 3 = 17; 17 × 2 = 34; 34 + 3 = 37.

36. 7: पहली संख्या का आधा करो, तो दूसरी संख्या आयेगी। दूसरी संख्या में 4 जोड़ो तो तीसरी संख्या आयेगी। यही क्रम आगे फिर आरम्भ करो।

37. 5: पहली, तीसरी और पाँचवीं संख्यायें बताती हैं कि वे क्रमशः 1 बढ़ती गई हैं अर्थात् 2, 3, 4 हैं।

इसी प्रकार दूसरी, चौथी और छठी संख्यायें बताती हैं कि क्रमशः 2 बढ़ती गई हैं अर्थात् 3, 5, 7 हैं।

38. 26: संख्याओं को देखने से पता लगता है कि उनमें क्रमशः 1, 2, 3, 4 और 5 जोड़ दिया गया है।

39. 126: इस शृंखला की संख्यायें 1, 2, 3 और 4 का घन + 1 हैं।

$(1^3 + 1) = 2$; $(2^3 + 1) = 9$; $(3^3 + 1) = 28$; $(4^3 + 1) = 65$ है।

40. 30: इस शृंखला की संख्यायें 1, 2, 3, 4 और 5 का वर्ग करके उसमें से उन संख्याओं को अर्थात् क्रमशः 1, 2, 3, 4, 5 को घटाकर बनी हैं–जैसे $(1^2 - 1) = 0$; $(2^2 - 2) = 2$; $(3^2 - 3) = 6$; $(4^2 - 4) = 12$ और $(5^2 - 5) = 20$.

41. 37: इस शृंखला में क्रमशः 3, 5, 7 और 9 जोड़कर अगली संख्यायें बनाई गई हैं।

42. 41: इस शृंखला की संख्याओं में क्रमशः 4, 6, 8 और 10 जोड़कर अगली संख्यायें बनाई गई हैं।

43. $\dfrac{7}{8}$: इस शृंखला की संख्याओं में अंश (numerator) और हर (denominator) दोनों क्रमशः एक-एक कम होते गये हैं।

44. 37: इस शृंखला में पहली संख्या + दूसरी संख्या = तीसरी संख्या है; दूसरी संख्या + तीसरी संख्या = चौथी संख्या है; तीसरी संख्या + चौथी संख्या = पाँचवीं संख्या है। आगे ऐसा ही क्रम जारी रहेगा।

45. 65: इस शृंखला में उसी प्रकार की क्रिया है, जैसे प्रश्न 44 में ऊपर थी। पहली संख्या + दूसरी संख्या = तीसरी संख्या है; दूसरी संख्या + तीसरी संख्या = चौथी संख्या है और तीसरी संख्या + चौथी संख्या = पाँचवीं संख्या है।

46. 3: इस श्रृंखला में पहली संख्या को 2 से भाग देकर दूसरी संख्या; दूसरी संख्या को 3 से भाग देकर तीसरी संख्या और तीसरी संख्या को 4 से भाग देकर पाँचवीं संख्या बनी है।

47. 49: इस श्रृंखला की संख्यायें क्रमशः 2, 3, 4, 5 और 6 का वर्ग हैं।

48. 1: यह श्रृंखला दो श्रृंखलाओं का मिश्रण है।
पहली श्रृंखला है – 4, 3, 2
दूसरी श्रृंखला है – 8, 6, 4
पहली श्रृंखला की अगली संख्या 1 होगी।

49. 125: इस श्रृंखला की संख्यायें क्रमशः 1, 2, 3 और 4 का घन हैं।

50. 44: इस श्रृंखला की संख्यायें क्रमशः 4, 8, 12 बढ़ रही हैं।

51. 26: इस श्रृंखला की संख्यायें क्रमशः 1, 3, 5 और 7 बढ़ रही हैं।

52. 2: इस श्रृंखला की संख्यायें क्रमशः 6, 5 और 4 से भाग देने पर बनी हैं। इसलिए अगली संख्या प्राप्त करने हेतु 3 से भाग देना होगा।

53. 32: इस श्रृंखला में संख्यायें दूनी होती गई हैं।

54. 21: इस श्रृंखला की संख्यायें क्रमशः 2, 3, 4 और 5 बढ़ रही हैं। इसलिए अगली संख्या 6 जोड़कर बनाई जायेगी।

55. 25: इस श्रृंखला की संख्यायें क्रमशः 0, 1, 2, 3 और 4 का वर्ग हैं। इसलिए अगली संख्या 5 का वर्ग होगी।

56. 10: इस श्रृंखला की संख्यायें क्रमशः 3 से भाग देकर प्राप्त की गई हैं। इसलिए अगली संख्या भी 3 से भाग देकर बनाई जायेगी।

57. 49: इस श्रृंखला की संख्यायें क्रमशः 3^2; 4^2; 5^2 और 6^2 हैं।

58. 18: इस श्रृंखला में अगली संख्यायें 3 जोड़कर बनी हैं।

59. 26: क्रमशः 4, 5 और 6 जोड़कर अगली संख्यायें बनी हैं।

60. 63: प्रत्येक संख्या को दूना करके उसमें 1 जोड़कर अगली संख्या बनी है।

61. 55: क्रमशः 10, 9, 8 घटाने से अगली संख्यायें प्राप्त होती हैं।

62. 12: दो श्रृंखलायें हैं: (i) 2, 4, 8 और (ii) 3, 6, 12 दोनों में हर संख्या को दूना करके अगली संख्या बनी है।

63. 64: दो श्रृंखलायें हैं: (i) 3, 9, 27 और (ii) 4, 16, ... 1 श्रृंखला (i) में प्रत्येक संख्या को 3 से गुणा करके अगली संख्या बनी है। श्रृंखला (ii) में प्रत्येक संख्या को 4 से गुणा करके अगली संख्या बनी है।

64. 11: प्रत्येक संख्या में से क्रमशः 10, 9, 8 घटाने से अगली संख्यायें प्राप्त हुई हैं।

65. 30: प्रत्येक संख्या में 7 जोड़कर अगली संख्या प्राप्त हुई है।

66. 20: प्रत्येक संख्या में से क्रमशः 8, 6 और 4 घटाने से अगली संख्यायें प्राप्त हुई हैं।

67. 15: प्रत्येक संख्या में क्रमशः 2, 3 और 4 जोड़कर अगली संख्यायें प्राप्त हुई हैं।

68. 9: प्रत्येक संख्या में से 19 घटाने से अगली संख्या प्राप्त हुई है।

69. 35: प्रत्येक संख्या में क्रमशः 2, 4, 8 जोड़ने से अगली संख्यायें प्राप्त हुई हैं।

70. $\dfrac{3}{4}$: प्रत्येक संख्या को 2 से भाग देने पर अगली संख्यायें प्राप्त हुई हैं।

71. 8: दो शृंखलायें हैं: (i) 2, 4, 6 और (ii) 3, 6, 9 ।
शृंखला (i) में अगली संख्या 8 होगी।

72. 9: दो शृंखलायें हैं: (i) 5, 10, 20 और (ii) 36, 18 ।
शृंखला (ii) में अगली संख्या 9 होगी।

73. 17: इस शृंखला की संख्यायें रूढ़ संख्यायें हैं। 13 के बाद अगली रूढ़ संख्या 17 होगी।

74. 32: प्रत्येक संख्या को दूना करने से अगली संख्या प्राप्त होती है।

75. 18: प्रत्येक संख्या में से 9 घटाने से अगली संख्या प्राप्त होती है।

76. 25: प्रत्येक संख्या में 6 जोड़ने से अगली संख्या प्राप्त होती है।

77. 25: इस शृंखला की संख्यायें क्रमशः 1^2, 2^2, 3^2 और 4^2 हैं।

78. 81: प्रत्येक संख्या में 9 जोड़ने से अगली संख्या प्राप्त होती है।

79. 80: शृंखला की संख्याओं में क्रमशः 11, 10 और 9 जोड़ने से अगली संख्या बनी है।

80. 2: दो शृंखलायें हैं: (i) 20, 10, 5 और (ii) 8, 4. शृंखला (ii) में अगली संख्या 2 होगी।

81. 47: प्रत्येक संख्या में 2 से गुणा करके 1 जोड़ने पर अगली संख्या ज्ञात होती है।

82. 94: प्रत्येक संख्या को दूना करके उसमें 2 जोड़ने से अगली संख्या प्राप्त होती है।

83. 53: इस शृंखला की संख्यायें रूढ़ संख्यायें हैं। अगली रूढ़ संख्या 53 होगी।

84. 18: दो शृंखलायें हैं: (i) 3, 9, 27 और (ii) 2, 6, 18. शृंखला (i) में अगली संख्या 18 होगी।

85. 21: शृंखला की संख्याओं में क्रमशः 3, 4, 5 जोड़ कर अगली संख्यायें बनी हैं।

86. 30: इस शृंखला की संख्यायें क्रमशः $2^2 - 2$; $3^2 - 3$; $4^2 - 4$ और $5^2 - 5$ हैं। अगली संख्या $6^2 - 6$ होगी।

87. 125: इस शृंखला की संख्यायें क्रमशः 1^3, 2^3, 3^3, 4^3 हैं। अगली संख्या 5^3 होगी।

88. 1: इस शृंखला की संख्यायें क्रमशः 5^3, 4^3, 3^3, 2^3 हैं। अगली संख्या 1^3 होगी।

89. 100: इस शृंखला की संख्यायें क्रमशः 6^2, 7^2, 8^2, 9^2 हैं। अगली संख्या 10^2 होगी।

90. 16: इस शृंखला की संख्यायें क्रमशः 8^2, 7^2, 6^2, 5^2 हैं। अगली संख्या 4^2 होगी।

91. 61: $3^2 + 4^2 = 25$ और $4^2 + 5^2 = 41$. इसलिए $5^2 + 6^2 = 61$.

92. 81: $2 + 3 = 5; 5^2 = 25$ और $3 + 4 = 7; 7^2 = 49$. इसलिए $4 + 5 = 9; 9^2 = 81$.

93. 7: $6^2 - 4^2 = 20$ और $5^2 - 3^2 = 16$. इसलिए $4^2 - 3^2 = 7$.

94. 9: $8 - 6 = 2; 2^2 = 4$ और $7 - 4 = 3; 3^2 = 9$. इसलिए $5 - 2 = 3; 3^2 = 9$.

95. 18: $7 + 9 = 16; 16 \times 2 = 32$ और $3 + 6 = 9; 9 \times 2 = 18$. इसलिए $5 + 4 = 9$; $9 \times 2 = 18$.

96. 64: $(3 + 2)^2 = 25$ और $(3 + 4)^2 = 49$. इसलिए $(3 + 5)^2 = 64$.

97. 3: $\dfrac{9-5}{2} = 2$ और $\dfrac{25-15}{2} = 5$. इसलिए $\dfrac{12-6}{2} = 3$.

98. 41: $2^2 + 3^2 = 13$ और $3^2 + 4^2 = 25$. इसलिए $4^2 + 5^2 = 41$.

99. 29: $2^2 + 3^2 = 13$ और $3^2 + 4^2 = 25$. इसलिए $2^2 + 5^2 = 29$.

100. 16: $6 - 3 = 3; 3^2 = 9$ और $7 - 2 = 5; 5^2 = 25$. इसलिए $8 - 4 = 4; 4^2 = 16$.

101. 34: $5^2 + 2^2 = 29$ और $2^2 + 3^2 = 13$. इसलिए $3^2 + 5^2 = 34$.

102. 20: $6^2 - 3^2 = 27$ और $5^2 - 4^2 = 9$. इसलिए $6^2 - 4^2 = 20$.

103. 4: $4 - 2 = 2; 2^2 = 4$ और $6 - 4 = 2; 2^2 = 4$. इसलिए $5 - 3 = 2; 2^2 = 4$.

104. 100: $3 + 5 = 8; 8^2 = 64$ और $2 + 3 = 5; 5^2 = 25$. इसलिए $4 + 6 = 10; 10^2 = 100$.

105. 18: $1 + 4 = 5; 5 \times 2 = 10$ और $2 + 5 = 7; 7 \times 2 = 14$. इसलिए $3 + 6 = 9; 9 \times 2 = 18$.

106. 120: $3 \times 2 = 60$ और $3 \times 3 = 90$. इसलिए $3 \times 4 = 120$.

107. 13: $5 - 3 = 2$ और $17 - 6 = 11$. इसलिए $18 - 5 = 13$.

108. 54: $4 \times 5 = 20; 20 \times 3 = 60$ और $2 \times 8 = 16; 16 \times 3 = 48$. इसलिए $3 \times 6 = 18$; $18 \times 3 = 54$.

109. 3: $9 - 5 = 4; \dfrac{4}{2} = 2$; और $25 - 15 = 10; \dfrac{10}{2} = 5$. इसलिए $12 - 6 = 6; \dfrac{6}{2} = 3$.

110. 10: $5 + 8 = 13$ और $7 + 9 = 16$. इसलिए $3 + 7 = 10$.

111. $\dfrac{5}{7}$: अंश और हरों का जोड़ करें।

$$\frac{3}{4} + \frac{5}{6} = \frac{8}{10} \text{ और } \frac{6}{7} + \frac{2}{3} = \frac{8}{10}$$

$$\therefore \ \frac{3}{4} + \frac{2}{3} = \frac{5}{7}$$

112. 16: दोनों अंकों को जोड़ दें। 4 + 7 = 11 और 11 + 4 = 15. इसलिए 7 + 9 = 16.

113. 8: अंश और हर को जोड़ दें।

5 + 7 = 12; और 1 + 10 = 11. इसलिए 3 + 5 = 8.

114. 13: दोनों का अन्तर निकालें। 25 – 12 = 13 और 9 – 3 = 6. इसलिए 17 – 4 = 13.

115. 11: दोनों अंकों को जोड़ दें। 5 + 2 = 7, 11 + 2 = 13. इसलिए 8 + 3 = 11.

116. EFG: क्रमिक अक्षर हैं।

117. UVW: X, W, V के बाद *U*, Y X W के बाद *V* और Z, Y, X के बाद W.

118. EV: उसी क्रम में शुरू का और अन्त का अक्षर लिए गये हैं।

119. EGI: अक्षर एक-एक छोड़कर लिये गए हैं।

120. VT: अन्त से W के पहले का V और U से पहले का T अक्षर।

121. EI: बीच से तीन अक्षर छोड़कर।

122. EFH: दो अक्षर स्वाभाविक क्रम में और उसके बाद एक अक्षर छोड़कर अगला अक्षर।

123. ER: पहला और चौदहवां अक्षर, दूसरा और पन्द्रहवां अक्षर, तीसरा और सोलहवां अक्षर: आगे भी इसी क्रम में।

124. EFV: शुरू से दो और उनके साथ अन्त का एक अक्षर।

125. VE: सबसे अन्त का अक्षर और सबसे पहला अक्षर। आगे भी इसी क्रम में।

126. M: बीच के दो-दो अक्षर छोड़कर अगले अक्षर लिए गये हैं।

127. N: अन्त से दो-दो अक्षर छोड़कर अगले अक्षर लिए गये हैं।

128. DWV: शुरू का 1 अक्षर और अन्त के दो अक्षर। इसी क्रम में आगे भी हैं।

129. JI: अक्षरों का क्रम: दूसरा-पहला, चौथा-तीसरा, छठा-पांचवां आदि।

130. QPO: अन्त से तीन-तीन अक्षरों का जोड़ा।

2 शृंखला में गलत या अनावश्यक संख्या

निर्देशः नीचे कुछ शृंखलायें दी हुई हैं। प्रत्येक शृंखला में एक गलत या अनावश्यक संख्या है। उसे छांटिये। वही आपका उत्तर है।

1. 1, 4, 9, 16, 24, 36

2. 11, 12, 22, 24, 32, 36

3. 13, 17, 22, 28, 35, 41

4. 100, 81, 64, 49, 37, 25

5. 101, 110, 119, 125, 137, 146

6. 23, 33, 44, 56, 70

7. 40, 28, 19, 10, 2

8. 24, 21, 18, 15, 10, 9

9. 17, 15, 12, 13, 11, 9

10. 7, 10, 13, 17, 16, 19

11. 1, 3, 9, 25, 81

12. 2, 7, 12, 17, 19, 22

13. 4, 9, 16, 24, 25, 36, 49

14. 5, 11, 17, 23, 26, 29, 35

15. 3, 7, 8, 18, 33, 53

16. 1, 7, 27, 64, 125

17. 20, 10, 15, 11, 6, 0

18. 80, 90, 100, 111, 123, 136

19. 16, 24, 36, 49, 64, 81

20. 100, 93, 86, 76, 66

21. 11, 22, 32, 44, 55, 66

22. 216, 121, 64, 27, 8

23. 4, 9, 16, 25, 35, 49

24. 50, 39, 27, 17, 6

25. 23, 33, 44, 56, 70

26. 80, 71, 62, 52, 44

27. 4, 11, 18, 24, 32

28. 2, 4, 9, 16, 32

29. 1, 4, 8, 12, 19

30. 5, 7, 9, 13, 13, 20

31. 3, 4, 8, 16, 33, 58

32. 6, 13, 21, 27, 34

33. 6, 18, 30, 42, 48

34. 1, 8, 26, 64, 125

35. 6, 18, 28, 42, 54

36. 63, 56, 49, 43, 35

37. 91, 80, 65, 58, 47, 36

38. 2, 5, 18, 17, 26

39. 21, 25, 30, 39, 43, 51

40. 176, 88, 40, 22, 11

41. 8, 21, 34, 45, 60

42. 15, 21, 27, 34, 39

43. 17, 15, 13, 12, 9

44. 100, 90, 81, 71, 64, 52

45. 1, 4, 9, 15, 25, 36

व्याख्या सहित उत्तर

1. 24: यहाँ सही संख्या 25 होनी चाहिए क्योंकि शृंखला की संख्यायें क्रमशः $1^2, 2^2, 3^2, 4^2,$ 5^2 और 6^2 हैं।

2. 32: यहाँ सही संख्या 33 होनी चाहिए क्योंकि इसमें दो शृंखलायें इस प्रकार हैं: (i) 11, 22, 33 और (ii) 12, 24, 36.

3. 41: यहाँ सही संख्या 43 होनी चाहिए क्योंकि संख्यायें क्रमशः 4, 5, 6, 7 और 8 में बढ़ जाती हैं।

4. 37: यहाँ सही संख्या 36 होनी चाहिए, क्योंकि संख्यायें क्रमशः $10^2, 9^2, 8^2, 7^2, 6^2$ और 5^2 हैं।

5. 125: यहाँ सही संख्या 128 होनी चाहिए, क्योंकि संख्यायें क्रमशः 9 जोड़ने से हैं।

6. 70: यहाँ सही संख्या 69 होनी चाहिए, क्योंकि संख्यायें क्रमशः 10, 11, 12 और 13 जोड़ने से बनी हैं।

7. 28: यहाँ सही संख्या 29 होनी चाहिए, क्योंकि संख्यायें क्रमशः 11, 10, 9 और 8 घटाने से प्राप्त होती हैं।

8. 10: यहाँ सही संख्या 12 होनी चाहिए, क्योंकि संख्यायें क्रमशः 3 घटाने से प्राप्त होती हैं।

9. 12: 12 अनावश्यक है। संख्यायें क्रमशः 2 कम होती गई हैं।

10. 17: 17 अनावश्यक है। संख्यायें क्रमशः 3 बढ़ती गई हैं।

11. 25: 25 गलत है। यहाँ 27 होना चाहिए। संख्यायें हर बार 3 गुना हो जाती हैं।

12. 19: 19 अनावश्यक है। संख्यायें क्रमशः 5 जोड़ने से बनती हैं।

13. 24: यहाँ 24 अनावश्यक है। संख्यायें क्रमशः $2^2, 3^2, 4^2, 5^2, 6^2$ और 7^2 हैं।

14. 26: यहाँ 26 अनावश्यक है। संख्यायें क्रमशः 6 बढ़ती जाती हैं।

15. 7: यहाँ 7 अनावश्यक है। संख्यायें क्रमशः 5, 10, 15, 20 बढ़ती जाती हैं।

16. 7: यहाँ सही संख्या 8 होनी चाहिए, क्योंकि संख्यायें क्रमशः $1^3, 2^3, 3^3, 4^3, 5^3$ हैं।

17. 10: यहाँ सही संख्या 18 होनी चाहिए क्योंकि संख्यायें क्रमशः 2, 3, 4, 5 और 6 कम होती गई हैं।

18. 80: यहाँ सही संख्या 81 होनी चाहिए, क्योंकि संख्यायें क्रमशः 9, 10, 11, 12 और 13 बढ़ती गई हैं।

19. 24: यहाँ सही संख्या 25 होनी चाहिए, $4^2, 5^2, 6^2, 7^2, 8^2$ और 9^2 हैं।

20. 86: यहाँ सही संख्या 85 होनी चाहिए, क्योंकि संख्यायें क्रमशः 7, 8, 9 और 10 घट गई हैं।

21. 32: यहाँ सही संख्या 33 होनी चाहिए, क्योंकि संख्याएं हर बार 11 बढ़ जाती हैं।

22. 121: यहाँ सही संख्या 125 होनी चाहिए, क्योंकि संख्यायें क्रमशः $6^3, 5^3, 4^3, 3^3$ और 2^3 हैं।

23. 35: यहाँ सही संख्या 36 होनी चाहिए क्योंकि संख्यायें क्रमशः 2^2, 3^2, 4^2, 5^2, 6^2, 7^2 हैं।

24. 27: यहाँ सही संख्या 28 होनी चाहिए क्योंकि संख्यायें क्रमशः 11 घटती गई हैं।

25. 70: यहाँ सही संख्या 69 होनी चाहिए क्योंकि संख्यायें क्रमशः 10, 11, 12, 13 जोड़ने से बनी हैं।

26. 52: यहाँ सही संख्या 53 होनी चाहिए क्योंकि संख्यायें क्रमशः 9 घटाने से बनती गई हैं।

27. 24: यहाँ सही संख्या 25 होनी चाहिए क्योंकि संख्यायें क्रमशः 7 जोड़ने से बनती गई हैं।

28. 9: यहाँ सही संख्या 8 होनी चाहिए क्योंकि संख्यायें क्रमशः दोगुनी होती गई हैं।

29. 12: यहाँ सही संख्या 13 होनी चाहिए क्योंकि संख्यायें क्रमशः 3, 4, 5, 6 जोड़कर बनती गई हैं।

30. 20: यहाँ सही संख्या 19 होनी चाहिए क्योंकि संख्यायें दो श्रृंखला में हैं: (i) 5, 9, 13 और (ii) 7, 13, 20. श्रृंखला (ii) में संख्यायें 6 जोड़कर बनती हैं।

31. 16: यहाँ सही संख्या 17 होनी चाहिए क्योंकि संख्यायें क्रमशः 1^2, 2^2, 3^2, 4^2, 5^2 जोड़कर बनती हैं।

32. 21: यहाँ सही संख्या 20 होनी चाहिए क्योंकि संख्यायें क्रमशः 7 जोड़कर बनती गई हैं।

33. 48: यहाँ सही संख्या 54 होनी चाहिए क्योंकि संख्यायें क्रमशः 12 जोड़कर बनती गई हैं।

34. 26: यहाँ सही संख्या 27 होनी चाहिए क्योंकि संख्यायें क्रमशः 1^3, 2^3, 3^3, 4^3, 5^3 हैं।

35. 28: यहाँ सही संख्या 30 होनी चाहिए क्योंकि संख्यायें क्रमशः 6×1; 6×3; 6×5; 6×7; 6×9 हैं।

36. 43: यहाँ सही संख्या 42 होनी चाहिए क्योंकि संख्यायें क्रमशः 7 घटाकर बनाई गई हैं।

37. 65: यहाँ सही संख्या 69 होनी चाहिए क्योंकि संख्यायें क्रमशः 11 घटाकर बनाई गई हैं।

38. 18: यहाँ सही संख्या 10 होनी चाहिए क्योंकि संख्यायें क्रमशः $1 + 1^2$; $1 + 2^2$; $1 + 3^2$; $1 + 4^2$ और $1 + 5^2$ हैं।

39. 39: यहाँ सही संख्या 36 होनी चाहिए क्योंकि संख्यायें क्रमशः 4, 5, 6, 7 और 8 जोड़ कर बनाई गई हैं।

40. 40: यहाँ सही संख्या 44 होनी चाहिए क्योंकि संख्यायें क्रमशः आधी होती गई हैं।

41. 45: यहाँ सही संख्या 47 होनी चाहिए क्योंकि संख्यायें क्रमशः 13 जोड़कर बनाई गई हैं।

42. 34: यहाँ सही संख्या 33 होनी चाहिए क्योंकि संख्यायें क्रमशः 6 जोड़कर बनाई गई हैं।

43. 12: यहाँ सही संख्या 11 होनी चाहिए क्योंकि संख्यायें क्रमशः 2 कम होती गई हैं।

44. 64: यहाँ सही संख्या 62 होनी चाहिए क्योंकि संख्यायें क्रमशः 10 और 9, 10 और 9, 10 और 9 घटाकर बनी हैं।

45. 15: यहाँ सही संख्या 16 होनी चाहिए क्योंकि संख्यायें क्रमशः 3, 5, 7, 9 और 11 जोड़कर बनती गई हैं।

❏❏❏

3   संबंधात्मक परीक्षा

निर्देश: संबंधात्मक परीक्षा के प्रश्नों में तीन शब्द दिये जाते हैं। इनमें पहले दो शब्दों के बीच किसी न किसी प्रकार का कुछ संबंध होता है। तीसरे शब्द का वैसा ही संबंध विकल्प में नीचे दिये गये किसी एक शब्द के साथ होता है। आपको विकल्प में से सही शब्द छांटना है। वही आपका उत्तर होगा।

नीचे एक उदाहरण दिया गया है:

विद्यार्थी : अध्यापक, तो बीमार : ?

A. अस्पताल   B. दवा   C. डाक्टर   D. रोग

यहाँ C सही उत्तर है क्योंकि विद्यार्थी के लिए जो उपयोगिता अध्यापक की है, बीमार के लिए वही उपयोगिता डाक्टर की है।

अभ्यास के लिए प्रश्न

1. दूध : दही, तो पानी : ?

   A. नदी   B. प्यास   C. बर्फ   D. भाप

2. लड़की : सुन्दर, तो सोना : ?

   A. कीमती   B. चमकदार   C. आभूषण   D. अंगूठी

3. रेगिस्तान : रेत, तो समुद्र : ?

   A. पानी   B. ज्वार-भाटा   C. मछलियां   D. मगरमच्छ

4. रूपवान : कुरूप, तो स्वस्थ : ?

   A. अस्वस्थ   B. दुर्बल   C. सशक्त   D. मोटा

5. पनीर : दूध, तो चीनी : ?

   A. गुड़   B. ताड़   C. गन्ना   D. शर्बत

6. पुत्री : माता, तो पुत्र : ?
  A. माता   B. बहन   C. पिता   D. भाई

7. पुस्तक : कागज, तो मेज : ?
  A. स्कूल   B. विद्यार्थी   C. लकड़ी   D. कुर्सी

8. खिलाड़ी : टीम, तो जहाज (पोत) : ?
  A. बन्दरगाह   B. बेड़ा   C. समुद्र   D. चालक

9. किलोग्राम : वजन, तो मीटर : ?
  A. दूरी   B. सड़क   C. कपड़ा   D. लम्बाई

10. ढक्कन : बाक्स, तो कार्क : ?
  A. सील   B. बोतल   C. दवा   D. डिब्बा

11. वृत्त : परिधि, तो वर्ग : ?
  A. कोण   B. क्षेत्रफल   C. कर्ण   D. परिमाप

12. एडवोकेट : कानून, तो रसोइया : ?
  A. पाक विद्या   B. रसोई   C. भोजन   D. स्वादिष्ट भोजन

13. अलमारी : कपड़े, तो पर्स : ?
  A. जेब   B. जिप   C. रुपया-पैसा   D. किराया

14. तापमान : गर्मी, तो आर्द्रता : ?
  A. वर्षा   B. रात   C. बादल   D. नमी

15. शेक्सपीयर : नाटक, तो गालिब : ?
  A. कविता   B. उर्दू   C. गजल   D. कहानी

16. घास : हरी, तो अन्तरिक्ष : ?
  A. अनंत   B. तारे   C. नीला   D. प्रकाश

17. सोमवार : सप्ताह, तो जनवरी : ?
  A. सर्दी   B. महीना   C. वर्ष   D. मौसम

18. थर्मामीटर : बुखार, तो बैरोमीटर : ?
  A. वायुमंडल   B. वायु
  C. वायुमंडलीय दबाव   D. वायु वेग

19. गरीबी : अमीरी, तो यश : ?
  A. निर्धनता   B. सुख   C. अपयश   D. दुख

20. मेज : कुर्सी, तो कोट : ?
  A. पाजामा   B. कमीज   C. अचकन   D. पैंट

21. हाथ : कोहनी, तो टांग : ?

    A. जांघ   B. घुटना   C. टखना   D. पंजा

22. कोयल : काला, तो बर्फ : ?

    A. पानी   B. पहाड़   C. ठंडी   D. सफेद

23. सावधानी : दुर्घटना, तो सफाई : ?

    A. रोग   B. इलाज   C. गन्दगी   D. कूड़ा

24. जनवरी : अप्रैल, तो रविवार : ?

    A. बृहस्पतिवार   B. मंगलवार   C. सोमवार   D. बुधवार

25. सैनिक : बन्दूक, तो लेखक : ?

    A. पुस्तक   B. कागज   C. कलम   D. स्याही

26. प्लेट : क्रॉकरी, तो चम्मच : ?

    A. चाकू   B. कांटा   C. चीनी   D. कटलरी

27. रात : शाम, तो दिन : ?

    A. सुबह   B. सूर्य   C. धूप   D. उजाला

28. चाचा : चाची, तो पिता : ?

    A. पुत्री   B. माता   C. भाई   D. भाभी

29. कमल : जल, तो मछली : ?

    A. जीव   B. भोजन   C. सांस   D. पानी

30. मीटर : लम्बाई, तो लिटर : ?

    A. भार   B. मात्रा   C. परिमाण   D. संख्या

31. स्वर्ग : नर्क, तो सूखा : ?

    A. अकाल   B. जल   C. बाढ़   D. फसल

32. सूर्य : ग्रह, तो पृथ्वी : ?

    A. उपग्रह   B. सूर्य   C. चांद   D. प्रकाश

33. फ्रेंच : फ्रांस, तो डच : ?

    A. हंगरी   B. हालैंड   C. समुद्र   D. हिरोशिमा

34. श्रीलंका : कोलम्बो, तो जापान : ?

    A. द्वीप   B. टोक्यो   C. हिरोशिमा   D. बम

35. पेन : लिखना, तो रंदा : ?

    A. काटना   B. मरम्मत करना   C. छेदना   D. छीलना

36. मोटा : बारीक, तो घटिया : ?

    A. खुरदुरा   B. मिलावटी   C. सुन्दर   D. बढ़िया

37. टेबल : लकड़ी, तो पुस्तक : ?

    A. पन्ने   B. कागज   C. अध्यापक   D. विद्यार्थी

38. पंखा : हवा, तो बल्ब : ?

    A. नमक   B. बिजली   C. बटन   D. प्रकाश

39. सात : संख्या, तो हरा : ?

    A. रंग   B. जंगल   C. खेत   D. लाल

40. रंगमंच : ड्रामा, तो स्टेडियम : ?

    A. खेलकूद   B. सर्कस   C. विवाह-संस्कार   D. जनसभा

41. फल : आम, तो सर्प : ?

    A. कोबरा   B. विष   C. जन्तु   D. फन

42. वर्षा : सेन्टीमीटर, तो तापमान : ?

    A. सेल्सियस   B. मौसम   C. सूर्य   D. गर्मी

43. सड़क : गली, तो शहर : ?

    A. कस्बा   B. महानगर   C. राजमार्ग   D. राजधानी

44. एस्प्रिन : सिरदर्द, तो कुनैन : ?

    A. पीलिया   B. मलेरिया   C. जुकाम   D. खांसी

45. भूख : भोजन, तो प्यास : ?

    A. नल   B. नदी   C. पानी   D. पसीना

46. बिल्ली : बिल्ली का बच्चा, तो मुर्गी : ?

    A. पक्षी   B. मुर्गा   C. दाना   D. चूजा

47. फल : केला, तो स्तनपायी : ?

    A. गाय   B. बगुला   C. मक्खी   D. वृक्ष

48. रेडियो : श्रोता, तो फिल्म : ?

    A. कैमरा   B. अभिनेता   C. दर्शक   D. सिनेमाघर

49. मुद्रा : लेनदेन, तो भाषा : ?

    A. लिखना   B. वार्तालाप   C. ज्ञान   D. पुस्तक

50. मित्र : शत्रु, तो दयालु : ?

    A. देवता   B. राक्षस   C. क्रोध   D. क्रूर

51. ट्रेन : प्लेटफार्म, तो समुद्री जहाज : ?

    A. लंगर   B. बन्दरगाह   C. समुद्र   D. द्वीप

52. 1 अप्रैल : मूर्ख, तो 1 मई : ?

    A. अध्यापक   B. डाक्टर   C. मजदूर   D. विकलांग

53. समय : घड़ी, तो वर्षा : ?

    A. बादल   B. रेन गेज   C. सेन्टीमीटर   D. बैरोमीटर

54. शेर : मांद, तो घोड़ा : ?

    A. अस्तबल   B. तांगा   C. रथ   D. खूंटा

55. पुस्तक : पन्ने, तो फूल : ?

    A. गुलदस्ता   B. कलियां   C. रंग   D. पंखुड़ियां

56. चाय : पत्ती, तो काफी : ?

    A. जड़   B. फूल   C. छाल   D. बीज

57. घोड़ा : हिनहिनाना, तो गधा : ?

    A. चिंघाड़ना   B. दहाड़ना   C. रेंकना   D. गुर्राना

58. कार : गैरेज, तो वायुयान : ?

    A. हवा   B. हैंगर   C. हवाई अड्डा   D. इंजन

59. त्रिज्या : वृत्त, तो तीलियां : ?

    A. पहिया   B. टेबल   C. बस   D. दियासलाई

60. स्टूल : बढ़ई, तो जूते : ?

    A. मोची   B. पांव   C. चमड़ा   D. पालिश

61. बस : वर्कशाप, तो समुद्री जहाज : ?

    A. बन्दरगाह   B. यार्ड   C. डाकयार्ड   D. हैंगर

62. अंगूठी : उंगली, तो टाई : ?

    A. कोट   B. गला   C. कालर   D. कमर

63. सिलाई : सुई, तो पेंटिंग : ?

    A. रंग   B. ब्रुश   C. कैनवास   D. लैंडस्केप

64. नाक : सूंघना, तो जीभ : ?

A. चाटना B. स्वाद C. बोलना D. मुँह

65. पेन्सिल : स्टेशनरी, तो कुर्सी : ?

A. बढ़ई B. लकड़ी C. टेबल D. फर्नीचर

66. बिल्ली : कुत्ता, तो गाय : ?

A. बकरी B. शेर C. बाघ D. भेड़िया

67. सांप : छिपकली, तो मछली : ?

A. गाय B. कुत्ता C. बिल्ली D. मगरमच्छ

68. प्रतिष्ठा : बदनामी, तो यश : ?

A. प्रतिष्ठित B. यशस्वी C. अपयश D. कीर्ति

69. प्रकाश : किरण, तो ध्वनि : ?

A. कान B. तरंग C. वेग D. प्रतिध्वनि

70. घड़ी : सुई, तो थर्मामीटर : ?

A. बुखार B. तापमान C. पारा D. रोगी

71. ट्रैक्टर : डीजल, तो स्कूटर : ?

A. पहिये B. पेट्रोल C. बिजली D. इंजन

72. कोयल : कूकना, तो घोड़ा : ?

A. रेंकना B. हिनहिनाना C. फुंत्कारना D. हुंकारना

73. पिच : क्रिकेट, तो रिंग : ?

A. कुश्ती B. बाक्सिंग C. हॉकी D. बैडमिंटन

74. कार : दौड़ना, तो सांप : ?

A. दौड़ना B. काटना C. रेंगना D. फुंत्कारना

75. साहूकार : चोर, तो ईमानदार : ?

A. बेईमान B. ठग C. बटमार D. धूर्त

76. शेर : मांद, तो पक्षी : ?

A. वृक्ष B. कलख C. घोंसला D. खण्डहर

77. बछड़ा : गाय, तो मेमना : ?

A. भेड़िया B. कटरा C. बकरी D. भेड़

78. आज्ञापालन : अवज्ञा, तो जीवन : ?

A. मोक्ष B. मृत्यु C. स्वर्ग D. संसार

79. दर्जी : कपड़ा, तो बढ़ई : ?

    A. मशीन   B. लकड़ी   C. आरी   D. मेज

80. बिल्ली : चूहा, तो शेर : ?

    A. मेमना   B. छिपकली   C. कौआ   D. मछली

81. बेकरी : ब्रेड, तो टकसाल : ?

    A. चेक   B. सिक्का   C. नोट   D. केक

82. स्टूडियो : फिल्म, तो शिपयार्ड : ?

    A. शिप   B. ट्रालर

    C. नाव   D. मछली पकड़ने का जाल

83. महीना : वर्ष, तो घण्टा : ?

    A. दिन   B. सप्ताह   C. मिनट   D. सेकेण्ड

84. भोजन : भूख, तो पानी : ?

    A. स्नान   B. सिंचाई   C. प्यास   D. वर्षा

85. बन्दूक : गोली, तो कमान : ?

    A. तलवार   B. गदा   C. तीर   D. तरकश

86. शहद : शहद की मक्खी, तो ऊन : ?

    A. बकरी   B. घोड़ा   C. खरगोश   D. भेड़

व्याख्या सहित उत्तर

1. C: दही दूध से बनता है और बर्फ पानी से।

2. B: लड़की सुन्दर, तो सोना चमकदार।

3. A: रेगिस्तान में रेत होती है और समुद्र में पानी।

4. A: रूपवान का उल्टा कुरूप, स्वस्थ का उल्टा अस्वस्थ।

5. C: पनीर दूध से बनता है, चीनी गन्ने से बनती है।

6. C: पुत्री-माता, तो पुत्र-पिता।

7. C: पुस्तक कागज से बनती है, मेज लकड़ी से बनती है।

8. B: टीम में कई खिलाड़ी होते हैं, बेड़े में कई जहाज (पोत) होते हैं।

9. D: किलोग्राम वजन की इकाई है, मीटर लम्बाई की इकाई है।

10. B: बाक्स में ढक्कन जो काम करता है, बोतल में कार्क वही काम करता है।

11. D: वृत्त में परिधि होती है, वर्ग में परिमाप होता है।

12. A: एडवोकेट कानून का विशेषज्ञ होता है, रसोइया पाक विद्या का।

13. C: अलमारी में कपड़े रखे जाते हैं, पर्स में रुपया-पैसा।

14. D: गर्मी से तापमान पैदा होता है, नमी से आर्द्रता पैदा होती है।

15. C: शेक्सपीयर के नाटक विख्यात हैं और गालिब की गजलें।

16. C: घास हरी दिखती है और अन्तरिक्ष नीला दिखता है।

17. C: सोमवार सप्ताह का एक दिन है, जनवरी वर्ष का एक महीना है।

18. C: थर्मामीटर से बुखार नापते हैं और बैरोमीटर से वायुमंडलीय दाब।

19. C: गरीबी का विलोम अमीरी, यश का विलोम अपयश।

20. D: मेज-कुर्सी का जोड़ा, इसी प्रकार कोट-पैंट का जोड़ा।

21. B: कोहनी हाथ में होती है, घुटना टांग में होता है।

22. D: कोयला-काला और बर्फ-सफेद।

23. A: सावधानी बरतने से दुर्घटना नहीं होती, सफाई रखने से रोग नहीं होता।

24. D: जनवरी के बाद तीसरा महीना अप्रैल, रविवार के बाद तीसरा दिन बुधवार।

25. C: सैनिक बन्दूक चलाता है, लेखक कलम।

26. D: प्लेट क्राकरी का एक आइटम है, चम्मच कटलरी का एक आइटम है।

27. A: रात से पहले शाम होती है, दिन से पहले सुबह होता है।

28. B: चाचा-चाची : पिता-माता।

29. D: कमल जल में होता है, मछली पानी में होती है।

30. C: मीटर लम्बाई की इकाई है, लिटर परिमाण की इकाई है।

31. C: स्वर्ग का विलोम नर्क, सूखा का विलोम बाढ़।

32. C: चांद पृथ्वी के चारों ओर घूमता है, जैसे ग्रह सूर्य के चारों ओर घूमते हैं।

33. B: फ्रेंच फ्रांस की भाषा है, डच हालैंड की भाषा है।

34. B: श्रीलंका की राजधानी कोलम्बो, जापान की राजधानी टोक्यो।

35. D: पेन से लिखने का काम होता है, रंदा से लकड़ी छीली जाती है।

36. D: मोटा का विलोम बारीक, घटिया का विलोम बढ़िया।

37. B: टेबल लकड़ी से बनती है, पुस्तक कागज से बनती है।

38. D: पंखा हवा देता है, बल्ब प्रकाश देता है।

39. A: सात एक संख्या है, हरा एक रंग है।

40. A: रंगमंच पर ड्रामा होता है, स्टेडियम में खेल-कूद होते हैं।

41. A: फलों की एक किस्म आम है, सर्पों की एक किस्म कोबरा है।

42. A: वर्षा सेन्टीमीटर में मापते हैं, तापमान सेल्सियस में मापते हैं।

43. A: सड़क : उससे छोटी सड़क गली; शहर : उससे छोटा शहर कस्बा।

44. B: एस्प्रिन सिर दर्द की दवा है, कुनैन मलेरिया की दवा है।

45. C: भोजन से भूख मिटती है, पानी से प्यास बुझती है।

46. D: बिल्लीः बिल्ली का बच्चा, मुर्गी के बच्चे को चूजा कहते हैं।

47. A: फलों में एक फल केला है, स्तनपायी जीवों में गाय एक है।

48. C: श्रोता रेडियो सुनते हैं और फिल्म दर्शक देखते हैं।

49. B: मुद्रा लेन-देन का साधन है, भाषा वार्तालाप का साधन है।

50. D: मित्र का विलोम शत्रु, दयालु का विलोम क्रूर।

51. B: ट्रेन के ठहरने की जगह प्लेटफार्म, समुद्री जहाज के ठहरने की जगह बन्दरगाह।

52. C: 1 अप्रैल – मूर्ख दिवस, 1 मई – मजदूर दिवस।

53. B: घड़ी समय बताती है, रेनगेज वर्षा की मात्रा बताता है।

54. A: शेर मांद में रहता है, घोड़ा अस्तबल में रहता है।

55. D: पुस्तक में पन्ने होते हैं, फूल में पंखुड़ियां होती हैं।

56. D: चाय पत्ती से बनती है, काफी बीज से बनती है।

57. C: घोड़ा हिनहिनाता है, गधा रेंकता है।

58. B: कार गैरेज में खड़ी करते हैं, वायुयान हैंगर में खड़े किए जाते हैं।

59. A: वृत्त में जैसे त्रिज्या होती है, पहिए में वैसे ही तीलियां होती हैं।

60. A: स्टूल बढ़ई बनाता है, जूते मोची बनाता है।

61. C: बस की मरम्मत वर्कशाप में होती है, समुद्री जहाज की मरम्मत डाकयार्ड में होती है।

62. B: अंगूठी उंगली में पहनी जाती है, टाई गले में पहनी जाती है।

63. B: सिलाई सुई से होती है, पेन्टिंग ब्रुश से।

64. B: नाक से सूंघते हैं, जीभ से स्वाद प्राप्त करते हैं।

65. D: पेन्सिल स्टेशनरी की वस्तु है, कुर्सी फर्नीचर की वस्तु है।

66. A: बिल्ली-कुत्ता दोनों मांसाहारी, गाय-बकरी दोनों शाकाहारी।

67. D: सांप-छिपकली दोनों रेंगने वाले जीव, मछली-मगरमच्छ दोनों पानी के जीव।

68. C: प्रतिष्ठा का विलोम बदनामी, यश का विलोम अपयश।

69. B: प्रकाश किरणों से फैलता है, ध्वनि तरंगों से फैलती है।

70. C: घड़ी में सुई समय बताती है, थर्मामीटर में पारा तापमान बताता है।

71. B: ट्रैक्टर डीजल से चलता है, स्कूटर पेट्रोल से चलता है।

72. B: कोयल कूकती है, घोड़ा हिनहिनाता है।

73. B: पिच क्रिकेट में होता है, रिंग बाक्सिंग में होता है।

74. C: कार दौड़ती है, सांप रेंगता है।

75. A: चोर का विलोम साहूकार, ईमानदार का विलोम बेइमान।

76. C: शेर मांद में रहते हैं, पक्षी घोंसलों में रहते हैं।

77. D: गाय के बच्चे को बछड़ा कहते हैं, भेड़ के बच्चे को मेमना कहते हैं।

78. B: आज्ञापालन का विलोम अवज्ञा, जीवन का विलोम मृत्यु।

79. B: दर्जी कपड़े सिलता है, बढ़ई लकड़ी की वस्तुएं बनाता है।

80. A: बिल्ली चूहे को खा जाती है, शेर मेमने को खा जाता है।

81. B: बेकरी में ब्रेड बनती है और टकसाल में सिक्के बनते हैं।

82. A: स्टूडियो में फिल्म बनती है, शिपयार्ड में शिप बनते हैं।

83. A: महीनों को जोड़कर वर्ष बनता है, घण्टों को जोड़कर दिन बनता है।

84. C: भोजन से भूख शान्त होती है, पानी से प्यास शान्त होती है।

85. C: बन्दूक से गोली छोड़ी जाती है, कमान से तीर छोड़ा जाता है।

86. D: शहद, शहद की मक्खियों से मिलता है, ऊन, भेड़ों से प्राप्त होती हैं।

❑❑❑

4 बेमेल जोड़ा / शब्द ज्ञात करना

इस प्रकार के प्रश्नों में शब्दों के जोड़ों के चार समूह या केवल चार शब्द दिये हुए हैं; इनमें से तीन जोड़ों या तीन शब्दों के बीच किसी न किसी प्रकार की समानता है। चौथा जोड़ा या चौथा शब्द अन्त के तीनों जोड़ों या शब्दों से भिन्न है। आपको यही भिन्न जोड़ा या शब्द छांटना है। यहाँ दो उदाहरण हल सहित दिये गये हैं:

उदाहरण 1.

    A. लकड़ी-कुर्सी   B. पानी-बर्फ

    C. दूध-पनीर   D. अध्यापक-विद्यार्थी

हल: लकड़ी से कुर्सी बनती है; पानी से बर्फ बनती है; दूध से पनीर बनता है। लेकिन अध्यापक से विद्यार्थी नहीं बनता। अतः D जोड़ा बेमेल है। यही उत्तर है।

उदाहरण 2.

    A. बिहार   B. गुजरात   C. पश्चिम बंगाल   D. कलकत्ता

हल: A, B और C राज्यों के नाम हैं। D एक शहर का नाम है। अतः D बेमेल है। यही उत्तर है।

अभ्यास के लिए प्रश्न

निर्देशः नीचे के प्रश्नों में बेमेल ज्ञात कीजिए:

1. A. नर-नारी   B. भाई-बहन   C. पिता-पुत्र   D. माता-पिता

2. A. मछली-जल   B. जल-नदी   C. कोयला-खान   D. पक्षी-पेड़

3. A. अस्पताल-डाक्टर   B. न्यायालय-वकील

    C. चोर-डाकू   D. स्कूल-अध्यापक

4. A. दूध-दही   B. ईंट-मकान   C. कागज-पुस्तक   D. घोड़ा-अस्तबल

5. A. दूध-सफेद   B. पत्ता-हरा   C. बाल-काला   D. खून-लाल

6. A. जय-पराजय   B. गाजर-मूली   C. उत्तर-दक्षिण   D. ऊपर-नीचे

7. A. चूहा-बिल   B. पक्षी-घोंसला   C. घोड़ा-अस्तबल   D. शेर-जंगल

8. A. नीला-आकाश   B. लाल-पतंग   C. नीली-साड़ी   D. काला-घोड़ा

9. A. बाप-बेटा   B. सुई-धागा   C. कप-प्लेट   D. कुर्सी-मेज

10. A. कुआं-नहर   B. नदी-पहाड़   C. झील-सागर   D. खाड़ी-रेगिस्तान

11. A. किताब-कापी   B. रबर-पेन्सिल   C. नाक-कान   D. पैर-हड्डी

12. A. शत्रु-मित्र   B. धनी-निर्धन   C. दयालु-निर्दयी   D. खेल-कूद

13. A. आग-धुआँ   B. धूप-ताप   C. चांदनी-शीतलता   D. कागज-सफेद

14. A. मंगल   B. बृहस्पति   C. शुक्र   D. चन्द्रमा

15. A. अंगूर   B. किशमिश   C. सेब   D. आम

16. A. भेड़िया   B. गीदड़   C. बकरी   D. रीछ

17. A. रिक्शा   B. बस   C. कार   D. स्कूटर

18. A. शेर   B. घोड़ा   C. हाथी   D. ऊंट

19. A. बन्दर   B. नेवला   C. सांप   D. बिल्ली

20. A. कानपुर   B. लखनऊ   C. पटना   D. इलाहाबाद

21. A. येन   B. डालर   C. सिक्का   D. पौंड

22. A. हीरा   B. पारा   C. लोहा   D. तांबा

23. A. पैर   B. हाथ   C. टखने   D. फेफड़े

24. A. स्टीमर   B. बोट   C. शिप   D. बन्दरगाह

25. A. गुलाब   B. कमल   C. डहलिया   D. चमेली

26. A. प्रोटीन   B. कार्बोहाइड्रेट्स   C. तांबा   D. विटामिन

27. A. पियानो   B. तबला   C. बांसुरी   D. बैंजो

28. A. मीटर   B. किलोमीटर   C. सेन्टीमीटर   D. वर्ग किलोमीटर

29. A. बिल्ली   B. कुत्ता   C. बन्दर   D. सांप

30. A. सांप   B. छिपकली   C. मगरमच्छ   D. मेंढक

31. A. मंगल   B. पृथ्वी   C. चांद   D. बृहस्पति

32. A. पेन्सिल   B. रबर   C. स्याही   D. स्केच पेन

33. A. स्टेट्समैन   B. इण्डिया टुडे
     C. हिन्दू   D. अमृत बाजार पत्रिका

34. A. अशोक   B. चाणक्य   C. चन्द्रगुप्त   D. हर्षवर्धन

35.	A. स्पर्श-ज्या (टैंजेंट)	B. चाप	C. त्रिज्या	D. कर्ण
36.	A. दिल्ली	B. पटना	C. बम्बई	D. कलकत्ता
37.	A. साइकिल	B. स्कूटर	C. कार	D. बस
38.	A. गेहूँ	B. चना	C. राई	D. चावल
39.	A. लोहा	B. तांबा	C. इस्पात	D. टिन
40.	A. कैंसर	B. पीलिया	C. पित्त	D. मधुमेह
41.	A. पानी	B. हवा	C. गैसोलिन	D. मिट्टी
42.	A. कपास	B. चावल	C. चाय	D. जूट
43.	A. सेब	B. केला	C. गन्ना	D. आम
44.	A. ढाका	B. कोलम्बो	C. कराची	D. रंगून
45.	A. मई	B. मार्च	C. अप्रैल	D. जुलाई
46.	A. रुबल	B. डाइट	C. डालर	D. टका
47.	A. तुला	B. यूरेनस	C. प्लूटो	D. नेपच्यून
48.	A. मन्दिर	B. मठ	C. मस्जिद	D. चर्च
49.	A. औंस	B. शिलिंग	C. ग्राम	D. पौण्ड
50.	A. ढाल C. तलवार		B. कवच D. शिरस्त्राण (हेलमेट)	
51.	A. गंगा	B. गोदावरी	C. कृष्णा	D. नर्मदा
52.	A. मोतियाबिन्द	B. कोर्निया	C. रेटिना	D. पुतली
53.	A. बड़ा	B. विशाल	C. तेज	D. वृहद
54.	A. लोमड़ी	B. गाय	C. कुत्ता	D. घोड़ा
55.	A. गीदड़	B. लोमड़ी	C. हिरन	D. भेड़िया
56.	A. पिता	B. अध्यापक	C. भाई	D. बहन
57.	A. तट	B. समुद्र	C. नदी	D. तालाब
58.	A. विलाप करना	B. रोना	C. दुखड़ा रोना	D. दुखी होना
59.	A. बाज	B. कौवा	C. गिद्ध	D. मुर्गा
60.	A. बौना	B. दुबला	C. मोटा	D. लंगड़ा
61.	A. मां	B. पुत्री	C. पुत्र	D. चाची
62.	A. आंख	B. कान	C. गरदन	D. नाक

63.	A. तमिलनाडु	B. केरल	C. कर्नाटक	D. पांडिचेरी
64.	A. विंग कमाण्डर		B. पाइलट आफिसर	
	C. कर्नल		D. फ्लाइट लेफ्टीनेंट	
65.	A. वीणा	B. सितार	C. सरोद	D. मृदंग
66.	A. अफ्रीका	B. एशिया	C. अरेबिया	D. अमेरिका
67.	A. शार्क	B. सील	C. ह्वेल	D. मगरमच्छ
68.	A. वर्ग	B. समलंब	C. आयत	D. विकर्ण
69.	A. बिल्ली	B. कुत्ता	C. लोमड़ी	D. बन्दर
70.	A. एस्प्रो	B. एनासिन	C. सेरिडॉन	D. पेन्सिलिन
71.	A. आलू	B. टमाटर	C. मूँगफली	D. प्याज
72.	A. इन्फ्लुएन्जा	B. तपेदिक	C. चेचक	D. मलेरिया
73.	A. बंगला	B. दफ्तर	C. झोपड़ी	D. घर
74.	A. मक्खी	B. मिठाई	C. खीर	D. गुड़
75.	A. जड़	B. तना	C. टहनी	D. पत्तियाँ
76.	A. बैंगन	B. आलू	C. मटर	D. भिण्डी
77.	A. कुत्ता	B. कौआ	C. गाय	D. बकरी
78.	A. सी.वी. रमन	B. मेघनाद साहा	C. कालिदास	D. डॉ. भाभा
79.	A. पैंट	B. शर्ट	C. जूते	D. पजामा
80.	A. हाइड्रोजन	B. नाइट्रोजन	C. ऑक्सीजन	D. पारा

व्याख्या सहित उत्तर

1. C: इस जोड़े में दोनों पुल्लिंग हैं, अन्य जोड़ों में एक पुल्लिंग और एक स्त्रीलिंग है।

2. D: पक्षी पेड़ से नहीं प्राप्त होते, मछली जल से प्राप्त होती है, जल नदी से प्राप्त होता है और कोयला खान से प्राप्त होता है।

3. C: चोर-डाकू में परस्पर कोई संबंध नहीं है; जबकि अस्पताल-डाक्टर, न्यायालय-वकील और स्कूल-अध्यापक में संबंध है।

4. D: दूध से दही बनता है, ईंट से मकान बनता है, कागज से पुस्तक बनती है : पर घोड़े से अस्तबल नहीं बनता।

5. B: पत्ता हरा के अतिरिक्त पीला और भूरा भी हो सकता है, पर दूध सफेद होता है, बाल काला होता है और खून लाल होता है।

6. B: गाजर-मूली एक-दूसरे के विलोम नहीं हैं जबकि जय-पराजय, उत्तर-दक्षिण और ऊपर-नीचे एक दूसरे के विलोम हैं।

7. D: शेर का घर जंगल नहीं बल्कि मांद है।

8. A: आकाश नीला होता है। पतंग, साड़ी और घोड़े के अलग-अलग रंग हो सकते हैं।

9. A: यह जोड़ा सजीव प्राणियों का है, अन्य जोड़े निर्जीव वस्तुओं के हैं।

10. A: इस जोड़े की वस्तुएँ मनुष्य द्वारा निर्मित हैं, अन्य जोड़ों की वस्तुएँ प्राकृतिक हैं।

11. D: पैर-हड्डी, यह कोई प्रचलित जोड़ा नहीं है। अन्य सब जोड़े प्रचलित हैं।

12. D: इस जोड़े के दोनों शब्द परस्पर विलोम नहीं हैं। अन्य जोड़ों के शब्द परस्पर विलोम हैं।

13. D: कागज सफेद के अलावा अन्य रंग का भी हो सकता है। अन्य जोड़ों में धुआँ आग का अनिवार्य तत्व, ताप धूप का अनिवार्य तत्व और शीतलता चांदनी का अनिवार्य तत्व है।

14. D: चन्द्रमा उपग्रह है, शेष सब ग्रह हैं।

15. B: किशमिश मेवा है, शेष सब फल हैं।

16. C: बकरी के अलावा सब जंगली जानवर हैं।

17. A: रिक्शा के अलावा सब इंजन से चलते हैं।

18. A: शेर के अलावा सब सवारी के काम आते हैं।

19. C: सांप के अलावा अन्य सबकी टांगें होती हैं।

20. C: पटना के अलावा अन्य सब उत्तर प्रदेश में हैं।

21. C: सिक्का एक सामान्य नाम है, शेष सब किसी न किसी देश की मुद्रा हैं।

22. A: हीरा धातु नहीं है, बाकी सब धातु हैं।

23. D: पैर, हाथ और टखने शरीर के बाहरी अंग हैं, जबकि फेफड़े शरीर के भीतरी अंग हैं।

24. D: स्टीमर, बोट और शिप परिवहन के साधन हैं, जबकि बन्दरगाह वह स्थान है जहाँ जहाज ठहरते हैं।

25. B: कमल ऐसा फूल है, जो पानी में होता है। गुलाब, डहलिया और चमेली पानी में नहीं बल्कि सूखी धरती के फूल हैं।

26. C: प्रोटीन, कार्बोहाइड्रेट्स और विटामिन संतुलित भोजन के अंग के रूप में मनुष्य के शरीर के लिए आवश्यक होते हैं; जबकि तांबा शरीर के लिए जरूरी नहीं होता।

27. C: पियानो, तबला और बैंजो ऐसे वाद्ययंत्र हैं, जिन्हें बजाने के लिए हाथ और उंगलियों का प्रयोग करना पड़ता है, जबकि बांसुरी बजाने के लिए मुंह से सांस फूंकनी पड़ती है।

28. D: मीटर, किलोमीटर और सेन्टीमीटर लम्बाई की नाप की इकाइयां हैं, जबकि वर्ग किलोमीटर क्षेत्रफल की इकाई है।

29. D: सांप सरीसृप (पेट के बल चलने वाला जीव) है, जबकि अन्य तीनों सरीसृप नहीं हैं।

30. D: सांप, छिपकली और मगरमच्छ तीनों सरीसृप हैं, जबकि मेंढक सरीसृप नहीं है।

31. C: चांद एक उपग्रह है, जबकि अन्य तीनों ग्रह हैं।

32. D: स्केच पेन स्टेशनरी नहीं है, जबकि अन्य तीनों वस्तुएँ स्टेशनरी हैं।

33. B: इण्डिया टुडे एक पाक्षिक पत्रिका है, जबकि अन्य तीनों दैनिक समाचार-पत्र हैं।

34. B: चाणक्य राज मर्मज्ञ था; वह शासक या सम्राट नहीं था, जबकि अन्य तीनों शासक या सम्राट थे।

35. D: स्पर्श-ज्या (टैंजेंट), चाप और त्रिज्या तीनों का संबंध वृत्त से है। कर्ण का संबंध समकोण त्रिभुज से होता है।

36. A: दिल्ली भारत (देश) की राजधानी है जबकि पटना, बम्बई और कलकत्ता राज्यों की राजधानी है।

37. A: स्कूटर, कार और बस इंजन से चलते हैं जबकि साइकिल पैर से चलाई जाती है।

38. B: गेहूँ, राई और चावल, दालें नहीं हैं, जबकि चना एक दाल है।

39. C: लोहा, तांबा और टिन मिश्रित धातु नहीं हैं, जबकि इस्पात मिश्रित धातु है।

40. C: पित्त यकृत से निकलने वाला एक तरल पदार्थ है, जो हाजमें में सहायता करता है, जबकि अन्य तीनों कैंसर, पीलिया और मधुमेह बीमारियाँ हैं।

41. D: मिट्टी ऊर्जा का स्रोत नहीं है, जबकि पानी, हवा और गैसोलीन ऊर्जा का स्रोत हैं।

42. B: चावल को छोड़कर अन्य तीनों अर्थात कपास, चाय और जूट व्यापारिक फसलें हैं।

43. C: गन्ना फल नहीं हैं, जबकि अन्य तीनों फल हैं।

44. C: कराची राजधानी नहीं है, जबकि अन्य तीनों शहर राजधानी हैं।

45. C: अप्रैल में 30 दिन होते हैं, जबकि मई, मार्च और जुलाई में 31 दिन होते हैं।

46. B: डाइट जापान की संसद का नाम है, जबकि रुबल, डालर और टका अलग-अलग देशों की मुद्रायें हैं।

47. A: तुला एक राशि है, जबकि यूरेनस, प्लूटो और नेप्च्यून ग्रह हैं।

48. B: मठ में साधु रहते हैं, जबकि मन्दिर, मस्जिद और चर्च पूजा-स्थल हैं।

49. B: शिलिंग मुद्रा है जबकि औंस, ग्राम और पौण्ड वजन की इकाइयां हैं।

50. C: तलवार वार करने के काम आती है, जबकि ढाल, कवच और शिरस्त्राण बचाव के काम आते हैं।

51. D: गंगा, गोदावरी और कृष्णा तीनों नदियाँ पश्चिम से पूर्व की ओर बहती हैं, जबकि नर्मदा नदी पूर्व से पश्चिम की ओर बहती है।

52. A: मोतियाबन्द आंख का एक रोग है, जबकि अन्य तीनों आंख के अंग हैं।

53. C: तेज, गति बताता है, जबकि बड़ा, विशाल और वृहद् आकार बताते हैं।

54. A: गाय, कुत्ता और घोड़ा पाले जाते हैं, लोमड़ी पाली नहीं जाती।

55. C: गीदड़, लोमड़ी और भेड़िया तीनों मांसाहारी हैं, जबकि हिरन मांसाहारी नहीं है।

56. B: पिता, भाई और बहन खून के रिश्ते हैं, जबकि अध्यापक खून का रिश्ता नहीं होता।

57. A: समुद्र, नदी और तालाब जलक्षेत्र हैं, जबकि तट समुद्र, नदी और तालाब के विपरीत स्थल क्षेत्र होता है।

58. D: दुखी होना एक मनःस्थिति है; विलाप, रोना और दुखड़ा रोना तीनों दुखी होने के परिणाम हैं।

59. D: मुर्गा घरेलू पक्षी है, जबकि अन्य तीनों पालतू पक्षी नहीं हैं।

60. D: लंगड़ा होना किसी दुर्घटना या बीमारी का परिणाम होता है, जबकि बौना होने, दुबले होने और मोटे होने का बीमारी या दुर्घटना से संबंध नहीं होता।

61. C: पुत्र पुल्लिंग है, शेप तीनों स्त्रीलिंग हैं।

62. C: गरदन इन्द्रिय नहीं है, शेप तीनों आंख, कान और नाक इन्द्रियाँ हैं।

63. D: पांडिचेरी संघशासित प्रदेश हैं, शेष तीनों राज्य हैं।

64. C: कर्नल स्थल सेना का पद है, अन्य तीनों वायुसेना के पद हैं।

65. D: मृदंग चमड़े वाला वाद्ययंत्र है, शेष तीनों तार वाले वाद्ययंत्र हैं।

66. C: अरेबिया एक देश का नाम है, शेष तीनों महाद्वीप के नाम हैं।

67. D: मगरमच्छ मछली नहीं है, शेष तीनों मछलियाँ हैं।

68. D: वर्ग, समलंब और आयत चतुर्भुज हैं, इसके विपरीत विकर्ण दो कोणों को मिलाने वाली रेखा होती है।

69. D: बन्दर मांसाहारी नहीं होता, शेष तीनों मांसाहारी होते हैं।

70. D: पेन्सिलिन एक एण्टी वायोटिक औषधि है, जबकि अन्य तीनों दर्दनाशक दवायें हैं।

71. B: आलू, मूँगफली और प्याज जमीन के नीचे पैदा होते हैं, जबकि टमाटर जमीन के ऊपर पैदा होता है।

72. D: मलेरिया छूत से फैलने वाला रोग नहीं है, जबकि इन्फ्लुएन्जा, तपेदिक और चेचक छूत से फैलने वाले रोग हैं।

73. B: दफ्तर के अलावा बाकी सब रहने के काम आते हैं।

74. A: मक्खी के अलावा बाकी सब निर्जीव हैं।

75. A: जड़ के अलावा बाकी सब जमीन के ऊपर की वस्तुएँ हैं।

76. B: आलू जमीन के अन्दर पैदा होता है, बाकी तीनों चीजें जमीन के ऊपर पैदा होती हैं।

77. B: कौआ के अलावा बाकी तीनों जानवर हैं।

78. C: कालिदास के अलावा बाकी तीनों वैज्ञानिक हैं।

79. C: जूते के अलावा बाकी सब पहनने के कपड़े हैं।

80. D: पारा गैस नहीं है, बाकी सब गैसें हैं।

❑❑❑

5 घड़ी और कलैण्डर संबंधी परीक्षा

इस परीक्षा में ऐसे प्रश्न पूछे जाते हैं जिनका संबंध विद्यार्थियों के घड़ी और सप्ताह के दिनों के ज्ञान से जुड़ा होता है। घड़ी की सुइयों की दिशा और सुइयों के बीच बने कोणों से जुड़े प्रश्न भी पूछे जाते हैं।

प्रश्नः सवा बारह बजे (i) दोनों सुइयों के बीच कितने अंश का कोण होगा और (ii) उस समय घण्टे वाली सुई का रुख किस दिशा की ओर होगा?

उत्तरः सवा बारह बजे का अर्थ है– 12 बजकर 15 मिनट। उस समय घण्टे वाली सुई 12 पर होगी और मिनट वाली सुई 3 पर होगी।

अतः (i) दोनों सुइयों के बीच 90° का कोण होगा और

(ii) घण्टे वाली सुई का रुख ऊपर यानी उत्तर की ओर होगा।

यहां हमें जान लेना चाहिएः

(i) एक बिन्दु के चारों ओर कुल 360° का कोण होता है।

(ii) घड़ी का डायल 12 समान भागों में बटा होता है। बिन्दु पर कुल 360° का कोण होता है।

$\therefore$ 12 हिस्सों में से प्रत्येक हिस्सा = $\frac{360}{12} = 30^\circ$ का कोण अर्थात् डायल पर अंकित हर दो अंकों के बीच 30° का कोण होता है।

(iii) जिस प्रकार नक्शे में ऊपर की दिशा सदैव उत्तर दिशा, नीचे की दिशा सदैव दक्षिण दिशा मानी जाती है, उसी प्रकार घड़ी में भी ऊपर की दिशा (जहाँ 12 अंकित होता है) उत्तर मानी जाती है और नीचे की दिशा (जहाँ 6 अंकित होता है) दक्षिण मानी जाती है।

एक दूसरा प्रश्न लें।

प्रश्नः 5 बजे घण्टे की सुई और मिनट की सुई के बीच कितने अंश का कोण होगा?

उत्तरः 5 बजे घण्टे की सुई 5 पर होगी और मिनट की सुई 12 पर होगी।

दोनों सुइयों के बीच 5 अंकों का अन्तर होगा।

∴ $30° × 5 = 150°$ का कोण होगा।

ध्यान रखेंः

हर एक घण्टे में:

(i) दोनों सुइयां एक बार मिलती हैं।

(ii) एक बार दोनों सुइयों का मुंह एक-दूसरे से बिल्कुल उल्टी दिशा में होता है।

(iii) दोनों सुइयां दो बार समकोण बनाती हैं।

(iv) मिनट वाली सुई 1 मिनट में $6°$ आगे बढ़ती है।

कलैण्डर के प्रश्नों को हल करने के लिए कुछ सामान्य बातें जानना जरूरी है।

प्रश्नः किसी महीने की 17 तारीख को शुक्रवार था। बताइये (i) अगला शुक्रवार किस तारीख को पड़ेगा, और (ii) पिछले शुक्रवार को क्या तारीख थी?

उत्तरः ध्यान रहे कि सप्ताह में 7 दिन होते हैं। यदि 17 तारीख को शुक्रवार था, तो 7 दिन बाद जो तारीख होगी (अर्थात 17 + 7 = 24) उस दिन फिर शुक्रवार होगा। इसी प्रकार यदि 17 तारीख को शुक्रवार था, तो 7 दिन पहले जो तारीख थी (अर्थात 17 – 7 = 10) उस दिन शुक्रवार रहा होगा।

प्रश्नः यदि 20 अगस्त को सोमवार का दिन हो, तो उसी वर्ष 3 सितम्बर को कौन-सा दिन होगा?

उत्तरः अगस्त का महीना 31 दिन का होता है। यदि 20 अगस्त को सोमवार था, तो अगला सोमवार 27 अगस्त को होगा। अगस्त का महीना 31 दिन का है, अतः 31 अगस्त को शुक्रवार पड़ेगा। 1 सितम्बर को शनिवार होगा, अतः 3 सितम्बर को फिर सोमवार पड़ेगा।

साल में 30 दिन वाले महीने : अप्रैल, जून, सितम्बर और नवम्बर।

साल में 31 दिन वाले महीने : जनवरी, मार्च, मई, जुलाई, अगस्त, अक्टूबर और दिसम्बर।

फरवरी का महीना सिर्फ 28 दिन का होता है। हर चौथे साल फरवरी का महीना 29 दिन का होता है। जब फरवरी का महीना 29 दिन का होता है, तो उसे लीप वर्ष कहते हैं। जो सन् चार से पूरा-पूरा विभाजित हो जाता है, उसे लीप वर्ष मानते हैं। अतः लीप वर्ष चार साल बाद होता है और उस साल फरवरी का महीना 29 दिन का होता है।

अभ्यास के लिए प्रश्न

1. यदि बीता हुआ कल रविवार था, तो अगला रविवार आज से कितने दिन बाद पड़ेगा?
   - A. 7
   - B. 6
   - C. 5
   - D. 8

2. यदि सोमवार के दो दिन बाद वाले दिन 5 तारीख पड़ती है, तो उसी महीने में 19 तारीख को कौन-सा दिन होगा?
   - A. मंगलवार
   - B. बुधवार
   - C. रविवार
   - D. शुक्रवार

3. शाम को 4 बजे से रात के 10 बजे तक घड़ी की दोनों सुइयां कितनी बार एक दूसरे के साथ 90° का कोण बनायेंगी?
   - A. 14
   - B. 10
   - C. 12
   - D. 8

4. यदि अप्रैल के महीने में 14 तारीख को बृहस्पतिवार है, तो उसी साल मई के महीने में पहला बृहस्पतिवार किस तारीख को पड़ेगा?
   - A. 3
   - B. 4
   - C. 5
   - D. 6

5. यदि 11 जनवरी को दो दिन पहले सोमवार था, तो उसी महीने में अगला सोमवार किस तारीख को होगा?
   - A. 16 जनवरी
   - B. 18 जनवरी
   - C. 17 जनवरी
   - D. 15 जनवरी

6. यदि किसी वर्ष में 28 फरवरी को मंगलवार था, तो उससे पहले 5 फरवरी को कौन-सा दिन रहा होगा?
   - A. शुक्रवार
   - B. रविवार
   - C. शनिवार
   - D. सोमवार

7. यदि किसी महीने में सोमवार से 3 दिन बाद 6 तारीख है, तो उसी महीने की 22 तारीख को सप्ताह का कौन-सा दिन होगा?
   - A. शुक्रवार
   - B. सोमवार
   - C. रविवार
   - D. शनिवार

8. किसी साल में 31 मार्च को मंगलवार था, तो उसी साल में मार्च का पहला रविवार किस तारीख को था?
   - A. 1 मार्च
   - B. 3 मार्च
   - C. 2 मार्च
   - D. 4 मार्च

9. किसी वर्ष में 3 फरवरी को शुक्रवार था। उस वर्ष में फरवरी का अन्तिम रविवार किस तारीख को होगा?
   - A. 25 फरवरी
   - B. 26 फरवरी
   - C. 27 फरवरी
   - D. 28 फरवरी

10. यदि किसी वर्ष में 19 जुलाई को मंगलवार है तो उसी वर्ष में 15 अगस्त को कौन-सा दिन होगा?
    - A. शुक्रवार
    - B. सोमवार
    - C. रविवार
    - D. शनिवार

11. दो बजे घड़ी की दोनों सुइयों के बीच कितने डिग्री का कोण होगा?
    - A. 60°
    - B. 45°
    - C. 30°
    - D. 80°

12. 12 घंटों में घड़ी की सुइयां कितनी बार समकोण बनाती हैं?

A. 22 बार   B. 24 बार   C. 23 बार   D. 25 बार

13. एक दिन में घड़ी की दोनों सुइयां कितनी बार एक सीध में होती हैं?

A. 23 बार   B. 12 बार   C. 24 बार   D. 22 बार

14. घड़ी में 4 बजे हैं। घण्टे और मिनट वाली सुइयों के बीच कितने डिग्री का कोण होगा?

A. 90°   B. 110°   C. 120°   D. 130°

15. 3 बजकर 25 मिनट पर घण्टे और मिनट वाली सुइयों के बीच कितने डिग्री का कोण होगा?

A. 90°   B. 60°   C. 30°   D. 45°

16. घड़ी में 3 बजकर 5 मिनट हुए हैं। घड़ी की दोनों सुइयों के बीच कितने डिग्री का कोण है?

A. 60°   B. 30°   C. 90°   D. 45°

17. घड़ी में 9 बजे हैं। घण्टे वाली सुई का रुख किस दिशा में होगा?

A. पूर्व   B. पश्चिम   C. उत्तर   D. दक्षिण

18. घड़ी में 9 बजकर 10 मिनट का समय है। दोनों सुइयों के बीच कितने डिग्री का कोण है?

A. 120°   B. 150°   C. 180°   D. 100°

19. एक बालक घण्टे की सुई को मिनट की सुई मानकर और मिनट की सुई को घण्टे की सुई मानकर समय सवा पांच बताता है। बताओ उस समय सही समय क्या था?

A. 3 बजकर 15 मिनट   B. 3 बजकर 20 मिनट

C. 3 बजकर 25 मिनट   D. 3 बजकर 10 मिनट

20. घड़ी की दोनों सुइयां एक-दूसरे के ठीक ऊपर हैं और दोनों का रुख पश्चिम की ओर है। समय क्या है?

A. 9 बजे   B. 8 बजकर 30 मिनट

C. 8 बजकर 45 मिनट   D. 8 बजकर 15 मिनट

उत्तरमाला

1	2	3	4	5	6	7	8	9	10
B	B	C	C	A	B	D	A	B	B

11	12	13	14	15	16	17	18	19	20
A	A	A	C	B	A	B	B	C	C

6 सांकेतिक भाषा (कोड भाषा) संबंधी परीक्षा

कोड भाषा या सांकेतिक भाषा में अक्षर या संख्यायें अपना वास्तविक रूप या मान नहीं प्रदर्शित करते बल्कि किसी अन्य अक्षर या संख्या का रूप या मान प्रदर्शित करते हैं। सांकेतिक भाषा एक काल्पनिक मान प्रकट करती है। यही काल्पनिक मान कोड कहलाता है। यह कोड किसी विशेष नियम के आधार पर बनाया जाता है। यदि हम इस नियम को जान-समझ लें, तो कोड भाषा में लिखी बात का मूल या वास्तविक रूप समझ सकते हैं।

उदाहरण 1. किसी सांकेतिक भाषा में PAPER को QBQFS लिखा गया है। बताओ उसी सांकेतिक भाषा में GLASS को कैसे लिखा जायेगा?

उत्तरः ध्यान देने पर पता लगता है कि कोड वाले अक्षर अर्थात QBQFS वास्तविक अक्षरों अर्थात् PAPER के अगले अक्षर हैं। इसलिए GLASS को उस कोड भाषा में HMBTT लिखा जायेगा।

उदाहरण 2. किसी कोड भाषा में DOWN को FQYP लिखा गया है। बताओ उसी कोड भाषा में WITH को कैसे लिखा जायेगा?

उत्तरः यहाँ कोड वाले अक्षर अर्थात FQYP वास्तविक अक्षरों अर्थात DOWN के बाद के तीसरे अक्षर हैं। इसलिए WITH को उस कोड भाषा में YKVJ लिखा जायेगा।

अभ्यास के लिए प्रश्न

1. यदि COME के कूट अक्षर BNLD हों, तो CARE के कूट अक्षर क्या होंगे?
A. BBQD B. BZQD C. BZPD D. BZSD

2. यदि HIGH के कूट अक्षर IJHI हों, तो TURN के कूट अक्षर क्या होंगे?
A. UVQO B. UVTO C. UVSO D. UVSP

3. यदि LOAD के कूट अक्षर MPBE हों, तो PORT के कूट अक्षर क्या होंगे?
A. QRSU B. QPRU C. QPUS D. QPSU

4. यदि GOLD के कूट अक्षर IQNF हों, तो WIND के कूट अक्षर क्या होंगे?
A. YKOF B. YLPF C. YKPE D. YKPF

5. यदि SHIRT के कूट अक्षर RGHQS हों, तो ROUND के कूट अक्षर क्या होंगे?

    A. QNTMC   B. QNUMC   C. QNTME   D. ONTOC

6. यदि DEAR के कूट अक्षर FGCT हों, तो READ के कूट अक्षर क्या होंगे?

    A. FGCF   B. TGFC   C. TCGF   D. TGCF

7. यदि EASE के कूट अक्षर HDVH हों, तो SEE के कूट अक्षर क्या होंगे?

    A. DHH   B. VHV   C. VHH   D. VVH

8. यदि SERPENT के कूट अक्षर TNEPRES हों, तो PLAGUE के कूट अक्षर क्या होंगे?

    A. EUAGLP   B. EUGLAP   C. EUGALP   D. EULAGP

9. यदि DEFENCE के कूट अक्षर CDEDMBD हों, तो NEED के कूट अक्षर क्या होंगे?

    A. MCDC   B. MCCD   C. MDDC   D. DMMC

10. यदि CHAIR के कूट अक्षर FKDLU हों, तो RAID के कूट अक्षर क्या होंगे?

    A. ULGD   B. ULKG   C. ULDG   D. UDLG

11. यदि CONDEMN के कूट अक्षर CNODMEN हों, तो TEACHER के कूट अक्षर क्या होंगे?

    A. TAECHER   B. TAEECHR   C. TCAEEHR   D. TAECEHR

12. यदि किसी कूट भाषा में COME को 'XLNV' लिखा जाता है और ABLE को ZYOV लिखा जाता है, तो उसी कूट भाषा में MOLLY को कैसे लिखा जायेगा?

    A. NLOBO   B. NLBOO   C. LNOOB   D. NLOOB

13. यदि CIGARETTE को कूट भाषा में GICERAETT लिखा जाता है तो उसी कूट भाषा में DEMONSTRATION को कैसे लिखा जायेगा?

    A. MEDNSOARTOITN   B. MEDSNOATROITN

    C. MEDSNOARTIOTN   D. MEDSNOARTOITN

14. यदि किसी कूट भाषा में CENTURION को 325791465 लिखा जाता है और RANK को 18510 लिखा जाता है, तो उसी कूट भाषा में किसके लिए 78510 लिखा जायेगा?

    A. BANK   B. SANK   C. TANK   D. TALK

15. किसी कूट भाषा में MAHESH को NCIGTJ लिखा जाता है। उसी कूट भाषा में NEELAM को कैसे लिखा जायेगा?

    A. OGGNCO   B. OGFNBN   C. OGFNBO   D. OGHBNO

16. यदि किसी कूट भाषा में FLOWER को SEXOMF लिखा जाए, उसी कूट भाषा में GARDEN को कैसे लिखा जायेगा?

    A. OEERBH   B. OFESBH   C. OEESBG   D. OEERBG

17. यदि किसी कूट भाषा में SCRIPT को TCQIQT लिखा जाता है, तो उसी कूट भाषा में DIGEST को कैसे लिखा जायेगा?

    A. EIGHTT   B. TIHETT   C. EIFETT   D. EIFERT

18. यदि किसी कूट भाषा में RAM को SBN लिखा जाता है, तो उसी कूट भाषा में FEW को कैसे लिखा जायेगा?

    A. GFX   B. GHX   C. EFX   D. GEX

19. यदि किसी कूट भाषा में RUBBER को REBBUR लिखा जाता है, तो उसी कूट भाषा में DEAD को कैसे लिखा जायेगा?

    A. DEAD   B. DAED   C. DADE   D. DDEA

20. यदि किसी कूट भाषा में KANPUR को LBOQVS लिखा जाता है, तो उसी कूट भाषा में NAGPUR को कैसे लिखा जायेगा?

    A. OHBQVS   B. HBOQVS   C. OBHQVS   D. BOHQVS

21. यदि किसी कूट भाषा में DELHI को IDHEL लिखा जाता है, तो उसी कूट भाषा में TUFAN को कैसे लिखा जायेगा?

    A. TNAUF   B. NATUF   C. NTUAF   D. NTAUF

22. यदि किसी कूट भाषा में ANOTHER को 7309521 लिखा जाता है, तो उसी कूट भाषा में THORN को कैसे लिखा जायेगा?

    A. 95103   B. 95313   C. 95013   D. 95113

23. यदि किसी कूट भाषा में SURENDRA को DHTNPATI लिखा जाता है, तो उसी कूट भाषा में UNDER को कैसे लिखा जायेगा?

    A. PHANT   B. HPANT   C. HPNAT   D. HNPAT

24. यदि किसी कूट भाषा में EFFICIENT को DEEHBHDMS लिखा जाता है, तो उसी कूट भाषा में FIET को कैसे लिखा जायेगा?

    A. DHES   B. EHSD   C. EHDS   D. EDHS

25. यदि किसी कूट भाषा में FACE को GBDF लिखा जाता है, तो उसी कूट भाषा में BADE को कैसे लिखा जायेगा?

    A. CBEF   B. CEBF   C. CFBE   D. CBFE

26. यदि किसी कूट भाषा में REST को TGUV लिखा जाता है, तो उसी कूट भाषा में SETS को कैसे लिखा जायेगा?

    A. GUVU   B. UVGU   C. UGVU   D. VGUV

27. यदि किसी कूट भाषा में DECADE को 453145 लिखा जाता है, तो उसी कूट भाषा में DEED को कैसे लिखा जायेगा?

    A. 5544   B. 4545   C. 4554   D. 4555

28. यदि किसी कूट भाषा में BAD को YZW लिखा जाता है, तो उसी कूट भाषा में MAD को कैसे लिखा जायेगा?

    A. MZW   B. NZW   C. OZW   D. LZW

29. यदि किसी कूट भाषा में DIRT को TDIR लिखा जाता है, तो उसी कूट भाषा में TRIM को कैसे लिखा जायेगा?

   A. MRTI   B. MIRT   C. MTRI   D. MTIR

30. यदि किसी कूट भाषा में PIT को QJU लिखा जाता है, तो उसी कूट भाषा में HUT को कैसे लिखा जायेगा?

   A. KXU   B. KVU   C. IVU   D. GVU

31. यदि किसी कूट भाषा में DECEMBER को ERMBCEDE लिखा जाता है, तो उसी कूट भाषा में NOVEMBER को कैसे लिखा जायेगा?

   A. ERBMVENO   B. REMBVENO
   C. ERMBVENO   D. EMRBVENO

32. यदि किसी कूट भाषा में ROUGH को ORRJE लिखा जाता है, तो उसी कूट भाषा में SMOOTH को कैसे लिखा जायेगा?

   A. PPLLOK   B. PPLRQK   C. PJLLOK   D. PPRRKK

33. यदि किसी कूट भाषा में MOTHER को PQWJHT लिखा जाता है, तो उसी कूट भाषा में SISTER को कैसे लिखा जायेगा?

   A. VKUVHT   B. VKVVHU   C. VKVVHT   D. VKVWHT

34. यदि किसी कूट भाषा में LOFTY को LPFUY लिखा जाता है, तो उसी कूट भाषा में DWARF को कैसे लिखा जायेगा?

   A. DXASF   B. DXBSG   C. DXATF   D. DWBSG

35. यदि किसी कूट भाषा में PRICE को SVNIL लिखा जाता है, तो उसी कूट भाषा में COST को कैसे लिखा जायेगा?

   A. FSXY   B. FSWY   C. FTWZ   D. FSXZ

36. यदि किसी कूट भाषा में JAILAPPAS को AIJAPLASP लिखा जाता है, तो उसी कूट भाषा में ECONOMICS को कैसे लिखा जायेगा?

   A. COEMONCSI   B. COEOMNCSI
   C. OECMONSCI   D. COEMONCSI

37. यदि किसी कूट भाषा में CLOCK को KCOLC लिखा जाता है, तो उसी कूट भाषा में STEPS को कैसे लिखा जायेगा?

   A. SPEST   B. SPSET   C. SEPST   D. SPETS

38. यदि किसी कूट भाषा में SPIDER को PSDIRE लिखा जाता है, तो उसी कूट भाषा में COMMON को कैसे लिखा जायेगा?

   A. OCMMON   B. OCMOMN   C. OCMMNO   D. OCOMMO

39. यदि किसी कूट भाषा में RECOMMENDATION को COMMENDATIONER लिखा जाता है, तो उसी कूट भाषा में REMUNERATION को कैसे लिखा जायेगा?

A. MUNERATION   B. MUNERATIONRE

C. MUNERATIONER   D. MUNERATIOENR

40. यदि किसी कूट भाषा में TRIPPLE को SQHOOKD लिखा जाता है, तो उसी कूट भाषा में DISPOSE को कैसे लिखा जायेगा?

A. CHRONRD   B. CHROORD   C. CHROMRD   D. CHROMSD

व्याख्या सहित उत्तर

1. B: अक्षर C, O, M और E के ठीक पहले वाले अक्षर क्रमशः B, N, L और D हैं। इसी आधार पर C, A, R और E के ठीक पहले वाले अक्षर क्रमशः B, Z, Q और D होंगे। इसलिए CARE को कूट भाषा में BZQD लिखा जायेगा।

2. C: अक्षर H, I, G और H के ठीक बाद वाले अक्षर क्रमशः I, J, H और I हैं। इसी आधार पर T, U, R और N के ठीक पहले वाले अक्षर क्रमशः U, V, S और O होंगे। इसलिए TURN को कूट भाषा में UVSO लिखा जायेगा।

3. D: अक्षर L, O, A और D के ठीक बाद वाले अक्षर क्रमशः M, P, B और E हैं। इसी आधार पर P, O, R और T के ठीक बाद वाले अक्षर क्रमशः Q, P, S और U होंगे। इसलिए PORT को कूट भाषा में QPSU लिखा जायेगा।

4. D: GOLD को कूट भाषा में IQNF लिखा गया है। G, O, L और D के बाद के तीसरे अक्षर (बीच में एक अक्षर छोड़कर) क्रमशः I, Q, N और F अक्षर हैं। इसी आधार पर W, I, N और D के बाद तीसरे अक्षर क्रमशः Y, K, P और F होंगे। इसलिए WIND को कूट भाषा में YKPF लिखा जायेगा।

5. A: SHIRT को कूट भाषा में RGHQS लिखा गया है और पायेंगे कि SHIRT के प्रत्येक अक्षर के लिए क्रमशः उसके ठीक पहले वाला अक्षर इस्तेमाल हुआ है, जैसे S के लिए R, H के लिए G, I के लिए H, R के लिए Q और T के लिए S। इसी आधार पर ROUND के प्रत्येक अक्षर के लिए उसके पहले वाले अक्षर अर्थात Q, N, T, M और C इस्तेमाल होंगे। अतः ROUND को कूट भाषा में QNTMC लिखा जायेगा।

6. D: DEAR को कूट भाषा में FGCT लिखा गया है। इसका अर्थ यह है कि DEAR के प्रत्येक अक्षर के लिए तीसरा अक्षर (1 अक्षर छोड़कर) लिया गया है, जैसे D के लिए F, E के लिए G, A के लिए C और R के लिए T. इसी आधार पर READ के सब अक्षरों के लिए क्रमशः तीसरे अक्षर T, G, C और F होंगे। इसलिए READ को कूट भाषा में TGCF लिखा जायेगा।

7. C: आप देखेंगे कि EASE के सभी अक्षरों के लिए कूट अक्षर क्रमशः इनके चौथे अक्षर (बीच के 2 अक्षर छोड़कर) H, D, V और H हैं। इसी आधार पर SEE के कूट अक्षर जानने के लिए इनके चौथे अक्षर क्रमशः V, H और H लीजिए। इसलिए SEE को कूट-भाषा में VHH लिखा जायेगा।

8. C: SERPENT को कूट भाषा में TNEPRES लिखा गया है। ध्यान दीजिए इसमें SERPENT के अक्षरों को उल्टे क्रम में TNEPRES लिखा गया है। इसी आधार पर PLAGUE को उल्टे क्रम में लिखने से इसका कूट बन जायेगा। PLAGUE का उल्टा होगा– EUGALP. इसलिए PLAGUE को कूट भाषा में EUGALP लिखा जायेगा।

9. C: DEFENCE के ठीक पहले वाले अक्षर अर्थात CDEDMB और D हैं। इसी शैली से DEFENCE का कूट अक्षर बना है। इसी आधार पर NEED का कूट अक्षर जानने के लिए इसके अक्षरों के ठीक पहले वाले अक्षर अर्थात M, D, D और C को लीजिए। इसलिए NEED का कूट शब्द MDDC होगा।

10. D: CHAIR को कूट भाषा में FKDLU लिखा गया है। ध्यान दीजिए, चौथे अक्षर (बीच के 2 अक्षर छोड़कर) लिए गये हैं, जैसे C के लिए F, H के लिए K, A के लिए D, I के लिए L और R के लिए U। इसी आधार पर RAID के कूट अक्षर क्रमशः U, D, L और G होंगे। इसलिए RAID को कूट में UDLG लिखा जायेगा।

11. D: आप CONDEMN और उसके कूट अक्षरों CNODMEN को ध्यान से देखिए। आप पायेंगे कि कुछ अक्षरों के स्थान परस्पर बदल गए हैं, जैसे दूसरा और तीसरा अक्षर ON कूट में NO हो गया है और तीसरा और दूसरा अक्षर हो गया है। इसी प्रकार पाँचवां अक्षर छठा और छठा अक्षर पाँचवां बन गया है। इसी आधार पर TEACHER में दूसरे और तीसरे अक्षरों के स्थान परस्पर बदल दें, अर्थात EA को AE बना दें, पाँचवें और छठे अक्षरों के स्थान भी परस्पर बदल दें, अर्थात HE को EH बना दें। इस प्रकार TEACHER को कूट भाषा में TAECEHR लिखा जायेगा।

12. D: COME = XLNV

C = आरंभ से तीसरा अक्षर
X = अन्त से तीसरा अक्षर

O = आरंभ से 15वां अक्षर
L = अन्त से 15वां अक्षर

M = आरंभ से 13वां अक्षर
N = अन्त से 13वां अक्षर

E = आरंभ से 5वां अक्षर
V = अन्त से 5वां अक्षर

इसी आधार पर ABLE को आरंभ से पहले, दूसरे, 12वें और पाँचवें अक्षर को ZYOV अर्थात अन्त से पहले, दूसरे, 12वें और पाँचवें अक्षर के रूप में लिखा गया है। इसी आधार पर MOLLY को कूट भाषा में NLOOB लिखा जायेगा।

13. D: CIG ARE TTE को GIC ERA ETT लिखा गया है। तीन-तीन अक्षरों के समूह बनायें और उनके उल्टे क्रम में जैसे CIG को GIC आदि लिखें, तो आपको कूट भाषा का GICERAETT मिल जायेगा।

इसी आधार पर DEM ONS TRA TION के अक्षरों के तीन-तीन अक्षरों के समूह बनाइये और उन्हें उल्टे क्रम में लिखिए, जैसे DEM के लिए MED, ONS के लिए SNO, TRA के लिए ART और TIO के लिए OIT। इसके बाद N आ जायेगा। अतः DEMONSTRATION को कूट भाषा में MEDSNOAROITN लिखा जायेगा।

14. C:

8		3		2				4		10		
A	B	C	D	E	F	G	H	I	J	K	L	M
5, 5	6	5	1, 1			7	9					
N	O	P	Q	R	S	T	U	V	W	X	Y	Z

CENTURION = 325791465 (ऊपर के अक्षरों में उनका नाम या स्थान देखिए।)

RANK = 18510

इसका अर्थ है:

7 = T

8 = A

5 = N

10 = K,

∴ 78510 = TANK

15. C: MAHESH और उसके कूट शब्द NCIGTJ को ध्यान से देखिए। MAHESH के पहले, तीसरे और पाँचवें अक्षरों अर्थात् M, H और S के स्थान पर उनके ठीक बाद वाले अक्षर अर्थात N, E और T लिखें गये हैं। इसी प्रकार दूसरे, चौथे और छठे अक्षरों अर्थात A, E और H के स्थान पर बाद के तीसरे अक्षर (1 अक्षर बीच में छोड़कर) अर्थात C, G और J लिखे गये हैं।

इसलिए NEELAM के पहले, तीसरे और पाँचवें अक्षर अर्थात N, E औरA के स्थान पर उनके ठीक बाद वाले अक्षर अर्थात O, F और B लिखे जायेंगे और दूसरे, चौथे व छठे अक्षरों अर्थात E, L और M के स्थान पर उनके बाद के तीसरे अक्षर अर्थात G, N और O लिखे जायेंगे।

16. D: FLOWER को SEXOMF लिखा गया है। आप देखेंगे कि FLOWER के दूसरे, चौथे और छठे अक्षरों अर्थात L, W और R के स्थान पर इनके ठीक बाद वाले अक्षर M,

X और S उल्टे क्रम में अर्थात S, X और M लिखे गये हैं। शेष तीनों अक्षरों अर्थात F, O और E का क्रम भी उल्टा कर दिया गया। अर्थात उन्हें E, O और F लिखा गया है।

GARDEN में दूसरे, चौथे और छठे अक्षरों अर्थात A, D और N के स्थान पर इनके ठीक बाद वाले अक्षर अर्थात B, E और O लिखे जायेंगे किन्तु उल्टे क्रम में अर्थात O, E, B लिखा जायेगा। शेष तीनों अर्थात G, R और E को भी उल्टे क्रम में अर्थात E, R और G लिखा जायेगा। इस प्रकार GARDEN को OEERBG लिखा जायेगा।

17. C: SCRIPT और TCQIQT की तुलना कीजिए। आप देखेंगे कि दूसरा, चौथा और छठा अक्षर वही है, अर्थात बदला नहीं है। अन्य तीनों अक्षर अर्थात पहला, तीसरा और पाँचवां अक्षर (S, R और P) बदल कर T, Q और Q बन गये हैं। आप पायेंगे कि T, S के बाद वाला अक्षर है, Q, R के ठीक पहले वाला अक्षर है और Q, P के ठीक बाद वाला अक्षर है।

∴ DIGEST में दूसरा, चौथा छठा अक्षर अर्थात IE और T बदलेंगे नहीं। पहला, तीसरा और पाँचवां अक्षर अर्थात D, G, S के स्थान क्रमशः E, F और T अक्षर आयेंगे।

∴ DIGEST को कूट भाषा में EIFETT लिखा जायेगा।

18. A: RAM और SBN की तुलना कीजिए। ध्यान कीजिए RAM को कूट में लिखने में इन अक्षरों के ठीक बाद वाले अक्षर अर्थात S, B और N इस्तेमाल किये गये हैं। R के स्थान पर S, A के स्थान पर B और M के स्थान पर N।

FEW के लिए कूट शब्द तैयार करने के लिए इनके ठीक बाद वाले अक्षर अर्थात् F के लिए G, E के लिए F और W के लिए X इस्तेमाल होगा।

∴ FEW को कूट भाषा में GFX लिखा जायेगा।

19. B: RUBBER और REBBUR की तुलना कीजिए। आप देखेंगे कि RUBBER के अक्षरों को उल्टे क्रम में REBBUR लिख दिया गया है।

इसी शैली के आधार पर DEAD के अक्षरों को उल्टे क्रम में DAED लिखा जायेगा।

∴ DEAD को कूट भाषा में DAED लिखा जायेगा।

20. C: KANPUR को कूट में LBOQVS लिखा गया है। ध्यान दीजिए K, A, N, P, U और R के ठीक बाद वाले अक्षरों अर्थात L, B, O, Q, V और S लिखा गया है।

इसी शैली के आधार पर NAGPUR के ठीक बाद वाले अक्षर अर्थात O, B, H, Q, V और S लिखे जायेंगे।

∴ NAGPUR को कूट भाषा में OBHQVS लिखा जायेगा।

21. D: DELHI और IDHEL की तुलना कीजिए। आप पायेंगे कि DELHI के अक्षरों को ही दूसरे क्रम में लिखा गया है। बदला हुआ क्रम इस प्रकार हैः–

अन्तिम, पहला, अन्त से ठीक पहले वाला, दूसरा और उसके बाद तीसरा अक्षर सबसे अन्त में।

इसी आधार पर TUFAN के अक्षरों के क्रम इस प्रकार बदल जायेंगे– अन्तिम, पहला, अन्त से ठीक पहला, दूसरा और तीसरा– NTAUF.

∴ TUFAN को कूट भाषा में NTAUF लिखा जायेगा है।

22. C: ANOTHER को कूट में 7309521 लिखा गया है।

	7	3	0	9	5	2	1
∴	A	N	O	T	H	E	R

∴ THORN = 95013.

23. B: SURENDRA को कूट भाषा में DHTNPATI लिखा गया है।

	1	5	4	2	3		
S	U	R	E	N	D	R	A
D	H	T	N	P	A	T	I

∴ UNDER = HPANT

24. C: EFFICIENT और DEEHBHDMS की तुलना कीजिए।

E	F	F	I	C	I	E	N	T
D	E	E	H	B	H	D	M	S

(ऊपर वाले अक्षरों के नीचे (बदले में) उनसे ठीक पहले वाले अक्षर हैं)

∴	F	I	E	T
	E	H	D	S

∴ FIET को कूट भाषा में EHDS लिखा जायेगा।

25. A: FACE और GBDF की तुलना कीजिए।

F, A, C और E के ठीक बाद वाले अक्षर G, B, D और F हैं। इसी शैली पर B, A, D, E के ठीक बाद वाले अक्षर C, B, E, F होंगे।

∴ BADE को कूट में CBEF लिखा जायेगा।

26. C: REST के अक्षरों में ही SETS के अक्षर हैं।

REST = TGUV

∴ SETS = UGVU

∴ SETS को कूट में UGVU लिखा जायेगा।

27. C: DECADE = 453145

∴ DEED = 4554

28. B: BAD और MAD दोनों में AD उभयनिष्ट (Common) है। अतः AD को ZW लिखा जायेगा।

B आरंभ से दूसरा अक्षर है और Y अन्त से दूसरा अक्षर है।

इस शैली के आधार पर MAD में M आरंभ से 13वां अक्षर है; इसके स्थान पर अन्त से तेरहवां अक्षर अर्थात N आयेगा।

∴ MAD को कूट में NZW लिखा जायेगा।

29. C: DIRT को कूट में TDIR लिखा गया है। आप पायेंगे कि दोनों में अक्षर वही हैं, किन्तु उनका क्रम बदला हुआ है। बदलाव की शैली इस प्रकार है:

पहला अक्षर दूसरा अक्षर बन गया है।

दूसरा अक्षर तीसरा अक्षर बन गया है।

तीसरा अक्षर चौथा अक्षर बन गया है।

चौथा अक्षर पहला अक्षर बन गया है।

अब TRIM को लेकर उसके अक्षरों को उपरोक्त क्रम में बदलें। इस प्रकार TRIM MTRI बन जायेगा।

30. C: PIT को कूट में QJU लिखा गया है। दोनों की तुलना करें। आप पायेंगे कि P, I और T के ठीक बाद वाले अक्षर Q, J और U हैं।

इस शैली के आधार पर HUT के लिए IVU अक्षर लिखे जायेंगे।

31. C: DE CE MB ER = ER MB CE DE

∴   NO VE MB ER = ER MB VE NO

32. B: ROUGH के कूट में ORRJE लिखा गया है।

R = O (दो अक्षर छोड़कर पिछला अक्षर)

O = R (दो अक्षर छोड़कर बाद का अक्षर)

U = R (दो अक्षर छोड़कर पिछला अक्षर)

G = J (दो अक्षर छोड़कर बाद का अक्षर)

H = E (दो अक्षर छोड़कर पिछला अक्षर)

इस शैली के आधार पर SMOOTH के लिए PPLRQK लिखा जायेगा।

33. C: MOTHER को कूट भाषा में PQWJHT लिखा गया है। दोनों की तुलना करने पर आप पायेंगे कि क्रमशः 2, 1, 2, 1, 2 अक्षर छोड़कर आगे के अक्षर लिखे गए हैं।

M = P (दो अक्षर NO छोड़े गए हैं)

O = Q (एक अक्षर P छोड़ा गया है)

T = W (दो अक्षर UV छोड़े गए हैं)

H = J (एक अक्षर I छोड़ा गया है)

इसी प्रकार क्रम आगे भी है।

इसी शैली के आधार पर

S = V (दो अक्षर TU छोड़े गए हैं)

I = K (एक अक्षर J छोड़ा गया है)

S = V (दो अक्षर TU छोड़े गए हैं)

T = V (एक अक्षर U छोड़ा गया है)

E = H (दो अक्षर FG छोड़े गए हैं)

R = T (एक अक्षर S छोड़ा गया है)

∴ SISTER = VKVVHT

34. A: LOFTY = LPFUY.

दोनों की तुलना करने पर आप पायेंगे कि पहला, तीसरा और पाँचवां अक्षर बदला नहीं है। दूसरे और चौथे अक्षरों के स्थान पर वर्णमाला के अगले अक्षर अर्थात O के लिए P और T के लिए U इस्तेमाल किये गये हैं।

इसी शैली के आधार पर DWARF में पहला, तीसरा व पाँचवां अक्षर बदलेगा नहीं। दूसरे और चौथे अक्षर W और R के स्थान पर अगले अक्षर अर्थात X और S आयेंगे।

इस प्रकार D   W   A   R   F

—   X   —   S   —

अतः DWARF को DXASF लिखा जायेगा।

35. D: PRICE को SVNIL लिखा गया है। दोनों की तुलना करने पर आप पायेंगे कि क्रमशः 2, 3, 4, 5 और 6 अक्षर छोड़कर आगे वाले अक्षर लिए गए हैं।

P = S (QR छोड़े गए हैं)

R = V (STU छोड़े गए हैं)

I = N (JKLM छोड़े गए हैं)

C = I (DEFGH छोड़े गए हैं)

E = L (FGHIJK छोड़े गए हैं)

इस शैली पर COST का कूट मालूम करने के लिए क्रमशः 2, 3, 4 और 5 अक्षर छोड़े जायेंगे।

C = F (DE छोड़े गए हैं)

O = S (PQR छोड़े गए हैं)

S = X (TUVW छोड़े गए हैं)

T = Z (UVWXY छोड़े गए हैं)

∴ COST = FSXZ

36. B: JAILAPPAS के अक्षरों को तीन-तीन अक्षरों के समूहों में बाँटा गया है– JAI, LAP और PAS हर समूह में पहला अक्षर तीसरा अक्षर बन जाता है, जैसे JAI, AIJ बन जाता है, LAP, APL बन जाता है और PAS, ASP बन जाता है।

इस प्रकार JAILAPPAS का कूट AIJALASP बना है। इसी शैली पर ECONOMICS को तीन-तीन अक्षरों के समूहों में बाँट दें– ECO, NOM और ICS।

अब हर समूह के पहले अक्षर को तीसरा अक्षर बना कर लिखें। ECO, NOM, ICS का COE, OMN और CSI बन जायेगा।

∴ ECONOMICS का कूट COEOMNCSI बन जायेगा।

37. D: CLOCK को KCOLC लिखा गया है। ध्यान देने पर आप देखेंगे कि अन्तिम अक्षर को पहला अक्षर बनाकर इसी प्रकार CLOCK के सभी अक्षर उल्टे क्रम में लिखे गये हैं।

C L O C K = K C O L C

इस शैली के आधार पर

STEPS को उल्टे क्रम में लिखें– SPETS

∴ STEPS को कूट में SPETS लिखा जायेगा।

38. C: SPIDER को कूट भाषा में PSDIRE लिखा गया है। SPIDER को दो-दो अक्षरों के तीन समूहों में बाँटा गया है जैसे SP, ID और ER। आप देखेंगे कि हर समूह के दोनों अक्षर परस्पर अपना स्थान बदल देते हैं, जैसे SP, PS बन जाता है, ID, DI बन जाता है और ER, RE बन जाता है। इस प्रकार SPIDER को PSDIRE लिखा गया है। इसी शैली पर COMMON को दो-दो अक्षरों के तीन समूहों में बाँट लें जैसे CO, MM और ON। अब प्रत्येक समूह के दोनों अक्षरों के स्थान परस्पर बदल दें, जैसे CO को OC बना दें, MM को MM बना दें और ON को NO बना दें। इस प्रकार COMMON का कूट OCMMNO बन जायेगा।

39. C: RECOMMENDATION को COMMENDATIONER लिखा गया है। दोनों की तुलना करें।

R E C O M M E N D A T I O N
C O M M E N D A T I O N E R

आप पायेंगे कि पहले वाले दो अक्षर RE परस्पर अपना स्थान बदल लेते हैं अर्थात ER बन जाते हैं और शुरू के बजाय अन्त में आ जाते हैं।

इस प्रकार जब REMUNERATION को कूट भाषा में लिखा जायेगा, तो आरंभ वाले दो अक्षर अर्थात RE अपना स्थान परस्पर बदल लेंगे अर्थात ER बन जायेंगे और शुरू की बजाय अन्त में आयेंगे।

इस प्रकार REMUNERATION का MUNERATIONER बन जायेगा।

40. A: TRIPPLE को कूट भाषा में SQHOOKD लिखा गया है। आप पायेंगे कि कूट भाषा के अक्षर TRIPPLE में आये अक्षरों के ठी पहले वाले अक्षर हैं, अर्थात T का S बन गया है, R का Q बन गया है, I का H बन गया है, P का O बन गया है, L का K बन गया है और E का D बन गया है।

इसी शैली के आधार पर ठीक पहले वाले अक्षरों का इस्तेमाल करके DISPOSE का कूट शब्द निकालिए–

D = C

I = H

S = R

P = O

O = N

S = R

E = D

∴ DISPOSE को कूट में CHRONRD लिखा जायेगा।

□□□

7 रिश्ते संबंधी प्रश्नों की परीक्षा

रिश्तों के प्रश्नों में यह पूछा जाता है कि अमुक किसका पिता है, अमुक का पिता कौन है या कौन किसका भाई या भतीजा या भांजा आदि है। इन प्रश्नों को शीघ्र हल करना होता है। इसका हल निकालने का एक सरल उपाय यह है कि विद्यार्थी अपने को एक पात्र मान ले और इस प्रकार अपने साथ बाकी रिश्तों का संबंध बैठाये।

उदाहरण 1. B और C दोनों का पिता A है। B और C एक-दूसरे के भाई नहीं हैं। B और C के बीच क्या रिश्ता है?

उत्तर: जब B और C दोनों A के बच्चे हैं और वे एक-दूसरे के भाई नहीं हैं, तो निश्चय ही भाई-बहन हैं।

उदाहरण 2. C, B का भतीजा है। A, B का पति है, तो A, C का कौन है?

उत्तर: C, B का भतीजा है।

A और B पति-पत्नी

∴ C, A का भी भतीजा होगा।

और A, C का चाचा होगा।

अभ्यास के लिए प्रश्न

1. अजीत, मोहन के बेटे के बेटे का भाई है। अजीत, मोहन का रिश्ते में क्या है?
   A. दादा   B. पौत्र   C. पुत्र   D. भतीजा

2. B, A का बेटा है। B मेरे बेटे का चाचा है। बताओ A रिश्ते में मेरा क्या है?
   A. चाचा   B. दादा   C. पिता   D. भाई

3. F, A का भाई है; C, A की बेटी है; K, F की बहन है; G, C का भाई है। G के चाचा का नाम क्या है?
   A. A   B. C   C. K   D. F

4. मेरी पत्नी के भतीजे का जीजा मेरा क्या होगा?
   A. दामाद   B. भतीजा   C. भांजा   D. साला

5. रमेश, बिहारी का भाई है; रमेश की पत्नी इन्दिरा है; इन्दिरा का बेटा देवेन्द्र है; देवेन्द्र योगेन्द्र का भाई है; बिहारी योगेन्द्र का क्या लगता है?

    A. पिता   B. चाचा   C. भाई   D. मामा

6. A और B दोनों C के बच्चे हैं। C, A का पिता है किन्तु B, C का बेटा नहीं है। B, C का क्या है?

    A. भाई   B. बहन   C. बेटी   D. बेटा

7. मेरा मामा A है। उसका पुत्र B है और B का पुत्र C है। मैं रिश्ते में C का क्या हूँ?

    A. दादा   B. चाचा   C. भाई   D. भतीजा

8. राम बिहारी के तीन पुत्र राम, प्रताप और कृपा थे। राम का पुत्र विजय, प्रताप की पुत्री वीना का क्या लगता है?

    A. चाचा   B. भाई   C. भतीजा   D. भांजा

9. P की बहन की लड़की K है। K का बेटा S है। रिश्ते में S, P को क्या कहेगा?

    A. मामा   B. नाना   C. फूफा   D. दादा

10. A और C बाप-बेटे हैं। B, C की पत्नी है। A, B का क्या होगा?

    A. जेठ   B. देवर   C. ससुर   D. बेटा

व्याख्या सहित उत्तर

1. B: अजीत, मोहन के बेटे के बेटे का भाई है, अतः मोहन, अजीत और उसके भाई के पिता का पिता है। अतः अजीत, मोहन का पौत्र है।

2. C: A का बेटा B

    B मेरे बेटे का चाचा

    इसलिए A मेरा पिता

3. D: G का चाचा A का भाई होगा।

4. A: दामाद होगा।

5. B: बिहारी योगेन्द्र का चाचा है।

6. C: C के दो बच्चे A और B हैं। A उसका बेटा है और B उसकी बेटी है।

7. B: मेरे मामा के लड़के का लड़का मेरा भतीजा हुआ।

8. B: राम, प्रताप और कृपा तीनों के बच्चे परस्पर भाई-बहन होंगे।

9. B: P बहन की बेटी का बेटा P को नाना कहेगा।

10. C: B, C की पत्नी है और A, C का पिता है।

    ∴ A, B का ससुर होगा।

❏❏❏

8 | दिशा संबंधी प्रश्नों की परीक्षा

ऐसे प्रश्न विद्यार्थी की दिशा संबंधी जानकारी का पता लगाने के लिए होते हैं। ऐसे प्रश्नों को हल करना बहुत आसान होता है। विद्यार्थियों को सलाह दी जाती है कि प्रश्न में जहाँ से यात्रा आरंभ की जाती है उसे विद्यार्थी एक कागज पर केन्द्र मान लें। फिर जैसे-जैसे प्रश्न में यात्रा का विवरण हो उसी के अनुसार केन्द्र में रेखा खींचता चले। इस प्रकार बनी आकृति के आधार पर विद्यार्थी उत्तर निकाल सकेगा।

उदाहरण: रमेश अपने घर से निकलकर पूर्व की ओर चलता है। 4 किमी. जाने के बाद वह दाहिने मुड़ जाता है और 2 किमी. जाने के बाद पुनः दाईं ओर मुड़ जाता है और 4 किमी. तक जाता है। वह अपने घर से किस दिशा में है?

उत्तर: रमेश का घर

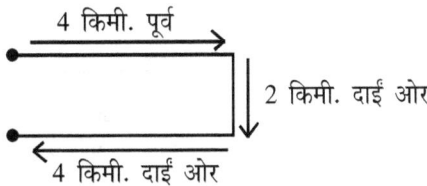

इस आकृति से स्पष्ट है कि वह अपने घर से दक्षिण दिशा की ओर है।

अभ्यास के लिए प्रश्न

1. दीपा अपने घर से 1 किमी. उत्तर की ओर जाती है। उसके बाद दाईं ओर मुड़कर 1 किमी. जाती है और फिर दाईं ओर मुड़कर 1 किमी. जाती है। इस तरह वह स्कूल पहुँचती है। उसका स्कूल उसके घर से किस दिशा में है?

   A. उत्तर   B. पूर्व   C. दक्षिण   D. पश्चिम

2. मेरा मकान आपके मकान के पूर्व में है। मेरे एक मित्र का मकान आपके मकान से दक्षिण-पूर्व में है। मुझे अपने मकान से अपने मित्र के मकान पर सबसे छोटे रास्ते से जाने के लिए किस दिशा में जाना चाहिए?

   A. उत्तर   B. दक्षिण-पश्चिम   C. दक्षिण-पूर्व   D. पश्चिम

3. एक व्यक्ति उत्तर की ओर चलता है। थोड़ी देर बाद वह अपने दाहिने मुड़ जाता है और कुछ आगे जाकर अपने बाएं घूम जाता है। एक किलोमीटर चलने के बाद वह पुनः बाएं घूम जाता है। अब वह किस दिशा में चल रहा है।

A. उत्तर   B. पूर्व   C. दक्षिण   D. पश्चिम

4. एक व्यक्ति अपने मकान से 200 मी. पश्चिम दिशा की ओर जाता है और उसके बाद 500 मी. दक्षिण दिशा की ओर जाता है। अब उसे अपने मकान पर वापस लौटने के लिए किस दिशा में चलना चाहिए?

A. उत्तर-पूर्व   B. उत्तर   C. दक्षिण-पूर्व   D. उत्तर-पश्चिम

5. एक व्यक्ति अपने मकान से पश्चिम दिशा की ओर 5 किमी. गया। उसके बाद बाईं ओर मुड़कर 3 किमी. गया। उसके बाद वह दाईं ओर मुड़कर 9 किमी. गया। उसके बाद वह 3 किमी. उत्तर की ओर गया। वह अपने प्रारम्भिक स्थान (मकान) से किस दिशा में है?

A. दक्षिण-पश्चिम   B. दक्षिण   C. पश्चिम   D. पूर्व

6. पुलिस की एक कार पांच किलोमीटर तक पूर्व दिशा में सीधी चलाई गई। तब दाईं ओर मुड़कर वह तीन किलोमीटर तक सीधी चलाई गई। उसके बाद पश्चिम दिशा में मुड़कर वह एक किलोमीटर चली। अब वह कार अपने चलने के स्थान से कितनी दूरी पर है?

A. 3 किमी.   B. 4 किमी.   C. 5 किमी.   D. 6 किमी.

7. एक कमरे के दरवाजे पर खड़े हुए एक पुलिसमैन ने अपने सामने वाली दीवार पर एक घड़ी लगी देखी, अपनी दाईं ओर वाली दीवार के साथ एक सोफा सेट पड़ा देखा तथा सोफा के सामने वाली दीवार के साथ एक टी.वी. सेट पड़ा देखा। उसने डूबते हुए सूर्य की किरणें घड़ी पर पड़ती हुई देखी। सोफा किस दीवार के साथ पड़ा था?

A. पूर्व   B. पश्चिम   C. उत्तर   D. दक्षिण

8. पुलिस की एक कार ने एक सीधी सड़क पर पूर्व दिशा की ओर चार किलोमीटर तक एक गाड़ी का पीछा किया। वह गाड़ी जब दाईं ओर मुड़ी तो पुलिस की कार ने एक अन्य सीधी सड़क पर दो किलोमीटर तक उसका पीछा किया। जब गाड़ी दुबारा दाईं ओर को मुड़ी, तो पुलिस की कार ने एक और सीधी सड़क पर दो किलोमीटर तक उसका पीछा करने के बाद उसे रोका। अपने चलने के स्थान से अब वह पुलिस की कार किस दिशा में है?

A. उत्तर-पूर्व   B. उत्तर-पश्चिम   C. दक्षिण-पूर्व   D. दक्षिण-पश्चिम

9. दारा वोर्ली के दस किलोमीटर पूर्व में है। उत्तर की ओर मादू उन दोनों से लगभग 7-7 किमी. की दूरी पर है। दारा से वोर्ली को जाती हुई एक गश्ती कार को मध्यमार्ग में यह कहा गया कि वह दारा से मादू भागती हुई कार को रोके। उस भागती हुई कार को पकड़ने के लिए गश्ती कार को किस दिशा में मुड़ना चाहिए?

A. पूर्व   B. पश्चिम   C. उत्तर   D. दक्षिण

10. एक व्यक्ति 12 किमी. उत्तर की ओर गया। वहाँ से बाईं ओर मुड़कर 5 किमी. चला। अब वह अपने मूल स्थान (जहाँ से यात्रा आरंभ की थी) से कितनी दूरी पर है?

A. 14 किमी. B. 13 किमी. C. 12 किमी. D. 13.5 किमी.

11. श्याम अपने घर से पूर्व की ओर 5 किमी. जाता है। उसके बाद दाईं ओर मुड़कर 5 किमी. जाता है। वह पुनः दाईं ओर मुड़कर 5 किमी. जाता है। अब वह अपने घर से किस दिशा में है?

A. पूर्व B. पश्चिम C. उत्तर D. दक्षिण

12. एक व्यक्ति अपने घर से उत्तर की ओर 1 किमी. जाता है। फिर दाहिने मुड़कर 2 किमी. जाता है। वह पुनः दाहिने मुड़कर 1 किमी. जाता है। अब वह अपने घर से कितनी दूरी पर है?

A. 1 किमी. B. 2 किमी. C. 3 किमी. D. 4 किमी.

13. रमेश अपने मकान से 4 किमी. पूर्व की ओर जाता है। फिर बाईं ओर मुड़कर 3 किमी. जाता है; फिर दाईं ओर मुड़कर 1 किमी. जाता है। फिर बाईं ओर मुड़कर 2 किमी. जाता है और उसके बाद पुनः बाईं ओर मुड़कर 5 किमी. जाता है। बताओ अब वह अपने मकान से किस दिशा की ओर है?

A. पूर्व B. पश्चिम C. उत्तर D. दक्षिण

उत्तरमाला

1	**2**	**3**	**4**	**5**	**6**	**7**	**8**	**9**	**10**
B	B	D	A	C	C	D	C	C	B
11	**12**	**13**							
D	B	C							

❑❑❑

9 अक्षरों को व्यवस्थित करके सार्थक शब्द बनाना

ऐसे प्रश्नों में कुछ अक्षर व्यवस्थित ढंग से दिये जाते हैं। छात्रों को इन अक्षरों को ऐसे क्रम में व्यवस्थित करना होता है कि एक सार्थक शब्द बन जाये।

उदाहरणः KOBO इन अक्षरों को ऐसे ढंग से व्यवस्थित करें कि एक सार्थक शब्द बन जाये।

उत्तरः इन अक्षरों को अनेक क्रमों में रखा जा सकता है, जैसे KOOB, KBOO, OBOK, OKBO, BOKO और BOOK आदि। इनमें सार्थक शब्द BOOK है। यही उत्तर है।

कुछ प्रश्नों में कुछ संकेत भी दिया जाता है। जैसे अक्षरों को ऐसे क्रम में रखें कि एक जानवर, फल, वाहन, आदि का नाम बने।

उदाहरणः EORHS को ऐसे क्रम में रखे कि एक जानवर का नाम बन जाये।

उत्तरः इनको सही क्रम में रखने पर HORSE बन जायेगा।

अभ्यास के लिए प्रश्न

1. EBUL अक्षरों को ऐसे क्रम से व्यवस्थित करें कि एक रंग का नाम बन जाये।

2. CINHOC अक्षरों को ऐसे क्रम में व्यवस्थित करें कि एक शहर का नाम बन जाये।

3. UDUR अक्षरों को ऐसे क्रम से व्यवस्थित करें कि एक भारतीय भाषा का नाम बन जाये।

4. NIOR अक्षरों को ऐसे क्रम से व्यवस्थित करें कि एक खनिज (धातु) का नाम बन जाये।

5. CEAOCPK अक्षरों को ऐसे क्रम से व्यवस्थित करें कि एक पक्षी का नाम बन जाये।

6. MANRADA अक्षरों को ऐसे क्रम से व्यवस्थित करें कि एक नदी का नाम बन जाये।

7. RHATE अक्षरों को ऐसे क्रम से व्यवस्थित करें कि एक ग्रह का नाम बन जाये।

8. NIPELC अक्षरों को ऐसे क्रम से व्यवस्थित करें कि एक लेखन-सामग्री का नाम बन जाये

9. IRTEG अक्षरों को ऐसे क्रम से व्यवस्थित करें कि एक जंगली जानवर का नाम बन जाये।

10. COHYKE अक्षरों को ऐसे क्रम से व्यवस्थित करें कि एक खेल का नाम बन जाये।

11. RISHT अक्षरों को ऐसे क्रम से व्यवस्थित करें कि एक पहनने के कपड़े का नाम बन जाये।

12. GNMAO अक्षरों को ऐसे क्रम से व्यवस्थित करें कि एक फल का नाम बन जाये।

13. IERC अक्षरों को ऐसे क्रम से व्यवस्थित करें कि एक खाद्यान्न का नाम बन जाये।

14. RAGA अक्षरों को ऐसे क्रम से व्यवस्थित करें कि एक शहर का नाम बन जाये।

15. AIRHC अक्षरों को ऐसे क्रम से व्यवस्थित करें कि एक फर्नीचर का नाम बन जाये।

16. NADH अक्षरों को ऐसे क्रम से व्यवस्थित करें कि शरीर के एक अंग का नाम बन जाये।

17. GIRN अक्षरों को ऐसे क्रम से व्यवस्थित करें कि एक आभूषण का नाम बन जाये।

18. LITMA अक्षरों को ऐसे क्रम से व्यवस्थित करें कि भारत के राज्य की एक भाषा का नाम बन जाये।

19. MENE अक्षरों को ऐसे क्रम से व्यवस्थित करें कि एक वृक्ष का नाम बन जाये।

20. IRATN अक्षरों को ऐसे क्रम से व्यवस्थित करें कि एक वाहन का नाम बन जाये।

21. APUBJN अक्षरों को ऐसे क्रम से व्यवस्थित करें कि भारत के एक राज्य का नाम बन जाये।

22. TCKEICR अक्षरों को ऐसे क्रम से व्यवस्थित करें कि एक खेल का नाम बन जाये।

23. TERLPO अक्षरों को ऐसे क्रम से व्यवस्थित करें कि एक ईंधन (तेल) का नाम बन जाये।

24. RIGAUT अक्षरों को ऐसे क्रम से व्यवस्थित करें कि एक बाजा का नाम बन जाये।

25. BYBA अक्षरों को ऐसे क्रम से व्यवस्थित करें कि बच्चे का प्रतीक शब्द बन जाये।

26. DEKYIN (शरीर का एक अंग)

27. UGOENT (मुँह का एक भाग)

28. NKODYE (एक जानवर का नाम)

29. ARINHSK (एक नदी का नाम)

30. IDASLAK (एक प्राचीन संस्कृत कवि का नाम)

31. HAIKS (एक तीर्थ स्थान का नाम)

32. RAISP (एक यूरोपीय देश की राजधानी का नाम)

33. ROPEPC (एक धातु का नाम)

34. PRAEG (एक फल का नाम)

35. ARNAYMA (एक भारतीय महाकाव्य का नाम)

36. BRAAK (एक मुगल शासक का नाम)

37. ABMUR (भारत के एक पड़ोसी देश का नाम)

38. TACWH (समय बताने वाले यंत्र का नाम)

39. JNALRIB एक सब्जी का नाम)

40. GOEYNX (एक गैस का नाम)

व्याख्या सहित उत्तर

1. BLUE	**2.** COCHIN	**3.** URDU	**4.** IRON
5. PEACOCK	**6.** NARMADA	**7.** EARTH	**8.** PENCIL
9. TIGER	**10.** HOCKEY	**11.** SHIRT	**12.** MANGO
13. RICE	**14.** AGRA	**15.** CHAIR	**16.** HAND
17. RING	**18.** TAMIL	**19.** NEEM	**20.** TRAIN
21. PUNJAB	**22.** CRICKET	**23.** PETROL	**24.** GUITAR
25. BABY	**26.** KIDNEY	**27.** TONGUE	**28.** DONKEY
29. KRISHNA	**30.** KALIDAS	**31.** KASHI	**32.** PARIS
33. COPPER	**34.** GRAPE	**35.** RAMAYAN	**36.** AKBAR
37. BURMA	**38.** WATCH	**39.** BRINJAL	**40.** OXYGEN

❑❑❑

10 शब्दों को प्राकृतिक क्रम में रखना

इस प्रकार के प्रश्नों में छात्रों को कुछ शब्द दिये जाते हैं। इन शब्दों को उनके प्राकृतिक क्रम में (आरोही क्रम, अवरोही क्रम, शब्द कोश क्रम) रखना होता है। आरोही क्रम का अर्थ है–पहले सबसे छोटा, फिर उससे बड़ा, फिर उससे बड़ा, आदि; अवरोही क्रम का अर्थ है–सबसे पहले सबसे बड़ा, उसके बाद उससे छोटा, फिर उससे छोटा, फिर उससे छोटा, आदि। ऐसे प्रश्नों में कभी कभी ऐसे प्रश्न भी आते हैं कि व्यावहारिक जीवन में आप इन कामों को किस क्रम में करते हैं, जैसे दांतों को ब्रश करना, नाश्ता करना, नहाना, भोजन करना।

नीचे हम एक-दो उदाहरण लेंगे।

उदाहरण 1. निम्नलिखित शब्दों को कोश के क्रम में रखने पर पहला शब्द कौन-सा होगा?

CAT, CAME, CAR, CAN

A. CAT   B. CAN   C. CAME   D. CAR

उत्तरः इसका सही उत्तर C है। ये चारों शब्द सही क्रम में इस प्रकार होंगे–

CAME, CAN, CAR, CAT

उदाहरण 2. निम्नलिखित को क्रिया के सही क्रम में रखने पर सबसे अन्त में कौन-सा शब्द आयेगा?

A. छपाई   B. पुस्तक   C. जिल्दसाजी   D. कागज

उत्तर B: सबसे अन्त में पुस्तक शब्द आयेगा।

सबसे पहले कागज आयेगा; फिर छपाई होगी; फिर जिल्दसाजी होगी फिर उसके बाद पुस्तक तैयार होगी।

अभ्यास के लिए प्रश्न

1. कौन सबसे छोटा है?
   A. गली   B. जाति   C. परिवार   D. शहर

2. कौन सबसे पहले अस्तित्व में आया?
   A. जाति   B. समुदाय   C. परिवार   D. कुटुम्ब

58

59

3. पहले कौन अस्तित्व में आया?

   A. लकड़ी   B. कुर्सी   C. बीज   D. वृक्ष

4. स्वाभाविक क्रम में कौन पहला है?

   A. कमीज   B. सिलाई   C. कपड़ा   D. कपड़ा काटना

5. स्वाभाविक क्रम में कौन पहला है?

   A. चीनी   B. शक्कर (खांड)   C. गुड़   D. गन्ना

6. छोटे से बड़े क्रम में कौन अन्तिम होगा?

   A. किशोरावस्था   B. यौवनावस्था   C. बुढ़ापा   D. बचपन

7. इनमें ऊपर से तीसरा कौन है?

   A. आंखें   B. कमर   C. घुटने   D. गर्दन

8. सही क्रम में रखने पर निम्नलिखित में पहला कौन होगा?

   A. कालेज   B. विश्वविद्यालय C. स्कूल   D. नर्सरी

9. जीवन के लिए सर्वाधिक महत्वपूर्ण (प्रथम) कौन है?

   A. भोजन   B. पानी   C. विटामिन   D. हवा

10. पैदल सड़क पार करते समय पहला कार्य है:

   A. देखना   B. रुकना   C. जाना   D. गति बढ़ाना

उत्तरमाला

1	2	3	4	5	6	7	8	9	10
C	C	D	C	D	C	B	D	D	B

11 विविध

1. विपिन, रामलाल से लम्बा है; रामलाल, अहमद जितना लम्बा नहीं है। महेन्द्र शेख से लम्बा है, किन्तु रामलाल जितना लम्बा नहीं है। अहमद विपिन से कम लम्बा है। कौन सबसे कम लम्बा है?
   A. विपिन   B. अहमद   C. रामलाल   D. शेख

2. एक स्कूल एक अस्पताल के पश्चिम में है। वह अस्पताल पुलिस चौकी के दक्षिण में है। कचहरी स्कूल के उत्तर में है। यदि ये चारों स्थान एक-दूसरे से बराबर दूरी पर हों तो पुलिस चौकी कचहरी की किस दिशा में स्थित है?
   A. पूर्व   B. पश्चिम   C. उत्तर   D. दक्षिण

3. उत्तर, दक्षिण, पूर्व तथा पश्चिम दिशाओं से आने वाली सड़कें एक पुलिस चौकी के पास एक चौराहे पर मिलते हैं। पूर्व की ओर से आने वाला पुलिस सिपाही यह देखता है कि उसके सामने वाली सड़क एक पार्क को जाती है तथा उसके दाईं ओर वाली सड़क रेलवे स्टेशन को जाती है, परन्तु उनमें से कोई भी सड़क पुलिस चौकी को नहीं जाती। उस पुलिस सिपाही को पुलिस चौकी में पहुँचने के लिए किस दिशा में मुड़ना चाहिए?
   A. पूर्व   B. पश्चिम   C. उत्तर   D. दक्षिण

4. आज सुबह जब मैं बस स्टैंड पर खड़ा हुआ था, तो मैंने सड़क से दूसरी ओर साइकिल पर सवार एक पुलिसमैन को देखा। वह अपने बाएं हाथ से सूर्य की किरणें रोके हुए था। उसका दायां हाथ मेरी ओर था। मैं उस पुलिसमैन की किस दिशा में खड़ा था?
   A. पूर्व   B. पश्चिम   C. उत्तर   D. दक्षिण

निर्देश (प्र.सं. 5 से 7): *A, B, C, D, E, F नामक छह विद्यार्थी एक मैदान में बैठे हुए हैं। A और B नेहरू हाउस के तथा शेष सभी गांधी हाउस के हैं। D तथा F लम्बे हैं जबकि अन्य सभी छोटे हैं। A, C और D चश्मा पहनते हैं तथा शेष चश्मा नहीं पहनते। ऊपर दिए गए तथ्यों के आधार पर प्रश्न 5 से 7 तक के उत्तर दीजिए।*

5. वे कौन-से दो छोटे बालक हैं जो चश्मा नहीं पहनते हैं?
   A. A और F   B. C और E   C. B और E   D. E और F

6. गांधी हाउस का कौन-सा लम्बा लड़का चश्मा नहीं पहनता है?

A. B　　B. C　　C. E　　D. F

7. गांधी हाउस का कौन-सा छोटा बालक चश्मा नहीं पहनता है?

A. B　　B. F　　C. E　　D. A

8. एक पंक्ति में कुछ बच्चे खड़े हुए हैं। कमल बाईं ओर छठे नम्बर पर है और अप्पू दाहिनी ओर से चौथे नम्बर पर है। जब कमल अप्पू के स्थान पर आ जाता है और अप्पू कमल के स्थान पर आ जाता है, तो अप्पू दाहिनी ओर से 17वें नम्बर पर आ जाता है। ऐसी स्थिति में कमल बाईं ओर से किस नम्बर पर होगा?

A. 20वें　　B. 19वें　　C. 21वें　　D. 4थे

9. यदि अंग्रेजी वर्णमाला के अक्षरों A से Z तक को उल्टे क्रम में अर्थात ZYX.....CBA रूप में लिखा जाये, तो बाईं ओर से दसवें अक्षर के दाहिनी ओर का आठवां अक्षर कौन-सा अक्षर होगा?

A. Y　　B. I　　C. J　　D. X

निर्देश (प्र.सं. 10 से 12): *निम्न वाक्यों को ध्यान से पढ़िये और उनके आधार पर प्रश्न 10 से 12 का उत्तर दीजिए। रमेश, मोहन तथा एडवर्ड क्रिकेट खेलते हैं। मोहन, रहमान तथा एडवर्ड हॉकी खेलते हैं। रहमान, रमेश तथा मोहन वालीवाल खेलते हैं।*

10. तीनों खेल कौन खेलता है?

A. रमेश　　B. मोहन　　C. एडवर्ड　　D. रहमान

11. निम्न में से कौन क्रिकेट तथा वालीबाल खेलता है परन्तु हॉकी नहीं खेलता?

A. रमेश　　B. मोहन　　C. एडवर्ड　　D. रहमान

12. निम्न में से कौन हॉकी तथा वालीबाल खेलता है परन्तु क्रिकेट नहीं खेलता?

A. रमेश　　B. मोहन　　C. एडवर्ड　　D. रहमान

निर्देश (प्र.सं. 13 से 14): *एक घनाकार को सब तरफ सफेद रंग में रंग दिया जाता है। फिर उसे 64 बराबर आकार के छोटे घनों में काटा जाता है। उपरोक्त जानकारी के आधार पर प्रश्न 13 तथा प्रश्न 14 के उत्तर दीजिए।*

13. छोटे घनों में से कितने ऐसे हैं, जिन पर केवल एक तरफ पेन्ट है?

A. 4　　B. 8　　C. 16　　D. 24

14. छोटे घनों में से कितने ऐसे हैं जिन पर पेन्ट बिल्कुल नहीं है?

A. 8　　B. 6　　C. 4　　D. 1

15. 5 लड़के पहाड़ी पर चढ़ रहे थे। हरी सबसे आगे था। राम गोविन्द से आगे था। कृष्ण, राम और हरी के मध्य था। कृष्ण, जयन्त और राम के बीच था। वे एक कतार में ऊपर चढ़ रहे थे। दूसरे नम्बर पर कौन था?

A. जयन्त　　B. हरी　　C. राम　　D. गोविन्द

16. निम्न छः शहरों में धूलिया, आलमनेर से बड़ा है, श्री रामपुर नासिक से बड़ा है, जलगांव श्री रामपुर जैसा नहीं है परन्तु आलमनेर से बड़ा है। आलमनेर, नासिक से छोटा है और मनमाड से बड़ा है। सबसे छोटा कौन-सा शहर है?

A. आलमनेर B. नासिक C. जलगाँव D. मनमाड

17. गीता रूपा से अधिक सुन्दर है परन्तु नीता जितनी सुन्दर नहीं है।

नीचे दिए चार कथनों में से सही कथन को चुनिएः

A. रूपा नीता से अधिक सुन्दर है।

B. नीता रूपा से अधिक सुन्दर है।

C. नीता गीता से अधिक सुन्दर नहीं है।

D. उपरोक्त कोई भी कथन सत्य/सही नहीं है।

18. एक घन की प्रत्येक भुजा को अलग-अलग रंगों से रंगा गया है। लाल रंग नीले रंग की उल्टी ओर है तथा नीला रंग पीले और हरे के बीच में है। हरे रंग के उल्टी ओर कौन-सा रंग है?

A. लाल B. नीला C. पीला D. बैंगनी

19. मैं पार्क में बिल्कुल अकेला था। कुछ समय पश्चात एक वृद्ध और एक वृद्धा वहाँ आए। उनके पीछे दो जोड़े थे जिनके साथ एक-एक बालक था। अब पार्क में कितने व्यक्ति हैं?

A. 8 B. 9 C. 10 D. 11

20. गिरिजा, ईशान, फ्रेंसिस और हेमा एक बेंच पर बैठे हैं। फ्रेंसिस के बाईं ओर हेमा बैठी है। ईशान के एक ओर फ्रेंसिस और दूसरी ओर गिरिजा बैठे हैं। एकदम दायें कौन बैठा है?

A. गिरिजा B. हेमा C. ईशान D. फ्रेंसिस

21. श्याम प्रदीप से आयु में बड़ा है। प्रवीन की आयु अंजन की आयु के बराबर है। अमरूत सुरेश से छोटा है तथा सुरेश अंजन के बराबर है। प्रदीप प्रवीन से बड़ा है। इन सबमें सबसे अधिक आयु किसकी है?

A. प्रदीप B. प्रवीन C. सुरेश D. श्याम

निर्देश (प्र.सं. 22 से 24): *एक घनाकार खिलौने के सभी छः फलकों पर अलग-अलग फलों की आकृतियाँ बनी हैं। सबसे ऊपर वाले फलक पर सन्तरे की आकृति है। केला और खरबूजा सन्तरे के पास हैं। सेब सबसे नीचे वाले फलक पर नहीं है तथा खरबूजा, आड़ू के पिछली ओर है। उपरोक्त जानकारी के आधार पर प्रश्न 22, 23 और 24 के उत्तर दीजिए।*

22. छठे फल आम के पास वाले फलकों पर किस फल की आकृति नहीं है?

A. सेब B. सन्तरा C. आड़ू D. केला

23. सेब के पीछे वाले फलक पर कौन-सा फल है?

A. केला B. आड़ू C. सन्तरा D. आम

24. निम्न में से कौन-सा फलों का जोड़ा आमने-सामने के फलकों पर नहीं है?

A. सन्तरा-आम B. सेब-केला C. सेब-आम D. उपरोक्त सभी

25. मनीषा लड़कियों की एक कतार में दोनों ओर से 11वें नम्बर पर है। बताइये कतार में कुल कितनी लड़कियाँ हैं?

A. 19 B. 20 C. 21 D. 22

26. क्या 'LEUTENANT' शब्द के तीसरे, पाँचवें, सातवें, आठवें, नवें और दसवें अक्षरों से कोई सार्थक शब्द बन सकता है, यदि हाँ, तो उस शब्द का पहला अक्षर बताइये।

A. T B. E C. N D. A

27. A, B से तीन वर्ष बड़ा है और C से 3 वर्ष छोटा है। B तथा D जुड़वां हैं। C, D से कितना बड़ा है?

A. 3 B. 6 C. 2 D. समान आयु

व्याख्या सहित उत्तर

1. D.

2. A: स्कूल के पूर्व में अस्पताल है। अस्पताल के उत्तर में पुलिस चौकी है। स्कूल के उत्तर में कचहरी है। अतः पुलिस चौकी कचहरी के पूर्व में है।

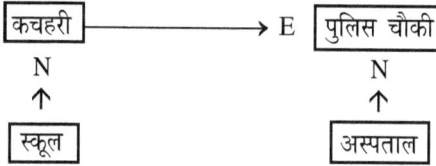

3. D.

4. B.

5. C: B और E वे दो छोटे बालक हैं जो चश्मा नहीं पहने हुए हैं।

6. D: गांधी हाउस का F छात्र लम्बा है और चश्मा पहने हुए नहीं है।

7. C:

छोटा	छोटा	छोटा	लम्बा	छोटा	लम्बा
A	B	C	D	E	F
नेहरू हाउस		गांधी हाउस			
चश्मा	×	चश्मा	चश्मा	×	×

गांधी हाउस का छोटा छात्र E चश्मा नहीं पहने हुए है।

8. B: कमल बाईं ओर से छठे नम्बर पर था और अप्पू दाहिनी ओर से चौथे नम्बर पर। जब अप्पू कमल के स्थान पर आ जाता है, तो दाहिनी ओर से 17वें नम्बर पर आ

जाता है। इसका अर्थ यह है कि अप्पू बाईं ओर से छठे नम्बर पर (जहाँ पहले कमल था) और दाहिनी ओर से 17वें नम्बर पर आ जाता है। इसका अर्थ यह है कि कुल 22 बच्चे हैं–अप्पू के बाईं ओर 5 और दाहिनी ओर 16 बच्चे हैं। अब कमल बाईं ओर से 19वें नम्बर पर आ जाता है।

9. B: बाईं ओर से अठारहवां अक्षर I होगा।

10. B.

11. A.

12. D.

13. D.

14. C.

15. A: पाँचों लड़कों की स्थिति सबसे आगे से आरंभ करके इस प्रकार थी– हरी, जयन्त, कृष्ण, राम और गोविन्द।

16. D: धूलिया > आलमनेर; श्रीरामपुर > नासिक; जलगांव < श्रीरामपुर; जलगांव > आलमनेर; आलमनेर < नासिक; आलमनेर > मनमाड।

17. B.

18. C.

19. B: लेखक + वृद्ध + वृद्धा + दो पुरुष + दो महिलायें + दो बालक = 9 व्यक्ति

20. A.

21. D.

22. B.

23. A.

24. C: सेब सबसे नीचे वाले एक फलक पर नहीं है, इसलिए वह संतरे के पिछली ओर वाले फलक पर नहीं हो सकता। खरबूजा और आड़ू आमने-सामने हैं, इसलिए इनमें से कोई भी सन्तरे के आमने-सामने नहीं हो सकता। केला भी उनके पास वाले एक फलक पर है। इसलिए छठा फल आम सन्तरे के पिछली ओर वाले फलक पर ही अर्थात सबसे नीचे वाले फलक पर होगा।

25. C: 10 + मनीषा + 10 = 21.

26. A: तीसरा अक्षर E, पाँचवां अक्षर T, सातवां अक्षर N, आठवां अक्षर A, नवां अक्षर N और दसवां अक्षर T है। इन अक्षरों से बनने वाला सार्थक शब्द TENANT है।

27. B: चूंकि B और D जुड़वां हैं, इसलिए D भी A से तीन वर्ष छोटा है और A, C से तीन वर्ष छोटा है। इसलिए C, D से 6 वर्ष (3 + 3) बड़ा है।

❑❑❑